U0182388

抗震工程学
——高层混凝土结构分析与设计

扶长生 著

科学出版社

北京

内 容 简 介

  全书分六章。书中内容涉及分叉点失稳的屈曲分析，三维重力二阶弹性效应、非线性效应，使用临界屈曲因子控制结构扭转刚度及进行稳定设计的学术思想；依据结构动力学基本原理、国内外大量试验研究成果、规范和工程实践，对当前工程设计界的热门话题，如最小底部剪力系数、相互作用结构体系、柱和剪力墙延性设计等若干理论问题的讨论；重力荷载作用下楼盖体系的设计；基于性能的抗震设计方法，包括合理选择地震地面运动记录，建立与目标谱匹配的输入地面运动时程集合，应用非线性分析，通过塑性变形和可接受准则全面评估结构和构件的多目标抗震性能水准；对我国抗震设计基本理论框架及其发展提出一些有益的建议和展望。书末附录给出新西兰抗震设计理论要点。

  本书可供结构工程领域的抗震设计及研究人员使用，也可供高等院校相关专业的师生参考。

图书在版编目（CIP）数据

抗震工程学：高层混凝土结构分析与设计/扶长生著. —北京：科学出版社，2020.12
  ISBN 978-7-03-067449-4

  Ⅰ.①抗… Ⅱ.①扶… Ⅲ.①高层建筑－混凝土结构－抗震结构
Ⅳ.①TU973.1

  中国版本图书馆 CIP 数据核字（2020）第 256159 号

责任编辑：童安齐 / 责任校对：赵丽杰
责任印制：吕春珉 / 封面设计：东方人华设计部

科 学 出 版 社 出版
北京东黄城根北街 16 号
邮政编码：100717
http://www.sciencep.com
北京中科印刷有限公司 印刷
科学出版社发行　　各地新华书店经销
*

2020 年 12 月第 一 版　　开本：787×1092　1/16
2020 年 12 月第一次印刷　　印张：22
字数：496 000
定价：190.00 元

作 者 简 介

　　扶长生，一级注册结构工程师，教授级高级工程师，英国皇家特许结构工程师，日本土质工学会会员，中国香港结构工程师学会会员。1966 年毕业于同济大学。1978 年重返同济大学攻读硕士学位，师从俞载道教授，从事地震作用下土-结构相互作用系统动力特性的研究。取得学位后，执教于南京建筑工程学院；后赴日本京都大学防灾研究所土歧研究室继续从事地震作用下土-结构相互作用系统非线性动力特性的研究，在日本大阪土质研究所任主任研究员，从事震源机制的研究。1990 年进入深圳市建筑设计二院，正式踏入结构设计行业。2001 年组建上海长福工程结构设计事务所，任董事长兼总工程师。长期在设计第一线，完成了大量的建筑工程结构设计，并结合工程实践从事抗震理论研究。

　　先后担任中国砌体结构标准技术委员会副主任，中国高层建筑抗震专业委员会委员，上海市超限高层建筑审查委员会委员等职务。

序　一

欣闻扶长生教授所著《抗震工程学——高层混凝土结构分析与设计》一书即将由科学出版社出版发行，实乃我国结构工程业界的喜讯，在此表示衷心的祝贺与敬意。

全书内容翔实、全面，重点针对当前我国高层混凝土结构分析与设计中存在的一系列新的重大技术问题进行论述。作者对设计中结构工程师常感困惑的难点问题，如合理结构体系，结构总体稳定性分析与验算，结构底部剪重比、外框剪力分配比、柱和剪力墙的轴压比、剪力墙全截面受拉应力分析方法及解决措施，以及基于性能的抗震设计方法等进行全面、系统的研究，提出一些具有创造性的论点与建议，对顺利做好高层混凝土结构的抗震设计有所贡献。该书体现了作者既尊重现行规范中的相关规定和要求，又对实践中出现的新问题，敢于面对、研究和提出新的建议和解决方法，并通过实际工程案例进行验证的执着和探索精神。书中反映的成果对于广大结构工程师进行高层混凝土结构的设计有较大的参考价值，对今后相关规范的编制与修订也有所助益。

该书是一部理论与实践结合较好的范本。它既尊重现行规范，重视我国自身的技术进步，也注意吸取国外好的学术观点与经验；反映出作者具有深厚的理论根基，丰富的实践经验以及孜孜不倦、勤于探索、与时俱进的创新精神。这些是值得我们学习的。

该书作者说得好，"抗震设计博大精深"，让我们业界同仁携手共同努力，艰苦奋斗，发挥各自聪明才智，理论联系实际，勇于研究创新，做到优势互补、互学、互助，不断为提高高层结构抗震设计技术的水平做出新的贡献，使我国能持续经久地、坚实地立于世界高层结构抗震设计之林。

深圳市力鹏工程结构技术有限公司董事长
首席总工程师
魏　琏
2019 年 8 月

序　二

认识扶长生教授近 10 年，被他对专业的执着精神和对行业热点的独特见解所吸引。钢筋混凝土结构抗震是土木工程领域皇冠上一颗璀璨的明珠，吸引着无数专家、学者和工程技术人员，本人也在此方向苦苦奋斗了 30 多年，深知其中的艰辛和快乐。今扶长生教授的著作《抗震工程学——高层混凝土结构分析与设计》即将出版，很荣幸作为最先拜读该书的读者，深感其中的厚重。

该书是扶长生教授在上一部著作《抗震工程学——理论与实践》的基础上，结合结构抗震的发展趋势，针对高层建筑混凝土结构抗震领域的若干关键问题，如结构稳定、最小底部剪力系数、双重抗侧力体系、少墙框架、柱和剪力墙的延性设计等设计中的重要问题，通过数学方法与物理含义揭示问题本质，同时结合国内外规范对比与工程实践，提出独特与创新的见解，有助于工程师对结构概念的理解和深化。

基于性能的结构抗震思想是结构抗震设计的发展方向，扶长生教授是我国基于性能抗震设计实践的先行者之一，在该书中对比了中国和美国基于性能设计的发展与现状，并结合工程实践经验，具体阐述了基于性能设计的基本框架与方法，将对我国抗震性能设计的工程应用起到重要的推动作用。

该书将理论与实践、科研与工程、计算与概念有机结合，是一部高层建筑混凝土结构抗震设计领域的优秀著作，必将成为经典，对广大结构工程师与科研人员具有重要的指导意义。

华南理工大学高层建筑结构研究所所长
英联邦结构工程师协会会员，特许注册结构工程师
一级注册结构工程师，香港工程师学会会员
《广东省混凝土结构抗震性能设计规程》主编
广东省超限高层抗震审查专家委员会秘书长
教授　博导　韩小雷
2019 年 8 月

前　言

　　我国有关建筑工程设计方面 2010 系列规范颁布以来,已进入修编期。在这 10 年期间,中国设计界积累了许多宝贵的混凝土高层建筑设计经验。但与国外类似类型的结构体系比较,设计用钢指标一般偏高,规范条文尚有待于完善之处。另外,基于性能的抗震设计方法是一个高速发展的设计方法,给结构工程师提供了一个非常灵活的设计手段,国内外学术界都给予极大的关注。作者的第一部书《抗震工程学——理论与实践》(中国建筑工业出版社,2013 年),主要涉及抗震工程学领域中的基础理论和介绍一些工程实例。因此,作者萌发了再写一本以工程设计在执行规范过程中暴露出的一些值得商榷之处和性能设计两个方面为主题的学术专著的意愿。由于混凝土材料的复杂性,如徐变、收缩、裂缝,本构关系在峰值应力前的非线性行为以及峰值应力后的应变软化,非约束混凝土和约束混凝土本构关系的本质差别以及对钢筋混凝土构件滞回曲线丰满程度及延性能力的影响等,本书的讨论范围主要集中在(超)高层混凝土结构。在本书编写过程中,作者仍强调数学背景和物理意义,并强调对计算机软件提供的三维弹性和非线性分析结果和清晰的应力、应变分布云图及性能水准分布图的解读和理解。

　　正如《抗震工程学——理论与实践》前言所述的那样,自本书作者组建上海长福工程结构设计事务所以来,一直尝试通过典型工程开展一些力所能及的应用性研究,希望能在设计院和高等院校之间、实践和理论之间架起一座桥梁,使中国的抗震设计理论和实践能不断更新和创新。若本书能对工作在第一线的结构工程师在理解规范条文和计算机软件技术条件等方面,对结构专业的高年级学生、研究生及其教师们在增加结构抗震设计的工程经验等方面有所帮助,并能对中国抗震理论的发展尽一些绵薄之力,实属荣幸。

　　全书分六章和一个附录。第一章在回顾超高层建筑的发展简史后,应用等效连续体分析方法梳理了常用结构体系的基本力学特性及其相应的特征参数。尽管这种分析方法有较大的局限性,随着计算机数值分析的普及,已经逐渐淡出了设计领域,但得到的近似解析解及其反映结构基本力学性能的特征参数是解读和判别计算机分析结果宏观趋势的基准。这一点对当前依赖计算机的结果,仅通过"消红"来进行设计的结构工程师来说,似乎显得特别重要。尽管在有关教科书中对这部分内容会有所论述,但对于长期工作在第一线的结构工程师来说,作者相信其在阅读后会有温故而知新的感觉。

　　第二章讲述稳定理论的基础。它是论述第三章高层建筑稳定问题的基础知识,主要涉及分叉点失稳的屈曲分析。通过对屈曲问题微分方程与自由振动微分方程数学上的相似性以及解析解意义的讨论,指出屈曲和自由振动共同组成了结构全部的固有力学性能。

　　超高层建筑设计涉及稳定问题,即在水平和重力荷载的联合作用下,过大重力二阶效应或 $P\text{-}\Delta$ 效应导致结构在遭遇大震作用时发生侧移失稳的问题。第三章详细讲述 $P\text{-}\Delta$ 弹性效应、$P\text{-}\Delta$ 非线性效应以及 $P\text{-}\Delta$ 效应的核心理论——几何刚度,指出 JGJ 3—2010 中等效刚重比的理论缺陷。根据作者的研究成果,本章提出了 $P\text{-}\varphi$ 效应,即重力对扭转角的二阶效应，解释了三维屈曲分析中高层建筑扭转上升到一阶屈曲模态的刚性隔板效应，建立了使用扭转临界屈曲因子替代周期比控制结构整体扭转刚度，使用弯曲临界屈曲因子替代等效刚重比，使用计入几何刚度的有限单元法进行稳定设计的学术思想。

第四章为本书的重点。依次对抗震设计中的最小底部剪力系数，相互作用结构体系，柱和剪力墙的延性设计等若干个理论问题展开了一些讨论。在结构动力学基本原理、国内外大量试验研究成果、规范和工程实践的基础上，论述了作者的学术思想。例如，最小底部剪力系数下限值的物理意义是结构必须承受的最小设计地震作用，仅取决于地震活动环境和地震地质，与结构的刚度分布和动力特性基本无关。双重抗侧力框架-核心筒结构体系的二道防线，其实质就是水平地震剪力从核心筒流向周边框架的内力重分布。二道防线成立与否，与核心筒和框架之间的弹性剪力分担比并不存在直接关系，但周边框架需要单独承担一定比例的附加地震作用来提高对框架的强度需求。轴压比是压弯构件的一个重要设计参数，但高配箍率的约束箍筋使核心混凝土塑性化才是提高柱延性能力的最本质原因。剪力墙的延性能力主要来自端部约束边缘构件，墙肢端部的拉应变才是反映剪力墙延性性能的敏感设计指标。作者相信，通过对这些内容有益的讨论会对当前设计界产生深刻的影响。

超高层建筑大量重复的标准层使得楼盖体系的设计影响到整个结构设计的技术经济指标。第五章把仅承受重力荷载的楼盖体系称为重力荷载体系，讲述了梁与板加强带之间的区别、楼面梁的功能、梁的截面有效刚度等基本理论；并使用一个超高层框架-核心筒结构工程实例论证在侧向刚度满足规范要求的前提下，楼盖采用带外框梁、仅承受重力的无梁楼盖体系结构的抗震性能并不低于相同类型的梁板体系结构。

基于性能的抗震设计方法是本书的另外一个重点，编排在第六章。性能设计不是简单的加强设计，而是提供结构工程师的一种灵活的无限定设计手段，需要通过地震危险性分析合理选择地震地面运动记录，建立与目标谱匹配的输入地面运动时程集合，应用非线性分析，通过塑性变形和可接受准则对结构和构件的多目标抗震性能做全面评估，来验证超高或规范尚未涵盖的结构体系具备突破规范限定的能力，与类似的常规结构相比，至少具有同等抗震性能，用最节约的投资得到合理、安全的设计。近 10 来年，美国在地震工程学领域的研究取得了长足的进步，更新了震源模型、建立了新一代地面运动衰减规律，ASCE 7-10 对 ASCE 7-05 进行了原则性的技术修改，ASCE 7-16 制订了性能设计的理论框架，太平洋地震工程研究中心更新了基于性能的抗震设计导则。该导则定义了使用水准地震，从单一的中震设防设计法发展为使用水准地震和风险目标最大考虑地震的二水准设防的设计方法。在我国，广东省批准了国内第一本性能设计规程（DBJ/T 15-151—2019）。该规程根据中国学者自主的试验、分析、研究等综合成果，修改了反应谱曲线形状，建立了地震动加速度记录库，制定了结构构件各种受力特征的可接受准则，大幅度放松了层间位移角的限值等。DBJ/T 15-151—2019 的颁布，对我国性能设计完整理论框架的建立和今后的发展起到了带头和示范作用。最后，作者从 R-μ-T 准则、二水准设防设计法、反应谱曲线形状标定参数、适宜刚度及层间位移角限值等方面，对我国抗震设计基本理论框架及其发展提出一些有益的建议和展望。

附录给出了新西兰抗震设计理论要点。新西兰抗震规范 NZS 1170.5 执行使用极限状态和强度极限状态的二水准设防设计法，比 ASCE 7 建立了一个更为清晰及完整的延性抗震理论体系。这些内容将有助于读者对抗震延性设计哲理的理解，也许会对我国抗震设计理论体系的发展和完善起到一些借鉴作用。

　　除特别注明外，全书均采用我国现行规范编写。其中，《建筑抗震设计规范》采用 GB 50011—2010 的 2016 年版，《混凝土结构设计规范》采用 GB 50010—2010 的 2015 年版。列举的工程实例，按当时的规范执行。为表达简洁起见，除参考文献和特别注明的以外，全书将略去"2016 年版"或"2015 年版"，分别统一以"GB 50011—2010"或"GB 50010—2010"表示。

　　抗震设计博大精深，作者的理论水平与工程实践经验有限，本书讲述的内容，难免存在不足之处，望读者不吝指正，并希望本书的出版能引起我国设计界的探讨并形成一些共识，加快我国抗震设计理论融入国际学术界的步伐。

　　最后，借此机会，作者由衷地感谢本人家庭的一贯支持，感谢上海长福工程结构设计事务所员工的辛勤工作，以及感谢对本书提出建议的学术界前辈和朋友们。

扶长生

2019 年 6 月

目　录

第一章 基 础 知 识

本章首先定义长周期超高层建筑，并在回顾超高层建筑的发展简史及结构体系的演变以后，论述超高层混凝土结构抗震设计的基本准则。对于高度 500m 以上的超高层公共建筑，束筒、筒中筒和巨型框架-核心筒等为最适宜的结构体系。尽管"超高"，但竖向与水平抗侧力构件以及内部与外部抗侧力构件之间的刚度分配比例确定了结构变形和受力特征的力学原理与常用结构体系，如框架、联肢墙、框架-剪力墙、核心筒及框架-核心筒等都是一致的。因此，本章第二节应用等效连续体分析方法梳理这些常规结构体系的基本力学性能及其相应的特征参数。尽管这种分析方法随着计算机数值分析的普及，已经逐渐淡出了设计领域，但得到的近似解析解及其反映结构基本力学性能的特征参数是解读和判别计算机分析结果宏观趋势的基准，可以为结构优化提供一些有效的途径。尽管在教科书中对这部分内容有所论述，但对于长期工作在第一线的结构工程师来说，作者相信其在阅读后会有温故而知新的感觉。

第一节 概   述

一、长周期超高层建筑的定义

所谓"长周期"，从抗震工程学的观点，按反应谱曲线敏感区段的划分，可以认为处于位移敏感区段的周期为长周期。但是，从速度敏感区段转换至位移敏感区段的第二角点周期，其取值的离散程度偏大，缺乏可操作性。例如，我国规范 GB 50011—2010 中的特征周期 T_g 相当于反应谱曲线的第一角点周期，$5T_g$ 相当于第二角点周期[1]。以设计分组一组为例，对应于全国 II 类场地和上海 IV 类场地，$5T_g$ 的取值范围为 1.75～4.5s。各国规范对第二角点周期的取值也不尽相同。例如，美国 ASCE 7-16 规定 $T_L = 4～16s$ [2]，欧洲 EC 8:2004 规定 $T_D = 2s$ [3]，新西兰 NZS 1170.5:2004 规定为 3s[4]，日本规范的反应谱形状参数中无第二角点周期[5]。

从结构动力学的角度，当基本周期 $T \geqslant 5s$，结构的地震反应可能会受到高振型的严重影响；结构特征参数对结构反应的影响也显得更加敏感（见第一章第二节图 1.2.1）。从抗震工程学的角度，若无特殊的地质构造，加速度时程中周期 $T \geqslant 5s$ 的成分通常相对偏少，谱加速度处于相对低位，谱位移处于高位平台段。我国规范 GB 50011—2010 规定：当基本周期 $T \geqslant 5s$，结构最小底部剪力系数折减为基本周期 $T \leqslant 3.5s$ 结构的 0.75 倍；规定当 $T > 6s$，加速度反应谱形状参数应专门研究。一般来说，基本周期 $T \geqslant 5s$ 的房屋高度接近或高于 250m，侧向位移中的转动成分偏多。我国《高层建筑混凝土结构技术规程》（JGJ 3—2010）规定，其层间位移角限值放松至 1/500[6]。综合以上分析，按中国规范体系，从房屋结构的基本动力特性及抗震分析的角度，本书定义基本周期

$T \geqslant 5s$ 为长周期。

所谓"高层建筑"，可以从建筑的高度、高宽比、垂直交通、抗侧力体系以及对周边环境、都市天际线的影响等因素来判断。从结构受力特性的角度，可以笼统地定义为水平力起控制作用的建筑。但从实用的角度，尽管有所勉强，当前仍以高度或层数来定义高层建筑。1974 年，联合国经济事务部将高层建筑划分为 4 类。1 类：9～16 层，最高高度 50m；2 类：17～25 层，最高高度 75m；3 类：26～40 层，最高高度 100m；4 类：40 层以上，建筑高度 100m 以上。JGJ 3—2010 把 10 层及 10 层以上或房屋高度大于 28m 的住宅建筑以及房屋高度大于 24m 的其他高层民用建筑混凝土结构均纳入规程的适用范畴。JGJ 3—2010 的规定仅仅是出于安全的考虑。按世界高层建筑都市学会（Council on Tall Building and Urban Habitat，CTBUH）的最新解释[7]，把 14 层及以上或高度不低于 50m 的建筑定义为高层建筑。

所谓"超高层建筑"，其实没有一个官方的确切定义。各国有不同的规定，不同专业对超高层的划分也不尽相同。汉语的"高层建筑"大致对应英语的"tall building"或"high-rise building"。为了适应近年来建筑高度大幅度升高的趋势，2010 年，CTBUH 创造了单词"super-tall"，从建筑的角度定义了建筑高度超过 300m 的高层建筑为 super-tall building，即超高层建筑。2012 年，CTBUH 又创造了单词"mega-tall"，补充定义了建筑高度超过 600m 的高层建筑为 mega-tall building，可称为特别超高层建筑或特高层建筑。

其实，从单纯的建筑角度来定义超高层、特高层建筑并不一定完全符合抗震设计的概念。按常规理解，超高层建筑的设防标准应高于一般高层建筑。但设防标准不仅与建筑物高度有关，而且与使用功能及所处场地的地震环境等各种因素有关。中国结构设计规范根据设防烈度、结构体系、建筑材料三个方面给出了建筑物的最大适用高度。本书摘录 JGJ 53—2010 的 B 级高度钢筋混凝土结构、钢-混凝土混合结构及 GB 50010—2010 的钢结构的最大适用高度，如表 1.1.1～表 1.1.3 所示。

表 1.1.1　B 级高度钢筋混凝土高层建筑的最大适用高度　　　　　单位：m

结构体系		非抗震设计	抗震设防烈度			
			6 度	7 度	8 度（0.2g）	8 度（0.3g）
框架-剪力墙		170	160	140	120	100
剪力墙	全部落地剪力墙	180	170	150	130	110
	部分框支剪力墙	150	140	120	100	80
筒体	框架-核心筒	220	210	180	140	130
	筒中筒	300	280	230	170	150

表 1.1.2 钢-混凝土混合结构高层建筑的最大适用高度 单位：m

结构体系		非抗震设计	抗震设防烈度				
			6 度	7 度	8 度 (0.2g)	8 度 (0.3g)	9 度
框架-核心筒	钢框架-钢筋混凝土核心筒	210	200	160	120	100	70
	型钢（钢管）混凝土框架-钢筋混凝土核心筒	240	220	190	150	130	70
筒中筒	钢外筒-钢筋混凝土核心筒	280	260	210	160	140	80
	型钢（钢管）混凝土外筒-钢筋混凝土核心筒	300	280	230	170	150	90

表 1.1.3 钢结构房屋的最大适用高度 单位：m

结构体系	6、7 度 (0.1g)	7 度 (0.15g)	8 度 (0.2g)	8 度 (0.3g)	9 度 (0.4g)
框架	110	90	90	70	50
框架-中心支撑	220	200	180	150	120
框架-偏心支撑（延性墙板）	240	220	200	180	160
筒体（框筒、筒中筒、桁架筒、束筒）和巨型框架	300	280	260	240	180

基本周期 $T \geqslant 5s$ 的结构的高度大致接近或超过上述最大适用高度。也就是说，处于中国规范体系完整覆盖范围的边缘或超出了边缘。若对此作较大突破，现行规范条文的适用性和协调性将受到一定程度的挑战。因此，作者从结构工程师的角度，参考 CTBUH 的标准，按设防烈度、结构体系、建筑材料及基于中国规范体系来定义超高层混凝土结构。定义高于表 1.1.1 和表 1.1.2 最大适用高度的高层建筑为特高层混凝土结构；B 级高度的钢筋混凝土高层建筑为超高层混凝土结构；高度超过 40m 的 A 级高度的钢筋混凝土高层建筑为高层混凝土结构。除特别说明外，为了表述方便，本书统称特别超高、超高层和高层混凝土结构都为高层混凝土结构或高层建筑，不区分"high-rise""super-tall""mega-tall"。若基本周期 $T \geqslant 5s$，称为长周期高层建筑。在不引起混淆的场合，有时略去定语"长周期"。

二、超高层建筑的发展简史

1. 关于 CTBUH

CTBUH 的前身为隶属于美国土木工程师协会（American Society of Civil Engineering，ASCE）和国际桥梁结构工程协会（International Association of Bridge and Structural Engineering，IABSE）的高层建筑联合委员会（Joint Committee on Tall Buildings），成立于 1969 年，总部设在美国宾夕法尼亚州伯利恒市的利哈伊大学（Lehigh University，Bethlehem，Pennsylvania）。进入 20 世纪 70 年代，高层建筑迅速发展。1973 年，美国建筑师学会（American Institute of Architects，AIA）、美国规划协会（American Planning Association，APA）、国际居住和规划联合会（International Federation for Housing and Planning，IFHP）和国际建筑师协会（International Union of Architects，IUA）被邀

请为 ASCE 和 IABSE 的合伙单位参加联合委员会。后来，美国室内设计师协会（American Society of Interior Designers，ASID）、日本建筑构造技术者协会（Japan Structural Consultants Association，JSCA）和都市土地学会（Urban Land Institute，ULI）也成为联合委员会的发起单位。1976 年，高层建筑联合委员会更名为世界高层建筑都市学会（CTBUH）。1979 年，联合国教科文组织承认 CTBUH 为 B 类非官方组织；2003 年，总部迁至芝加哥伊利诺伊理工学院（Illinois Institute of Technology Chicago）。

　　CTBUH 是一个涉及建筑、结构、工程、规划、开发以及建造多方面支持的国际性非营利机构，是世界高层都市建筑方面的引领者，高层建筑高度测量标准的裁判者，"世界最高建筑"头衔的授予者。

　　2. 建筑高度的发展轨迹

　　超高层建筑的另外一个建筑术语是摩天大楼（skyscraper），即突出于周围环境，能改变都市天际线的高层建筑物。CTBUH 下设摩天大楼中心（Skyscraper Center），是一个集 40 多年研究成果的高层建筑数据库。有兴趣的读者可以查询 skyscrapercenter.com 网站。以下对建筑物高度的发展轨迹做一个简短回顾。

　　高层建筑象征权力、成就、繁荣。欧洲中世纪时期，宗教建筑盛行，开始了教堂对世界最高建筑的统治史。在几个世纪内，教堂一直在最高建筑的舞台上轮流登场。图 1.1.1 给出了 4 个曾经拥有过这个头衔的典范，图中的年份为保持最高建筑的时间段。英国林肯大教堂（Lincoln Cathedral），1088 年奠基，1311 年最终完成建造，是人类历史上第一次超过金字塔高度的建筑；于 1549 年塔尖顶倒塌，失去了保持 238 年的世界最高建筑头衔。图 1.1.1（a）是林肯大教堂 17 世纪带西塔塔尖的建筑透视图。德国汉堡圣尼古拉斯教堂（St. Nicholas Church），图 1.1.1（b）的左图是第二次世界大战的遗迹，右图是原有建筑的透视图。法国卢昂大教堂（Rouen Cathedral），最早可以追溯至公元 4 世纪末。法国印象派画家莫奈（Monet C）的代表作《卢昂大教堂》收藏于巴黎奥赛博物馆（Museum d'Orsay）。图 1.1.1（c）给出卢昂大教堂的照片和平面图。德国科隆大教堂（Cologne Cathedral）建造周期长达 632 年，1880 年最终完成，1996 年被联合国教科文组织列为世界遗产。图 1.1.1（d）给出科隆大教堂 1911 年的西立面图。

（a）林肯大教堂（160m，1311~1549 年）

（b）汉堡圣尼古拉斯大教堂（147.3m，1874~1876 年）

图 1.1.1　中世纪世界最高宗教建筑（引自：维基百科和 CTBUH）

（c）卢昂大教堂（151m，1876～1880 年）　　　　（d）科隆大教堂（157m，1880～1884 年）

图 1.1.1（续）

中世纪哥特式（Gothic）教堂的共同点是使用传统建筑材料。象征通往天堂、与神沟通的高耸塔尖使它们都经历了各种自然灾害，具有倒塌、重建史。第一次世界大战前后，世界经济重心从欧洲移转至美国。自 1884 年起，美国在芝加哥（Chicago）、纽约（New York）、费城（Philadelphia）、底特律（Detroit）、圣路易斯（St. Louis）等大城市建造了一批具有近代意义的摩天大楼，使用钢（或铸铁）框架替代传统建筑材料，例如由 William Le Baron Jenne（建筑师，"摩天大楼之父"）设计的芝加哥家庭保险大楼（Home Insurance Building）（毁于 1931 年）。到 19 世纪末，人们第一次把不低于 10 层、钢框架作为承重体系的建筑称为"摩天大楼"。此后在近一个世纪内，世界最高建筑一直在纽约和芝加哥之间竞争。1931 年，帝国大厦（Empire State Building，381m）于纽约落成，此后的 41 年雄踞世界第一高楼，成为纽约的地标建筑。经过第二次世界大战时期短暂的停滞后，建筑高度不断上升。1974 年，芝加哥建造了西尔斯大厦（Willis Tower，442m），保持了 24 年的最高高楼纪录。按安波利斯标准委员会（Emporis Standard Committee）ESN 24419 号文的规定，摩天大楼的最低建筑高度为 100m。当前在美国和欧洲，一个不成文的惯例，已经把摩天大楼的最低建筑高度提高到 150m。近年来，亚洲新兴国家的经济实力逐渐上升，摩天大楼的排行榜从原来的美洲独霸，演变为亚洲傲视群芳。1998 年，马来西亚吉隆坡双子塔（Petronas Twin Tower，452m）使世界第一高楼的桂冠第一次落于亚洲。2004 年，中国台北 101 大厦以 508m 的高度成为世界第一高楼。2010 年启用的哈利法塔（Burj Khalifa, Dubai，828m）为目前世界最高的已建摩天大楼。图 1.1.2 和图 1.1.3 给出了它们的表现图和发展轨迹。

（a）家庭保险大楼（10 层，42m，
1885～1890 年）

（b）帝国大厦（102 层，381m，
1931～1972 年）

（c）西尔斯大厦（108 层，442m，
1974～1998 年）

（d）吉隆坡双子塔（88 层，452m，
1998～2004 年）

（e）中国台北 101 大厦（101 层，508m，
2004～2010 年）

（f）哈利法塔（163 层，828m，
2010 年～）

图 1.1.2　世界最高建筑表现图（引自：维基百科和 CTBUH）

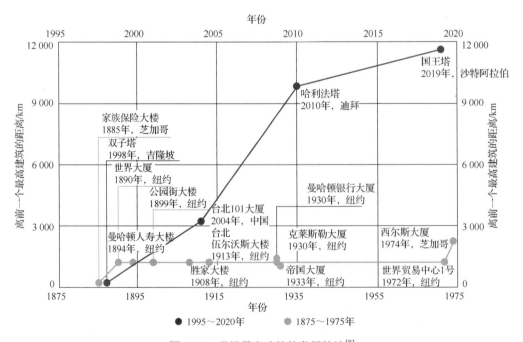

图 1.1.3　世界最高建筑的发展轨迹[8]

　　最近 20 年来，我国经济快速发展，地标性超高层建筑大量涌现。我国的超高层建筑占全世界的 51%。如图 1.1.4（a）～（j）所示，在 2014 年排名世界前 10 名在建的超高层建筑中，中国占了 7 位。

（a）国王塔（1 000m）

（b）苏州中南中心（729m）

（c）平安国际金融中心（660m）

（d）武汉绿地中心（636m）

（e）上海中心大厦（632m）

（f）天津高银 117 大厦（597m）

（g）首尔乐天世界大厦（555m）

（h）纽约世贸中心（541m）

（i）广州周大福金融中心（530m）

（j）天津周大福金融中心（530m）

图 1.1.4　2014 年世界前 10 名在建超高层建筑（引自：CTBUH）

3. 结构体系的演变

　　19 世纪末钢框架替代传统的建筑材料，成为摩天大楼的主要抗侧力结构体系。帝国大厦［图 1.1.2（b），102 层，381m］把钢支撑框架的性能发挥到极致。但在此后的 30 年间，结构体系的发展基本上处于停滞状态。直到 1961 年，Fazlur Rahman Khan 创造性地提出了筒体结构，开始了三维结构分析，开创了结构体系的新纪元，也使主要抗侧力构件成为建筑美学不可分割的一部分。

　　图 1.1.5 给出了超高层建筑结构体系发展史上几个里程碑式的实例。在结构工程中，筒体是一种受力特性类似于悬臂空心圆柱体那样抵抗水平荷载的三维空间。筒体的最初或最基本形式为由密柱和深梁组成的框架式筒体，简称"框筒"。1966 年，Khan 把框筒结构应用于芝加哥德威特·切斯纳特公寓（Dewitt-Chestnut Apartments Chicago，43 层，120m）［图 1.1.5（a）］，呈现了浑厚，以结构形式表现的立面风格。框筒承受全部的水平荷载，增加了内部空间使用的灵活性。作为框筒结构的第一个工程实例，它奠定了筒体为超高层建筑主要结构体系的基础。1969 年，Khan 把框筒发展为带支撑的桁架

筒体，应用于芝加哥约翰·汉考克中心（John Hancock Center Chicago，100 层，344m）[图 1.1.5（b）]。X 形支撑筒体克服了稍显单调的立面以及密柱带来底部主要出入口过小、需结构转换的不足，实现了建筑与结构的和谐结合。1970 年，束筒结构使用于西尔斯大厦（Willis Tower，108 层，442m）[图 1.1.2（c）]。由 9 个钢框筒组成一个束筒，2 个钢框筒从底部连贯地直通顶部，其余 7 个钢框筒分三次截断收进，如图 1.1.6 所示。束筒结构打破了超高层建筑给人们如火柴盒那样刻板的形象。

（a）框筒（芝加哥德威特·切斯纳特公寓，43 层，120m，1966 年）

（b）X 形支撑筒体（芝加哥约翰·汉考克中心，100 层，344m，1969 年）

（c）筒中筒（休斯敦壳牌广场大厦，50 层，218m，1970 年）

（d）混凝土束筒（芝加哥壮丽大道大厦，57 层，205m，1983 年）

（e）交叉筒体（伦敦瑞士再保险大厦，40 层，180m，2004 年）

（f）伸臂（蒙特利尔证券交易大厦，47 层，190m，1964 年）

（g）悬挂（约翰内斯堡标准银行大厦，34 层，139m，1968 年）

（h）伸臂+支撑框筒（墨尔本必和必拓大厦，41 层，152m，1972 年）

（i）巨型框架-核心筒（上海金茂大厦，88 层，421m，1999 年）

图 1.1.5　结构创新的超高层建筑（引自：CTBUH）

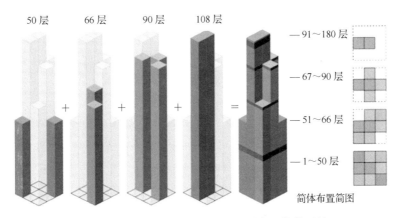

图 1.1.6 西尔斯大厦的束筒布置（引自：维基百科）

对比上述布置在建筑平面周边的外部抗侧力结构，利用电梯、楼梯、设备等垂直井道围合成的三维空间可作为内部抗侧力结构。它一般处于建筑平面的核心部位，称为核心筒。核心筒可采用钢框筒或钢支撑框架，也可采用由钢筋混凝土墙肢围合成的开口薄壁杆件。核心筒和外部抗侧力结构形成了（内—外）相互作用结构体系。1970 年，第一个采用钢筋混凝土筒中筒结构的超高层建筑休斯敦壳牌广场大厦（One Shell Plaza Houston Texas，50 层，218m）[图 1.1.5（c）]竣工。1983 年，第一个采用钢筋混凝土束筒的超高层建筑芝加哥壮丽大道大厦（One Magnificent Mile Chicago，57 层，205m）[图 1.1.5（d）]竣工。进入 21 世纪，建筑师倾向曲线美。伦敦瑞士再保险大厦（30 St. Mary Axe London，40 层，180m）[图 1.1.5（e）]和首尔乐天世界大厦（Lotte World Tower Seoul，123 层，555m）[图 1.1.4（g）]采用了交叉网格筒体。

与筒体平行发展，把主要抗侧力构件布置在平面内部的另外一种超高层结构体系是核心筒+伸臂结构，以提供建筑师更大的外立面创作自由[9]。1964 年，Pier Luigi Nervi 第一次把钢筋混凝土伸臂结构应用于蒙特利尔证券交易大厦（Tour de la Bourse Montreal，47 层，190m）[图 1.1.5（f）]。在平面角部布置了四根钢筋混凝土巨柱。通过伸臂连接核心筒的巨柱提供了足够的抗倾覆力矩。它改写了 20 世纪 60 年代对高度 190m 及以上的超高层建筑一般采用钢结构的设计惯例。1968 年，仅利用核心筒自身的侧向和扭转刚度，第一个钢筋混凝土核心筒+伸臂组成的悬挂结构体系的超高层建筑约翰内斯堡标准银行大厦（Standard Bank Johannesburg，34 层，139m）[图 1.1.5（g）]出现在南非。1972 年，Khan 整合了伸臂结构和框筒结构，应用于墨尔本必和必拓大厦（BHP House Melbourne，41 层，152m）[图 1.1.5（h）]。由组合格构柱+桁架组成的巨型框架结构源自钢结构设计。巨柱以及巨型框架的概念被引入超高层建筑的结构体系中，稍作调整的是往往采用型钢或钢管混凝土巨柱替代格构钢柱。1999 年，上海金茂大厦（Jin Mao Tower Shanghai，88 层，421m）[图 1.1.5（i）]竣工。金茂大厦也许不是第一个采用型钢混凝土巨柱+伸臂+核心筒结构体系的超高层建筑，但它的建筑造型是传统的中国文化与现代建筑材料的完美结合，用钢指标也成为了中国超高层建筑中的楷模。2004 年，中国台北 101 大厦成为世界第一高楼 [图 1.1.2（e）]，采用型钢混凝土巨柱+钢伸臂+钢带状桁架+

钢支撑核心筒的结构体系，开启了巨型框架-核心筒结构的年代。中国的超高层建筑如上海中心大厦（Shanghai Tower，128 层，632m）［图 1.1.4（e）］和苏州中南中心（Suzhou Zhongnan Center，137 层，729m）［图 1.1.4（b）］等都采用巨型框架-核心筒结构体系，但倾向采用型钢+钢板组合墙的混凝土核心筒。

超高层建筑的结构设计几乎都绕不开筒体。应该说明的是，筒体结构和巨型框架-核心筒结构的发展和兴起不仅仅是美学，更重要的是筒体极大提高了结构的侧向刚度和扭转刚度，巨柱极大地提高了结构的抗倾覆能力，大幅度减少了钢材用量。例如，与采用钢支撑框架的帝国大厦和曼哈顿自由大厦（28 Liberty Manhattan，60 层，248m）（图 1.1.7）的用钢材指标为 206kg/m² 和 275kg/m² 比较，钢框筒结构的约翰·汉考克用钢材指标为 145kg/m²，钢束筒结构的西尔斯大厦用钢材指标为 160kg/m²。金茂大厦的用钢指标为 207kg/m²，其中钢材为 71kg/m²、钢筋为 136kg/m²。

超高层建筑的现代设计理论起源于欧美西方。随着中国及亚洲成为世界经济发展的引擎，超高层建筑的发展重心逐渐移至东方。中国结构工程师积累了大量的施工图设计和施工经验。钢筋（或型钢）混凝土核心筒+巨型框架或钢支撑桁架筒或斜交网格筒，也再一次被证明是超高层建筑行之有效的相互作用结构体系。图 1.1.8 所示的是北京 CBD 核心区 Z6 项目的表现图，混凝土核心筒+不对称钢斜交网格外筒结构体系。

钢支撑框架（60 层，248m，1961 年）

图 1.1.7　曼哈顿自由大厦

混凝土核心筒+钢斜交网格外筒（68 层，405m，设计完成）

图 1.1.8　北京 CBD 核心区 Z6 项目

三、超高层建筑的结构设计基本准则

超高层建筑与高层、多层、低层建筑的设计基本准则具有共性，但由于高度高、自重大，社会效应明显，以下几点更需要特别注意。

1. 服从建筑

超高层建筑往往是地标性建筑。结构工程师应该使用基本力学原理，综合评估建筑方案立面设计和内部空间布置的可实施性。不要以不符合规范的个别条文为理由，轻易地否定建筑方案的核心思想。相反，应该研究条文的背景，既尊重规范，又有创新精神；既符合建筑的美学观点，又达到规范要求的安全度。1973 年，Khan 在密尔沃基美国银行中心（US Bank Center Milwaukee，42 层，183m）[图 1.1.9（a）]的设计中，创新地采用全钢核心筒+伸臂+带状桁架结构体系，标准层结构布置平面如图 1.1.9（b）所示。17 层和 42 层二道暴露的带状桁架不仅和谐地打破了稍显单调的横竖线条，而且有效缓解了框筒的剪力滞后现象，被公认为建筑与结构完美结合的典范。其单位建筑面积用钢量为 117kg/m^2。

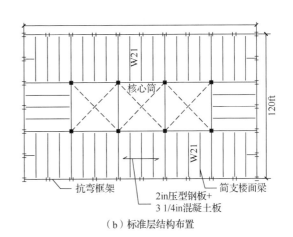

（a）表现图　　　　　　　　　　　（b）标准层结构布置

图 1.1.9　密尔沃基美国银行中心（42 层，183m，1973 年）

注：1in=2.54cm，1ft=0.3048m。

2. 合理估计竖向构件的差异变形和基础的差异沉降

超高层建筑的巨大自重使结构竖向构件的差异变形和基础的差异沉降有时会相当严重，甚至会引起水平构件的内力改变符号。因此，除了以常规的方法进行施工模拟以外，建议考虑竖向构件差异变形和基础差异沉降的相互作用。以下以巨型框架-核心筒结构加以说明。一般而言，柱的竖向变形大于墙体。但是，核心筒的重力荷载大于周边框架，核心筒范围内以摩擦桩为主的基础沉降往往大于周边柱脚的沉降，等沉降分布曲面呈盆式形状。它补偿了一部分上部构件差异变形造成的附加应力。因此，采用长短桩完全调平基础沉降对上部构件的差异变形并不一定有利。由重力荷载引起的最终差异变形和差异沉降的估计，应在施工总包确定后，结合施工工程师，按照施工方案、施工速度，进行变形差和沉降差相互作用的施工模拟，考虑的重点可以是每层结构标高的找平，核心筒超前施工的层数，伸臂合拢的时间节点以及对水平构件受力的影响等。另外，竖向变形和沉降不会在短期内完成。若有可能，宜同时考虑混凝土徐变、收缩等因素，进行变形差和沉降差的长期时变效应分析。

3. 合理选择结构体系

　　超高层建筑的结构体系，除了前面已经叙述过的几种类型以外，仍在不断创新和发展。结构工程师应根据建筑的高度、立面、功能等综合因素，合理选择结构体系。根据地震作用的不确定性和偶然性，抗震设计要求多道防线是合理的。但中国规范和超限评审过分强调周边框架的二道防线作用，甚至完全排除框筒结构和核心筒结构。这是对多道防线的片面理解。作者认为，多道防线的意义是在某一根或某一批构件进入塑性状态后，能充分完成内力重分布，使结构形成良好的耗能变形机构，抵抗大震作用，达到预期的性能目标。单一结构体系完全能实现多道防线。例如，可以把带支撑的框筒结构中的梁、支撑、柱设计成不同保护等级的抗震构件，使结构具有良好的抗震性能。关于如何评价二道防线及合理设计框架-核心筒结构，第四章第二节将给予详细叙述。以下举一个震害幸存实例。1971 年，Lin 在尼加拉瓜马那瓜（Managua Nicaragua）设计了美洲银行大厦（Banco de America，18 层，61m）。该大厦为筒中筒结构，对称布置。其中，核心筒由四个角筒+耗能连梁组成，结构平面布置如图 1.1.10（a）所示[10,11]。1972 年 12 月 23 日位于环太平洋地震带东侧中美洲西南边界的 Cocos 板块和 Caribbean 板块的交界处发生 6.2 级强烈地震。震中位于马那瓜（Managua）西北 28km，震源深度约 5km。马那瓜处于逆断层的上盘，极震区地面断裂严重。主震发生 1h 内，先后发生 5.0 级、5.2 级余震两次。大部分建筑物在主震波 10～15s 发生破坏，最大记录加速度峰值达 350Gal（1Gal=1cm/s^2）。邻近的中央银行大厦，15 层框架-剪力墙结构，具有明显的扭转不规则和竖向抗侧力构件不连续，濒临倒塌。美洲银行大厦，按当时 UBC 规范，设防加速度峰值为 60Gal，承受了近 6 倍设防加速度的罕遇地震打击。连梁遭受破坏，抗侧力构件由一个核心筒转换成为四个角筒，导致周期增长，底部剪力和倾覆力矩大幅度减小，保护了整个结构。该大厦震害轻微，稍加修理后即恢复使用。图 1.1.10（b）为幸存的美洲银行大厦及震后市区重建的实地照片（中央银行大厦已拆除）。表 1.1.4 列出了 Bertero 提供的美洲银行大厦结构地震前后的主要动力参数。四个角筒显然是组合核心筒的第二道抗震防线。

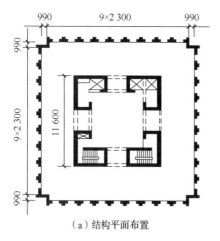

（a）结构平面布置

（b）震后实地照片

图 1.1.10　美洲银行大厦

表 1.1.4 马那瓜美洲银行大厦动力分析[10,11]

项目	组合筒体	4 个角筒独立工作
自振周期/s	1.3	3.3
底部剪力/t	2 700	1 300
倾覆力矩/（t·m）	93 000	37 000
顶部位移/mm	120	240

4. 合理布置抗侧力构件

图 1.1.11 给出在风荷载作用下钢结构工程的层数和用钢量之间关系的示意图。随着楼层的增加，楼盖系统的用钢量没有多大的变化；重力荷载要求的墙柱用钢量基本上呈线性增加，也几乎没有优化的余地。然而，抵抗水平风力的用钢量呈非线性增加。其实，优化周边抗侧力构件的布置，形成三维空间结构和增加结构的有效宽度等提高结构的侧向和扭转刚度是超高层建筑抗震设计中大幅度降低用钢指标、减少材料成本的基本措施。若采用内部核心筒为主的超高层结构体系，应尽量提高核心筒的翘曲刚度。若侧向刚度偏弱，宜设伸臂层，加强内外抗侧力构件的联系，在核心筒与周边之间不宜再布置竖向构件，使重力荷载尽量通过周边竖向杆件传递至基础，避免在大震作用下产生拉应力。

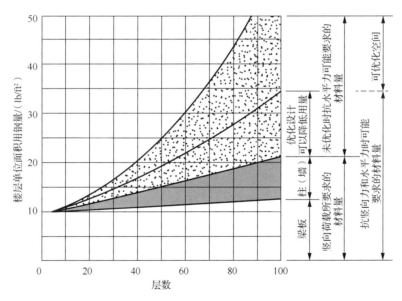

图 1.1.11 用钢指标与高度的关系[10,11]

注：1lb=0.453 592kg。

5. 减轻外部作用

风和地震作用是超高层建筑的主要水平荷载。在沿海城市，风致振动分析是超高层建筑设计的主要内容之一，也许受风作用控制。结构工程师应配合建筑师通过调整平面形状、沿高度外形变化以及改变局部形态等三个方面减少风作用。在这个方面，上海中心大厦［图 1.1.4（e）］是一个典范。通过空气动力学的研究，建筑外形螺旋向上旋转 120° 和起始朝向 0° 的实施方案与参照基准方形方案相比，风作用降低了约 60%[12]。

减振/震和隔震是减轻地震作用和风致振动的主要措施。结构工程师应对此可行性进行评估。若技术经济指标合理，应积极采用。当前减振/震的实用方法是设置可调谐质量阻尼器（tunable mass damper，TMD）或黏滞阻尼器（viscous damper，VD）或防屈曲支撑（buckling resistant bar，BRB），是一种被动控制技术。隔震是设置由隔震弹簧和限位阻尼器组成的隔震层降低地震波往上传播的另外一种类型的被动控制技术。超高层建筑的基本周期长，反应谱值低。在低、中烈度区，隔震技术的经济效果也许会更理想一些。在高烈度及强风区域，采用大冲程的液体黏滞阻尼器可兼顾抗震（减轻地震作用）和抗风（满足舒适度）。在低烈度及强风区域，TMD 也许是一个合理的选择。

减隔震结构中的消能元件应先于结构的延性构件进入塑性。现行规范对这方面的考虑不够完整，表述不够详细。因此，进行基础性研究，包括对阻尼器平面外性能的研究，制定一本按延性设计准则编制的减隔震规程是推广低碳绿色及可持续发展建筑的一项具有现实意义和深远影响的课题。有关减隔震的详细内容，可参考有关专著。

6. 减轻自重

超高层建筑中应优先使用轻质高强材料，以减轻自重。国外超高层工程实例表明，采用 C100 高强混凝土已经相当普遍。从 20 世纪 70 年起，美国已经开始使用 C60～C130 高强混凝土。图 1.1.12 中，达拉斯第一城市中心（First City Center Dallas）采用 C120，西雅图联合广场（Two Union Square Seattle）采用 C130 混凝土。我国 GB 50010—2010 已经列出了 C80 混凝土的技术指标[13]，在沈阳、广州和北京等地，也已经有一些高强混凝土使用于钢管混凝土柱的工程实例。但对于混凝土构件和型钢混凝土构件，当前中国设计界采用的混凝土强度等级一般不超过 C60，为此，结构工程师只能采用（中埋式）钢板-钢筋混凝土组合墙来满足轴压比的要求。按常识性经验，窄长的组合墙并不是一个理想的承重构件。它施工困难，两种不同热膨胀系数材料的收缩不均匀，墙体出现众多收缩裂缝是常见现象。GB 50010—2010 第 4.7.2 条对纵向钢筋的并筋作出了比国外规范更严格的规定，钢板可视为大规模的一字形并筋，钢板两侧混凝土的有效连接，栓钉的效果，混凝土与钢板之间的协同工作等方面尚有许多值得商榷的地方。本书作者认为，应积极展开对高强混凝土的抗裂性、脆性、耐火性和超高层泵送技术的研究和开发，鼓励使用 C80 及以上的高强混凝土，使用型钢或钢管混凝土剪力墙。高强钢材和钢筋的使用能减小构件截面尺寸、减轻自重。《高层民用建筑钢结构技术规程》（JGJ 99—2015）已经列出了 Q345GJ、Q420 等高强钢材[14]，设计者应积极采用。陶粒、火山灰等轻骨料配制的轻质混凝土密度为 18kN/m³。对于巨型框架-核心筒结构的次结构楼板，采用轻质混凝土材料能减轻楼板自重的 20%。图 1.1.5（c）所示的休斯敦壳牌广场（One Shell plaza Huston Texas）是采用轻质高强混凝土的成功工程案例。另外，泡沫陶瓷和伊通砖等材料的干容重小于 5kN/m³，砌筑时不吸水，不需要双面粉刷，隔声效果好，采用它们作为隔墙也是减轻自重的一个不错选择。

（a）达拉斯第一城市中心（50层，200m，1983年，C120）　　　（b）西雅图联合广场（56层，226m，1989年，C130）

图 1.1.12　国外高强混凝土实例

7. 适宜刚度

有关适宜刚度的讨论由来已久。控制长周期超高层建筑的主要设计指标是底部剪重比、层间位移角、稳定及舒适度。作者认为，在不小于最小底部剪力系数的地震作用下，满足层间位移角、稳定及舒适度要求的结构刚度是适宜的。按当前数字化强震仪的频谱和音噪比性能，加速度记录的可靠范围至少可以达到 10s。因此，数字化强震仪记录的地震波中，长周期成分的可靠性是可以期待的。特别是对于受风致振动控制的长周期超高层建筑，更没有必要刻意地限制结构周期的长短。与适宜刚度相关的层间位移角限值，我国规范似乎控制过严。关于这一点，将在第六章第四节中继续讨论。

8. 适当的性能水准

抗震设计是一种按不同水准的地震作用，采取不同保护等级的设计方法。按照中国抗震规范的演变，中震可修是自动满足的[1]。当前，要求中震不屈服或中震弹性，以等效线性法替代非线性分析，采用小震包络大震或中震包络大震的设计方法有悖于抗震理论和设计的发展。小震不坏是一种通俗的说法。若用专业术语表述，它属于运行控制极限状态，即要求震后基本上处于弹性状态，不妨碍建筑物的正常使用；钢筋混凝土构件可以产生细微裂缝，混凝土（含保护层）不压碎，钢筋不屈服[15]。通过强度控制构件和变形控制构件的共同工作和变形协调，形成合理的耗能变形机构实现大震不倒或生命安全才是抗震设计的重点和难点。结构工程师应详细制定合理的大震目标性能，通过非线性分析验证目标性能的实现和小震延性系数和措施的合理性。关于这一点，将在第六章中继续讲述。

第二节　常用结构体系的基本力学性能

竖向和水平抗侧力构件的不同组合造就了各种结构体系。常用的结构体系有框架、联肢墙和筒体（含核心筒、框筒、框架-核心筒和筒中筒等）。在水平荷载作用下，它们的基本力学性能、侧向挠曲变形特征取决于刚度的分布。其中，弯曲变形是竖向构件弯曲和拉压引起的变形，单向曲率；剪切变形是梁柱节点或连梁墙肢节点转动引起的变形，双向曲率。对于均匀、规则的结构，可以简化为弯曲型杆件或剪切型杆件以及它们共同工作的连续体模型进行近似分析。本节简单地回顾这种近似分析的方法以及常用结构的基本力学性能。

一、框架结构

1. 特征参数 κ

框架是以剪切变形为主的结构，由框架梁、柱弯曲线刚度比定义的结构特征系数

$$\kappa = \frac{\sum\limits_{j}(I_{\mathrm{b}}/l)_j}{\sum\limits_{k}(I_{\mathrm{c}}/h)_k} \qquad \kappa_i = \frac{\sum\limits_{j}(I_{\mathrm{b}}/l)_{ij}}{\sum\limits_{k}(I_{\mathrm{c}}/h)_{ik}} \qquad (1.2.1)$$

控制了框架结构的力学性能。式中，$I_{\mathrm{b}}, I_{\mathrm{c}}$ 分别为梁和柱的截面二次惯性矩；l 为梁的跨度；h 为层高。式（1.2.1）中，左侧公式对应于整榀结构，j,k 表示对结构全部的梁、柱线刚度求和，κ 为结构整体的特征参数；右侧公式对应于第 i 层，j,k 表示对第 i 层全部的梁、柱线刚度求和，κ_i 为结构第 i 层的特征参数。对于层高、跨度、构件截面保持不变的均匀框架，$\kappa_i = \kappa$。为了叙述方便，除特别说明以外，本书不区分整体特征参数和层特征参数。对于单层、单跨框架，式（1.2.1）退化为

$$\kappa = \frac{I_{\mathrm{b}}/l}{2I_{\mathrm{c}}/h} \qquad (1.2.2)$$

相应的层侧向刚度系数 k 为[15,16]

$$k = \frac{EI_{\mathrm{c}}}{h^3}\frac{12+144\kappa}{2+6\kappa} = \frac{24EI_{\mathrm{c}}}{h^3}\frac{1+12\kappa}{4+12\kappa} \qquad (1.2.3)$$

$\kappa \to \infty$ 表示纯剪切型框架，反弯点在柱的中间点，$k = 24EI_{\mathrm{c}}/h^3$。$\kappa \to 0$ 表示纯板柱框架，无反弯点，$k = 6EI_{\mathrm{c}}/h^3$。由于侧向刚度过柔及板柱节点滞回曲线具有明显捏拢的特征，纯板柱框架并不适用于抗震设防区。随 $\kappa = 0 \to \infty$，侧向位移曲线由弯曲型向剪切型过渡。显然，提高框架侧向刚度的有效方法是加高梁的截面高度。

文献[16]把一个 $l = 2h$、单跨、均匀，层高 h，层质量 m 的 5 层平面框架作为研究对象，给出特征参数 κ 对自振特性和地震反应的影响，绘于图 1.2.1。其中，图 1.2.1（a）为 $\kappa - T_1\sqrt{EI_{\mathrm{c}}/mh^3}$ 关系曲线。在设计感兴趣的范围内，κ 与结构规格化的自振周期几乎呈线性关系。图 1.2.1（b）和（c）为 κ 对频率间隔和振型模态的影响。图 1.2.1（d）为自振周期 T_1，特征参数 κ，高振型贡献三者之间关系。图中的纵坐标为振型分解反应谱法的高振型反应与第一振型反应之比，M,V 分别表示倾覆力矩和剪力，下标 b 和 5 分别表示底部和第 5 层。图示曲线表明：①κ 控制了框架结构的自振特性及高振型的贡献。当 $\kappa \to \infty$，高振型的影响将逐渐减弱。②高振型对顶部位移的影响最小，对剪力的影响最大。③随着 T_1 的增长，高振型的贡献对 κ 的大小变得更加敏感。

2. 基本力学性能

纯板柱框架的延性较差，抗震设防区不宜采用，本书不予讨论。对于延性框架，在水平荷载的作用下，可以认为梁、柱具有双向弯曲的变形特征。若为均匀框架，反弯点将出现在构件的中间点（除首层以外）。由梁、柱构件弯曲引起的侧向挠曲线呈剪切型。

两侧柱的伸长和缩短会引起整体弯曲。水平荷载产生的弯矩受到柱端弯矩和两侧柱的拉力和压力组成抗倾覆力矩的共同抵抗。对于超高层框架结构，整体弯曲变形的贡献是不容忽视的。若框架结构的高宽比不超过 1：4，整体弯曲变形一般占全部侧向位移的10%以内[16]。此外，当柱处于高轴压比受力状况时，尚应考虑几何刚度对刚度折减的影响，这部分内容将在第二章和第三章中重点讲述。

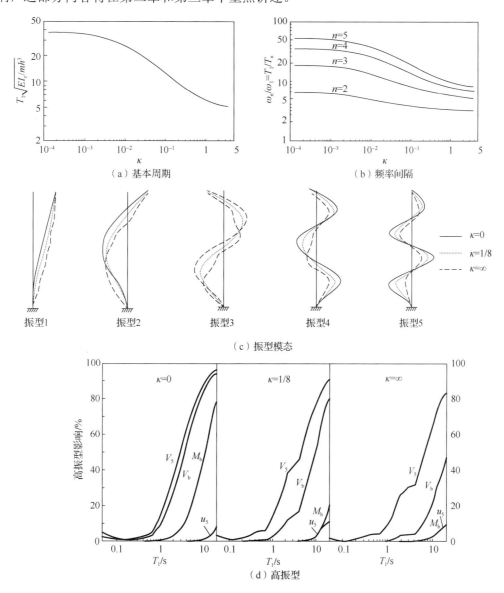

（a）基本周期 （b）频率间隔

（c）振型模态

（d）高振型

图 1.2.1 单跨 5 层均匀框架特征参数的影响

3. 层位移的近似分析

设均匀框架，同层的节点转动相等（相当于"层模型"），反弯点位于层高的中点。图 1.2.2 给出了框架标准层层位移的分解示意。其中，图 1.2.2（a）为梁弯曲引起的节点转动，图 1.2.2（b）和（c）分别为梁弯曲和柱弯曲对层位移的贡献。

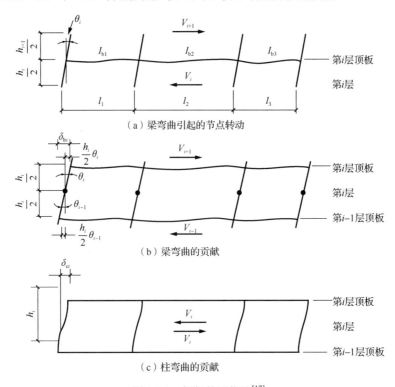

（a）梁弯曲引起的节点转动

（b）梁弯曲的贡献

（c）柱弯曲的贡献

图 1.2.2　框架的层位移[17]

由结构力学，图示框架梁弯曲引起第 i 层的节点转角为

$$\theta_i = \frac{V_i h_i + V_{i+1} h_{i+1}}{24E\sum_j (I_b/l)_{ij}} \tag{1.2.4}$$

式中，j 表示对第 i 层的所有梁求和。均匀框架第 $i-1$ 层和第 $i+1$ 层的转角表达式同式（1.2.4）。按图 1.2.2（b）所示，梁弯曲引起的第 i 层侧向位移 δ_{bi} 为

$$\delta_{bi} = \frac{h_i}{2}(\theta_{i-1} + \theta_i) = \frac{V_i h_i^2}{12E\sum_j (I_b/l)_{ij}} \tag{1.2.5}$$

按图 1.2.2（c）所示，柱弯曲引起的第 i 层侧向位移 δ_{ci} 为

$$\delta_{ci} = \frac{V_i h_i^2}{12E\sum_k (I_c/h)_{ik}} \tag{1.2.6}$$

式中，k 表示对第 i 层所有的柱求和。

第 i 层的层侧向位移（未计整体弯曲）δ_i 为

$$\delta_i = \delta_{ci} + \delta_{bi} = \frac{V_i h_i^2}{12E}\left(\frac{1}{i_{ci}} + \frac{1}{i_{bi}}\right) \qquad i_{ci} \equiv \sum_k (I_c/h)_{ik}, \; i_{bi} \equiv \sum_j (I_b/l)_{ij} \qquad (1.2.7)$$

式中，i_c 和 i_b 分别为柱和梁的线刚度。

4. 等效剪切刚度 (GA)

图 1.2.3 表示等效二维平面和框架的剪切变形。按材料力学基本公式 $\gamma = \tau/G$，有

$$(GA) = Vh/\delta \qquad (1.2.8)$$

式中，(GA) 定义为等效剪切刚度，其物理意义为框架单位层间位移角需要的剪力或单位侧向位移需要的弯矩。把式（1.2.7）代入式（1.2.8），得框架第 i 层的等效剪切刚度为

$$(GA)_i = \frac{12E}{h_i(1/i_{ci} + 1/i_{bi})} \qquad (1.2.9)$$

纯剪切型框架，$\kappa_i \to \infty$，$(GA)_i = 12EI_{ci}/h_i^2$。纯板柱框架，$\kappa_i \to 0$，$(GA)_i \to 0$。均匀框架，各层等效剪切刚度相等，即 $(GA) = (GA)_i$。

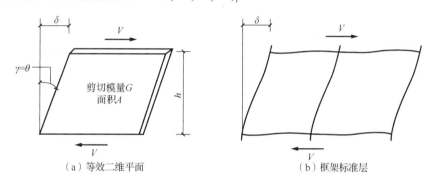

（a）等效二维平面 （b）框架标准层

图 1.2.3 剪切变形

二、联肢墙结构

由剪力墙作为竖向抗侧力构件的结构，称为剪力墙结构。沿同一根轴线排列的剪力墙，往往由墙肢和连梁组成。连梁与墙肢之间的刚度比例控制了剪力墙结构的力学性能和侧向挠曲线的变形特征。本节为了突出连梁的作用，改称为联肢墙结构。

1. 弯曲问题的近似解析解

对于规则、对称，层质量、层刚度均匀的联肢墙结构，连梁被等效连续化为沿高度均匀、轴向刚度无限大、两端与弯曲型墙肢刚接的薄膜，可由分析模型［图 1.2.4（a）］建立如图 1.2.4（b）所示的等效连续体模型，进行平面内近似分析。

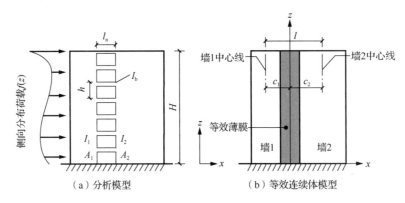

（a）分析模型　　　　　　　　　（b）等效连续体模型

图 1.2.4　联肢墙结构

通过墙肢和连梁间的变形协调和静力平衡，由图 1.2.4 所示的等效连续体模型和坐标系可以推导得不计基础转动和沉降，以侧向挠度曲线 $u(z)$ 表示的控制微分方程[17]为

$$\frac{\mathrm{d}^4 u}{\mathrm{d}z^4} - (k\alpha)^2 \frac{\mathrm{d}^2 u}{\mathrm{d}z^2} = \frac{1}{EI}\left[\frac{\mathrm{d}^2 M}{\mathrm{d}z^2} - (k\alpha)^2 \frac{k^2-1}{k^2} M\right] \tag{1.2.10}$$

其中

$$\alpha^2 = \frac{12 I_b l^2}{l_n^3 h I} = \frac{(GA)}{EI} \qquad k^2 = 1 + \frac{AI}{A_1 A_2 l^2} = 1 + \frac{EI}{\sum E A_i c_i^2} \tag{1.2.11}$$

$$A = A_1 + A_2 \qquad I = I_1 + I_2$$

式中，$M = M(z)$ 为水平荷载产生的弯矩；α 和 k 分别为参数；(GA) 为联肢墙结构计入刚域影响的等效剪切刚度，其他符号意义如图 1.2.4 所示。α 为联肢墙的等效剪切刚度和墙肢弯曲刚度之比，连梁越刚，α 越大；k 为独立墙肢抗弯刚度与联肢墙抗弯刚度之比，反映了连梁长度和墙肢长度的相对几何比例，连梁越短，墙肢越长，k 越大。

式（1.2.10）为四阶常系数微分方程，边界条件为：①固定端位移为零，即 $u(0) = 0$；②转角为零，即 $u'(0) = 0$；③悬臂端弯矩为零，即 $u''(H) = 0$；④反弯点处的变形协调条件，

$$\frac{\mathrm{d}^3 u}{\mathrm{d}z^3} - (k\alpha)^2 \frac{\mathrm{d}u}{\mathrm{d}z} = \frac{1}{EI}\left[\frac{\mathrm{d}M}{\mathrm{d}z} - \alpha^2 (k^2-1)\int_0^H M \mathrm{d}z\right] \tag{1.2.12}$$

利用上述 4 个边界条件确定积分常数 $C_1 \sim C_4$，可解得各种侧向荷载分布的近似解析解。

2. 特征参数 $k\alpha H$

引进连梁和墙的相对刚度比

$$k\alpha H = k\alpha z \cdot H / z = kH \sqrt{\frac{(GA)}{EI}} \tag{1.2.13}$$

为联肢墙结构的特征参数，反映连梁-墙肢组合作用的程度。当 $k\alpha H = 0$，连梁两端与墙肢铰接，为仅承受轴力的刚性连杆，墙肢的底部弯矩承受全部的倾覆力矩。当 $k\alpha H = \infty$，两个墙肢完全组合，相当于整片悬臂墙。以下以均布荷载 $f(z) = w$ 为例，给出连梁等效薄膜中的剪流 $q(z)$ 和顶部水平位移 $u(H)$ 的计算公式如下：

$$q(z) = \frac{wH}{k^2 l} F_2(z/H, k\alpha H) \qquad u(H) = \frac{wH^4}{8EI} F_3(k\alpha H) \tag{1.2.14}$$

式中，F_2, F_3 分别为连梁剪流系数和顶部侧向挠度系数，其曲线如图 1.2.5 和图 1.2.6 所示[17]。

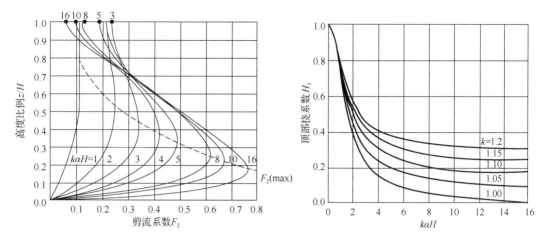

图 1.2.5 连梁剪流系数 F_2 曲线   图 1.2.6 顶部挠度系数 F_3 曲线

上述图示曲线表明，随着连梁刚度的增大，连梁承受的剪力将逐级增大，最大剪力的位置将逐级降低，结构的中下部将是连梁承受较大剪力的区域。图示曲线还表明，随着连梁刚度的增大，联肢墙的组合作用将逐级加强，顶点位移将逐级减小。$k\alpha H = 0 \sim 3$ 为特征系数对顶部位移影响的敏感区段。

三、框架-剪力墙结构

1. 弯曲问题的近似解析解

对于框架-剪力墙结构，可使用一根弯曲型悬臂杆模拟墙肢，一根剪切型悬臂杆模拟框架，沿高度均匀、轴向刚度无限大、两端与悬臂杆铰接的薄膜模拟楼板，建立等效连续体模型，进行平面内近似分析，如图 1.2.7 所示。

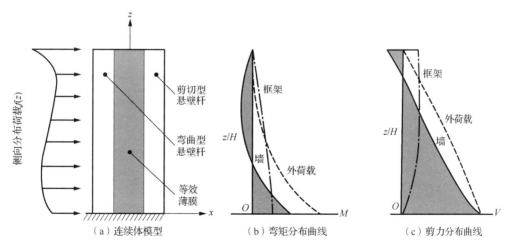

（a）连续体模型   （b）弯矩分布曲线   （c）剪力分布曲线

图 1.2.7 框架-剪力墙结构

设坐标原点位于底部、z 轴垂直向上，以侧向挠度曲线 $u(z)$ 表示的控制微分方程[17]为

$$\frac{\mathrm{d}^4 u}{\mathrm{d}z^4} - \alpha^2 \frac{\mathrm{d}^2 u}{\mathrm{d}z^2} = \frac{f(z)}{EI} \qquad \alpha^2 = \frac{(GA)}{EI} \qquad (1.2.15)$$

式中，(GA) 为框架的等效剪切刚度，由式（1.2.9）确定；EI 为墙体的弯曲刚度。

式（1.2.15）为四阶常系数微分方程，边界条件为：①固定端位移为零，即 $u(0)=0$；②转角为零，即 $u'(0)=0$；③悬臂端弯矩为零，即 $M_w(H)=EIu''(H)=0$；④顶部相互作用合力为零，即 $EIu'''(H)-(GA)u'(H)=0$。利用上述 4 个边界条件确定 $C_1 \sim C_4$，可解得各种侧向荷载分布的近似解析解。

2. 特征参数 αH

引进框架和墙的相对刚度比

$$\alpha H = H\sqrt{\frac{(GA)}{EI}} \qquad (1.2.16)$$

为框架-剪力墙结构的特征参数，反映框架与剪力墙共同工作的程度。它控制了结构的侧向挠曲 $u(z)$ 和内力分布特征。具有相同 αH 的框架-剪力墙结构，若水平荷载分布相似，其侧向挠曲线分布以及内力分布也将相似。以下以均布荷载 $f(z)=w$ 为例，给出以 αH 为参数的层位移 $u(z)$、层间位移角 $u'(z)$、墙弯矩 $M_w(z)$ 和墙剪力 $V_w(z)$ 的计算公式如下：

$$u(z)=\frac{wH^4}{8EI}K_1(\alpha H, z/H) \qquad u'(z)=\frac{wH^3}{6EI}K_2(\alpha H, z/H) \qquad (1.2.17)$$

$$M_w(z)=\frac{wH^2}{2}K_3(\alpha H, z/H) \qquad V_w(z)=wHK_4(\alpha H, z/H) \qquad (1.2.18)$$

式中，$K_1 \sim K_4$ 分别为不同 αH 的框架和剪力墙的共同工作系数，其图形曲线如图 1.2.8 所示。图中，曲线间的水平距离表示框架与剪力墙之间共同作用强弱程度的变化，$\alpha H=0$ 表示纯剪力墙结构。显然，框架的主要作用在于减少结构的侧向位移和核心筒墙体的弯矩。图 1.2.8（c）和（d）与图 1.2.7（b）和（c）类似，分别表示框架与剪力墙之间弯矩和剪力的分配比例。值得注意的是，在二阶导数 $u''=0$ 的上部区域，框架分担的弯矩大于水平荷载产生的总弯矩；在三阶导数 $u'''=0$ 的顶部区域，框架分担的剪力大于水平荷载产生的总剪力。反弯点的位置取决于 αH。这是框架-剪力墙相互作用体系的受力特征。

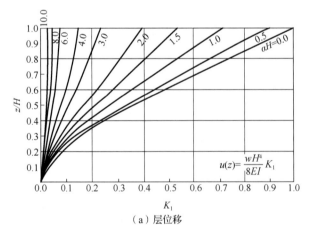

图 1.2.8　均布荷载作用下框架-剪力墙结构变形特征和内力分布[17]

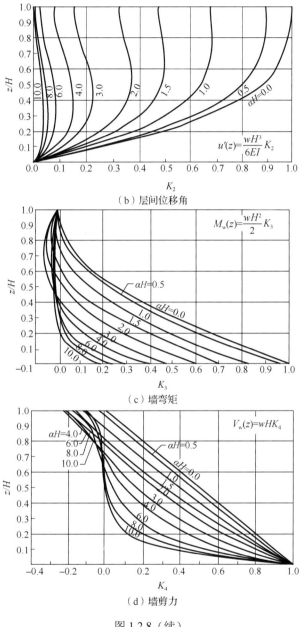

（b）层间位移角

（c）墙弯矩

（d）墙剪力

图 1.2.8（续）

四、核心筒结构

利用处于平面核心区的楼梯、电梯、管道井等建筑空间，由连梁+墙肢围合组成的三维不完全开口薄壁杆件称为（混凝土）核心筒，属内部抗侧力构件。在全钢结构中，钢支撑框架也可以构建成为核心筒，但本书讨论的重点是混凝土筒体。在水平荷载作用下，核心筒产生平面内侧向挠曲，其变形特征取决于反映连梁弯曲和剪切能力的等效剪切刚度(GA)与墙的弯曲刚度 EI 之比。核心筒同时还产生平面外的扭转，发生翘曲，产生翘曲应力。墙肢的应力由弯曲应力和翘曲应力叠加组成。翘曲也增大了连梁承受的剪力和弯矩。

核心筒应该遵循强墙肢-弱连梁，强剪-弱弯的抗震设计原则。在大震作用下，连梁的两端和墙肢的底部出现弯曲塑性铰，形成合理的耗能变形机构。因此，核心筒是一个独立、完整的抗侧力结构体系。

核心筒+伸臂+吊杆组成悬挂结构的超高层建筑代表作是由 HPP Architect 设计的南非约翰内斯堡标准银行大厦［图 1.1.5（g)]。图 1.2.9 给出了它的放大图。分三段悬挂，每段由 9 层、高 4.5m 的办公空间组成。图 1.2.10 为 1985 年竣工的中国香港汇丰银行大楼（43 层，179m)，全钢结构暴露悬挂结构的典范。它们展示了核心筒作为一个独立抗侧力结构的逻辑成立，设计可行。也许悬挂结构的技术经济指标不一定很理想，但给予建筑师更大的创作空间。

图 1.2.9　南非约翰内斯堡标准银行大厦放大图　　　图 1.2.10 中国香港汇丰银行大楼

当核心筒与悬挂楼板之间采用柔性连接时，楼板相当于钟摆。在地震作用下，以吊点为圆心进行单摆式的微振动。摆动的周期和恢复力取决于楼层的重力和悬挂的刚度。通过适当的设计，悬挂部分可相当于一个消能减震器，减小核心筒结构的地震反应。这部分内容超出了本书的论述范围，有兴趣的读者可以阅读文献[18]。

1. 扭转问题的近似解析解

略去核心筒内墙，可以近似认为核心筒为混凝土墙肢组成的开口薄壁构件。图 1.2.11 给出简化的三维分析模型，墙体截面尺寸沿高度保持不变，坐标原点设置在截面剪切中心。

核心筒在扭矩的作用下，产生约束扭转，截面翘曲，产生自平衡的翘曲正应力。开口薄壁构件约束扭转的通用理论将在第二章第二节中讲述。按梁的初等理论和薄壁杆件理论，平面内弯曲和平面外扭转具有可比拟性。这里，表 1.2.1 列出了弯曲和扭转的对应关系。

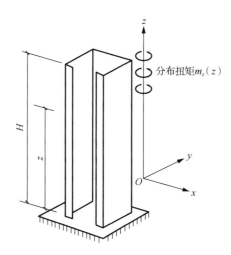

图 1.2.11　核心筒结构简化的三维模型

表 1.2.1　弯曲和扭转的对应关系

平面内弯曲		平面外扭转	
侧向荷载	$f(z)$	扭矩	$m_z(z)$
侧向位移分布	$u(z)$	扭转角分布	$\varphi(z)$
质量	m	转动惯量	$m\rho^2$
侧向刚度	EI	翘曲刚度	EI_ω
弯矩	$M(z)$	双力矩	$B(z)$
弯矩/挠度关系式	$M(z)=-EIu''(z)$	双力矩/扭转角关系式	$B(z)=-EI_\omega\varphi''(z)$
弯曲正应力	$\sigma=M(z)x/EI$	翘曲正应力	$\sigma_\omega=B(z)\omega(s)/EI_\omega$
特征参数	$\alpha H=H\sqrt{(GA)/EI}$	特征参数	$(\alpha H)_z=H\sqrt{(GJ)/EI_\omega}$

　　按表 1.2.1 所示的比拟关系，均匀筒体结构等效连续体的扭转微分方程式和近似解析解与平面弯曲相似。参照式（1.2.15），分布扭矩作用下均匀筒体的控制微分方程

$$\frac{\mathrm{d}^4\varphi}{\mathrm{d}z^4}-\alpha^2\frac{\mathrm{d}^2\varphi}{\mathrm{d}z^2}=\frac{m_z(z)}{EI_\omega}\qquad \alpha^2=\frac{GJ}{EI_\omega} \qquad (1.2.19)$$

为四阶常系数微分方程，详细推导见第二章第二节。式中，GJ 为自由扭转刚度；α 为自由扭转刚度与翘曲刚度之比；其他符号意义见表 1.2.1 所示。边界条件与平面弯曲问题相似：①固定端转扭角为零，即 $\varphi(0)=0$；②扭转角的一阶导数为零，即 $\varphi'(0)=0$；③悬臂端扭矩为零，即 $\varphi''(H)=0$；④顶部相互作用合扭矩为零，即 $EI_\omega\varphi'''(H)-(GJ)\varphi'(H)=0$。利用上述 4 个边界条件确定 $C_1\sim C_4$，可解得各种扭转荷载分布的近似解析解。

　　2. 连梁效应

　　其实，核心筒的力学模型应是由连梁（及楼板）和墙体围合成的半开口（或者半闭合）薄壁杆件。与第一章第二节类似，可以使用沿高度均匀、轴向刚度无限大、两端与墙肢刚接的连续薄膜模拟连梁，计入连梁引起的半闭合效应。考虑翘曲引起的连梁两端

墙肢竖向位移差，可得到连梁的等效薄膜厚度 t_1 [17] 为

$$t_1 = \frac{12EI_b}{Gl_n^2 h} \tag{1.2.20}$$

式中，I_b, l_n 分别为连梁的惯性矩和净跨；G 为剪切模量；h 为层高。

按薄壁杆件理论，计入连梁效应后，式（1.2.19）中的截面扭转常数近似地可表示为

$$J = \frac{1}{3}\sum bt^3 + \frac{\Omega^2}{l_n / t_1} = \frac{1}{3}\sum bt^3 + \frac{12EI_b}{Ghl_n^3}\Omega^2 \tag{1.2.21}$$

等号右侧的第一项为开口薄壁墙肢的扭转常数，第二项为连梁半闭合效应的扭转常数。b, t 分别为墙肢的长度和厚度；Ω 为墙肢中心线包围面积的 2 倍。

进一步，核心筒约束扭转、截面翘曲、墙肢的竖向位移差引起的连梁剪力和弯矩为

$$Q_b(z) = \frac{12EI_b}{l_n^3}\Omega\frac{\mathrm{d}\varphi(z)}{\mathrm{d}z} \qquad M_b(z) = Q_b(z)\frac{l_n}{2} \tag{1.2.22}$$

3. 特征参数 $(\alpha H)_z$

引进核心筒自由扭转刚度和翘曲刚度之比

$$(\alpha H)_z = H\sqrt{\frac{GJ}{EI_\omega}} \tag{1.2.23}$$

为核心筒结构的扭转特征参数，z 表示绕 z 轴扭转。$(\alpha H)_z$ 的值取决于筒体的扭转刚度与翘曲刚度之比。它控制了结构的扭转角分布曲线 $\varphi(z)$ 和内力分布。具有相同 $(\alpha H)_z$ 的核心筒结构，若扭转荷载分布相似，其扭转角分布曲线以及内力分布将相似。以下以均布扭矩 $m(z) = m$ 为例，仿照式（1.2.17）和式（1.2.18），层扭转角 $\varphi(z)$、连梁剪力 $Q_b(z)$ 和双力矩 $B(z)$ 可表示如下：

$$\varphi(z) = \frac{mH^4}{8EI_\omega}K_1(\alpha H, z/H) \tag{1.2.24}$$

$$Q_b(z) = \frac{2mH^3}{I_\omega}\frac{I_b\Omega}{l_n^3}K_2(\alpha H, z/H) \tag{1.2.25}$$

$$B(z) = -\frac{mH^2}{2}K_3(\alpha H, z/H) \tag{1.2.26}$$

式中，K_1, K_2, K_3 分别为不同 αH 的核心筒自由扭转和约束扭转共同工作系数，其图形与图 1.2.8（a）～（c）所示的曲线相同。图中，$(\alpha H)_z = 0$ 表示不计核心筒的自由扭转，仅考虑约束扭转效应。K 系数前面的 $mH^4/8EI_\omega$、$2mH^3I_b\Omega/I_\omega l_n^3$ 和 $mH^2/2$ 的物理意义分别为仅考虑翘曲刚度时，在均布扭矩作用下核心筒结构悬臂端的扭转角、连梁的剪力和墙体底部的双力矩。

图 1.2.12 给出了 $(\alpha H)_z = 2$ 典型核心筒结构的墙肢双力矩和连梁剪力沿高度的分布曲线示意图。与预期相同，双力矩曲线与图 1.2.8（c）墙弯矩图相似。曲线在结构上部区域的某一部位存在翘曲反弯点。反弯点处，翘曲正应力为零；反弯点上下，应力符号将发生改变。连梁剪力曲线与图 1.2.5 剪流系数曲线相似。连梁将承受弯曲和翘曲叠加后的剪力。

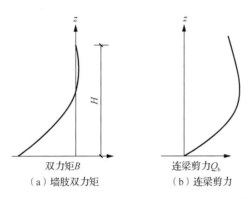

双力矩B
（a）墙肢双力矩

连梁剪力Q_b
（b）连梁剪力

图 1.2.12　在均布扭矩作用下 $(\alpha H)_z = 2$ 核心筒结构内力分布示意图

五、框架-核心筒结构

弯曲型抗侧力体系（如剪力墙和筒体）和剪切型抗侧力体系（如框架）通过它们之间的相互作用，同时承受竖向荷载和水平荷载的组合体系称为相互作用结构体系。前述的框架-剪力墙和本小节讲述的框架-核心筒均属于相互作用结构体系。

结构设计往往利用居中布置的楼、电梯及设备管道井围合成核心筒，在建筑轮廓线周边布置框架，形成由内部筒体和外部框架组成的框架-核心筒结构。尽管原则上可以调整连梁和墙肢的布置及截面尺寸来微调核心筒侧向挠曲的变形特征，但较多、较强的墙肢使核心筒的受力特征在侧向荷载作用下偏向于一根由弯曲杆和翘曲杆组成的复合悬臂杆，同时具有侧向刚度和翘曲刚度。若假定核心筒承受按面积分摊的竖向荷载和所有的侧向荷载，框架仅承受分摊的竖向荷载、不承受侧向荷载，这种仅承受竖向荷载的框架称为重力框架。重力框架的术语仍出现在美国现行规范条文之中。随着建筑物的增高，这种设计方法并不一定合理。当代通常的设计方法是把外部框架设计为抗弯（或延性）框架，弯曲型的核心筒和剪切型的框架相互作用，共同承担竖向荷载和水平荷载，构成了真正意义上的相互作用结构体系。

1. 弯曲问题的近似解析解

框架-核心筒结构弯曲分析的连续体模型与图 1.2.7（a）所示的分析模型相同，即可使用一根弯曲杆模拟核心筒和一根剪切杆模拟框架，沿高度均匀、轴向刚度无限大、两端与悬臂杆铰接的薄膜模拟楼板的等效连续体模型进行平面内近似分析。也就是说，第一章第二节框架-剪力墙弯曲问题近似分析方法中的微分方程、边界条件、特征参数以及得到的内力分布曲线等，全部适用于框架-核心筒结构的弯曲问题。

2. 扭转问题的近似解析解

核心筒和框架共同承担扭矩。以双轴对称框架-核心筒结构为例，图 1.2.13 给出扭转问题的连续体分析模型，承受分布扭矩 $m_z(z)$。z 轴垂直向上，原点位于剪切中心。

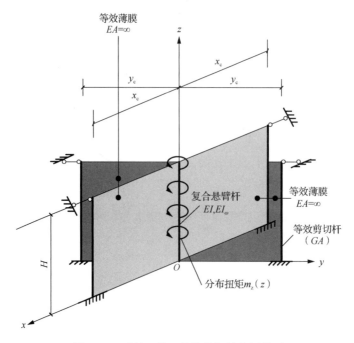

图 1.2.13　框架-核心筒结构扭转分析模型

　　模型中，使用一根复合悬臂杆模拟核心筒。弯曲刚度 EI。翘曲刚度 EI_ω，物理意义为单位扭转角曲率所需要的双力矩，按式（2.2.45）计算。使用四根等效剪切杆模拟周边框架，等效剪切刚度 (GA)，由式（1.2.9）确定；每一层楼板沿高度连续化后，被集中为 4 片等效薄膜，与复合悬臂杆和等效剪切杆在 xy 平面内刚性连接。对于双轴对称结构，剪切中心和截面形心重合。框架的等效扭转刚度为

$$(GJ) = \sum (GA)_y x_c^2 + \sum (GA)_x y_c^2 \qquad （1.2.27）$$

　　根据弯曲和扭转的可比拟性，仿照式（1.2.19），在分布扭矩作用下框架-核心筒结构的扭转控制微分方程为

$$\frac{\mathrm{d}^4\varphi}{\mathrm{d}z^4} - \alpha^2 \frac{\mathrm{d}^2\varphi}{\mathrm{d}z^2} = \frac{m_z(z)}{EI_\omega} \qquad \alpha^2 = \frac{(GJ)}{EI_\omega} \qquad （1.2.28）$$

式中，(GJ) 为框架的等效扭转刚度，由式（1.2.27）确定。核心筒自由扭转刚度与框架的等效扭转刚度有数量级的差别，予以略去。若 $\alpha H = 0$，式（1.2.28）表示不计周边框架作用，略去自由扭转的核心筒结构的扭转微分方程。

　　显然，只要使用 (GJ) 替代核心筒结构特征参数表达式（1.2.23）中的 GJ，式（1.2.28）与式（1.2.19）以及边界条件全部等价。因此，式（1.2.24）和式（1.2.26）以及对应的图表仍然适用。对于均布扭矩 $m(z) = m$，重写 $\varphi(z)$ 和 $B(z)$ 的计算公式如下：

$$\varphi(z) = \frac{mH^4}{8EI_\omega} K_1(\alpha H, z/H) \qquad （1.2.29）$$

$$B(z) = -\frac{mH^2}{2} K_3(\alpha H, z/H) \qquad （1.2.30）$$

一旦确定双力矩 $B(z)$，可以按初等理论求出核心筒和周边框架各自分担的扭矩 M_{zw} 和 M_{zc}，然后进一步确定墙体和框架杆件的内力。

六、小结

上述表明，特征系数控制了结构的力学特性，有关的计算公式汇总如下。

1. 框架的等效剪切刚度

$$(GA) = \frac{12E}{h(1/i_c + 1/i_b)} \qquad (1.2.31)$$

其中

$$i_c \equiv \sum_k (I_{ck}/h) \qquad i_b \equiv \sum_j (I_{bj}/l_j) \qquad (1.2.32)$$

式中，I_c, I_b 分别为计算层的柱和梁的二次惯性矩；h 为计算层的层高；l 为梁的跨度。

2. 框架的等效扭转刚度

$$(GJ) = \sum (GA)_y x_c^2 + \sum (GA)_x y_c^2 \qquad (1.2.33)$$

式中，x_c, y_c 分别为周边框架到平面剪切中心的距离；(GA) 为等效剪切刚度，按式（1.2.31）计算。

3. 计入刚域影响联肢墙结构的等效剪切刚度

$$(GA) = \frac{12EI_b l^2}{l_n^3 h} \qquad (1.2.34)$$

式中，l_n, h, I_b 分别为连梁的净跨、截面高和二次惯性矩；l 为连梁两侧墙肢中心线的距离。

4. 框架结构特征系数

$$\kappa_i = \frac{\sum\limits_j (I_b/l)_{ij}}{\sum\limits_k (I_c/h)_{ik}} \qquad (1.2.35)$$

式中，j, k 分别表示对第 i 层所有的梁和柱求和；l 为梁的跨度；h 为层高。

5. 联肢墙结构特征系数

$$k\alpha H = kH\sqrt{\frac{(GA)}{EI}} \qquad (1.2.36)$$

其中

$$k^2 = 1 + \frac{AI}{A_1 A_2 l^2} = 1 + \frac{EI}{\sum EA_i c_i^2} \qquad (1.2.37)$$

式中，$A = A_1 + A_2$，$I = I_1 + I_2$ 分别为联肢墙墙肢面积以及二次惯性矩的算术和；下标 1,2 表示连梁两侧墙肢的编号；c 为墙肢中心线至联肢墙形心的距离；(GA) 为联肢墙结构等效剪切刚度，按式（1.2.34）计算；H 为结构高度。

6. 框架-剪力墙结构弯曲特性系数

$$\alpha H = H\sqrt{\frac{(GA)}{EI}} \qquad (1.2.38)$$

式中，H 为结构总高度；(GA) 为框架等效剪切刚度，按式（1.2.31）计算。

7. 核心筒结构扭转特性系数

$$(\alpha H)_z = H\sqrt{\frac{GJ}{EI_\omega}} \qquad (1.2.39)$$

其中

$$J = \frac{1}{3}\sum bt^3 + \frac{12EI_b}{Ghl_n^3}\Omega^2 \qquad (1.2.40)$$

式中，H 为结构总高度；E 为弹性模量；I_ω 为核心筒翘曲常数，按式（2.2.45）计算；G 为剪切模量；J 为核心筒（自由）扭转常数；b,t 分别为墙肢的长度和厚度；Ω 为墙肢中心线包围面积的 2 倍；l_n, h, I_b 意义同式（1.2.34）。

式（1.2.40）等号右侧的第一项为开口薄壁墙肢的扭转常数，第二项为连梁半闭合效应的扭转常数。

8. 框架-核心筒结构特性系数

（1）弯曲特性系数

$$\alpha H = H\sqrt{\frac{(GA)}{EI}} \qquad (1.2.41)$$

式中，H 为结构总高度；(GA) 为周边框架等效剪切刚度，按式（1.2.31）计算。

（2）扭转特性系数

$$(\alpha H)_z = H\sqrt{\frac{(GJ)}{EI_\omega}} \qquad (1.2.42)$$

式中，I_ω 为核心筒翘曲常数，按式（2.2.45）计算；(GJ) 为周边框架等效扭转刚度，按式（1.2.33）计算。

上述计算公式简单、实用、概念清楚。但是，正如本章一开始就说明的那样，这种等效连续体方法有较大的局限性，已经逐渐淡出了设计领域。读者可以不用太多关注公式的推导及求解的细节，但需要知道这些近似解析解、结构特征参数 αH 及其设计图表反映了结构的基本力学性能，它们将有助于结构工程师解读、理解和判别高层建筑计算机分析结果的宏观趋势，并可以为结构优化提供一些有效的途径。

参 考 文 献

[1] 中华人民共和国住房和城乡建设部，中华人民共和国国家检验检疫总局. 建筑抗震设计规范（2016 年版）：GB 50011—2010[S]. 北京：中国建筑工业出版社，2016.

[2] ASCE (American Society of Civil Engineers). Minimum design loads for buildings and other structures[S]. ASCE 7-16, 2016.

[3] BSENC (European Committee for Standardization). Eurocode 8: design of structures for earthquake resistance-part 1: general rules, seismic actions and rules for buildings[S]. BS EN 1998-1:2004, 2004.

[4] NZS (New Zealand Council of Standards). Structural design actions part 5: earthquake actions-new zealand[S]. NZS 1170.5:2004, 2004.

[5] 日本建築構造技術者協会. 耐震構造設計ハンドブック[M]. 東京：オーム社，平成 20 年.

[6] 中华人民共和国住房和城乡建设部. 高层建筑钢筋混凝土结构技术规程：JGJ 3—2010[S]. 北京：中国建筑工业出版社，2010.

[7] CTBUH (Council on Tall Buildings and Urban Habitat). Criteria for the defining and measuring of tall buildings[S]. Chicago: CTBUH, 2019.

[8] ALI M M, MOON K S. Structural developments in tall buildings: current trends and future prospects[J]. Architectural Science Review, 2007, 50(3): 205-223.

[9] CHOI H S, HO G, JOESPH L, et al. Outrigger design for high-rise buildings[M]. Chicago: CTBUH, 2012.

[10] 高立人，方鄂华，钱稼茹. 高层建筑结构概念设计[M]. 北京：中国计划出版社，2005.

[11] LIN T Y, STOTESBURY S D. 结构概念和体系[M]. 高立人，方鄂华，钱稼茹，译. 2 版. 北京：中国建筑工业出版社，1999.

[12] 丁洁民，巢斯. 超高层建筑抗风与抗震设计关键技术总结报告[R]. 同济大学建筑设计研究院（集团）有限公司，2014.

[13] 中华人民共和国住房和城乡建设部，中华人民共和国国家质量监督检验检疫总局. 混凝土结构设计规范（2015 年版）：GB 50010—2010[S]. 北京：中国建筑工业出版社，2015.

[14] 中华人民共和国住房和城乡建设部. 高层民用建筑钢结构设计规程：JGJ 99—2015[S]. 北京：中国建筑工业出版社，2015.

[15] 扶长生. 抗震工程学：理论与实践[M]. 北京：中国建筑工业出版社，2013.

[16] CHOPRA A K. Dynamics of structures: theory and applications to earthquake engineering[M]. 2nd ed. 北京：清华大学出版社，2005.

[17] SMITH B S, COULL A. Tall building structures: analysis and design[M]. New York: John Wiley & Sons, Inc., 1991.

[18] 周坚，伍孝波. 核心筒悬挂结构三道防线时程分析设计方法[J]. 世界地震工程，2006，22（1）：49-56.

第二章　稳定理论基础

经典的稳定理论论述重力荷载作用下构件的屈曲失稳，包括不计初始缺陷、初始偏心的分岔点失稳和计入初始缺陷、初始偏心的极值点失稳。在重力荷载单独作用下，合理设计的建筑物没有可能发生屈曲失稳。但在水平荷载和重力荷载的联合作用下，当建筑物的刚度不够充分大时，重力二阶效应有可能引起过大的侧向位移，导致侧移失稳。侧移失稳的 F-D 关系曲线类似于极值点失稳。高层建筑的稳定问题主要讨论侧移失稳。

建筑物的屈曲性能是评估侧移失稳的源。因此，本章粗略地回顾稳定理论中的几个基本问题，包括在重力荷载作用下，分叉点失稳的弯曲、扭转和弯扭三种形式屈曲问题的微分方程解析解，指出屈曲和自由振动共同组成了结构全部的固有力学性能。然后，把稳定理论应用于结构设计中，讲述结构整体屈曲的近似分析方法。

第一节　概　　述

如前所述，结构失稳的状态可以分为（平衡）分叉点失稳和极值点失稳两大类。判别结构稳定性的判据有静力判别准则和能量判别准则。稳定理论古典、成熟，已经建立了一套完整的数学理论，有关专著和教科书[1-3]都有详细讲述，本章仅涉及它的基础知识。

一、平衡状态稳定性判据和失稳状态的分类

1. 静力判别准则

设一个静力平衡保守系统，受到微小扰动偏离了原始平衡位置。扰动消失时，若系统在指向原始平衡位置的恢复力作用下从后继位置回复到原有的平衡位置，保持原有的平衡，认为该系统处于稳定平衡状态；若系统不产生恢复力，在后继位置上达到新的平衡，认为该系统处于中性平衡状态；若系统在背离原始平衡位置的反向恢复力作用下，从后继位置继续远离原始平衡位置，认为该系统处于不稳定平衡状态。这种以静力平衡作为判别平衡状态的准则称为静力（判别）准则。

2. 能量判别准则

按最小势能原理，一个静力平衡系统的总势能为最小。设该系统受到微小扰动偏离了原始平衡位置，产生了变形。若系统的总势能是增加的，认为该系统处于稳定平衡状态；若系统的总势能保持不变，认为该系统处于中性平衡状态；若系统的总势能是减小的，认为该系统处于不稳定平衡状态。这种以能量作为判别平衡状态的准则称为能量（判别）准则。

3. 失稳状态的分类

若不计初始缺陷、初始倾斜，重力荷载笔直地作用于截面的形心，隐含着受压杆件为一根理想压杆。它的力-顶部侧向位移如图 2.1.1（a）所示。图中，B 点为平衡分叉点，对应的荷载为临界屈曲荷载 P_{cr}。B 点以后，平衡发生分叉。可能由原有的直线平衡形式突然进入水平直线段，演变为微弯曲平衡形式，进入中性（稳定）平衡状态。也可能继续保持直线平衡形式，进入不稳定平衡状态。这种以分叉点形式出现的失稳称为第一类失稳，也称为分叉点失稳，相应的稳定问题为第一类稳定问题。理想压杆的屈曲属于第一类稳定问题。

与理想压杆对应，偏心受压杆件或具有初始缺陷或初始倾斜的轴向受压杆件，在受压过程中，将同时发生压缩和弯曲变形。在重力荷载 P 达到极限荷载 P_u 以前，若不继续加载，变形不会增大，杆件处于稳定平衡状态。当 P 达到或超过 P_u 后，即使不继续加载，甚至卸载，变形仍将继续增大直至失稳，从稳定平衡状态过渡到不稳定平衡状态。F-D 关系曲线如图 2.1.1（b）所示，其中 A 点为极值点，与极限荷载 P_u 对应。A 点前后，变形的性质不发生改变，始终为弯曲平衡形式，但平衡的状态发生了改变。这种以极值点形式出现的失稳称为极值点失稳，相应的稳定问题为第二类稳定问题。本书把上述高层建筑重力二阶效应引起的侧移失稳也归类于第二类稳定问题。

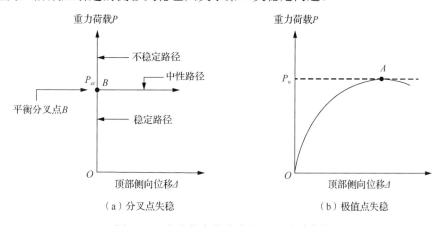

（a）分叉点失稳　　　　　　　　　　　　（b）极值点失稳

图 2.1.1　失稳状态的分类和 F-D 关系曲线

尽管第一类稳定问题仅是一种理想状态，但理论成熟、求解相对简单。工程中往往把第二类稳定问题作为第一类来处理，再适当采用安全系数等方式来考虑初始缺陷等影响。

二、欧拉临界荷载

1. 微分方程的解析解

第一类稳定问题的临界屈曲荷载 P_{cr}，有时简称临界荷载或屈曲荷载。以图 2.1.2 所示的理想悬臂压杆为例，说明 P_{cr} 的求解。设杆长 L，在杆顶的截面形心处笔直地作用集中荷载 P，略去杆件自重。坐标原点位于杆底的截面形心处，z 轴垂直向上。

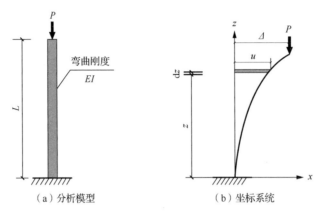

（a）分析模型　　　　　　　　（b）坐标系统

图 2.1.2　等截面均质悬臂杆（理想压杆）弹性屈曲

按静力准则，在杆顶给予一个任意的微小扰动 Δ（可以认为是虚位移），杆件处于微弯曲状态。对于图示坐标系，研究弹性屈曲问题的力平衡微分方程为

$$EIu'' = P(\Delta - u) \tag{2.1.1}$$

属二阶常系数微分方程。式中 $u = u(z)$ 为侧向挠曲线。令 $k^2 = P/EI$，微分方程通解为

$$u(z) = A\cos kz + B\sin kz + \Delta \tag{2.1.2}$$

式中，A, B 为积分常数。利用边界条件 $u(0) = u'(0) = 0$，得

$$u(z) = \Delta(1 - \cos kz) \tag{2.1.3}$$

利用边界条件 $u(L) = \Delta$，得特征方程

$$\cos kL = 0 \tag{2.1.4}$$

微分方程具有非零解的充分及必要条件为特征方程的解必须满足

$$kL = (2n-1)\pi/2 \qquad n = 1, 2, 3, \cdots \tag{2.1.5}$$

一阶屈曲模态方程和一阶临界屈曲荷载分别为

$$u(z) = \Delta(1 - \cos \pi z/2L) \tag{2.1.6}$$

$$P_{\mathrm{cr}} = \pi^2 EI/4L^2 = 2.4674 EI/L^2 \tag{2.1.7}$$

称式（2.1.7）表示的临界屈曲荷载为欧拉临界荷载。

2. 能量法

根据能量准则，学者们提出了一系列计算临界荷载的能量法。其中经典的方法有 Timoshenko 法、Rayleigh-Ritz 法和 Galerkin 法等。有兴趣的读者可以进一步阅读本章的参考文献[1]～[3]。作为一个例子，以下应用 Timoshenko 法求解等截面均质悬臂杆的临界荷载。

Timoshenko 法的基本原理是能量的平衡。保守系统处于平衡状态时，结构的应变能等于外力所做的功。对于理想悬臂压杆，设顶部发生任意的微小的侧向位移（或虚位移）Δ，考虑杆件弯曲，微分段 $\mathrm{d}z$ 发生竖向位移 $\mathrm{d}e = (u')^2\,\mathrm{d}z/2$。若略去剪切变形，悬臂杆弯曲应变能增量 δU 和顶部集中荷载做的功的增量 δV 分别为

$$\delta U = \frac{1}{2}EI\int_0^L (u'')^2\,\mathrm{d}z \qquad \delta V = \frac{1}{2}P\int_0^L (u')^2\,\mathrm{d}z \tag{2.1.8}$$

令 $\delta U = \delta V$，得

$$P_{cr} = EI\int_0^L (u'')^2 \mathrm{d}z \Big/ \int_0^L (u')^2 \mathrm{d}z \tag{2.1.9}$$

在已知截面尺寸以及侧向挠曲线形状的前提下，可解得临界屈曲荷载 P_{cr}。使用式（2.1.9）确定临界荷载的方法，有时也称为瑞利（Rayleigh）法。对于理想压杆，若取一阶模态方程式（2.1.6）为挠曲线方程，代入式（2.1.9），得 $P_{cr} = 2.4674EI/L^2$，与静力准则的解析解相等。

静力准则以力的平衡原理，列出微分方程，按边界条件求解临界荷载的解析解。能量准则服从能量守恒原理，按假想的挠度曲线列出积分方程，求解临界荷载的近似解。能量准则要求假想挠曲线的形状满足边界条件，且能足够接近真实的屈曲模态曲线。当二者相等时，能量准则得到的近似解等于解析解。静力准则的高阶微分方程求解困难。与此相反，能量准则积分方程中的微分阶数较低，容易进行数值分析。能量、泛函、变分、极值为有限元屈曲数值分析提供了坚实的数学基础。

第二节　屈　曲　分　析

在以下的讨论中，术语"屈曲"仅针对第一类稳定问题，不考虑初始缺陷和初始偏心。

一、弯曲屈曲

1. 通用力学模型和微分方程

第二章第一节讲述了理想压杆及其欧拉临界荷载。图 2.2.1 给出研究杆件屈曲性能的通用力学模型[1]。一根无初始缺陷的变截面弹性杆，顶部集中竖向荷载 P 以及杆身重力分布荷载 $q(z)$ 作用在对称轴上。

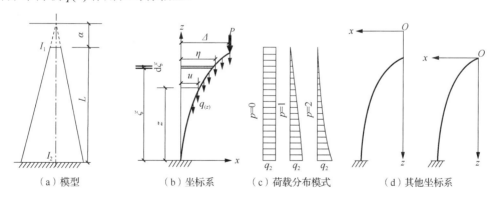

（a）模型　　（b）坐标系　　（c）荷载分布模式　　（d）其他坐标系

L 为杆件长度；a 为杆顶至锥体延长线交点的距离；I_1 和 I_2 分别为杆顶和杆底的截面惯性矩；q_2 为杆底部的分布荷载密度；p 为分布荷载沿杆长的分布模式；Δ 为杆顶部的水平位移。

图 2.2.1　单根悬臂杆屈曲分析通用力学模型

对应于图 2.2.1（b）所示的坐标系，研究弹性屈曲的通用微分方程为

$$EI(z)\frac{\mathrm{d}^2 u}{\mathrm{d}z^2} = P(\Delta - u) + \int_z^L q(z)(\eta - u)\mathrm{d}\xi \tag{2.2.1}$$

若 $EI(z) = EI$ 为常数，略去重力分布荷载 $q(z)$，式（2.2.1）退化为式（2.1.1）。

2. 等截面杆的弯曲临界屈曲荷载

式（2.1.7）已经给出了理想压杆的欧拉弯曲临界屈曲荷载 P_{cr}。这里，进一步求解等截面均质杆 $EI(z) = EI$，承受沿杆长均匀分布（荷载幂指数 $p = 0$）的重力荷载 $q(z) = q$ 的临界荷载 $(qL)_{cr}$。令顶部集中荷载 $P = 0$，对式（2.2.1）进行微分，得

$$EI \frac{d^3 u}{dz^3} = -q(L-z) \frac{du}{dz} \tag{2.2.2}$$

引进变量

$$\bar{z} = \frac{2}{3} \sqrt{\frac{q}{EI}(L-z)^3} \tag{2.2.3}$$

复合函数求导，代入式（2.2.2），且令 $\bar{u} = du/d\bar{z}$，得

$$\frac{d^2 \bar{u}}{d\bar{z}^2} + \frac{1}{\bar{z}} \frac{d\bar{u}}{d\bar{z}} + \left(1 - \frac{1}{9\bar{z}^2}\right)\bar{u} = 0 \tag{2.2.4}$$

为一阶 Bessel 微分方程。其通解为 $\pm 1/3$ 阶第一类 Bessel 函数，表示为级数形式如下：

$$\bar{u} = C_1 \bar{z}^{-\frac{1}{3}}\left(1 - \frac{3}{8}\bar{z}^2 + \frac{9}{320}\bar{z}^4 - \cdots\right) + C_2 \bar{z}^{\frac{1}{3}}\left(1 - \frac{3}{16}\bar{z}^2 + \frac{9}{896}\bar{z}^4 - \cdots\right) \tag{2.2.5}$$

式中，C_1, C_2 为积分常数。通过复合函数求导，以 $\bar{u}, \bar{z}$ 表示的悬臂杆顶弯矩为零、底部转动为零的边界条件分别为

$$当\ \bar{z} = 0, \quad \frac{1}{3}\bar{z}^{-\frac{1}{3}}\bar{u} + \bar{z}^{\frac{2}{3}}\frac{d\bar{u}}{d\bar{z}} = 0; \qquad 当\ \bar{z} = \frac{2}{3}\sqrt{\frac{qL^3}{EI}}, \quad \bar{u} = 0 \tag{2.2.6}$$

利用顶部边界条件，得 $C_2 = 0$。应用 Bessel 函数表，通过对式（2.2.5）的试算迭代，解得 $\bar{u} = 0$ 的最低阶 $\bar{z}$ 值为 1.866。利用底部边界条件，得均布重力荷载作用的等截面均质悬臂杆的一阶等效临界荷载[1]为

$$\frac{2}{3}\sqrt{\frac{qL^3}{EI}} = 1.866 \rightarrow (qL)_{cr} = \frac{7.837EI}{L^2} \tag{2.2.7}$$

与直接求解微分方程式（2.2.1）比较，能量法求解临界荷载显得相对容易。若顶部发生任意的微小侧向位移 Δ，图 2.2.1（a）所示任意截面 z 处的弯矩为

$$M(z) = q\int_z^L (\eta - u)d\xi \tag{2.2.8}$$

取一阶屈曲模态方程式（2.1.6）为挠曲线方程，以流动坐标 (ξ, η) 的表达形式代入式（2.2.8），积分得

$$M(z) = q\Delta\left[(L-z)\cos\frac{\pi z}{2L} - \frac{2L}{\pi}\left(1 - \sin\frac{\pi z}{2L}\right)\right] \tag{2.2.9}$$

把式（2.2.9）代入式（2.1.8），得应变能增量为

$$\delta U = \frac{1}{2}EI\int_0^L (u'')^2 dz = \int_0^L \frac{M^2 dz}{2EI} = \frac{\Delta^2 q^2 L^3}{2EI}\left(\frac{1}{6} + \frac{9}{\pi^2} - \frac{32}{\pi^3}\right) \tag{2.2.10}$$

均布重力荷载 q 做的功为

$$\delta V = \frac{1}{2} q \int_0^L (L-z)(u')^2 \, \mathrm{d}z = \frac{\pi^2 \Delta^2 q}{8} \left(\frac{1}{4} - \frac{1}{\pi^2} \right) \tag{2.2.11}$$

令 $\delta U = \delta V$，得均布重力荷载作用下等截面均质悬臂杆的一阶等效临界荷载近似值为

$$(qL)_{\mathrm{cr}} = \frac{7.89EI}{L^2} \tag{2.2.12}$$

与直接求解高阶微分方程得到的精确解式（2.2.7）比较，仅误差 1%，但求解过程要简便得多。若考虑一阶模态和二阶模态的叠加，设

$$u = a_1(1 - \cos \pi z / 2L) + a_2(1 - \cos 3\pi z / 2L) \tag{2.2.13}$$

式中，a_1，a_2 分别为杆顶待定模态的挠度。按能量原理，令 $\delta U = \delta V$，按极值原理，令

$$\frac{\partial (qL)_{\mathrm{cr}}}{\partial a_1} = 0 \qquad \frac{\partial (qL)_{\mathrm{cr}}}{\partial a_2} = 0 \tag{2.2.14}$$

利用三角函数正交性，可解得均布重力荷载作用下等截面均质悬臂杆的临界荷载的最小值（即一阶等效临界屈曲荷载）为

$$(qL)_{\mathrm{cr}} = \frac{7.84EI}{L^2} \tag{2.2.15}$$

与精确解式（2.2.7）相等。

在实际应用中，只有极少部分的简单情况才具有解析解。能量法比直接求解高阶微分方程简便得多，被广泛应用。在上述能量法求解中，应变能表达式中弯矩 M 替代了挠曲线二阶导数 u''。当假想的挠度曲线与真实的挠度曲线相等时，使用 M 或 u'' 是等效的。但是，构造一条直至二阶导数与真实的挠度曲线都相当接近的假想曲线，并非容易之事。使用弯矩 M 表示应变能表达式的精度比使用假想的挠曲线要高一些。

在重力分布荷载和顶部集中荷载的联合作用下，重力分布荷载会降低顶部集中荷载的临界值。但临界荷载总可以表示为

$$P_{\mathrm{cr}} = \frac{mEI}{L^2} \tag{2.2.16}$$

的形式。其中，临界系数 $m \leqslant \pi^2/4$ 将随着重力分布荷载 qL 的增大而减小。当 qL 增大至 $(qL)_{\mathrm{cr}}$，$m = 0$。使用符号 d 表示 qL 与欧拉临界荷载的比例系数

$$d = \frac{qL}{\pi^2 EI / 4L^2} \tag{2.2.17}$$

文献[1]给出了不同 d 的临界系数 m 值，摘录于表 2.2.1。当 $d > 3.18$，m 为负值，表明只有当顶部集中荷载为拉力且大于表中对应的数值时，才能不发生屈曲破坏。

表 2.2.1　考虑均布荷载影响的临界系数 m 值

d	0	0.25	0.5	0.75	1.0	2.0	3.0	3.18	4.0	5.0	10.0
m	2.467	2.28	2.08	1.91	1.72	0.96	0.15	0	−0.69	−1.56	−6.95

3. 变截面杆的弯曲临界屈曲荷载

截面的惯性矩沿高度按幂函数变化具有实际的工程意义。如截面宽度不变，长度沿高度呈线性变化的扁柱，其弱轴惯性矩以一次幂函数（$n=1$）变化；由四根斜柱组成格构柱的惯性矩以二次幂函数（$n=2$）变化；正方锥体的惯性矩以四次幂函数（$n=4$）变化。

若仅考虑顶部集中荷载 P，采用图 2.2.1（d）左侧的坐标系，微分方程式（2.2.1）成为

$$EI_1\left(\frac{z}{a}\right)^n \frac{\mathrm{d}^2 u}{\mathrm{d}z^2} = -Pu \tag{2.2.18}$$

式中，a 为杆顶至坐标原点的距离；n 为截面的幂函数次数，$n=0$ 为等截面杆。

若仅考虑沿高度呈幂函数的分布荷载，采用图 2.2.1（d）右侧的坐标系，微分方程式（2.2.1）成为

$$EI_2\left(\frac{z}{L}\right)^n \frac{\mathrm{d}^2 u}{\mathrm{d}z^2} = \int_0^z q_2\left(\frac{z}{L}\right)^p \eta \mathrm{d}\xi \tag{2.2.19}$$

式中，q_2 为杆底荷载密度；p 为荷载幂次数；$p=0$ 为均布荷载，如图 2.2.1（c）所示。

数学上已经证明，对于式（2.2.18）和式（2.2.19）的微分方程，通过变量代换，总可以借助于 Bessel 函数积分求解。对应的弯曲临界屈曲荷载总可以分别写成

$$P_{\mathrm{cr}} = \frac{mEI_2}{L^2} \qquad P_{\mathrm{cr}} = \left[\int_0^L q_2(z/L)^p\right]_{\mathrm{cr}} = \frac{mEI_2}{L^2} \tag{2.2.20}$$

的形式。文献[1]给出了截面惯性矩沿高度按 $n=2,4$ 次幂变化变截面杆顶部承受集中荷载的一阶临界荷载系数 m 值和截面惯性矩沿高度按 $n=0\sim3$ 次幂变化变截面杆，分布荷载沿高度按 $p=0\sim5$ 次幂变化的一阶临界荷载的 m 值，分别摘录于表 2.2.2 和表 2.2.3。

能量法同样适用于求解变截面杆的临界荷载。表 2.2.4 列出了能量法中常用的三角函数 $I_n = \int_0^L z^n \cos^2(\pi z/2L)\mathrm{d}z$ 积分表（$n=0\sim4$），有兴趣的读者可以按上述的能量法推导变截面杆的临界屈曲荷载。

表 2.2.2 变截面杆承受顶部集中荷载的弯曲临界系数 m

I_1/I_2	0.1	0.2	0.3	0.4	0.5	0.6	0.7	0.8	0.9	1.0
$n=2$	1.350	1.593	1.763	1.904	2.023	2.128	2.223	2.311	2.392	2.467
$n=4$	1.202	1.505	1.710	1.870	2.002	2.116	2.217	2.308	2.391	2.467

表 2.2.3 变截面杆承受分布荷载的弯曲临界系数 m

n	p					
	0	1	2	3	4	5
0	7.84	16.1	27.3	41.3		
1	5.78	13.0	23.1	36.1	52.1	
2	3.67	9.87	18.9	30.9	45.8	63.6
3		6.59	14.7	25.7	39.5	

表 2.2.4 能量法中常用三角函数积分表

$I_n = \int_0^L z^n \cos^2(\pi z/2L)\mathrm{d}z$	$n=0$	$I_n = L/2$
	$n=1,2$	$I_n = \left[1/(2n+2) - 1/2\pi^2\right]L^{n+1}$
	$n=3,4$	$I_n = \left[1/(2n+2) - n/2\pi^2 + n(n-1)/9\pi^4\right]L^{n+1}$

二、开口薄壁构件的扭转

1. 自由扭转

非圆形截面构件扭转时，与圆形截面构件不同，截面上各点将按照各自的位置产生不同程度的轴向位移，截面将不再保持平面，发生翘曲。称截面上各点可以产生自由翘曲的扭转为自由扭转。图 2.2.2 给出工字形梁两端承受扭矩 M_s 自由扭转的变形及截面剪应力的分布。

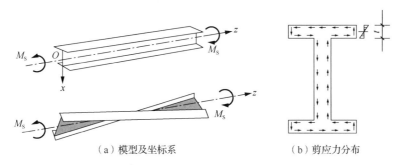

（a）模型及坐标系　　　　　　　　　（b）剪应力分布

图 2.2.2　工字形梁的自由扭转

设坐标原点位于杆件端部截面的剪切中心（对称工字形截面，与形心重合），z 轴沿轴向设置。自由扭转具有如下性能。

1）直杆变成螺旋杆，但所有的纵向纤维都不发生轴向变形，截面正应力 $\sigma_z = 0$。所有的纵向纤维都不发生弯曲变形，保持直线。扭转角 φ 与离杆端的距离 z 呈正比，即

$$\varphi = \frac{M_s z}{GJ} \tag{2.2.21}$$

截面沿杆长的扭转率 $\varphi' = M_s/GJ$ 为常数。式中，GJ 为截面扭转刚度；J 为扭转常数，

$$J = \frac{k}{3} \sum b_i t_i^3 \tag{2.2.22}$$

式中，b, t 分别为截面长度和厚度；k 为截面形状系数。一字形狭长薄壁截面 $k = 1.0$，角钢截面 $k = 1.0$，单轴对称工字钢截面 $k = 1.25$，双轴对称工字钢截面 $k = 1.31$，槽钢截面 $k = 1.15$。对于核心筒结构，不论截面形式，近似地取 $k = 1.0$。

2）杆件截面发生翘曲，但沿 z 轴投影的截面轮廓线将保持不变。

3）杆件截面上各点的切向应力方向与中心线平行，沿壁厚呈线性分布，中心线上剪应力为零，如图 2.2.2（b）所示。截面周边边缘处任意点的剪应力

$$\tau_s = \frac{M_s}{J} t = G \varphi' t \tag{2.2.23}$$

2. 约束扭转

翘曲受到约束的扭转为约束扭转。以下以非对称工字形截面悬臂柱为例，详细讲述之。

图 2.2.3 给出非对称工字形截面悬臂柱顶部承受集中扭矩 M_z 的分析模型和坐标系，其中略去腹板对构件扭转刚度的贡献。

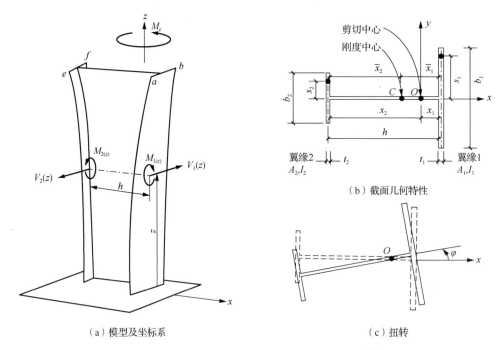

（a）模型及坐标系　　　　　　　　（c）扭转

图 2.2.3　非对称工字形截面悬臂柱的约束扭转[4]

按图示的静力平衡条件，截面刚度中心 C 和剪切中心 O 的坐标分别为

刚度中心

$$\bar{x}_1 = \frac{A_2}{A_1 + A_2} h \qquad \bar{x}_2 = \frac{A_1}{A_1 + A_2} h \qquad (2.2.24)$$

剪切中心

$$x_1 = \frac{I_2}{I_1 + I_2} h \qquad x_2 = \frac{I_1}{I_1 + I_2} h \qquad (2.2.25)$$

在顶部集中扭矩 M_z 的作用下，截面绕剪切中心 O 逆时针转动 φ。在转动的同时，两侧翼缘向相反方向发生绕 x 轴的平面内弯曲，b,e 点向下、a,f 点向上，截面翘曲。翼缘的纵向纤维发生了轴向变形，产生处于自平衡状态的翘曲正应力 σ_ω。同时，翼缘的纵向纤维还发生了弯曲变形，产生大小相等、方向相反的一对弯矩 $M_1(z) = M_2(z) = M(z)$ 和一对剪力 $V_1(z) = V_2(z) = V(z)$。

对式（2.2.21）进行微分，得扭转抵抗扭矩

$$M_s = GJ\varphi'(z) \qquad (2.2.26)$$

式中，$\varphi'(z)$ 是 z 的函数。按式（2.2.22），略去腹板作用，工字形截面扭转常数近似为

$$J = \frac{1}{3}(b_1 t_1^3 + b_2 t_2^3) \qquad (2.2.27)$$

翼缘截面对 x 轴的平面内弯曲变形曲线为

$$v_1(z) = \varphi(z)x_1 \qquad v_2(z) = \varphi(z)x_2 \qquad (2.2.28)$$

式中，下标的数字表示翼缘的编号，如图 2.2.3（b）所示。按梁的初等理论，翼缘的弯矩和剪力分别为

$$M_1(z) = -EI_1 x_1 \varphi''(z) \qquad M_2(z) = -EI_2 x_2 \varphi''(z) \qquad (2.2.29)$$

$$V_1(z) = -EI_1 x_1 \varphi'''(z) \qquad V_2(z) = -EI_2 x_2 \varphi'''(z) \qquad (2.2.30)$$

定义

$$I_\omega = I_1 x_1^2 + I_2 x_2^2 \qquad (2.2.31)$$

为截面翘曲常数，EI_ω 为翘曲刚度。两个翼缘的一对弯矩组成了双力矩 B，即

$$B(z) = M_1(z) x_1 + M_2(z) x_2 = M(z) \cdot h = -EI_\omega \varphi''(z) \qquad (2.2.32)$$

一对由翘曲产生的剪力组成了翘曲扭矩 M_ω，即

$$M_\omega(z) = V_1(z) x_1 + V_2(z) x_2 = -EI_\omega \varphi'''(z) \qquad (2.2.33)$$

翘曲扭矩 M_ω 与自由扭转抵抗扭矩 M_s 之和，与作用扭矩 M_z 处于平衡状态，$M_\omega + M_s = M_z$，得

$$-EI_\omega \varphi'''(z) + GJ\varphi'(z) = M_z \qquad (2.2.34)$$

尽管上述推导是针对顶部集中扭矩 M_z 进行的，但是对于作用于任意高度 z 的集中扭矩 $M_z(z)$，式（2.2.34）仍然适用。对于分布扭矩 $m_z(z)$，注意到 $M_z(z)$ 和 $m_z(z)$ 的正号符合右手螺旋法则，$m_z(z) = -\mathrm{d}M_z(z)/\mathrm{d}z$ [1]，微分式（2.2.34），得

$$EI_\omega \varphi^{\mathrm{IV}}(z) - GJ\varphi''(z) = m_z(z) \qquad (2.2.35)$$

式（2.2.34）和式（2.2.35）是约束扭转的通用微分方程，分别适用于集中扭矩和分布扭矩。

已知集中扭矩 $M_z(z)$ 或分布扭矩 $m_z(z)$，利用边界条件，可解得 $\varphi(z) \sim \varphi'''(z)$。然后，利用式（2.2.29）和式（2.2.30）求解杆件内力。翼缘应力

$$\sigma_{\omega 1}(z, s_1) = \frac{M(z)}{I_1} s_1 \qquad \sigma_{\omega 2}(z, s_2) = \frac{M(z)}{I_2} s_2 \qquad (2.2.36)$$

式中，s 为翼缘上的点到 x 轴的距离，如图 2.2.3 所示。

对 $\sigma_{\omega 1}(z, s_1)$ 表达式乘以 $h/(x_1 + x_2) \cdot x_1/x_1 = 1$，且注意到 $I_1 x_1 x_2 = I_2 x_2^2$，得

$$\sigma_{\omega 1}(z, s_1) = \frac{M(z) h x_1 s_1}{I_1 x_1^2 + I_2 x_2^2} = \frac{B(z)\omega(s_1)}{I_\omega} \qquad (2.2.37)$$

式中，$B(z) = M(z) \cdot h$ 为式（2.2.32）中的双力矩；$\omega(s_1) = x_1 s_1$ 称为扇性坐标。同理可得

$$\sigma_{\omega 2}(z, s_2) = \frac{B(z)\omega(s_2)}{I_\omega} \qquad (2.2.38)$$

3. 开口薄壁杆件约束扭转的通用理论

上述推导得到的结论可以推广到任何截面形式的开口薄壁杆件。按 Vlasov 理论，约束扭转符合下列两个基本假定。

1）平面刚性。在小变形条件下，杆件截面的外形轮廓线在平面内的投影保持不变，但可以沿杆件母线翘曲。

2）杆件中面的剪应变为零。柱状杆件母线与截面中心线变形后仍保持直角关系。

按图 2.2.4（a）所示，设弧长 s 为曲线坐标，逆时针绕任意极点 A 转动时 s 增加的方向为正方向。考虑中心线长度为 m 任意截面形状的薄壁构件绕极点 A 扭转，其翘曲位移为 $w(z, s)$，弧长微段 $\mathrm{d}s$ 两端的翘曲位移差为 $\partial w/\partial s$。

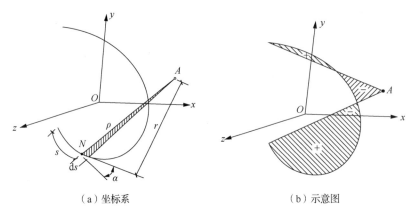

（a）坐标系　　　　　　　　　　（b）示意图

图 2.2.4　扇形面积[1]

按基本假定 1），切线方向位移为 $r(s)\varphi(z)$，其中，$r(s)$ 为极点 A 至微分段切线之间的垂直距离。按基本假定 2），得

$$\partial w/\partial s + r(s)\cdot\partial\varphi/\partial z = 0 \tag{2.2.39}$$

积分得

$$w(z,s) = w_0(z) - \varphi'(z)\int_0^s r(s)\mathrm{d}s \tag{2.2.40}$$

式中，$w_0(z)$ 为积分常数，为起算参考点的翘曲位移。引进记号

$$\omega_s(s) = \int_0^s r(s)\mathrm{d}s \tag{2.2.41}$$

代入式（2.2.40），得

$$w(z,s) = w_0(z) - \varphi'(z)\omega_s(s) \tag{2.2.42}$$

式中，ω_s 按定义等于以极点 A 为原点、弧长为 s 的扇形面积的两倍。图 2.2.4（b）给出全部弧长 m 上扇形面积的示意。

对式（2.2.42）求导，截面上任意一点的翘曲应变为

$$\varepsilon_\omega(z,s) = w_0'(z) - \varphi''(z)\omega_s(s) \tag{2.2.43}$$

略去二阶泊松比的影响，翘曲正应力为

$$\sigma_\omega(z,s) = Ew_0'(z) - E\varphi''(z)\omega_s(s) \tag{2.2.44}$$

可以通过恰当选取极点和起始参考点，使截面满足静力自平衡条件 $N_z = M_x = M_y = 0$ 以及起始点翘曲位移 $w_0(z)=0$，翘曲应变 $w_0'(z)=0$ 和翘曲应力 $\sigma_{0\omega}(z)=0$ 的要求。这样，截面上任意一点的翘曲应变或翘曲应力是 ω_s 的线性函数。也就是说，截面上任意一点的翘曲应变或翘曲应力仅取决于该点扇形面积的大小，ω_s 相当于用扇形面积作为参数的广义坐标，称为扇性坐标，称 A 点为扇性极点，称 $w_0(z)=w_0'(z)=0$ 的起始点为扇性零点。

可以证明（略去推导），当选取截面剪切中心作为扇性极点，且选取与对称轴垂直的截面中心线与对称轴的交点为扇性零点就能达到上述要求。这样选取的两个特殊点分别称为主扇性极点和主扇性零点，对应的扇性坐标称为主扇性坐标。主扇性坐标具有下列特征：①对全截面的静矩为零；②扇性坐标与直角坐标的惯性积为零；③主扇性坐标的平方对全截面的和等于翘曲常数 I_ω，即

$$S_\omega = \int_0^m \omega_s t \mathrm{d}s = 0$$

$$I_{x\omega} = \int_0^m \omega_s y t \mathrm{d}s = 0 \qquad I_{y\omega} = \int_0^m \omega_s x t \mathrm{d}s = 0 \qquad I_\omega = \int_0^m \omega_s^2 t \mathrm{d}s \tag{2.2.45}$$

式中，m 为开口薄壁构件的长度。

除特别说明外，以下均采用主扇性坐标讨论扭转问题。图 2.2.5 给出主扇性坐标示例图。其中，图 2.2.5（a）对应于图 2.2.3 的不对称工字形截面，按式（2.2.45）进行图形相乘，得翘曲常数 $I_\omega = I_1 x_1^2 + I_2 x_2^2$，与式（2.2.31）相同。图 2.2.5（b）表示简化了的核心筒结构平面。

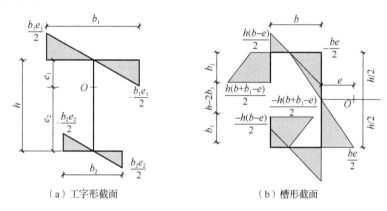

（a）工字形截面　　　　（b）槽形截面

图 2.2.5　主扇性坐标

显然，主扇性坐标表示某一高度截面上的翘曲位移和翘曲应力的分布。重写式（2.2.42），式（2.2.43）和式（2.2.44）如下：

$$w(z,s) = -\varphi'(z)\omega_s(s) \tag{2.2.46}$$

$$\varepsilon_\omega(z,s) = -\varphi''(z)\omega_s(s) \qquad \sigma_\omega(z,s) = -E\varphi''(z)\omega_s(s) \tag{2.2.47}$$

在薄壁杆件约束扭转理论中，仿照梁初等理论中弯矩的定义，把翘曲应力与扇性坐标的乘积对截面的积分定义为双力矩 $B(z)$，即

$$B(z) = \int \sigma_\omega \omega_s \mathrm{d}A \tag{2.2.48}$$

把式（2.2.47）代入上式，积分得双力矩和翘曲正应力表达式分别如下：

$$B(z) = -EI_\omega \varphi''(z) \tag{2.2.49}$$

$$\sigma_\omega(z,s) = \frac{B(z)\omega(s)}{I_\omega} \tag{2.2.50}$$

与式（2.2.32）和式（2.2.37）或式（2.2.38）相等。

三、扭转屈曲

1. 双轴对称开口薄壁杆件的扭转屈曲

上述分析表明，开口薄壁杆件的扭转刚度由自由扭转刚度 GJ 和翘曲刚度 EI_ω 两部分组成。作为一个例子，考虑在两端截面承受均布荷载 $\sum q = P$ 的十字形截面厚度为 t 薄壁构件的屈曲，如图 2.2.6 所示。

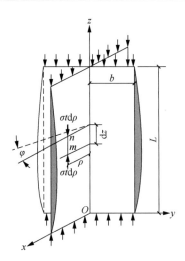

图 2.2.6　十字形截面薄壁构件扭转屈曲[1]

不计初始缺陷，逐级加载均布荷载至平衡分岔点。给予绕 z 轴微小转角扰动 φ，考察离转动轴距离为 ρ、截面积为 $t\cdot\mathrm{d}\rho$、平行于 z 轴，长度为 dz 纤维段 mn 的受力情况。扭转扰动后，mn 纤维段两端的转角增量为 $\mathrm{d}\varphi$，与 z 轴之间的倾斜角 $\mathrm{d}\alpha$ 为

$$\mathrm{d}\alpha = \rho\cdot\frac{\mathrm{d}\varphi}{\mathrm{d}z} = \rho\varphi' \tag{2.2.51}$$

记截面正应力为 σ，纤维段轴力在 xy 平面上的分量形成的剪流以及对 z 轴的扭矩分别为

$$\sigma(t\cdot\mathrm{d}\rho)\cdot\mathrm{d}\alpha = \sigma t\varphi'\rho\cdot\mathrm{d}\rho \qquad \mathrm{d}M_z(z) = \sigma t\varphi'\rho^2\cdot\mathrm{d}\rho \tag{2.2.52}$$

那么，从 $0\to b$ 全截面对 z 轴的扭矩 $M_z(z)$ 以及分布扭转 $m_z(z)$ 为

$$M_z(z) = \sigma\varphi'\int t\rho^2\cdot\mathrm{d}\rho = \sigma\varphi' I_0 \qquad m_z(z) = -\sigma\varphi'' I_0 \tag{2.2.53}$$

式中，$I_0 = I_x + I_y$ 为双轴对称截面对形心的极惯矩。把式（2.2.53）右侧分布扭转的表达式代入式（2.2.35），得

$$EI_\omega\varphi^{\mathrm{IV}}(z) - (GJ - \sigma I_0)\varphi''(z) = 0 \tag{2.2.54}$$

式（2.2.54）是开口薄壁杆件扭转屈曲的通用微分方程式。尽管在推导的过程中，使用了十字形截面双轴对称的几何条件，但只要截面形心和剪切中心重合，该方程式成立。

由一字形薄壁杆件交汇至一个共同点组成的开口薄壁杆件，其翘曲刚度 $EI_\omega = 0$。十字形截面薄壁构件 $EI_\omega = 0$，$(GJ - \sigma I_0) = 0$ 是微分方程的特征方程。解得扭转临界屈曲应力

$$\sigma_{\mathrm{cr}} = \frac{GJ}{I_0} = \frac{\frac{4}{3}bt^3 G}{\frac{4}{3}tb^3} = \frac{Gt^2}{b^2} \tag{2.2.55}$$

即当重力荷载 $P = P_{\mathrm{cr}}^z = 4Gt^3/b$ 时，十字形薄壁构件在交汇点的母线保持直线的同时，发生绕 z 轴的扭转屈曲。

对于两端承受均布荷载 $EI_\omega \neq 0$ 的双轴对称薄壁构件，当两端简支，即两端可自由翘曲，可绕 x,y 轴转动，但不能绕 z 轴转动，一阶扭转屈曲临界应力和扭转角曲线方程为

$$\sigma_{cr} = \frac{1}{I_0}\left(GJ + \frac{\pi^2 EI_\omega}{L^2}\right) \qquad \varphi(z) = A_1 \sin\frac{\pi z}{L} \tag{2.2.56}$$

当两端固定，即两端不能翘曲，不能绕 x, y, z 轴转动，一阶扭转屈曲临界应力和扭转角曲线方程为

$$\sigma_{cr} = \frac{1}{I_0}\left(GJ + \frac{4\pi^2 EI_\omega}{L^2}\right) \qquad \varphi(z) = A_2\left(1 - \cos\frac{2\pi z}{L}\right) \tag{2.2.57}$$

扭转屈曲临界荷载 $P_{cr}^z = \sigma_{cr}A$（其中 A 为截面面积）。当 P_{cr}^z 小于 P_{cr}^x, P_{cr}^y 中的小者，扭转为一阶屈曲破坏模态。

2. 弯扭屈曲

非对称开口薄壁杆件，形心和剪切中心不重合。在屈曲失稳时，将同时发生平面内的弯曲变形和平面外的扭转变形，称为弯扭屈曲。

图 2.2.7（a）给出在端部竖向荷载 P 作用下单轴对称槽形截面铰接杆弯扭屈曲的模态示意图。图中，C 点为截面形心，O 点为剪切中心，e 为形心和剪切中心的偏心距。图 2.2.7（b）给出了任意形状开口薄壁杆件研究弯扭屈曲的通用坐标系。坐标原点设置在截面形心 C 点，x, y 轴为截面的主轴，z 轴垂直向下，剪切中心 O 点的坐标为 (x_0, y_0)。若如图 2.2.7（a）所示，仅考虑在杆件端部截面形心处作用集中竖向荷载 P，当杆件在平衡分叉点时发生微小水平位移。弯扭联合变形的移动途径可以分解为由弯曲变形引起的沿主轴方向的平动位移 u, v 和绕剪切中心的扭转角 φ 以及由 φ 引起的平动位移 $x_0\varphi, y_0\varphi$，即 C 点和 O 点先分别平动至 C' 点和 O' 点，C' 点再绕转动 O' 点至 C'' 点。图 2.2.7（b）给出了位移途径分解的示意图。

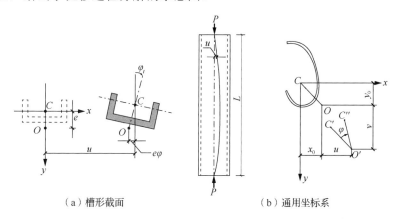

（a）槽形截面　　　　　　　（b）通用坐标系

图 2.2.7　弯扭屈曲

也就是说，当构件发生弯扭联合变形时，绕剪切中心的转动使截面的形心产生的附加侧向挠度 $(y_0\varphi, -x_0\varphi)$。由此，在 x, y 方向上分别产生了附加弯矩 $P \cdot y_0\varphi$ 和 $-P \cdot x_0\varphi$。同时，按上一小节的原理，轴力在 x, y 平面上的投影分量引起的剪力产生了绕剪切中心的附加扭矩 $P \cdot (x_0 v'' - y_0 u'')$。按静力准则，得一组弯扭屈曲的基本微分方程[1]

$$EI_y \frac{\mathrm{d}^2 u}{\mathrm{d}z^2} = M_y = -P(u + y_0\varphi) \qquad EI_x \frac{\mathrm{d}^2 v}{\mathrm{d}z^2} = M_x = -P(v - x_0\varphi)$$

$$EI_\omega \frac{\mathrm{d}^4 \varphi}{\mathrm{d}z^4} - \left(GJ - \frac{I_0}{A}P \right)\frac{\mathrm{d}^2 \varphi}{\mathrm{d}z^2} - Px_0 \frac{\mathrm{d}^2 v}{\mathrm{d}z^2} + Py_0 \frac{\mathrm{d}^2 u}{\mathrm{d}z^2} = 0 \tag{2.2.58}$$

式中，$EI_x, EI_y, EI_\omega, GJ$ 分别为杆件的 x,y 向弯曲刚度、翘曲刚度和自由扭转刚度；A 为截面面积；$I_0 = I_x + I_y + A(x_0^2 + y_0^2)$ 为非对称截面对剪切中心的极惯矩。前两个方程表示弯矩作用平面内的内力平衡，第三个方程表示平面外的内力平衡。

双轴对称构件的截面形心和剪切中心重合，$x_0 = y_0 = 0$，式（2.2.58）微分方程组解耦。前两个方程的最小根为一阶纯侧向临界荷载，记作 $P_{cr,0}^x, P_{cr,0}^y$。第三个方程的最小根为一阶纯扭转临界荷载，记作 $P_{cr,0}^z$。对于两端铰接的等截面均质简支杆，它们分别为

$$P_{cr,0}^x = \frac{\pi^2 EI_y}{L^2} \qquad P_{cr,0}^y = \frac{\pi^2 EI_x}{L^2} \qquad P_{cr,0}^z = \frac{A}{I_0}\left(\frac{\pi^2 EI_\omega}{L^2} + GJ \right) \tag{2.2.59}$$

式中，L 为杆件长度；$P_{cr,0}^x, P_{cr,0}^y$ 为欧拉临界荷载，下标 0 表示不发生平扭耦联（有时予以略去，下同）。若双轴对称结构的 $P_{cr,0}^z$ 小于 $P_{cr,0}^x, P_{cr,0}^y$ 中的小者，扭转成为一阶屈曲模态。

对于非对称构件，假定符合边界条件的挠曲线方程，代入式（2.2.58），利用边界条件得特征方程。特征方程的最小根为一阶临界屈曲荷载。

以下以端部承受集中荷载 P 两端铰接的槽形截面构件为例，做进一步说明。如图 2.2.7（a）所示，槽钢发生 u, φ 弯扭联合变形，式（2.2.58）中的第一个和第三个方程式联立为

$$EI_y \frac{\mathrm{d}^2 u}{\mathrm{d}z^2} = M_y = -P(u + e\varphi)$$

$$EI_\omega \frac{\mathrm{d}^4 \varphi}{\mathrm{d}z^4} - \left(GJ - \frac{I_0}{A}P \right)\frac{\mathrm{d}^2 \varphi}{\mathrm{d}z^2} + Pe \frac{\mathrm{d}^2 u}{\mathrm{d}z^2} = 0 \tag{2.2.60}$$

边界条件为

$$\begin{array}{ll} u(0) = u(L) = 0 & \varphi(0) = \varphi(L) = 0 \\ u''(0) = u''(L) = 0 & \varphi''(0) = \varphi''(L) = 0 \end{array} \tag{2.2.61}$$

设屈曲模态曲线为

$$u(z) = a_1 \sin\frac{\pi z}{L} \qquad \varphi(z) = a_3 \sin\frac{\pi z}{L} \tag{2.2.62}$$

把式（2.2.62）代入式（2.2.60），设 ρ 为非对称截面对剪切中心的回转半径，$\rho^2 = I_0/A$。利用式（2.2.61）的边界条件，得特征方程

$$(P - P_{cr,0}^x)(P - P_{cr,0}^z) - (e/\rho)^2 P^2 = 0 \tag{2.2.63}$$

当 $e = 0$，退化到双轴对称薄壁截面，屈曲模态解耦，杆件发生绕对称轴的弯曲屈曲和绕形心的扭转屈曲。弯曲临界屈曲荷载为 $P_{cr,0}^x$，扭转临界屈曲荷载为 $P_{cr,0}^z$。当 $e \neq 0$，解特征方程，最小根为临界弯扭屈曲荷载，即

$$P_{cr}^{xz} = \frac{1}{2k}\left[(P_{cr,0}^z + P_{cr,0}^x) - \sqrt{(P_{cr,0}^z + P_{cr,0}^x)^2 - 4kP_{cr,0}^z P_{cr,0}^x} \right] \qquad k = 1 - (e/\rho)^2 \tag{2.2.64}$$

若 $P_{cr}^{xz} < P_{cr,0}^z$ 和 $P_{cr}^{xz} < P_{cr,0}^x$，杆件发生弯扭屈曲。

四、结构的固有力学特性

1. 屈曲和自由振动微分方程的等价性

为了直观地说明屈曲和自由振动的微分方程等价性，令截面形心和剪切中心重合，式（2.2.58）的微分方程组解耦。使用双力矩 B 替代扭转角 φ，重写三个独立的微分方程如下：

$$EI_y \frac{\mathrm{d}^2 u}{\mathrm{d}z^2} + Pu = 0 \qquad EI_x \frac{\mathrm{d}^2 v}{\mathrm{d}z^2} + Pv = 0 \qquad EI_\omega \frac{\mathrm{d}^2 B}{\mathrm{d}z^2} + \left(\frac{I_0}{A}P - GJ \right)B = 0 \qquad (2.2.65)$$

它们是以空间作为变量的二阶常系数齐次微分方程。另外，无阻尼自由振动方程 $m\ddot{x} + kx = 0$ 或 $I_\varphi \ddot{\varphi} + k_\varphi \varphi = 0$ 是以时间为变量的二阶常系数齐次微分方程。尽管变量不同，但两者在数学表达上是等价的。表 2.2.5 列出了屈曲和自由振动的对应关系。弯曲屈曲对应于平动振型，扭转屈曲对应于扭转振型。临界屈曲因子 λ_{cr} 为临界屈曲荷载与重力荷载之比，即

$$\lambda_{cr}^{f} = P_{cr}^{x}/P \quad \text{或} \quad \lambda_{cr}^{f} = P_{cr}^{y}/P \qquad \lambda_{cr}^{t} = P_{cr}^{z}/P \qquad (2.2.66)$$

式中，λ_{cr}^{f} 为弯曲临界屈曲因子；λ_{cr}^{t} 为扭转临界屈曲因子。进一步，若使用瑞利法求取一阶临界屈曲荷载和一阶频率，铰支-铰支边界均质等截面杆的屈曲模态和振型函数表达式完全相同，均为 $\sin(\pi z/L)$。对于固端-自由边界条件，屈曲模态为 $1 - \cos(\pi z/2L)$，振型函数可取均布荷载作用下的挠曲线方程 $z^2(6L^2 - 4Lz + z^2)$。尽管表达式稍有区别，但曲线形状相当接近。

表 2.2.5　屈曲和自由振动的对应关系

数学意义	屈曲分析	自由振动
二阶常系数齐次微分方程	计入变形的力平衡方程对空间的二阶导数	计入惯性力的力平衡方程对时间的二阶导数
微分方程的解	屈曲模态	振型函数
特征方程	特征方程	频率方程
特征值	临界屈曲因子 λ_{cr}	频率

2. 固有力学特性

微分方程的等价性表明了以下几点。

1）屈曲和自由振动分别反映了结构的静力特性和动力特性。

2）结构的临界屈曲荷载（或屈曲因子）和自由振动频率都是结构固有的，仅仅与结构的刚度和质量分布有关，与强度无关、与外部作用无关。

3）屈曲模态的次序和屈曲因子的大小、比例是结构宏观物理参数刚度、质量的大小及其分布在静力特性中的反映，振型的次序和自振频率（或周期）的大小及比例是刚度、质量的大小及其分布在动力特性中的反映。

屈曲和自由振动组成了结构全部的固有力学特性，静力的和动力的。当建筑的高宽比不是很大时，结构的自由振动特性受到结构工程师的重视。然而，随着建筑的高度不断被突破，逐渐凸显了屈曲模态和屈曲因子的相对重要性。对于超高层建筑，临界屈曲因子也许会成为结构刚度的主要控制参数。关于这一点，第三章将详细讲述。

3. 悬臂杆弯曲屈曲因子和周期的关系表达式

按弹性稳定理论和结构动力学，具有分布质量等截面悬臂杆的弯曲临界屈曲因子 λ_{cr}^{f} 是 $EI/(mL^3)$ 的线性函数，弯曲自振周期 T_1 是 $L^2\sqrt{m/EI}$ 的线性函数[1,5]。它们总可以表示为

$$\lambda_{cr}^{f} = \xi_s \frac{EI}{mL^3} \qquad T_1 = \xi_d L^2 \sqrt{\frac{m}{EI}} \qquad (2.2.67)$$

式中，m 为单位长度分布质量；EI 为弯曲刚度；L 为杆长；ξ_s, ξ_d 分别为弯曲稳定系数和动力系数，通常为弯曲刚度的函数。合并上式，得

$$T_1 = \xi(EI) \cdot \sqrt{L/\lambda_{cr}^{f}} \qquad (2.2.68)$$

式中，$\xi(EI) = \sqrt{\xi_s \cdot \xi_d^2}$，定义为体型系数。对等截面均质悬臂杆，按式（2.2.7），弯曲稳定系数 $\xi_s = 7.837/g$；弯曲自由振动动力系数 $\xi_d = 1.781$[5,6]；得体型系数 $\xi = 1.576$。

4. 框架-核心筒超高层结构弯曲屈曲因子和周期的统计表达式

作者收集到按 JGJ 3 设计的 22 个超高层建筑，高度 137～623m，自振周期 3.7～9.1s，均为框架-核心筒或巨型框架-核心筒结构。在刚性楼板的假定下，取荷载系数 $\gamma_{DL} = 1.25$，进行自由振动分析和三维屈曲分析。前三阶自振周期和临界屈曲因子列于表 2.2.6 中。

表 2.2.6　22 个超高层建筑的固有力学特性和体型系数

项目编号	结构高度/m	结构体系	自振周期/s			临界屈曲因子			体型系数
			T_x	T_y	T_t	λ_{cr}^{x}	λ_{cr}^{y}	λ_{cr}^{t}	ξ
1	154.4	FC	3.00	3.75	2.64	22.95	18.58	10.70	1.30
2	180	OFC	3.82	3.94	3.78	20.62	19.13	9.42	1.28
3	168	FC	4.00	3.64	2.68	18.89	26.45	9.27	1.34
4	152.1	FC	4.19	4.10	2.94	15.74	16.57	11.91	1.35
5	137.2	FC	4.21	3.26	2.84	13.60	17.94	5.33	1.33
6	144.1	FC	4.68	4.23	3.60	12.00	14.95	9.68	1.35
7	198.1	FC	4.96	4.75	3.53	14.94	15.34	6.94	1.36
8	239	OFC	4.19	5.36	3.04	17.71	14.97	13.18	1.34
9	297	OFC	5.58	5.40	2.93	17.39	18.03	14.19	1.35
10	267	OFC	5.68	4.79	3.56	14.39	20.60	8.49	1.32
11	202	OFC	5.38	5.77	4.15	12.14	10.40	4.71	1.32
12	300.3	OFC	6.04	5.92	3.38	12.67	13.33	10.16	1.24
13	279.8	OFC	6.35	5.90	4.23	10.86	12.65	5.17	1.25
14	254.2	FC	6.20	6.58	5.01	11.35	10.02	2.51	1.31
15	522	MFC	7.35	7.36	3.64	16.90	16.10	7.00	1.29
16	410	MFC	7.08	7.77	2.59	14.18	11.75	3.56	1.32
17	440.5	OFC	7.11	7.83	4.09	14.12	11.98	4.05	1.29
18	380	OFC	6.78	8.00	3.95	13.51	10.17	4.38	1.31
19	540	MFC	8.49	8.53	3.76	12.80	12.49	5.93	1.30
20	382	MFC	8.10	8.85	3.44	10.65	9.27	2.92	1.38
21	580	MFC	9.05	8.93	4.90	11.48	11.63	4.04	1.27
22	623	MFC	9.10	8.78	4.04	11.53	12.14	4.66	1.26

注：1. FC（frame-core）为框架-核心筒，OFC（outrigger frame-core）为带加强层的框架-核心筒，MFC（mega frame-core）为巨型框架-核心筒结构。

2. 阴影的项目编号 8、14、21、22 分别对应第三章第二节工程实例 3.2、3.3、3.1、3.4。其中，项目编号 21 是按 2009 年 10 月 9 日超限评审送审文本的分析结果；项目编号 22 是初步设计中间成果的分析结果。

使用表 2.2.6 中的基本周期，弯曲临界屈曲因子和高度，计算了 22 个实例的弯曲体型系数，列于表的最后一栏。图 2.2.8 给出以周期为横坐标的 $\xi-T_1$ 关系曲线。其统计规律近似呈水平直线，均值 $\mu_\xi=1.312$，标准差 $\sigma_\xi=0.036$，变异系数 $\delta=2.74\%$，呈窄型分布。对于按 JGJ 3—2010 设计的超高层建筑，设 H 为结构高度，$\lambda_{cr}^f\text{-}T_1$ 存在如下统计关系：

$$T_1=1.312\sqrt{H/\lambda_{cr}^f} \tag{2.2.69}$$

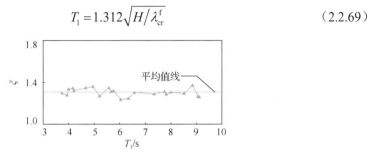

图 2.2.8 $\xi\text{-}T_1$ 关系曲线

5. 基于弯曲屈曲因子的周期上限

按 JGJ 3—2010 规定，刚重比下限值 $r_{bL}^{sw}=1.4$，相当于 $\lambda_{aL}^f=10$（见第三章第三节）。代入式（2.2.69），得基于弯曲临界屈曲因子的基本周期上限 T_{bU} 的统计表达式为

$$T_{bU}=0.415\sqrt{H} \tag{2.2.70}$$

以文献[7]收集的从 20 世纪 80 年代至今我国已建或已通过超限审查的 414 栋高层混凝土结构和文献[8]收集的我国 302 栋已建和在建的高层及超高层建筑的设计资料数据作为数据库，将结构高度与结构基本周期的关系列于图 2.2.9 中。图中，粗直线为拟合曲线，外侧的细直线为式（2.2.70）。非常明显，400m 以上，拟合曲线向左侧偏离基于临界屈曲因子的周期上限曲线[9]。这也许是结构设计受层间位移角限值控制的缘故。

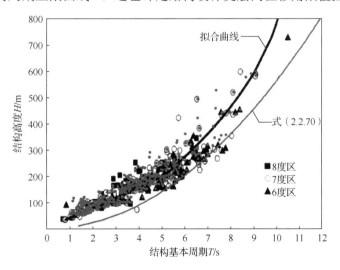

图 2.2.9 结构高度与结构基本周期的关系

第三节　结构整体屈曲的近似分析

经典稳定理论的研究对象主要是构件。在结构设计中，构件的稳定性往往通过满足规范规定的最小截面尺寸和折减后的强度（如通过稳定系数折减压弯构件的强度）来实现。因此，高层建筑主要涉及结构的整体稳定性。

正如本书作者指出，高层建筑稳定性主要研究在水平荷载和重力荷载联合作用下的重力二阶效应以及由此引起的侧移失稳，但结构的屈曲性能是上述稳定性的源问题，临界屈曲因子是源参数。本节讲述结构整体屈曲的近似分析方法。第三章第二节讲述屈曲的有限元分析方法。

一、剪切型结构

梁、柱节点转动引起的侧向位移沿高度的分布曲线呈剪切型。框架属于剪切型结构。不计初始缺陷、初始偏心，考察中等高宽比框架的第 i 层。设层高 h_i，上层传来重力荷载 P_i。逐级增加重力荷载至平衡分岔点，第 i 层突然进入微弯曲平衡形式，产生剪力 V_i。可以证明，第 i 层被重力二阶效应放大了的层位移 $\Delta_{i,2}$ 为（具体推导，见第三章第一节）

$$\Delta_{i,2} = \alpha_s \Delta_i = \frac{1}{1-(P_i\Delta_i/V_ih_i)}\Delta_i \tag{2.3.1}$$

式中，Δ_i 为不计二阶效应的层位移；α_s 为放大系数。令 $P_i\Delta_i/V_ih_i=1$，$\alpha_s=\infty$，第 i 层的侧向刚度为零，进入中性平衡状态，发生屈曲。对应的重力荷载为临界屈曲荷载 $P_{cr,i}$，且

$$P_{cr,i} = \frac{V_ih}{\Delta_i} \tag{2.3.2}$$

式（2.3.2）等号的右侧恰等于框架第 i 层单位侧向位移所需要的弯矩，即第 i 层的等效剪切刚度 $(GA)_i$。参照式（1.2.31），第 i 层的临界剪切屈曲荷载的具体表达式可以写为

$$P_{cr,i} = (GA)_i = \frac{12E}{h_i(1/i_{ci}+1/i_{bi})} \tag{2.3.3}$$

式中，i_{ci}、i_{bi} 的意义与式（1.2.32）相同，分别表示第 i 层的柱和梁的线刚度之和。这种剪切型结构的屈曲模态称为剪切屈曲模态。

二、弯剪型结构

以剪力墙为主要抗侧力构件的结构侧向挠曲变形为弯剪型。联肢墙、核心筒、框架-剪力墙和框架-核心筒均属于弯剪型结构。不计初始缺陷、初始偏心的弯剪型结构在重力荷载的作用下，会发生单向曲率的整体屈曲，称为弯剪屈曲模态。但由于弯曲的成分一般远大于剪切的成分，为了与稳定理论中构件屈曲的术语互相对应，通常也称为弯曲屈曲。

图2.3.1给出双轴对称，等截面弯剪型结构屈曲分析的等效连续体模型。与图1.2.7类似，使用一根弯曲型悬臂杆模拟墙肢，一根剪切型悬臂杆模拟框架，等效薄膜模拟楼板，但结构仅承受重力荷载。结构的整体弯曲屈曲性能与重力荷载在剪力墙和框架之间

的分配比例无关。

按图示模型，文献[4]、[10]列出了弯曲屈曲问题的微分方程、边界条件，给出了近似解析解。对于双轴对称弯剪型结构，略去烦琐的推导和求解过程，直接引用其研究成果如下：

（1）结构特征系数

$$(\alpha H)_x = H\sqrt{\frac{(GA)_x^{\text{sum}}}{EI_x^{\text{sum}}}} \qquad (\alpha H)_y = H\sqrt{\frac{(GA)_y^{\text{sum}}}{EI_y^{\text{sum}}}} \qquad (2.3.4)$$

式中，$(GA)_x^{\text{sum}}$，$(GA)_y^{\text{sum}}$ 分别为框架沿 x 轴和 y 轴方向等效剪切刚度之和；EI_x^{sum}，EI_y^{sum} 分别为墙肢 x,z 轴和 y,z 平面内弯曲刚度之和。等效剪切刚度 (GA)，按式（1.2.31）求取。

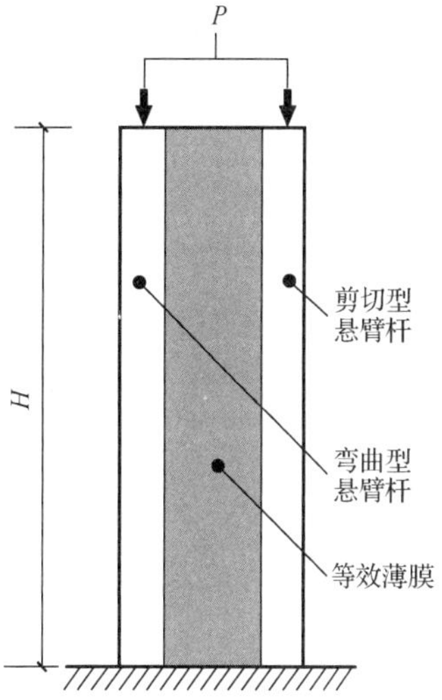

（2）弯曲临界屈曲荷载

$$P_{\text{cr}}^x = \frac{s \cdot EI_x^{\text{sum}}}{H^2} \qquad P_{\text{cr}}^y = \frac{s \cdot EI_y^{\text{sum}}}{H^2} \qquad (2.3.5)$$

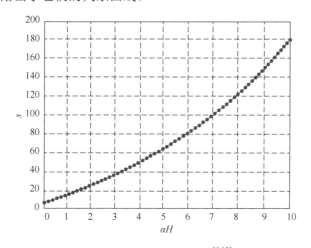

图 2.3.1　弯剪型结构弯曲
屈曲分析模型

式中，s 为结构屈曲稳定系数，相当于式（2.2.67）中的 ξ_s，是结构特征系数 $(\alpha H)_x$ 或 $(\alpha H)_y$ 的函数。图 2.3.2 给出了它们的关系曲线。

图 2.3.2　$s - \alpha H$ 关系曲线[4,10]

双轴对称弯剪型结构平面弯曲屈曲问题的求解顺序为：①按式（2.3.4）确定结构特征系数；②按图 2.3.2 读取结构屈曲稳定系数；③按式（2.3.5）确定弯曲临界屈曲荷载。

三、框架-核心筒结构的扭转屈曲

1. 屈曲机理

框架-核心筒结构的扭转是高层建筑设计中的一个重要议题。结构的侧向刚度由核心筒弯曲刚度 EI_x，EI_y 和周边框架的等效剪切刚度 (GA) 组成，弯曲屈曲临界荷载取决于结构整体的侧向刚度，与重力荷载在核心筒和周边框架之间的分配比例无关。结构的扭转刚度由核心筒的翘曲刚度 EI_ω、自由扭转刚度 GJ，周边框架的等效扭转刚度 (GJ) 组成。扭转屈曲临界荷载取决于重力荷载的分布和结构扭转刚度的分布。分析表明，作为主要抗侧力构件核心筒的翘曲刚度+自由扭转刚度大于周边框架的等效扭转刚度，等效扭转刚度又大于单榀框架的等效剪切刚度。即 $EI_\omega + GJ > (GJ)$，$(GJ) > (GA)$。

图 2.3.3 为框架-核心筒结构扭转屈曲连续体分析模型。图中，与图 1.2.13 类似，使用一根复合悬臂杆模拟核心筒，4 根等效剪切杆模拟周边框架。每一层刚性楼板被集中为 4 根刚性连杆，然后进一步沿高度方向被连续化为 4 块刚性薄膜。P_w 为核心筒承受的重力荷载，P_c 为一榀框架承受的重力荷载。

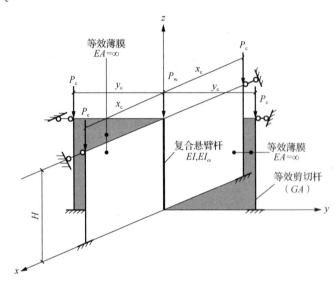

图 2.3.3　框架-核心筒结构扭转屈曲连续体分析模型

若不计初始缺陷，框架-核心筒结构体系在均布重力荷载的逐级加载过程中，周边框架承受的轴力首先达到式（2.3.3）的剪切屈曲临界荷载 P_{cr}。框架发生由梁、柱弯曲变形引起的平面内微小的剪切型挠曲变形，重力荷载在挠曲方向上的水平投影产生绕 z 轴的扭矩。此时，核心筒尚未屈曲。由于楼板的整体作用，框架处于中性平衡状态，但并不会立即发生剪切屈曲。随着逐级加载，挠曲变形增大，结构承受的扭矩也随之增大。继续加载，直至核心筒与周边框架一起发生扭转屈曲。简言之，框架-核心筒结构的扭转屈曲起始于周边框架的等效剪切变形，发生于核心筒丧失翘曲刚度、自由扭转刚度和周边框架全部丧失等效扭转刚度。这种 $(GA) \ll EI_\omega + GJ$ 的刚度分布特性造成框架-核心筒结构的扭转屈曲起始于周边框架剪切屈曲产生水平扭矩的机理与上述对称十字形开口薄壁构件的扭转屈曲起始于抗弯能力最薄弱的截面最外侧纤维发生平面外挠曲的机理相同。

框架-核心筒结构屈曲模态的次序取决于结构整体扭转刚度和（侧向）弯曲刚度的大小和比例。若扭转刚度相对偏弱，扭转将上升为一阶屈曲模态。

2. 扭转屈曲的近似分析

对于双轴对称、截面特性沿高度不变的均匀框架-核心筒结构，利用扭转和弯曲的可比拟性，写出扭转屈曲问题的近似解析解如下[4,10]：

（1）结构特征系数

$$(\alpha H)_z = H\sqrt{\frac{(GJ)^{\text{sum}}}{EI_\omega^{\text{sum}}}} \qquad (2.3.6)$$

其中

$$(EI_\omega)^{\text{sum}} = \sum EI_x y_w^2 + \sum EI_y x_w^2 \qquad (2.3.7)$$

$$(GJ)^{\text{sum}} = \sum (GA)_x y_c^2 + \sum (GA)_y x_c^2 \qquad (2.3.8)$$

式中，EI_ω^{sum} 为墙肢翘曲刚度之和；$(GJ)^{\text{sum}}$ 为框架等效扭转刚度之和；x_w, y_w 表示核心筒墙肢与形心之间的距离；I_x, I_y 为墙肢的弯曲刚度；x_c, y_c 表示框架柱与形心之间的距离；$(GA)_x, (GA)_y$ 为框架的等效剪切刚度。

（2）重力荷载分布系数

结构的扭转屈曲与重力荷载的平面分布有关。定义重力荷载分布系数 R 为

$$R = \sum pr^2 / \sum p \qquad (2.3.9)$$

式中，p 为作用于平面上某一点的重力荷载；r 为该点与形心之间的距离。

（3）扭转临界屈曲荷载

$$P_{\text{cr}}^z = \frac{s \cdot EI_\omega^{\text{sum}}}{RH^2} \qquad (2.3.10)$$

式中，s 为结构屈曲稳定系数，结构特征系数 $(\alpha H)_z$ 的函数，其关系曲线如图 2.3.2 所示。

双轴对称弯剪型结构扭转屈曲问题的求解顺序为：①按式（2.3.7）和式（2.3.8）确定全部墙肢的翘曲刚度和框架的等效扭转刚度；②按式（2.3.9）确定重力荷载分布系数；③按式（2.3.6）确定结构特征系数；④按图 2.3.2 读取结构屈曲稳定系数；⑤按式（2.3.10）确定扭转临界屈曲荷载。

四、算例

图 2.3.4 给出一个双轴对称框架-核心筒结构的简化平面和分析条件。划分标准层平面为 25 块 4m×4m 的区格。每个区格承受 160kN 的重力荷载。求解弯曲和扭转屈曲临界荷载，并且对影响屈曲临界荷载的参数进行研究。

1. 弯曲和扭转屈曲临界荷载

（1）构件特性

单片墙绕强轴截面惯性矩：$I_w = b_w h_w^3 / 12 = 1.6(\text{m}^4)$。

单根柱、梁截面惯性矩：$I_c = b_c h_c^3 / 12 = 0.002(\text{m}^4)$，$I_b = b_b h_b^3 / 12 = 0.005(\text{m}^4)$。

（2）弯曲刚度

核心筒弯曲刚度（2 片墙）：$EI_x^{\text{sum}} = EI_y^{\text{sum}} = 2 \times 2.5 \times 10^7 \times 1.6 = 8.0 \times 10^7 (\text{kN} \cdot \text{m}^2)$。

单榀框架柱、梁线刚度：$i_c = 3I_c / h = 0.0015(\text{m}^3)$，$i_b = 2I_b / l = 0.001(\text{m}^3)$。

周边框架等效剪切刚度（2 榀框架）：$(GA)_x^{\text{sum}} = (GA)_y^{\text{sum}} = 9.0 \times 10^4 (\text{kN})$。

（3）扭转刚度

核心筒翘曲刚度（4 片墙）：$(EI_\omega)^{\text{sum}} = EI_y^{\text{sum}} x_w^2 + EI_x^{\text{sum}} y_w^2 = 1.25 \times 10^9 (\text{kN} \cdot \text{m}^4)$。

周边框架等效扭转刚度（4 榀框架）：$(GJ)^{\text{sum}} = (GA)_y^{\text{sum}} x_c^2 + (GA)_x^{\text{sum}} y_c^2 = 1.8 \times 10^7 (\text{kN} \cdot \text{m}^2)$。

（4）结构特征系数和重力分布系数

弯曲：$(\alpha H)_x = (\alpha H)_y = 2.68$。

扭转：$(\alpha H)_z = 9.6$，$R = \sum pr^2 \big/ \sum p = 256\,000 / 4\,000 = 64(\text{m}^2)$。

（5）稳定系数

弯曲：$s_x = s_y = 26.8$；扭转：$s_z = 166.7$。

（6）屈曲临界荷载和屈曲因子

弯曲：$P_{cr}^x = P_{cr}^y = 33.5 \times 10^4\,\text{kN}$，$\lambda_{cr}^x = \lambda_{cr}^y = 4.19$，扭转：$P_{cr}^z = 50.9 \times 10^4\,\text{kN}$，$\lambda_{cr}^t = 6.36$。

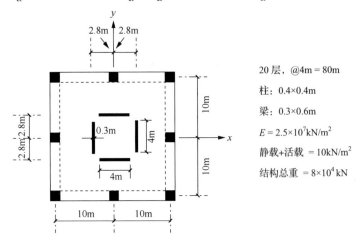

20层，@4m = 80m

柱：0.4×0.4m

梁：0.3×0.6m

$E = 2.5 \times 10^7\,\text{kN/m}^2$

静载+活载 = 10kN/m²

结构总重 = 8×10⁴ kN

图 2.3.4　双轴对称等截面框架-核心筒结构平面简图

2. 参数研究

在图 2.34 所示的框架-核心筒结构的基础上，改变梁、柱、墙的几何尺寸，进行参数研究：①取消周边框架梁，得板柱-核心筒结构。令板厚 0.3m，取等代梁截面尺寸 $b_b \times h_b = 0.85\text{m} \times 0.3\text{m}$。②设框架柱为重力柱。令框架的等效剪切刚度和扭转刚度 $(GA) = 0$，$(GJ) = 0$。③在原算例的基础上，把柱截面尺寸扩大至 0.45m×0.45m，以考察柱截面面积的增大对抗扭刚度贡献的程度。④在原算例的基础上，把墙厚增加至 0.4m，以考察墙厚增大对抗扭刚度贡献的程度。按上述步骤，求出它们的屈曲临界荷载和特征系数，列于表 2.3.1 中。

表2.3.1　三种结构体系的特征系数和屈曲临界荷载的比较

结构类别	$(\alpha H)_{x,y}$	$(\alpha H)_z$	$P_{cr}^x(P_{cr}^y)$ 及比例		P_{cr}^z 及比例	
			$P_{cr}^x(P_{cr}^y)$	比例	P_{cr}^z	比例
框架-核心筒结构（原算例模型）	2.68	9.6	33.5×10⁴kN	1	50.9×10⁴kN	1
板柱-核心筒结构	1.95	7.0	23.1×10⁴kN	0.69	30.5×10⁴kN	0.60
重力柱-核心筒结构	0	0	9.8×10⁴kN	0.29	2.4×10⁴kN	0.05
框架-核心筒结构（柱截面扩大）	2.94	10.5	37.5×10⁴kN	1.12	58.7×10⁴kN	1.15
框架-核心筒结构（墙厚增加）	2.33	8.3	37.5×10⁴kN	1.12	53.8×10⁴kN	1.06

本算例分析和表中数据表明了以下几点。

1）核心筒的弯曲刚度远远大于周边框架的等效剪切刚度，核心筒的翘曲刚度远远大于周边框架的等效扭转刚度。结构整体刚度的大小主要取决于核心筒的刚度。

2）重力柱-核心筒体系的弯曲刚度和扭转刚度远远小于抗弯框架-核心筒组成的相互作用结构体系。而且，扭转为一阶屈曲模态。

3）板柱-核心筒结构的弯曲刚度和扭转刚度，与预期相同，要小于抗弯框架-核心筒结构。但屈曲模态的次序尚未发生变化，弯曲仍是一阶屈曲模态。

4）增大柱的截面尺寸和增加墙厚对提高临界屈曲荷载的贡献并不理想。按表2.3.1，墙厚增加1.33倍，弯曲屈曲临界荷载提高了12%左右；柱截面增加1.26倍，扭转屈曲临界荷载提高了15%左右。

本书作者给出本算例的目的仅仅是希望读者能比较深入地了解周边框架和核心筒各自对结构特征参数贡献的程度，从而进一步对结构临界屈曲荷载以及刚度的影响程度。其实，这种近似的分析方法具有很大的局限性，而且在扭转屈曲分析中，未计入第一章第二节所述的连梁效应，低估了核心筒的扭转刚度。理论分析和工程实例的三维有限元分析表明，提高结构整体扭转刚度有效途径是把剪力墙围合成为一个半闭口的薄壁筒体，并尽量增加闭合的程度。第三章第四节将继续讨论这方面的内容。

参 考 文 献

[1] TEMOSHENKO S P, GERE J M. Theory of elastic stability[M]. 2nd ed. Mineola, New York: Dover Publications, Inc., 2009.

[2] 周绪红, 郑宏. 结构稳定理论[M]. 北京: 高等教育出版社, 2010.

[3] ZDENEK P B, LUIGI C. Stability of structures: elastic, inelastic, fracture and damage theories[M]. World Scientific Edition. Singapore: World Scientific Publishing Co. Pte. Ltd., 2010.

[4] SMITH B S, COULL A. Tall building structures: analysis and design[M]. New York: John Wiley & Sons, Inc., 1991.

[5] CHOPRA A K. Dynamics of structures: theory and applications to earthquake engineering[M]. 2nd ed. 北京: 清华大学出版社, 2005.

[6] 扶长生. 抗震工程学: 理论与实践[M]. 北京: 中国建筑工业出版社, 2013.

[7] 徐培福, 肖从真, 等. 高层混凝土结构自振周期与结构高度关系及合理范围研究[J]. 土木工程学报, 2014, 47（2）: 1-11.

[8] 沈蒲生, 张超, 等. 我国高层及超高层建筑的基本自振周期[J]. 建筑结构, 2014, 44（18）: 1-3.

[9] 张小勇, 周立浪, 扶长生. 基于临界周期的高层混凝土结构整体稳定性评估[J]. 建筑结构, 2015, 45（14）: 30-34.

[10] ROSMAN R. Stability and dynamics of shear-wall structures[J]. Build. Sci., 1974, 9: 55-63.

第三章　高层建筑的稳定问题

合理设计的建筑物几乎没有可能发生屈曲失稳。正如本书作者一再指出，高层建筑的稳定问题是在水平和重力荷载联合作用下，重力二阶效应有可能会使结构在屈服后产生过大的侧向位移导致的侧移失稳。设计理论的发展以及计算机软件三维仿真精细化程度的提高使结构刚度的设计趋向于合理经济，叠加高层建筑巨量的重力荷载，导致结构的基本周期变长，地震反应处于位移反应谱的高位区段。因此，长周期超高层建筑抗震设计中的稳定问题越来越受到广泛的关注。小震设计阶段，稳定问题的重点是重力二阶效应在弹性分析中对位移和内力的放大，构件应按放大了的内力进行配筋设计。大震设计阶段，结构屈服、刚度折减，重点是二阶非线性效应对位移的进一步放大，校核结构的抗倒塌能力。

本章分四节，依次讲述超高层建筑稳定问题的核心理论以及编制软件的背景材料，即弹性和非弹性重力二阶效应的学术研究成果和几何刚度及重力二阶效应的数值分析方法——有限单元法；综述和评估当前基于规范的高层建筑稳定设计方法；在刚性隔板假定下，使用扭转临界屈曲因子替代周期比控制结构整体扭转刚度等几个方面。本章还根据作者的研究成果，提出基于临界屈曲因子的结构整体稳定设计的理念和方法。

第一节　重力二阶效应

结构在水平荷载和重力荷载联合作用下将产生水平和竖向位移及变形。若按变形后的位置考虑力的平衡，重力荷载偏离初始竖向轴线引起的附加内力将放大变形，放大了的变形再进一步增大内力，如此循环。若结构具有足够的刚度，将在某一个位置上取得新的平衡。这种考虑变形的分析理论称为二阶分析理论，其效应被称为重力二阶效应。重力荷载平面内的弯曲二阶效应的专用术语为 $P\text{-}\Delta$ 效应。另外，本书定义重力荷载平面外的扭转二阶效应为 $P\text{-}\varphi$ 效应。

一、弹性杆的 $P\text{-}\Delta$ 效应

图 3.1.1 为研究 $P\text{-}\Delta$ 效应的单自由度模型。图 3.1.1（a）为（弹性）悬臂杆模型，集中水平荷载 F 和重力荷载 P 同时作用于杆顶部的集中质量。图 3.1.1（b）为简化的刚性杆模型，把所有的变形集中于底部旋转弹簧 k_φ。

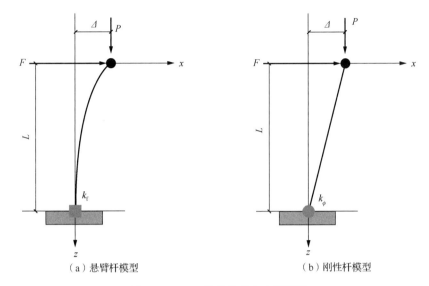

（a）悬臂杆模型　　　　　　　　　　（b）刚性杆模型

图 3.1.1　$P\text{-}\Delta$ 效应的单自由度模型

1. 能量法

应用能量法求解悬臂杆的 $P\text{-}\Delta$ 效应。鉴于弹性系统的可叠加性和三角函数的正交性，三角级数往往被用于逼近真实的挠度曲线。对于悬臂杆，可把式（2.2.13）推广到无穷三角级数作为满足边界条件的挠度曲线

$$u = \sum_{n=1}^{\infty} a_n \left(1 - \cos(2n-1)\pi z / 2L\right) \tag{3.1.1}$$

逼近解析解。式中，a_n 是待定常数，物理意义为杆顶第 n 阶模态的挠度。

弹性稳定理论表明，当采用三角级数表示挠曲线方程时，满足边界条件的一阶近似往往可以取得令人满意的精度。为简单起见，取图 3.1.1 所示悬臂杆的挠曲线方程为

$$u = a_1(1 - \cos \pi z / 2L) \tag{3.1.2}$$

令杆顶发生虚位移 δa_1，悬臂杆的挠曲线方程为 $(a_1 + \delta a_1)(1 - \cos \pi z / 2L)$。显然，附加挠曲线方程为 $\delta a_1(1 - \cos \pi z / 2L)$。

暂且不计重力荷载 P 的影响，集中水平荷载 F 做的虚功为

$$\delta V_F = F \cdot \delta a_1 \tag{3.1.3}$$

应变能 U 及其增量 δU 为

$$U = \frac{1}{2} EI \int_0^L (u'')^2 \mathrm{d}z = \frac{\pi^4 EI}{64 L^3}(a_1)^2 \qquad \delta U = \frac{\pi^4 EI}{32 L^3} a_1 \cdot \delta a_1 \tag{3.1.4}$$

令 $\delta U = \delta V_F$，得待定系数 a_1，杆顶集中水平荷载作用下的杆顶挠度以及挠曲方程为

$$a_1 \equiv \Delta_0 = 32 FL^3 / \pi^4 EI = FL^3 / 3.044 EI$$

$$u(z) = \frac{32 FL^3}{\pi^4 EI}(1 - \cos \pi z / 2L) = \Delta_0 (1 - \cos \pi z / 2L) \tag{3.1.5}$$

式中，Δ_0 为一阶线弹性分析的杆顶侧向位移，与精确解 $FL^3/3EI$ 仅误差 1.5%左右。

以下计入重力荷载 P 的影响。在 P 的附加弯矩作用下，杆顶位移将有所增大。当发生虚位移 δa_1 时，杆顶下降距离 δe 以及重力荷载 P 做的虚功为

$$\delta e = \frac{1}{2}\delta\left(\int_0^L (u')^2 dz\right) = \frac{\pi^2}{8L}a_1 \cdot \delta a_1 \qquad \delta V_P = P\cdot\delta e = \frac{\pi^2 P}{8L}a_1\cdot\delta a_1 \qquad (3.1.6)$$

令 $\delta U = \delta V_F + \delta V_P$，得待定系数 a_1，水平和重力荷载联合作用下杆顶侧向位移为

$$a_1 \equiv \Delta_2 = \frac{1}{1-P/P_{cr}}\Delta_0 = \alpha_s\Delta_0 \qquad \alpha_s = \frac{1}{1-P/P_{cr}} = \frac{1}{1-1/\lambda_{cr}^f} \qquad (3.1.7)$$

挠曲方程为

$$u = \Delta_2(1-\cos\pi z/2L) = \alpha_s\Delta_0(1-\cos\pi z/2L) \qquad (3.1.8)$$

式中，α_s 为 P-Δ 效应的位移放大系数；λ_{cr}^f 为弯曲临界屈曲因子。

悬臂杆弹性弯曲刚度 $k_{f0} = F/\Delta_0$。计入集中重力荷载 P，其有效弯曲刚度为

$$k_{f2} = F/\Delta_2 = k_{f0}/\alpha_s = (1-P/P_{cr})k_{f0} = (1-1/\lambda_{cr}^f)k_{f0} \qquad (3.1.9)$$

降低了 $(1-P/P_{cr})$ 或 $(1-1/\lambda_{cr}^f)$。以上公式中，下标 f 表示弯曲，0 和 2 分别表示一阶效应和二阶效应。在不需要特别注明的情况下，往往略去表示一阶效应的下标 0。

2. 静力平衡法

考虑图 3.1.1（b）的刚性杆模型。在水平荷载 F 作用下，杆顶侧向位移为

$$\Delta = (FL/k_\varphi)\cdot L = (L^2/k_\varphi)F = F/k_f \qquad (3.1.10)$$

在水平荷载 F 和重力荷载 P 的联合作用下，对杆底取弯矩平衡，得杆顶侧向位移为

$$\Delta_2 = \frac{\Delta}{(1-P\Delta/FL)} = \frac{\Delta}{1-\theta} \qquad \theta = P\Delta/FL \qquad (3.1.11)$$

ASCE 7-05 以及后续版本定义 θ 为结构稳定系数（structural stability coefficient）。

3. P-Δ 静力效应的基本性能

上述分析中，水平力 F 静力地作用于杆顶。P-Δ 效应为静力效应。比较式（3.1.7）和式（3.1.11），得静力放大系数 α_s 为

$$\alpha_s = \frac{1}{1-\theta} = \frac{1}{(1-1/\lambda_{cr}^f)} \qquad (3.1.12)$$

综合上述分析，弹性悬臂杆 P-Δ 静力效应的基本性能汇总如下：

1）从重力二阶放大效应的角度，弯曲临界屈曲因子与结构稳定系数互为倒数，即

$$1/\lambda_{cr}^f = \theta = P\Delta/FL \qquad (3.1.13)$$

2）可以通过弹性分析得到的结构稳定系数 θ，也可以通过屈曲分析得到的临界屈曲因子 λ_{cr}^f 来评估 P-Δ 效应。而 λ_{cr}^f 属于结构的固有特性，是源参数。

3）P-Δ 效应使压弯构件的侧向刚度折减 $1-\theta$，顶部位移增大 $1-\theta$，即

$$k_{f2} = k_f(1-\theta) = k_f(1-1/\lambda_{cr}^f) \qquad \Delta_2 = \frac{\Delta}{1-\theta} = \frac{\Delta}{1-\lambda_{cr}^f} \qquad (3.1.14)$$

4）当杆底截面的屈服弯矩和屈服转角（即构件的截面尺寸和配筋）保持不变时，屈服位移也将保持不变。但在压弯联合作用下屈服水平力降低 $1-\theta$，即

$$F_{y2} = F_y(1-\theta) = F_y(1-1/\lambda_{cr}^f) \qquad (3.1.15)$$

4. P-Δ 动力效应

若悬臂杆的侧向刚度降低 $1-\theta$，基本周期将增长

$$T_2 = \frac{T}{(1-\theta)^{\frac{1}{2}}} \tag{3.1.16}$$

地震作用下，不计二阶效应和计入二阶效应的杆顶位移反应 S_d 和 S_{d2} 分别为

$$S_d = \frac{D}{T^{r-2}} \qquad S_{d2} = \frac{D(1-\theta)^{0.5(r-2)}}{T^{r-2}} \tag{3.1.17}$$

式中，$D = A/4\pi^2$，A 为加速度反应谱谱值，r 为衰减系数。

称地震作用下的重力二阶效应为 P-Δ 动力效应，定义动力弹性放大系数 S_{d2}/S_d 为

$$\alpha_e = \frac{S_{d2}}{S_d} = \frac{1}{(1-\theta)^{1-0.5r}} \tag{3.1.18}$$

按 ASCE 7-10 规定的设计反应谱，当周期处在加速度敏感区段 $T \leqslant T_S$，$r = 0$，加速度谱处于高位平台段，地震作用与周期无关，$\alpha_e = \alpha_s$，P-Δ 动力效应与静力效应相等。当周期处于速度敏感区段 $T_S < T \leqslant T_L$，$r = 1$。加速度谱按 $1/T$ 衰减，$\alpha_e < \alpha_s$，$P-\Delta$ 动力效应小于静力效应。当周期处于位移敏感区段 $T_L < T$，$r = 2$。加速度谱按 $1/T^2$ 衰减，动力放大系数 $\alpha_e = 0$，无 P-Δ 动力效应，重力产生的附加弯矩与周期变长地震作用的减少相互抵消。其中，T_S 相当于特征周期 T_g；$T_L = 4\sim16\text{s}$ 为长周期转换周期，意义相当于 $5T_g$。

二、非弹性杆的 P-Δ 效应

1. 悬臂杆模型及非线性本构关系

20 世纪 60 年代末，P-Δ 效应已经成为热门的研究课题。具有代表意义的早期学术论文是 1965 年 Rosenblueth 为 ACI 规范提供背景材料，对 P-Δ 效应进行的研究[1]，以及 1967 年 Husid 在 Jennings 的指导下完成的关于非弹性体 P-Δ 效应研究的博士论文[2]，发表于美国 ASCE 工程力学期刊[3]。它们为当代 P-Δ 效应的研究奠定了基础。

1987 年，Bernal[4]在 Husid 的基础上，使用图 3.1.1 所示的单根悬臂杆模型讨论了 P-Δ 效应和延性系数 μ 的关系。图 3.1.2 给出计入 P-Δ 效应的 F-D 非线性关系曲线。

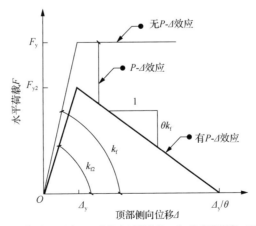

F 为顶部集中水平荷载；F_y，Δ_y 分别为屈服荷载和屈服位移；k_f 为弯曲刚度；下标 2 表示二阶效应。

图 3.1.2　计入 P-Δ 效应的 F-D 非线性关系曲线

图 3.1.2 中，弹性阶段的 F-D 关系曲线反映了弹性体 P-Δ 效应的基本性能。非线性阶段，尽管应变硬化会对 P-Δ 效应带来有利的影响，但考虑到强度退化和刚度退化等不确定性，偏安全地取材料的非线性性能为理想弹塑性型（EPP）。屈服后，按图示几何关系，负刚度系数为 $-\theta k_{\mathrm{f}}$，强度全部丧失时，$\Delta_{\max}=\Delta_{\mathrm{y}}/\theta$，$\mu_{\max}=1/\theta$。

2. 动力失稳和地震作用

图 3.1.3（a）给出自振周期 $T_0=1\mathrm{s}$、阻尼比 $\xi=0.05$ 悬臂杆的埃尔森特罗（El Centro）波反应的影响。图 3.1.3 中，$\theta=0$ 表示无 P-Δ 效应，横坐标为按峰值加速度 A_{m} 进行规格化处理的杆件的屈服加速度 S_{a0}，即 $S_{\mathrm{a0}}/A_{\mathrm{m}}$；纵坐标为最大杆顶侧向位移。对于上述的单自由度系统，当加速度峰值为屈服加速度的 2.32 倍时，最大位移反应出现突变，P-Δ 的放大效应迅速地增长，系统开始向失稳过渡。

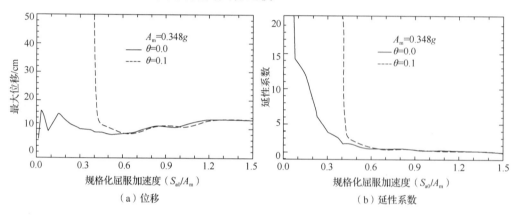

图 3.1.3　P-Δ 效应对悬臂杆最大反应的影响（El Centro 波，$T_0=1\mathrm{s}$，$\xi=0.05$）[4]

ASCE 7-10 规定大震谱加速度为中震的 1.5 倍。GB 50011—2010 规定大震最大结构影响系数为中震的 1.5～2.2 倍（未计入 PGA 与 EPA 的差别）。这意味着，当结构稳定系数 $\theta=0.1$，在 El Centro 波的作用下，只要在中震设防时结构顶部的位移反应，按简化的双折线 F-D 关系曲线未超过 Δ_{y}，即使结构遭遇大震，重力二阶效应也不会引起动力失稳。

3. 动力失稳和最大延性系数

按图 3.1.3（a）所示，动力失稳特性曲线表明，确定 P-Δ 效应的弹塑性动力放大系数和结构失稳的位移极值点是十分困难的。然而，它们都与延性系数相关。另外，P-Δ 效应静力基本性能表明，二阶效应使屈服强度降低了 $1-\theta$。这意味着，可以通过未计入 P-Δ 效应与计入 P-Δ 效应的屈服强度之比来估计 P-Δ 静力效应。那么，可以推理，对于某一个固定的延性系数，计入与不计入二阶效应的屈服加速度之比可理解为对应该延性系数的动力二阶效应弹塑性放大系数 α_{p}。图 3.1.3（b）提供了规格化屈服加速度与延性系数的关系曲线。若从图 3.1.3（b）中读取 $\mu=4$ 或 $\mu=10$ 对应的规格化屈服加速度，其动力 P-Δ 效应弹塑性放大系数分别为

$$\alpha_{\mathrm{p}}|_{\mu=4}=0.426/0.298=1.43 \qquad \alpha_{\mathrm{p}}|_{\mu=10}=0.405/0.170=2.38$$

上例表明，屈服后的刚度折减使 P-Δ 的非线性效应大于弹性效应，而且 $\alpha_p > \alpha_s$ 的程度与延性系数正相关，$\alpha_p|_{\mu=4}/\alpha_s = 1.3$，$\alpha_p|_{\mu=10}/\alpha_s = 2.16$。据此，可以通过设置最大延性系数来控制过大的 P-Δ 非线性效应，避免失稳倒塌。按图 3.1.2 所示非线性 F-D 曲线的几何关系，$\mu_{max}^s = 10$ 相当于结构全部丧失刚度，发生倒塌。研究表明，动力最大延性系数 $\mu_{max}^d \ll \mu_{max}^s$。上标 d 和 s 分别表示动力和静力。为了使结构在震后仍然能承受重力荷载设计值，不发生倒塌，且具有足够的安全系数，Bernal 建议，取

$$\mu_{max}^d = 0.4/\theta \qquad (3.1.19)$$

若取 $\theta = 0.1$，$\mu_{max}^d = 4$。ASCE 7-10 规定结构稳定系数 θ_{max} 的最大值可取 0.25。与此对应，结构的设计最大延性系数可偏安全地控制 $\mu_{max}^d \leqslant 1.6$。

4. 结构稳定系数和弹塑性层间位移角

对于单自由度悬臂杆，若略去有效地震质量和结构总质量的差别，大震时底部剪力为

$$V_b = C_{sp}P \qquad (3.1.20)$$

式中，P 为重力荷载；C_{sp} 为大震弹塑性地震反应系数。把式（3.1.20）代入式（3.1.11）的 θ 表达式，注意到屈服位移 $\Delta_y = V_b/k_f$ 和设计弹塑性位移 $\Delta_u = \mu\Delta_y$，整理得

$$\theta = \psi_p/C_{se} \qquad (3.1.21)$$

式中，$\psi_p = \Delta_u/L$ 为弹塑性层间位移角；$C_{se} = \mu C_{sp}$ 为弹性地震反应系数。式（3.1.21）表明，若以满足规范规定的弹塑性层间位移角限值作为讨论的前提，较高的地震作用将要求较高的侧向刚度。那么，长周期超高层建筑的 P-Δ 效应要大于短周期建筑，低烈度区建筑的 P-Δ 效应要大于高烈度区的建筑。

5. P-Δ 动力弹塑性效应放大系数统计公式

Bernal 选取了坚硬场地四组加速度记录，即 Olympia S86W、El Centro S00E、Taft S69E 和 Pacoima Dam S16E 组成输入地震动集合，并调整有效加速度峰值 EPA $= 0.1g$，自振周期 $T_0 \leqslant 2.0s$ 内，对上述单自由度模型进行动力非线性分析。取延性系数 $\mu = 1,2,\cdots,6$ 和结构稳定系数 $\theta = 0,0.025,\cdots,0.20$。对 192 种工况得到了的动力弹塑性放大系数 α_p 谱。

图 3.1.4 给出塔夫（Taft）波作用下的弹塑性放大系数 α_p 谱（$\mu = 4$，$\xi = 0.05$）。尽管最小二乘法曲线随周期的增长有所下降，但最大偏差指数 MDI $= 6.5\%$，仅呈现弱相关性，可以略去 α_p 与周期的相关性。通过对 192 种工况的回归分析，得 P-Δ 效应动力弹塑性放大系数的统计公式为

$$\alpha_p = \frac{1+\beta\theta}{1-\theta} \qquad (3.1.22)$$

$$\beta = 1.87(\mu-1) \qquad \beta = 2.69(\mu-1) \qquad (3.1.23)$$

式（3.1.23）的前一个表达式为放大系数的平均值，后一个表达式为平均值+标准差。$\mu = 1$，相当于弹性分析，$\alpha_p = \alpha_s$。显然，延性系数 μ，结构稳定系数 θ，刚度折减三个方面具有正相关效应。随着稳定系数 θ 的增大，屈服强度越来越低。屈服后，随着延性系数的增大，位移的放大和刚度折减效应越来越明显，弹塑性放大系数与弹性放大系数之比 α_p/α_s 越来越大。

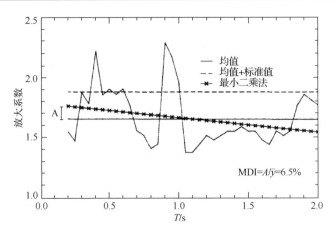

图 3.1.4　动力弹塑性 P-Δ 效应放大系数谱（Taft 波，$\mu = 4$，$\xi = 0.05$）[4]

非弹性杆 P-Δ 效应的主要研究成果可以归纳如下：①动力失稳可以通过限制最大延性系数和结构稳定系数得到控制，对应于 $\theta = 0.1$，最大延性系数可取 $\mu_m = 4$。②弹塑性放大系数 α_p 大于静力放大系数 α_s。随着延性系数 μ 和稳定系数 θ 的增大，二者的差别越来越大。③当使用放大系数估计结构在地震作用下屈服后的 P-Δ 放大效应时，应使用动力弹塑性放大系数 α_p，静力放大系数 α_s 仅适用于弹性分析。

三、框架的 P-Δ 效应

以下使用框架结构，从概念上进一步考察 P-Δ 效应[5]。框架结构与悬臂杆模型不同，只有当整层全部的梁/柱出现了转动塑性铰时，才会发生失稳倒塌。

1. 倒塌机制

图 3.1.5（a）给出一个单层、单跨框架结构的分析模型。楼面荷载 $\sum p = P$ 作用于框架梁，集中水平荷载 F_{MS} 作用于框架顶部。

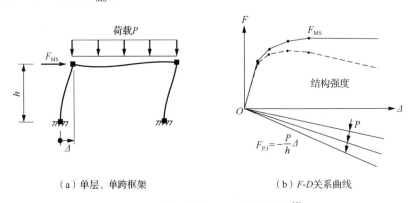

（a）单层、单跨框架　　　　　　　　　（b）F-D 关系曲线

图 3.1.5　框架结构和 F-D 关系曲线[5]

若保持重力荷载 P 不变，逐级加载水平荷载 F_{MS}，图 3.1.5（b）中的实曲线为不计 P-Δ 效应的 F-D 关系曲线。随着 F_{MS} 的逐渐增大，梁/柱节点和柱脚依次出现塑性铰。图中的圆点表示塑性铰。在出现两个梁铰和两个底部柱铰后，框架演变成了机构。若不计塑性

铰的应变硬化，结构的侧向刚度为零，承载能力保持不变，处于中性平衡状态。

$F_{P\Delta}$ 为重力引起的附加水平力，具有负刚度效应（详见第三章第一节）。虚曲线为反映结构真实侧向承载能力的 F-D 曲线。在弹性阶段，P-Δ 效应将减小初始弹性刚度和降低屈服强度。一个合理的结构设计，减小 5%～20%，相当于结构稳定系数 $\theta = 0.05 \sim 0.2$，是可以接受的。初始屈服点的强度减少值与刚度减少值相等，但强度极限值的减少幅度会较大一些。超过强度极限值后，刚度变为负值。在悬臂杆静力分析中，若杆的侧向位移大于屈服位移，就呈现负刚度现象（EPP 模型）。也就是说，只要维持侧向荷载不变，杆就会发生侧移倒塌。但图 3.1.5（b）的示意图表明，一直到框架的第三个塑性铰出现后，P-Δ 效应才导致了结构的负刚度，演变成机构。这就是所谓的体系超强。

图 3.1.5（b）未考虑应变硬化。即使考虑应变硬化，若确实发生大位移，当一个或几个塑性铰转动达到延性极限引起强度丧失，结构也可能会失稳倒塌，如图 3.1.6 所示。

在地震波的冲击下，结构的变形可能会超过极限强度对应的侧向位移。但瞬间超过此稳定点，不一定会发生倒塌。然而，这并不等于一定不会发生倒塌。例如，考虑结构的变形超过了上述稳定点，然后反方向加载的情况。P-Δ 效应将导致结构反向强度的增大。图 3.1.7 显示了反向减小侧向位移 Δ 比正向增大侧向位移 Δ 需要更大的荷载。这种"棘轮效应"的特性会加大动力荷载作用下结构发生倒塌的概率。

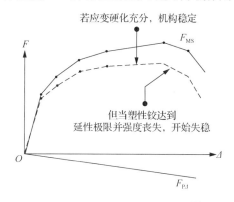

图 3.1.6　应变硬化和强度丧失[5]

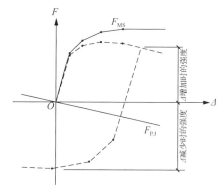

图 3.1.7　棘轮效应[5]

2. 屈服和屈曲的相互作用

以上讨论中保持重力荷载 P 不变，逐级增加水平荷载 F_{MS} 的加载过程与抗震分析的加载过程相同。除体系超强以外，框架的 P-Δ 效应与悬臂杆基本相同。另外一种加载过程是保持水平荷载 F_{MS} 不变，逐级增加重力荷载 P。随着 P 的增加，P-Δ 的负刚度效应将逐步增加，如图 3.1.5（b）所示。框架将会在较小侧向荷载的场合，形成一个完全可变机构。

以下考察屈曲和屈服之间的相互作用。结构体系的弹性屈曲荷载通常非常大，几乎没有可能在屈曲前一直保持弹性。即使结构能够在屈曲前一直处于弹性状态，也没有可能在屈曲后继续保持弹性。图 3.1.8 给出分叉点屈曲后预期发生的非线性行为。第一次发生屈曲时主结构是弹性的。塑性铰出现在屈曲后侧向变形的发展过程中。随着结构侧向变形的增大，逐步形成塑性铰。结构的最终极限状态是在柱脚和梁端出现四个塑性铰，如图 3.1.8（a）所示。图 3.1.8（b）是结构侧向位移与重力荷载之间一种可能出现的关系曲线，反映了结构侧移失稳的过程。在第一个塑性铰形成之前，结构已经处于中性平衡状态，侧向刚度为零。当塑性铰形成，侧向刚度开始变为负值，结构开始失稳。

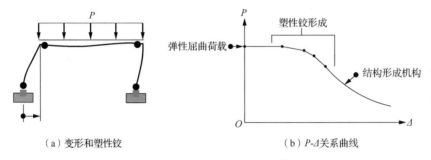

（a）变形和塑性铰　　　　　　　　（b）P-Δ关系曲线

图 3.1.8　屈曲后机构形成[5]

　　比较真实的情况是弹性屈曲荷载前结构发生屈服。例如，当重力荷载达到 P_y，小于弹性屈曲荷载的某一个值时，梁的两端出现了塑性铰，如图 3.1.9（a）所示。塑性铰的出现减小了结构的侧向刚度，由此减小了屈曲荷载。若减小后的屈曲荷载仍然大于 P_y，结构处于稳定状态，可继续加载。反之，若减小后的屈曲荷载小于 P_y，结构会瞬时失稳。

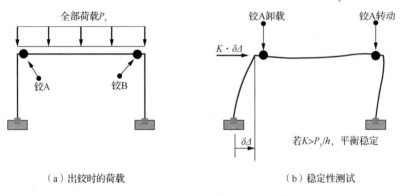

（a）出铰时的荷载　　　　　　　　（b）稳定性测试

图 3.1.9　框架屈服时的稳定状态[5]

　　通过施加一个微小侧向位移 $\delta\Delta$ 进行结构的稳定性测试。如图 3.1.9（b）所示，结构发生侧向变形所需要的荷载为 $K\cdot\delta\Delta$（其中 K 为塑性铰出现后的刚度）。重力二阶效应产生的附加侧向力为 $P_y\cdot\delta\Delta/h$。若刚度 $K<P_y/h$，结构出现塑性铰以后，轻微的侧向扰动会导致结构屈曲，瞬时失稳。若 $K>P_y/h$，结构处于稳定状态，还可以继续加载。

　　下一个示例进一步说明屈曲前的屈服对柱非弹性行为的影响。图 3.1.10（a）给出一根两端铰接柱。考虑轴力和端部弯矩同比例增加。当 P-M 塑性铰在柱中点形成时，柱开始屈曲。设塑性铰具有三折线型 F-D 关系曲线，如图 3.1.10（b）所示。

　　对于一根中等长度的柱，图 3.1.10（c）给出了几种可能的 P-M 矢量路径如下：

　　1）线弹性分析，不计 P-Δ 效应。P-M 矢量直线路径。当 P-M 矢量到达初始屈服面时，柱的刚度变小。但 P 和 M 仍按比例地增长。当 P-M 矢量端点到达最终屈服面时，柱屈曲形成变形机构。

　　2）理想塑性铰（EPP 模型），计入 P-Δ 效应。M 的增长快于 P，呈现 P-M 矢量的曲线路径。

3）中等应变硬化的塑性铰，计入 $P\text{-}\varDelta$ 效应。当 $P\text{-}M$ 矢量到达初始屈服面时，柱变形的增长比 EPP 模型要快，（中点）弯矩放大比 EPP 模型要多。相应的屈曲轴向荷载及端部弯矩会比 EPP 模型要小。

4）小应变硬化的塑性铰，计入 $P\text{-}\varDelta$ 效应。当 $P\text{-}M$ 矢量达到初始屈服面时，弯曲刚度迅速减小，柱立刻表现出不稳定。相应的屈曲轴向荷载以及端部弯矩比 EPP 模型要小得多。

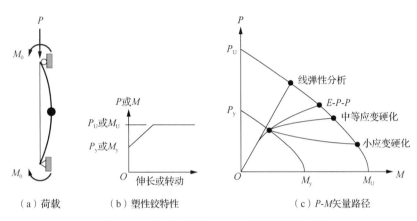

（a）荷载　　　　（b）塑性铰特性　　　　（c）$P\text{-}M$矢量路径

图 3.1.10　应变硬化对 $P\text{-}M$ 矢量路径的影响[5]

3. 刚度折减

图 3.1.11 给出一个单跨、单层的无支撑框架结构。粗略地评估适度屈服对侧向位移和对构件强度需求产生的影响。

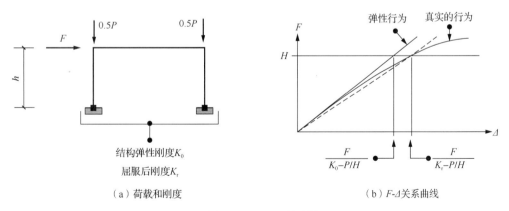

（a）荷载和刚度　　　　　　　　　　（b）$F\text{-}\varDelta$关系曲线

图 3.1.11　屈服效应[5]

设框架初始弹性刚度 K_0，屈服后折减刚度 K_r，$P\text{-}\varDelta$ 效应的负刚度 $-P/h$，有效弹性刚度 $K_0 - P/h$，侧向位移为 $F/(K_0 - P/h)$。图 3.1.11（b）定性地显示了适度屈服引起的一种可能的实际 $F\text{-}D$ 行为。结构刚度折减，侧向位移增大。但 $P\text{-}\varDelta$ 效应的负刚度维持不变，侧向位移为 $F/(K_\mathrm{r} - P/h)$，比仅仅考虑刚度折减所期望的要更为严重。

以下考察刚度折减与 $P\text{-}\varDelta$ 效应之间的相互作用。设：①屈服后刚度折减 20%，即折

减刚度为 $K_r = 0.8K_0$；②结构稳定系数 $\theta = 0.1$，负刚度效应为 $-0.1K_0$，有效弹性刚度为 $0.9K_0$，有效折减刚度为 $0.7K_0$；③弹性状态下，$P\text{-}\Delta$ 效应使侧向位移从 F/K_0 增加到 $F/0.9K_0$，放大了 $1/0.9 = 1.111$ 倍。屈服后，侧向位移从 $F/0.8K_0$ 增加到 $F/0.7K_0$，放大了 $0.8/0.7 = 1.143$。

工程实践表明，上述这些参数的设定都在合理设计的范围内。进一步详细讨论结构刚度折减 20% 叠加 $P\text{-}\Delta$ 效应后将会产生的影响，如下所述。

1）不计 $P\text{-}\Delta$ 效应，侧向位移为 F/K_0。屈服后，$F/K_r = 1.25F/K_0$，侧向位移增大了 25%。由于单元的刚度以相同的比例折减，因此，侧向位移的增大可能会影响正常使用状态，但并不增加单元内力的需求。

2）计入 $P\text{-}\Delta$ 效应，侧向位移为 $1.111F/K_0$。屈服后，$1.143F/K_r = 1.429F/K_0$，侧向位移增大了 43%，比 25% 有显著的提高。在这种情况下，侧向位移的增大的确增加了单元内力的需求，但并不严重。弹性状态下，$P\text{-}\Delta$ 效应使力的需求放大了 11.1%。屈服后，放大了 14.3%。即屈服后，刚度折减使得力的需求增加 1.143/1.111 = 1.029，或者说 2.9%。

表 3.1.1 列出对应于不同数量的刚度折减所产生的影响。表中，第 2 列表示与线弹性分析比较，侧向位移增加的百分比，表明了线弹性分析实质性地低估了侧向挠度。对于未屈服状态，$P\text{-}\Delta$ 效应使侧向位移增加了 11%。对于屈服状态，$P\text{-}\Delta$ 效应和屈服两部分均引起了刚度的折减。对应于上述 $P/h = 0.1K_0$ 以及屈服引起刚度折减 20% 的情况（表中阴影部分），刚度折减增大侧向挠度的比例是 25%，$P\text{-}\Delta$ 效应增大的比例从弹性的 11% 上升为 18%，总的增大的比例为 43%。第 3 列表示与线弹性分析比较，强度需求增加的百分比。这里，强度需求的增加完全是 $P\text{-}\Delta$ 效应的贡献（在线弹性分析中，刚度的折减并不改变强度需求），而且是实质性的增加。第 4 列表示与弹性 $P\text{-}\Delta$ 效应比较（未计屈服引起的刚度折减），屈服后刚度折减引起强度需求增加的百分比。增加的量不大，才 2.9%。

表 3.1.1　刚度折减对侧向位移和强度需求的影响[5]　　　　　　单位：%

刚度折减	侧向位移的增加（屈服+ $P\text{-}\Delta$ =全部）vs 线弹性分析	强度需求的增加 vs 线弹性分析	强度需求的增加 vs 弹性 $P\text{-}\Delta$ 分析
0	0+11=11	11	0
10	11+14=25	12.5	1.2
20	25+18=43	14	2.9
30	43+24=67	17	5.0
40	67+33=100	20	8.0

综上所述，与线弹性分析比较，$P\text{-}\Delta$ 效应对于侧向挠度和强度需求都有很大影响，表明在基于强度的小震设计中，超高层建筑计入 $P\text{-}\Delta$ 效应的必要性。考虑屈服后的刚度折减会对侧向位移产生实质性的影响，表明在基于变形的大震设计中，材料和几何非线性的双重非线性分析，对评估大震作用对结构动力稳定性的必要性。然而，刚度折减对强度的需求多半仅仅产生很小的影响。

四、几何刚度

本小节讲述 $P\text{-}\Delta$ 效应理论的核心部分——几何刚度，且给出 $P\text{-}\Delta$ 效应引起刚度折减

的物理解释。按式（3.1.13），重写式（3.1.9）为

$$k_{f2} = k_f - (P/L) \tag{3.1.24}$$

式中，P/L 是重力荷载二阶效应的负刚度。由于与几何非线性有关，被称为几何刚度。几何刚度的正规数学理论十分深奥。但从式（3.1.9）的推导过程揭示，从能量的角度，几何刚度可以解释为在变形过程中重力荷载做的功在力学上的反映，是重力荷载的线性单调上升函数，具有负刚度效应。它降低了弹性杆的屈服荷载和侧向刚度，不仅使结构提早出现塑性铰，而且随着连续屈服，负刚度效应越来越大。若 F-D 曲线从某一点开始向下，结构失稳倒塌。几何刚度的负刚度效应是 P-Δ 效应对结构最本质的影响。

作为一个应用示例，以变截面分布质量悬臂杆为研究对象，说明如何使用能量原理建立考虑重力荷载影响的广义单自由度系统进行抗震分析[6]。

图 3.1.12 给出一根变截面悬臂杆，单位长度分布质量 $m(z)$，弯曲刚度 $EI(z)$，顶部承受集中重力荷载 P，柱身承受地震作用产生的惯性荷载 $m(z)\ddot{u}_g(t)$。应用变量分离法，设地震反应为空间形函数 $\psi(z)$ 和以顶部位移反应 $X(t)$ 作为广义坐标的乘积，即

$$u(z,t) = \psi(z)X(t) \tag{3.1.25}$$

按求导和变分原理，具有以下关系式：

$$
\begin{aligned}
&u(z,t) = \psi(z)X(t) \qquad u'(z,t) = \psi'(z)X(t) \qquad u''(z,t) = \psi''(z)X(t) \\
&\dot{u}(z,t) = \psi(z)\dot{X}(t) \qquad \dot{u}'(z,t) = \psi'(z)\dot{X}(t) \qquad \dot{u}''(z,t) = \psi''(z)\dot{X}(t) \\
&\ddot{u}(z,t) = \psi(z)\ddot{X}(t) \qquad \ddot{u}'(z,t) = \psi'(z)\ddot{X}(t) \qquad \ddot{u}''(z,t) = \psi''(z)\ddot{X}(t) \\
&\delta u(z,t) = \psi(z)\delta X \qquad \delta u'(z,t) = \psi'(z)\delta X \qquad \delta u''(z,t) = \psi''(z)\delta X
\end{aligned} \tag{3.1.26}
$$

令发生虚位移 $\delta u(z,t)$，杆顶同时发生虚位移 $\delta e(t)$

$$\delta e(t) = \delta\left(\frac{1}{2}\int_0^L u'(z,t)^2 \mathrm{d}z\right) = \int_0^L u'(z,t)\delta u'(z,t)\mathrm{d}z \tag{3.1.27}$$

按能量原理，利用式（3.1.25）和式（3.1.26）关系式，应变能增量为

$$\delta U = \int_0^L M(z,t)\delta u''(z,t)\mathrm{d}z = X(t)\delta X\int_0^L EI(z)\psi''(z)^2\mathrm{d}z \tag{3.1.28}$$

式中，$M(z,t)$ 为截面承受的弯矩。

外力做的虚功等于惯性荷载，地震荷载和顶部集中荷载做的虚功的和。它们分别为

$$\delta V_I = \int_0^L -m(z)\ddot{u}(z,t)\delta u(z,t)\mathrm{d}z = -\ddot{X}(t)\delta X\int_0^L m(z)\psi(z)^2\mathrm{d}z$$

$$\delta V_E = \int_0^L -m(z)\ddot{u}_g(t)\delta u(z,t)\mathrm{d}z = -\ddot{u}_g(t)\delta X\int_0^L m(z)\psi(z)\mathrm{d}z \tag{3.1.29}$$

$$\delta V_P = P\cdot\delta e(t) = \int_0^L Pu'(z,t)\delta u'(z,t)\mathrm{d}z = PX(t)\delta X\int_0^L \psi'(z)^2\mathrm{d}z$$

令 $\delta U = \delta V_I + \delta V_E + \delta V_P$，得微分方程

$$\hat{M}\ddot{X}(t) + (\hat{K} - \hat{K}_G)X(t) = \hat{E}_{\mathrm{eff}}(t) \tag{3.1.30}$$

式中，$\hat{M}, \hat{K}, \hat{K}_G, \hat{E}_{\mathrm{eff}}$ 分别为广义单自由度系统的质量、弹性刚度、几何刚度和有效地震作用。具体表达式如下：

$$
\begin{aligned}
&\hat{M} = \int_0^L m(z)\psi(z)^2\mathrm{d}z \qquad \hat{K}_G = P\int_0^L \psi'(z)^2\mathrm{d}z \\
&\hat{K} = \int_0^L EI(z)\psi''(z)^2\mathrm{d}z \qquad \hat{E}_{\mathrm{eff}} = -\ddot{u}_g(t)\int_0^L m(z)\psi(z)\mathrm{d}z
\end{aligned} \tag{3.1.31}
$$

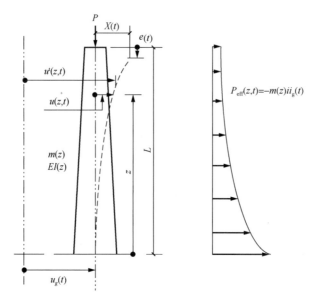

图 3.1.12　变截面分布质量悬臂杆抗震分析模型[6]

式（3.1.30）是广义单自由度系统计入几何刚度的无阻尼地震反应分析通用表达式。作为一个特例，考虑等截面均质杆的等效单自由度体系。令 $m(z)=m$ ，$EI(z)=EI$ ，振型函数

$$\psi(z)=1-\cos(\pi z/2L) \tag{3.1.32}$$

满足边界条件，$\psi(0)=\psi'(0)=0$ 。代入式（3.1.31），积分得

$$\hat{M}=0.228mL \qquad \hat{K}_{\mathrm{G}}=P\pi^2\big/8L$$
$$\hat{K}=\pi^4 EI\big/32L^3 \qquad \hat{E}_{\mathrm{eff}}=-0.364mL\ddot{u}_{\mathrm{g}}(t) \tag{3.1.33}$$

等截面均质杆广义单自由度系统的地震反应分析表达式为

$$\ddot{X}(t)+2\xi\omega\dot{X}(t)+\omega^2 X(t)=-1.596\ddot{u}_{\mathrm{g}}(t) \tag{3.1.34}$$

式中，ξ 为振型阻尼比，弹性分析时，可取 $\xi=0.02\sim 0.05$ 。而

$$\omega=\sqrt{(\hat{K}-\hat{K}_{\mathrm{G}})\big/\hat{M}}=\sqrt{\hat{K}_{\mathrm{eff}}\big/\hat{M}}=\omega_0(1-P/P_{\mathrm{cr}})^{0.5}=\omega_0(1-\theta)^{0.5} \tag{3.1.35}$$

为广义单自由度系统计入几何刚度的一阶频率，与式（3.1.16）等价。输入地面运动加速度波，应用 Duhamel 积分求解式（3.1.34），得 $X(t)$ ；与振型函数表达式（3.1.32）一起代入式（3.1.25），可解得等截面均质悬臂杆的地震位移反应，无须迭代运算。

按平衡分叉理论，$\hat{K}_{\mathrm{eff}}=\hat{K}-\hat{K}_{\mathrm{G}}=0$ 处于中性平衡状态。重力荷载为临界屈曲荷载。其通式为

$$P_{\mathrm{cr}}=\int_0^L EI(z)\psi''(z)^2\mathrm{d}z\Big/\int_0^L \psi'(z)^2\mathrm{d}z \tag{3.1.36}$$

对于等截面均质杆，式（3.1.36）与式（2.1.9）等同。代入式（3.1.32），得 $P_{\mathrm{cr}}=\pi^2 EI/4L^2$ ，与欧拉临界荷载相等。式（3.1.33）得到等截面均质分布质量悬臂杆的精确几何刚度为 $(\pi^2/8)\cdot P/L$ 。而式（3.1.24）中的 P/L 是由顶部集中质量的悬臂杆或刚性杆模型得到的几何刚度近似值，在有限元分析中被普遍采用。上述分析表明，应用几何刚度理论，不需要迭代计算，P-Δ 效应的主要结论都得到了验证。

五、P-φ 效应

1. 基本分析模型

本书定义重力荷载对扭转角的二阶放大效应为 P-φ 效应。不失问题的一般性，这里使用一个单层双轴对称框架–核心筒结构以 φ 作为自变量的单自由度分析模型来解释 P-φ 效应。如图 3.1.13 所示，核心筒被简化为由 4 片墙组成的开口薄壁杆件，周边框架被集中为 4 根柱。式（2.3.9）给出核心筒翘曲刚度表达式，式（1.2.31）和式（2.3.10）给出框架等效剪切刚度 (GA) 和扭转刚度 (GJ) 的表达式。为了清晰起见，图 3.1.13（a）中采用一根具有弯曲刚度 EI_x、EI_y，翘曲刚度 EI_ω，自由扭转刚度 GJ 的组合杆件（粗黑线）表示核心筒，四根刚性连杆表示刚性楼板，在 xy 平面内两端与核心筒和框架柱刚性连接。图 3.1.13（b）为核心筒的局部放大图。图中，h 为层高，$d_w = x_w = y_w$ 和 $d_c = x_c = y_c$ 分别为核心筒墙肢和框架柱至形心的距离。总重力荷载 $P = 4(P_w + P_c)$（其中 P_w,P_c 分别为单片墙和单榀框架分担的重力荷载）。总扭矩 $M_z = M_{zw} + M_{zc}$（其中，$M_{zw} = M_\omega + M_G$ 为核心筒分担的扭矩，由翘曲扭矩 M_ω 和自由扭转矩 M_G 组成；$M_{zc} = 4d_c F_c$ 为周边框架分担的扭矩）作用于顶部。总扭转刚度 $k_z = k_z(EI_\omega, GJ, (GJ))$。在 M_z 的作用下，结构绕 z 轴发生扭转 φ，柱顶发生侧向位移 Δ_c，核心筒墙体发生翘曲及侧向位移 Δ_w（图中未予表示）。$\Delta_c \neq \Delta_w$，且 $\Delta_c > \Delta_w$。

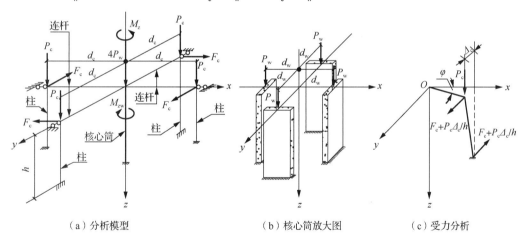

（a）分析模型　　　　　（b）核心筒放大图　　　　　（c）受力分析

图 3.1.13　P-φ 效应的单自由度模型

图 3.1.13（c）表明，在柱顶发生平面外侧向位移 Δ_c 的同时，引起了附加剪力 $P_c\Delta_c/h$ 以及由此引起绕 z 轴的附加扭矩 $P_c\Delta_c d_c/h$。P-φ 效应的实质是柱的平面外 P-Δ 效应引起附加剪力 $P_c\Delta_c/h$ 和墙的平面外 P-Δ 效应引起附加剪力 $P_w\Delta_w/h$ 对绕 z 轴扭矩和扭转角的放大效应。因此，如本节一开始所述，P-φ 效应为平面外的 P-Δ 效应，其物理意义是重力荷载对扭转角 φ 以及扭矩的二阶放大效应。

仿照 P-Δ 效应，以附加扭矩与层扭矩之比 θ_z 作为评估 P-φ 效应的力学参数

$$\theta_z = \frac{4(P_w\Delta_w d_w + P_c\Delta_c d_c)}{hM_z} \tag{3.1.37}$$

由于 $\Delta_c \neq \Delta_w$ 和 $d_c \neq d_w$，P-φ 效应与重力荷载的大小及分布均相关，与核心筒的大小和

布置相关，与建筑物的平面尺寸及层高相关。这表明影响 $P\text{-}\varphi$ 效应的因素比 $P\text{-}\Delta$ 效应复杂得多。显然，尽管 $P\text{-}\varphi$ 效应和 $P\text{-}\Delta$ 效应具有相似的基本力学特性，但以平面弯曲问题得到的结构稳定系数 θ 以及放大系数 α_s 并不适用评估重力对扭矩和扭转角的二阶放大效应。

2. 算例 3.1

以下使用一个单层钢框架-混凝土核心筒结构顶部承受扭矩 M_z 作为算例，进一步解释 $P\text{-}\varphi$ 效应。图 3.1.14（a）给出分析模型。其中，钢框架由四根方钢管柱和工字钢梁组成，柱网尺寸 4.0m×4.0m。核心筒尺寸 2.0m×2.0m，门洞宽 0.66m。层高 4.0m，刚性楼板。

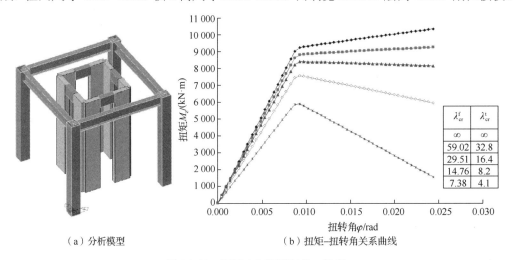

λ_{cr}^{f}	λ_{cr}^{t}
∞	∞
59.02	32.8
29.51	16.4
14.76	8.2
7.38	4.1

（a）分析模型　　　　　　　（b）扭矩-扭转角关系曲线

图 3.1.14　算例 3.1 模型和 $P\text{-}\varphi$ 效应

构件的设计参数如表 3.1.2 所示。混凝土本构关系采用 Mander 模型，钢筋和钢材本构关系采用单轴双折线模型，取屈服后应变硬化系数 $\alpha_h = 0.01$。

表 3.1.2　算例构件设计参数

内容	框架柱	框架梁	连梁	核心筒墙体
材料	方形钢管	工字钢	钢筋混凝土	钢筋混凝土
尺寸	400mm×400mm×20mm×20mm	200mm×400mm×15mm×10mm	$b×h$=200mm×400mm	b=200mm
型号/强度等级	Q345	Q345	C40	C40

在刚性隔板上逐级施加垂直均布荷载 $\sum p = P$，作三维屈曲分析，直至 $P = P_{cr}$。对其中 5 个级别的垂直荷载，在模型顶部分别逐级施加扭矩 M_z，应用有限元分析得到扭矩-转角（$M_z\text{-}\varphi$）曲线，如图 3.1.14（b）所示。对于第 0 级荷载，$P=0$。若近似略去占极小比例的自重，屈曲因子 $\lambda_{cr}^{f} = \lambda_{cr}^{t} = \infty$，几何刚度 $K_G = 0$，对应于不考虑屈曲。随着 P 的逐级增大，负刚度逐级增大，扭转刚度和屈服扭矩逐级减小，θ_z 逐级增大，$P\text{-}\varphi$ 效应逐级增大。图 3.1.14（b）所示的 $M_z\text{-}\varphi$ 曲线与图 3.1.2 的 $F\text{-}D$ 曲线十分相似，验证了 $P\text{-}\varphi$ 效应与 $P\text{-}\Delta$ 效应具有相似的基本力学特性的描述。对于扭转刚度偏小或核心筒偏置布置的结构，$P\text{-}\varphi$ 效应也许与 $P\text{-}\Delta$ 效应具有同等重要的意义。

上述算例 3.1 说明，尽管不能通过力的平衡简单地确定 $P\text{-}\varphi$ 效应的函数形式，但如图 3.1.14（b）所示，总扭矩和总扭转刚度之间的对应关系总可以通过有限元分析得到。尽管以上分析是针对双轴对称框架-核心筒结构进行的，然而，扭转屈曲起始于抗弯能力最薄弱的截面最外侧发生平面外挠曲引起的扭矩，$P\text{-}\varphi$ 效应的基本力学特性与 $P\text{-}\Delta$ 效应相似，但影响 $P\text{-}\varphi$ 效应的因素比 $P\text{-}\Delta$ 效应复杂得多等结论是普遍适用的。

六、$P\text{-}\Delta,\varphi$ 效应

三维有限元分析方法同时考虑 $P\text{-}\Delta$ 效应和 $P\text{-}\varphi$ 效应。因此，传统意义的平面内 $P\text{-}\Delta$ 效应分析已经自动成为三维 $P\text{-}\Delta$ 效应分析。本书把三维 $P\text{-}\Delta$ 效应记作 $P\text{-}\Delta,\varphi$ 效应，以突出三维效应[7]。在不引起混淆时，有时简称重力二阶效应或 $P\text{-}\Delta,\varphi$ 效应或 $P\text{-}\Delta$ 效应。

第二节　稳定问题的有限单元法

如上所述，重力二阶效应属于二阶理论，可归类于几何非线性分析的范畴。几何非线性成因明确，已经建立了一套完整的数学理论。但是，这并不意味几何非线性容易掌握。事实上，几何非线性效应微妙而复杂，在分析模型中很难捕获。

数学中泛函的意义可以是弹性理论中的势能。只要系统的势能表达式中计入扭转应变能，就可以列出积分方程进行三维屈曲分析。因此，具有泛函变分背景的有限单元法是求解三维稳定问题的最佳数值分析方法。而且，在有限元编程中，屈曲分析和重力二阶效应分析使用相同的分析模型。应用有限元法，临界屈曲荷载的确定将演变为一个标准的特征值求解。

本节侧重于几何非线性分析的实用性，为建模和分析提出一些相关的建议；使用物理术语，而不是数学理论，对几何非线性做出解释。

一、几何非线性概述

1. 定义和分类

若变形足够大以至于影响到以下一个或两个方面，就认为结构发生了几何非线性行为：

1）平衡关系。结构变形前与变形后的平衡关系有实质性的区别。

2）变形协调关系。单元的应变和节点位移之间呈现出明显的非线性关系。

几何非线性分析可以归纳为大位移分析和 $P\text{-}\Delta$ 效应（或 $P\text{-}\Delta,\varphi$ 效应）分析两大类。其中，大位移分析考虑变形后的平衡关系，且假定变形协调关系为非线性的，精确地考虑了几何非线性。仅对于那些非常柔软的结构，如索结构，工程上才有必要使用大位移分析。本书不涉及对它的讨论。$P\text{-}\Delta$ 效应分析考虑变形后的平衡关系，但假定变形协调为线性关系，近似地考虑几何非线性。$P\text{-}\Delta$ 效应由 $P\text{-}\Delta$ 贡献和 $P\text{-}\delta$ 贡献两个不同的部分组成。前者是指侧向位移和扭转造成的结构整体影响；后者是指构件弯曲等初始缺陷造成的构件局部影响。本书不讨论 $P\text{-}\delta$ 贡献，$P\text{-}\Delta$ 贡献等同于 $P\text{-}\Delta$ 效应。对于大多数结构，使用三维 $P\text{-}\Delta$ 分析就已经能足够精确地反映结构的几何非线性行为。

表 3.2.1 列出结构分析的大致分类。表中细分了二阶弹性分析和几何非线性分析，把弹性重力二阶效应归类于二阶弹性分析的范畴，把非弹性重力二阶效应归类于几何非线性分析范畴；并且综合了各种分析的逻辑关系，根据分析的适用性和目的，从抗震设计的角度，把线弹性分析和二阶弹性分析都归类于弹性分析。

表 3.2.1　抗震设计结构分析的大致分类

分类			适用	目的
弹性分析	一阶弹性分析（线弹性分析含弹性屈曲分析）		基于强度的设计	强度需求/能力比，提供具有足够精度的强度安全系数
	二阶弹性分析	弹性重力二阶效应分析		
非线性分析	几何非线性分析	非线性重力二阶效应分析	基于变形的设计	变形需求/能力比，评估结构的延性，耗能和抗倒塌能力
		大位移分析		
	材料非线性分析			

2. 弹性分析和非线性分析

弹性分析通常是线性的，一般属于一阶分析理论，称为线弹性分析。然而，"弹性"并不总意味着线性，其中的一个原因是结构构件可以有非线性的弹性行为。例如，沿非线性加载路径卸载的行为。第二个原因是几何非线性能够使弹性行为表现出非线性，属于二阶分析理论，本书称为二阶弹性分析。除特别说明以外，本书作者没有刻意区分线弹性分析和二阶弹性分析，统一使用术语"弹性分析"。

弹性分析方法用于基于强度的小震设计，计算强度需求，得到强度的需求/能力比 DCR，如第三章第一节所述，在弹性分析中，$P\text{-}\Delta,\varphi$ 效应使得位移、扭转角和内力会有实质性的增大。分析的主要目的是构件应按放大了的强度需求进行截面设计，使结构具有足够的强度安全系数。

按表 3.2.1，非线性分析（有的文献称非弹性分析）可以分为材料非线性分析和几何非线性分析两大类。材料非线性分析涉及材料的本构关系和滞回曲线，可以在文献[8]中查阅到有关内容。几何非线性分析又可以细分为大位移分析和 $P\text{-}\Delta,\varphi$ 效应分析。

非线性分析用于基于变形的大震设计，计算延性构件的变形需求，得到变形的需求/能力比。通过需求分析得到变形需求的放大值，通过能力分析得到变形能力的减小值。分析的主要目的是评估结构的延性系数和抗倒塌能力，使结构具有足够的抗侧移失稳的安全系数。

3. 几何非线性和材料非线性的组合

超高层建筑屈服后的性能取决于几何非线性和材料非线性的组合。本小节称考虑几何非线性和材料非线性的组合的分析为双重非线性分析。以下以单根杆件为例，对此做一些说明。

图 3.2.1 给出屈曲强度在 $P\text{-}M$ 力矢量空间上的映射以及屈曲和屈服之间的对应关系。假定材料的应力-应变曲线是带应变硬化的，图中未显示 $P\text{-}M$ 相互作用初始屈服面，仅给出最终破坏面。随着第一个塑性铰的出现，连续屈服使构件的刚度不断折减，屈曲强度不断减小。图 3.2.1(a)为理想压杆的情况。根据平衡分岔理论，屈曲强度在 $P\text{-}M$

力矢量空间上的映射将按不同的长细比沿 P 轴移动。图 3.2.1（b）为带初始弯曲压杆的情况。屈曲强度在 P-M 力矢量空间上的映射将按不同的长细比沿 P-M 屈服面移动。对于图 3.2.1（b），对应于三种不同长细比的材料非线性和几何非线性的相互作用，分别说明如下：

1）对于短杆，长细比很小，柱身几乎不发生弯曲。因此，当铰形成时，轴力接近于与轴向屈服荷载。它比弹性屈曲强度要小得多。在这种情况下，几何非线性的作用很小，材料非线性起控制作用。

2）对于长杆，长细比很大，轴力接近于弹性屈曲荷载，这意味着弯矩被极大地放大。若设屈曲临界轴力为 P_{cr}，P-Δ 效应的附加弯矩为 $P\cdot\Delta$。杆弯矩将被几何非线性放大。当杆失稳破坏时，失稳弯矩比一阶弹性分析得到的弯矩要大得多。在这种情况下，几何非线性起决定性作用。

3）对于一根长细比适中的杆，几何非线性对弯矩的放大作用适中。几何和材料非线性都显得很重要。

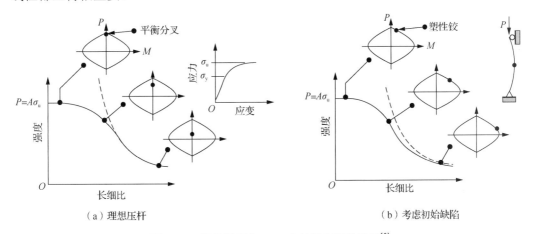

（a）理想压杆　　　　　　　　　　　　　　　（b）考虑初始缺陷

图 3.2.1　屈曲强度在 P-M 力矢量空间的映射[5]

长周期超高层建筑至少属于长细比适中的悬臂杆件。屈服后的刚度折减和 P-Δ,φ 效应的相互作用，对侧向位移将产生实质性的影响。因此，超高层建筑的 P-Δ,φ 效应也许可能会严重降低结构的抗倒塌强度，首先应当进行考虑几何非线性分析和材料非线性组合的双重非线性分析，对结构抗倒塌强度进行恰当评估。其次，即使结构整体稳定，仍有可能降低构件的性能水准造成强度丧失，或使得柱铰的出现早于梁铰，发生不合理的变形机构。

在材料非线性分析中，若使用 FEMA 铰模拟梁-柱端的塑性铰，程序自动把 F-D 非线性关系曲线简化为双折线。取 $0.6f_y$ 割线的斜率作为等效刚度 K_e，合并计入混凝土徐变、裂缝、收缩等影响；取屈服位移 Δ_y 至最大位移 Δ_d 的连线作为应变硬化段。FEMA 认为塑性铰是结构弹塑性侧向位移的主要贡献者，把所有的非线性行为全部集中于塑性铰[9,10]。

本书作者推荐使用推覆分析作为计入材料和几何非线性性能、评估性能目标和进行抗倒塌能力测试的设计工具。图 3.2.2 给出推覆分析的典型能力曲线与等效的双折线。在推覆过程中，程序将逐级建立几何刚度矩阵，经几次迭代后装配总有效刚度矩阵，考虑逐级增大的侧向荷载对杆件几何刚度的影响。用有效刚度矩阵替换弹（塑）性刚度矩阵后，推覆分析的理论和公式将全部适用。

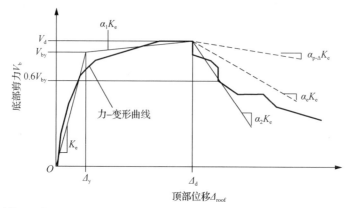

α_1 为应变硬化系数；α_2 为以最大位移与下降段 $0.6V_{by}$ 连线斜率表示的负刚度系数；$\alpha_{P-\Delta}$ 为 P-Δ 效应负刚度系数；α_e 为有效负刚度系数。

图 3.2.2　V_b - Δ_{roof} 能力曲线及等效双折线

有关推覆分析的基本原理和方法，见文献[8]～[10]。这里简述如下：推覆分析与 P-Δ,φ 效应都使用顶部位移 Δ_{roof} 作为目标函数。尽管没有严格的数学背景，逻辑上推覆得到的地震反应是具有统计平均意义的。这一点，得到了学术界和工程界的公认。分析结果表明，在众多表示结构非线性行为的物理量中，Δ_{roof} 受高振型、推覆力分布模态等因素的影响最小，最接近动力非线性分析结果统计意义上的平均值。推覆分析的侧向推覆力是逐级、静力、单方向持续加载的。因此，比时程分析法更能突出地反映 P-Δ,φ 效应以及材料与几何非线性之间的正反馈作用。推覆分析可以清楚地揭示塑性铰的发展过程，判别变形机构的合理性。从能力设计角度，它可以近似地用于结构抗侧移失稳倒塌的能力测试。对于长周期超高层建筑，由于高振型等影响，也许推覆得到的变形机构并不完全与地震作用下真实的变形机构相同，但仍可以提供各种有价值的信息，将有助于结构工程师判断。

4. 荷载类型和相应的分析

对于超高层建筑，重力荷载和水平荷载的组合是最重要的荷载工况，P-Δ,φ 效应分析是最重要的分析之一。在大多数情况下，结构的强度或失稳将受连续屈服的控制。但按平衡分叉理论，结构的强度将受瞬时屈曲的控制。尽管合理设计的超高层建筑没有可能发生屈曲破坏，但如上所述，临界屈曲因子是 P-Δ,φ 效应的源参数。因此，重力荷载单独作用工况的屈曲分析与重力荷载和水平荷载的组合工况、考虑 P-Δ,φ 效应的整体稳定分析具有同等的重要性。

二、计入几何刚度的三维有限元模型和分析

1. P-Δ 杆

P-Δ 杆是按受力特征建立的虚拟刚性杆，与模拟主体结构框架柱（或墙肢，下同）

的弹性杆一一对应。P-Δ 杆杆底铰接，杆顶通过刚性连杆与弹性杆铰接连接，模拟 P-Δ 效应。弹性杆为 P-Δ 杆提供侧向支撑。图 3.2.3 给出单根悬臂杆 P-Δ 效应的有限元分析模型，由弹性杆和 P-Δ 杆组成一根复合杆。

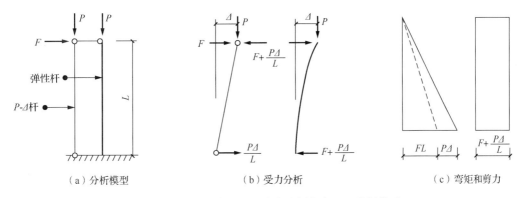

（a）分析模型　　　　　　（b）受力分析　　　　　　（c）弯矩和剪力

图 3.2.3　单根悬臂杆 P-Δ 效应分析的有限元分析模型

弹性杆模拟主体结构的线弹性效应。在顶部集中重力荷载 P 和水平荷载 F 的联合作用下，顶部产生侧向位移 Δ。顶部集中荷载的偏离引起 P-Δ 杆底部产生剪力 $F^{\mathrm{P}\Delta}=P\Delta/L$。刚性连杆产生轴力 $F+F^{\mathrm{P}\Delta}$，作用于弹性杆顶部。弹性杆承受弯矩 $FL+P\Delta$，剪力 $F+P\Delta/L$，如图 3.2.3（b）和（c）所示。其中，$P\Delta$ 和 $P\Delta/L$ 是 P-Δ 效应引起的附加弯矩和剪力。结构工程师应按照放大了的弯矩和剪力进行构件的截面设计。

上述单根悬臂杆模型可以直接推广到全部结构，对每一个竖向构件（柱或墙肢）建立一根虚拟的 P-Δ 杆。P-Δ 杆通过刚性连杆对各自的竖向构件产生一个计入 P-Δ 效应的水平推力。若结构非对称，对整个结构产生了水平推力的同时，还产生了一个扭矩。自动地计入了 P-Δ 效应和 P-φ 效应。当前的通用计算机商用软件都具有三维整体稳定分析的功能，计算弯曲临界屈曲因子 $\lambda_{\mathrm{cr}}^{\mathrm{f}}$、扭转临界屈曲因子 $\lambda_{\mathrm{cr}}^{\mathrm{t}}$ 及其 P-Δ,φ 效应。

2. 几何刚度矩阵

（1）线性表达式

第三章第一节已经从能量原理上给予几何刚度一种解释，即在变形过程中重力荷载做的功在力学上的反映，是重力荷载的线性单调上升函数，具有负刚度效应。从静力准则的角度，P-Δ 杆在重力荷载 P 和水平荷载 F 的联合作用下，上、下两端产生水平位移差 Δ，杆内产生剪力 $P\Delta/L$。也就是说，单位水平位移差所需要的水平力为 P/L，即 P-Δ 杆的侧向刚度为 $-P/L$（符号表示负刚度）。仿照弹性刚度矩阵，P-Δ 杆的负刚度写成矩阵形式如下：

$$\boldsymbol{F}=\boldsymbol{k}_{\mathrm{G}}\boldsymbol{\Delta} \tag{3.2.1}$$

式中，$\boldsymbol{F}=(F_1^{\mathrm{P}\Delta}\ \ F_2^{\mathrm{P}\Delta})^{\mathrm{T}}$,$\boldsymbol{\Delta}=(\Delta_1\ \ \Delta_2)^{\mathrm{T}}$ 分别为荷载矢量和位移矢量，其中下标 1,2 分别表示 P-Δ 杆的两个端部，而

$$\boldsymbol{k}_{\mathrm{G}}=-\frac{P}{L}\begin{bmatrix} 1 & -1 \\ -1 & 1 \end{bmatrix} \tag{3.2.2}$$

为 P-Δ 杆的一维几何刚度矩阵，式中的负号表示负刚度。

　　上述一维几何刚度矩阵可以容易地推广至二维或三维，以与杆单元的自由度数匹配。图3.2.4给出二维几何刚度矩阵的推导过程。

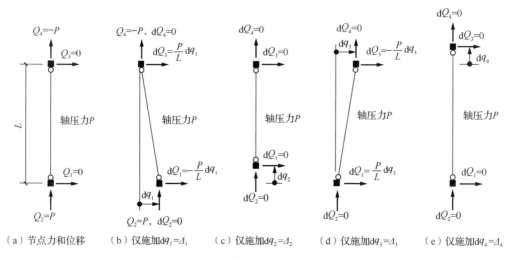

图 3.2.4　　$P\text{-}\Delta$ 杆二维几何刚度矩阵[5]

　　设刚性 $P\text{-}\Delta$ 杆两端承受集中轴压力 P，端部位移 $q_1 \sim q_4$（不计端部转动），相应的节点力 $F_1 \sim F_4$。按定义，施加一个微小的位移 $\mathrm{d}q_1 = \Delta_1$，且令 $\mathrm{d}q_2 = \mathrm{d}q_3 = \mathrm{d}q_4 = 0$，计算出相应的节点力。这些力定义了几何刚度系数 $k_{11}, k_{21}, k_{31}, k_{41}$，组成了几何刚度矩阵的第 1 列矢量。施加一个微小的位移 $\mathrm{d}q_2 = \Delta_2$，且令 $\mathrm{d}q_1 = \mathrm{d}q_3 = \mathrm{d}q_4 = 0$，得到几何刚度矩阵的第 2 列矢量，如此重复。图3.2.4说明了这个过程。几何刚度矩阵 $\boldsymbol{k}_\mathrm{G}$ 为 4×4 价，第 1 列和第 4 列的刚度系数分别对应于图 3.2.4（b）～（e）。式（3.2.3）给出 $P\text{-}\Delta$ 杆二维力-位移具体关系式：

$$\begin{bmatrix} F_1^{\mathrm{P}\Delta} \\ F_2^{\mathrm{P}\Delta} \\ F_3^{\mathrm{P}\Delta} \\ F_4^{\mathrm{P}\Delta} \end{bmatrix} = -\frac{P}{L} \begin{bmatrix} 1 & 0 & -1 & 0 \\ 0 & 0 & 0 & 0 \\ -1 & 0 & 1 & 0 \\ 0 & 0 & 0 & 0 \end{bmatrix} \begin{bmatrix} \Delta_1 \\ \Delta_2 \\ \Delta_3 \\ \Delta_4 \end{bmatrix} \tag{3.2.3}$$

（2）一致几何刚度矩阵

　　在上述推导中，实际上引进了 $P\text{-}\Delta$ 杆和连杆为刚性铰接杆的假定以及使用了线性插入函数作为形函数的概念。如第三章第一节所述，分布质量等截面均质悬臂杆的"精确"几何刚度为 $(\pi/8)\cdot P/L$。同样，也可以按有限元理论推导分布质量杆单元几何刚度系数高价近似值组成的一致几何刚度矩阵。

　　设一根任意变截面杆承受重力分布轴向荷载 $p(z) = m(z)g$。如图 3.2.5（a）所示，令杆的一端（节点 a）发生单位转动 $u_3 = 1$。根据定义，产生的节点力 f_a 为几何刚度系数 k_{G13}，即 $f_a = k_{\mathrm{G13}}$。再令节点 a 发生虚位移 $\delta u_a = \delta u_1$，外力做的虚功为

$$\delta W_\mathrm{E} = f_a \delta u_a = k_{\mathrm{G13}} \delta u_1 \tag{3.2.4}$$

微分段 $\mathrm{d}z$ 轴向内力 $p(z)$ 做的虚功为

$$d(\delta W_1) = p(z)d(\delta e) \tag{3.2.5}$$

式中，$d(\delta e)$ 是微分段两端由于虚位移 δu_1 引起的虚相对变形。按图 3.2.5（b）所示的相似三角形几何关系，有

$$d(\delta e) = du/dz \cdot d(\delta u) = du/dz \cdot \delta\left[(du/dz)dz\right] \tag{3.2.6}$$

把式（3.2.6）代入式（3.2.5），且注意到节点的 a 转动引起变分号外的 du/dz 对应于形函数 $\psi_3(z)$，节点 a 的虚平动引起变分号内的 du/dz 对应于形函数 $\psi_1(z)$，积分得虚功为

$$\delta W_1 = \delta u_1 \cdot \int_0^L p(z)\psi_3'(z) \cdot \psi_1'(z)dz \tag{3.2.7}$$

令 $\delta W_E = \delta W_1$，得

$$k_{G13} = \int_0^L p(z)\psi_3'(z) \cdot \psi_1'(z)dz \tag{3.2.8}$$

同理推导得几何刚度系数的通用表达式

$$k_{Gij} = \int_0^L p(z)\psi_i'(z) \cdot \psi_j'(z)dz \qquad k_{Gij} = k_{Gji} \tag{3.2.9}$$

若采用线性插入函数作为形函数，式（3.2.9）的刚度系数与式（3.2.3）相等。按有限元理论，采用赫米特（Hermitian）插入函数作为形函数得到的刚度矩阵被称为一致刚度矩阵[6,8]。若设杆的轴向内力为常数，$p(z) = P$，一致几何刚度矩阵的具体表达式为

$$\boldsymbol{k}_G = -\frac{P}{30L}\begin{bmatrix} 36 & -36 & 3L & 3L \\ -36 & 36 & -3L & -3L \\ 3L & -3L & 4L^2 & -L^2 \\ 3L & -3L & -L^2 & 4L^2 \end{bmatrix} \tag{3.2.10}$$

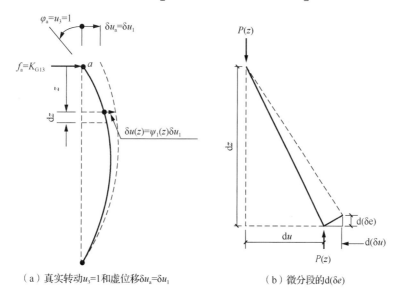

（a）真实转动$u_3=1$和虚位移$\delta u_a=\delta u_1$　　　　（b）微分段的$d(\delta e)$

图 3.2.5　任意截面的分布质量杆

3. 结构整体屈曲分析

设结构仅承受竖向荷载，用 P-Δ 杆模拟 P-Δ 效应。对每一根竖向杆件建立有效刚度

矩阵及装配成总有效刚度矩阵后，应用平衡分叉理论可以方便地编程计算弹性屈曲荷载。具体步骤如下：

1）令结构仅承受重力荷载，取荷载因子 $\lambda=1.0$，计算构件轴力及 P-Δ 杆几何刚度 k_{G}。

2）按线性叠加原理，装配后的总几何刚度矩阵为 λK_{G}，结构的总有效刚度矩阵为 $(K_0 + \lambda K_{\mathrm{G}})$（其中 K_0 为初始弹性刚度）。

3）单调、逐级加荷。按平衡分叉理论，加载至屈曲时，结构侧向刚度消失，处于中性平衡状态。数学上，有效刚度矩阵的行列式为零，即

$$\mathrm{Det}(K_0 + \lambda K_{\mathrm{G}}) = 0 \tag{3.2.11}$$

4）这是一个标准特征值问题。求解式（3.2.11），得特征值和相应的屈曲模态。称特征值为临界屈曲因子 λ_{cr}，临界荷载 $P_{\mathrm{cr}} = \lambda_{\mathrm{cr}} \sum G_i$。设计感兴趣的是一阶临界荷载和屈曲模态。当三维建模，一阶临界屈曲因子包括两个弯曲屈曲因子和一个扭转屈曲因子。

4. P-Δ, φ 效应分析

在二阶弹性分析中，考虑 P-Δ 效应的方法可以粗分为间接法和直接法两大类。所谓间接法，是在弹性或屈曲分析的基础上，应用静力放大系数公式（3.1.12）对位移和内力进行放大。间接放大法需要区分有侧移弯矩和无侧移弯矩，且不适用计算 P-φ 效应，即重力荷载对扭转角和扭矩的放大作用。而且，间接法仅仅是估计弹性 P-Δ 放大效应，并不能评估结构遭遇大震时，材料非线性和几何非线性相互作用引起非线性变形的进一步放大。

直接法是指应用几何刚度概念，分别建立弹性刚度矩阵 K_0 和几何刚度矩阵 K_{G}，装配并形成总有效刚度矩阵 $K_{\mathrm{eff}} = K_0 + K_{\mathrm{G}}$，通过编程直接计算侧向荷载和重力荷载联合作用下位移和内力的放大。当使用反应谱法进行抗震分析时，地震作用一次性地作用于结构。若以重力荷载和地震作用的组合轴力建立几何刚度矩阵，结构总有效刚度矩阵 K_{eff} 将保持常数。因此，整个计算中，只需要一次性调用建立几何刚度矩阵的标准子程序，用有效刚度矩阵替换弹性刚度矩阵，振型分解反应谱分析的理论和公式将全部适用。当采用动力分析法（或使用推覆分析法）求解地震反应时，杆件中的轴力是时间（或加载等级）的函数，几何刚度将不再保持常数。程序将需要类似于解决材料非线性应力-应变关系那样，通过数次迭代得到几何刚度矩阵，叠加当前的结构刚度矩阵，生成每一步的有效刚度矩阵。

直接法自动区分有侧移弯矩和无侧移弯矩。当三维建模，程序自动计算 P-Δ, φ 效应，且对每一根构件计算各自放大了的弯矩、剪力和扭矩。在考虑了材料本构关系以后，在不增加编程困难的前提下，可以方便地进行大震双重非线性反应分析。

直接法的核心是几何刚度，本书称其为计入几何刚度的有限单元法。P-Δ, φ 效应成因明确，已经建立了一套严密的数学理论，基于有限单元理论的直接法和材料、几何双非线性的分析的编程均已成熟，且赋予实施。当前的通用商用程序大都具有直接提供临界荷载 P_{cr}、屈曲模态和计入 P-Δ, φ 效应的侧向位移、扭转角和构件内力的技术支持。

三、工程实例 3.1～工程实例 3.4

作为计入几何刚度有限单元法在屈曲分析和重力二阶效应分析中的应用，以下通过实例 3.1～实例 3.4 说明。

1. 工程概况

实例 3.1　上海中心大厦

上海中心大厦的表现图如图 1.1.4（e）所示。地上 118 层，巨型框架-核心筒结构。巨型框架由型钢混凝土巨柱、钢伸臂、钢带状桁架组成，核心筒由型钢混凝土墙肢组成。图 3.2.6 是该实例的分析模型。其中，图 3.2.6（a）为核心筒，图 3.2.6（b）为巨型框架。图中略去了次结构，以比较清晰地表示主抗侧力结构体系。抗震设防类别乙类，抗震设防烈度 7 度，场地类别上海 IV 类，最大地震影响系数 $\alpha_{max}=0.08(0.45)$，特征周期 $T_g=0.90\text{s}(1.10\text{s})$，其中括号中的数字适用于大震。

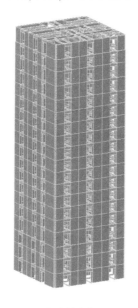
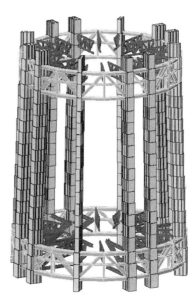

（a）核心筒　　　　　　　　　　　　　　　　　（b）巨型框架

图 3.2.6　上海中心大厦（实例 3.1）分析模型

实例 3.2　南通熔盛大厦

图 3.2.7 是南通熔盛大厦效果图。其中，右侧 A 塔结构高度 239m，地上 49 层，最大高宽比 7（Y 向），最大筒体高宽比 20（Y 向）。钢管混凝土柱、钢梁框架-钢筋混凝土核心筒结构体系，在第 12、26、40 层钢布置伸臂桁架和周边桁架。抗震设防类别乙类，抗震设防烈度 6 度，场地类别 III 类，最大地震影响系数 $\alpha_{max}=0.04(0.42)$，特征周期 $T_g=0.45\text{s}(0.55\text{s})$，其中括号中的数字适用于大震。

图 3.2.7　南通熔盛大厦（实例 3.2）

实例 3.3　某超高层建筑

图 3.2.8 是实例 3.3 的典型层分析模型，型钢柱框架-核心筒结构，结构高度 254m。抗震设防类别乙类，II 类场地，抗震设防烈度 7 度，最大地震影响系数 $\alpha_{max} = 0.08(0.50)$，特征周期 $T_g = 0.35s(0.40s)$，其中括号中的数字适用于大震。

图 3.2.8　某超高层建筑（实例 3.3）典型层分析模型

实例 3.4　苏州中南中心

苏州中南中心的表现图如图 1.1.4（b）所示。图 3.2.9 给出它的伸臂和带状桁架层分析模型。地上 137 层，高 729m，巨型框架-核心筒结构。其中，巨型框架由型钢混凝土巨柱、钢伸臂、钢带状桁架组成，核心筒由型钢混凝土墙肢组成。双轴弱对称平面。抗震设防类别乙类，抗震设防烈度 7 度，场地类别 III 类。最大地震影响系数 $\alpha_{max} = 0.08(0.50)$，特征周期 $T_g = 0.55s(0.60s)$，其中括号中的数字适用于大震。

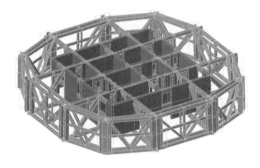

图 3.2.9　苏州中南中心（实例 3.4）伸臂和带状桁架层分析模型

2. 自由振动和屈曲分析

在刚性楼板的假定下，分别进行自由振动和屈曲分析。实例 3.1～实例 3.4 的线弹性分析、计入（二维）$P\text{-}\Delta$ 效应、$P\text{-}\Delta,\varphi$ 效应三种情况的自振周期列于表 3.2.2 中；临界屈曲因子列于表 3.2.2 中的最右侧的三栏，其中括号内的数字是二维屈曲分析得到的临界因子，它们都大于三维屈曲分析的结果。

表 3.2.2　自振周期和临界屈曲因子

实例	分析类别	自振周期 T/s			临界屈曲因子 λ_{cr}		
		T_x	T_y	T_z	$\lambda_{\mathrm{cr}}^{x}$	$\lambda_{\mathrm{cr}}^{y}$	$\lambda_{\mathrm{cr}}^{t}$
3.1	一阶线弹性分析	8.50	8.57	3.84	12.44（14.98）	12.24（14.67）	6.08
	有 $P\text{-}\Delta$ 效应	8.81	8.88	3.84	—	—	—
	有 $P\text{-}\Delta,\varphi$ 效应	8.86	8.94	3.86	—	—	—
3.2	一阶线弹性分析	4.19	5.36	3.04	17.71（19.72）	14.97（17.09）	13.18
	有 $P\text{-}\Delta$ 效应	4.30	5.53	3.04	—	—	—
	有 $P\text{-}\Delta,\varphi$ 效应	4.31	5.55	3.06	—	—	—
3.3	一阶线弹性分析	6.20	6.58	5.01	11.35（12.66）	10.02（11.32）	2.51
	有 $P\text{-}\Delta$ 效应	6.40	6.66	5.01	—	—	—
	有 $P\text{-}\Delta,\varphi$ 效应	6.42	6.88	5.12	—	—	—
3.4	一阶线弹性分析	9.10	8.78	4.04	11.53（13.88）	12.14（14.55）	4.66
	有 $P\text{-}\Delta$ 效应	9.38	8.97	4.04	—	—	—
	有 $P\text{-}\Delta,\varphi$ 效应	9.41	8.99	4.06	—	—	—

注：实例 3.1 是初步设计中间成果的分析结果，按 2009 年 10 月 9 日超限评审送审文本，结构第一周期为 9.05s（见表 2.2.6）。

图 3.2.10～图 3.2.13 给出 4 个实例三维分析的屈曲模态。在刚性楼板的假定下，$\lambda_{\mathrm{cr}}^{t} < \lambda_{\mathrm{cr}}^{f}$，扭转为一阶屈曲模态。

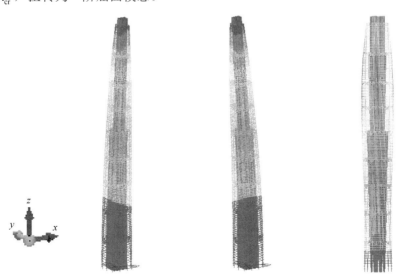

（a）扭转屈曲（$\lambda_{\mathrm{cr}}^{t}$=6.08）　　（b）弯曲屈曲（$y$向,$\lambda_{\mathrm{cr}}^{y}$=12.24）　（c）弯曲屈曲（$x$向,$\lambda_{\mathrm{cr}}^{x}$=12.44）

图 3.2.10　三维屈曲模态（实例 3.1）

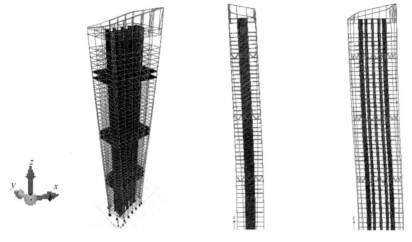

（a）扭转屈曲(λ_{cr}^t=13.18)　（b）弯曲屈曲(y向, λ_{cr}^y=14.97)　（c）弯曲屈曲(x向, λ_{cr}^x=17.71)

图 3.2.11　三维屈曲模态（实例 3.2）

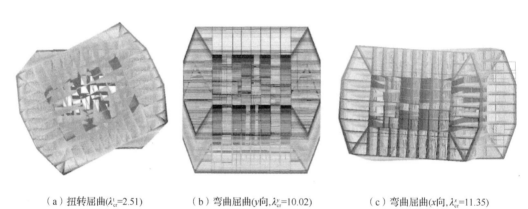

（a）扭转屈曲(λ_{cr}^t=2.51)　　　（b）弯曲屈曲(y向, λ_{cr}^y=10.02)　　　（c）弯曲屈曲(x向, λ_{cr}^x=11.35)

图 3.2.12　三维屈曲模态（实例 3.3）

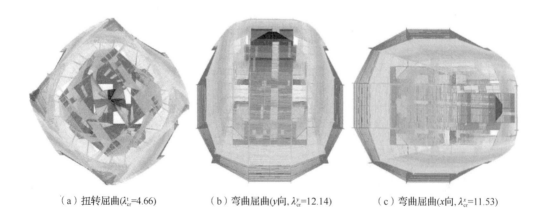

（a）扭转屈曲(λ_{cr}^t=4.66)　　　（b）弯曲屈曲(y向, λ_{cr}^y=12.14)　　　（c）弯曲屈曲(x向, λ_{cr}^x=11.53)

图 3.2.13　三维屈曲模态（实例 3.4）

3. 小震弹性分析

在刚性楼板的假定下，对实例分别沿第一振型方向进行了一阶线弹性、计入 P-Δ 效应、计入 P-Δ,φ 效应三种情况的小震弹性分析，均按规范考虑了偶然偏心的影响。表 3.2.3 给出顶点位移和顶点扭转角反应。

表 3.2.3　结构顶部小震反应

实例	分析类别	小震反应		P-Δ,φ 效应放大比例	
		Δ_{roof} /m	φ_{roof} /rad	α_Δ	α_φ
3.1	一阶线弹性分析	0.798	0.000 274	1	1
	有 P-Δ 效应	0.858	0.000 283	1.075	1.031
	有 P-Δ,φ 效应	0.863	0.000 292	1.082	1.067
3.2	一阶线弹性分析	0.086	0.000 325	1	1
	有 P-Δ 效应	0.092	0.000 333	1.059	1.024
	有 P-Δ,φ 效应	0.092	0.000 333	1.067	1.044
3.3	一阶线弹性分析	0.280	0.000 324	1	1
	有 P-Δ 效应	0.306	0.000 337	1.093	1.041
	有 P-Δ,φ 效应	0.309	0.000 351	1.104	1.083
3.4	一阶线弹性分析	0.656	0.001 304	1	1
	有 P-Δ 效应	0.708	0.001 336	1.079	1.025
	有 P-Δ,φ 效应	0.714	0.001 379	1.088	1.058

4. 大震非线性分析

在文献[7]的基础上，使用 PERFORM-3D 取第一振型作为推覆力分布模态，沿第一振型方向进行推覆分析，重点评估 P-Δ,φ 非线性效应。混凝土本构关系采用 Mander 模型，模拟约束混凝土；钢筋和型钢本构关系采用 EPP 模型；框架梁采用两端 M-V 集中塑性铰和中间弹性杆的非线性复合梁模型，框架柱采用两端 P-M-M 集中塑性铰和中间弹性杆的非线性复合柱模型，巨柱采用两端带纤维塑性铰的纤维模型，剪力墙采用纤维模型，复合墙单元。图 3.2.14 给出代表性实例（实例 3.3）的推覆分析截屏。图中，横坐标为顶点位移与结构总高度之比 Δ/H，纵坐标为底部剪力 V_b。使用修正能力谱法确定性能点。能力曲线已进入下降段，其中极大震的能力曲线已经不能穿越需求曲线，发生侧移失稳倒塌。Powell 按美国的工程经验，建议修正系数取 0.8[8,9]。然而，中国现行抗震设计规范的理论框架偏重强度和刚度，若按新西兰抗震规范的规定，我国的超高层建筑大部分属于名义延性结构（详见附录）。实例 3.1～实例 3.4 的能力谱法修正系数使用设防大震的动力非线性顶部位移的 7 波平均值进行了校正，取值 0.45～0.50。

按所示截屏，图 3.2.15 在能力曲线上点出了实例 3.1～实例 3.4 性能点的位置。屈曲分析表明尽管实例 3.1、实例 3.3、实例 3.4 的 λ_{cr}^f 相当接近，但实例 3.3 的 $\lambda_{cr}^t = 2.51$，偏低。实例 3.1、实例 3.2、实例 3.4 的能力曲线表现了足够的延性，极大震性能点仍位于能力曲线的正刚度区段，延性能力远大于实例 3.3。如图 3.2.14 所示，若遭遇 8 度极大地震作用，实例 3.3 将发生侧移失稳倒塌。

为了定量评估屈服后的 $P\text{-}\Delta,\varphi$ 效应，采用能力曲线起始点的切线刚度比 $k_{\text{int},2}/k_{\text{int},1}$（其中下标 1 和 2 分别表示一阶和二阶分析）表示初始刚度的折减比例；采用大震性能点的割线刚度比 $k_{\text{sec},2}/k_{\text{sec},1}$ 表示 $P\text{-}\Delta,\varphi$ 效应在屈服后引起的刚度附加折减比例，采用 $k_{\text{sec},2}/k_{\text{int},1}$ 表示刚度总的折减比例，如图 3.2.16 所示。

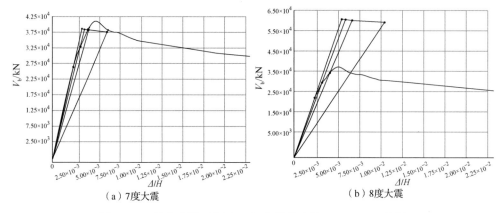

（a）7度大震　　　　　　　　　　　　　（b）8度大震

图 3.2.14　能力曲线（实例 3.3）和性能点的 PERFORM 截屏

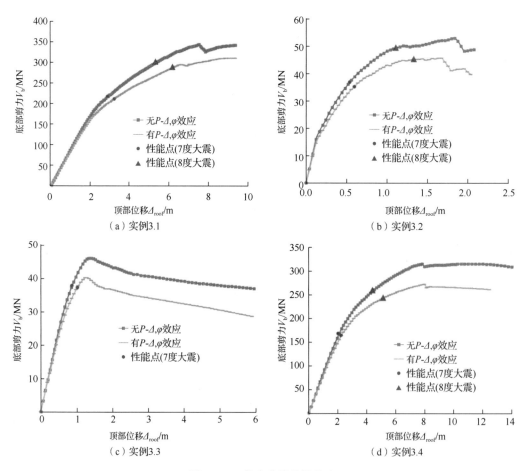

（a）实例3.1　　　　　　　　　　　　　（b）实例3.2

（c）实例3.3　　　　　　　　　　　　　（d）实例3.4

图 3.2.15　能力曲线及性能点

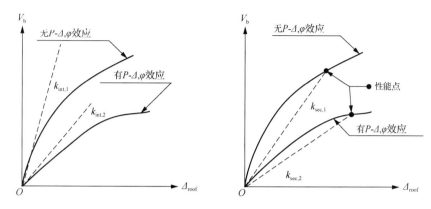

图 3.2.16 几种刚度折减的定义示意图

按图 3.2.15 所示的能力曲线,表 3.2.4 列出 P-Δ,φ 对顶部位移的放大效应和对剪力的降低效应以及能力曲线峰值剪力的比较。按图 3.2.16 所示的刚度折减定义,表 3.2.5 汇总了计入 P-Δ,φ 非线性效应引起能力曲线峰值剪力的下降比例以及各设防水准地震作用下结构顶部位移的放大比例和结构刚度折减比例。对于 8 度极大震,实例 3.4 的顶部位移放大 1.28 倍,刚度总折减 0.544 倍。表 3.2.4 和表 3.2.5 列出的数据充分验证了前述章节中一再强调的重力二阶效应的基本特征:结构屈服后,P-Δ,φ 效应主要是重力附加弯矩引起结构刚度的进一步折减和顶部位移的进一步放大,而且这种效应是非线性的。

表 3.2.4 一阶分析和二阶分析的能力曲线及性能点的比较

实例	分析工况	能力曲线峰值剪力/MN	性能点			
			顶部位移/m		底部剪力/MN	
			大震	极大震	大震	极大震
3.1	未计 P-Δ,φ 效应	341	2.83	5.21	215	299
	计入 P-Δ,φ 效应	307	3.15	6.11	208	286
3.2	未计 P-Δ,φ 效应	53	0.54	1.11	37	49
	计入 P-Δ,φ 效应	46	0.60	1.33	35	45
3.3	未计 P-Δ,φ 效应	46	0.87	NA	38	NA
	计入 P-Δ,φ 效应	40	1.01	NA	37	NA
3.4	未计 P-Δ,φ 效应	313	2.00	4.38	166	259
	计入 P-Δ,φ 效应	271	2.22	5.12	163	243

注:大震表示 7 度罕遇地震,极大震表示 8 度罕遇地震,NA 表示不适用,下同。

表 3.2.5 能力曲线峰值剪力的降低及各水准地震作用下的位移放大和刚度折减比例

实例	能力曲线峰值剪力降低比例	顶部位移放大比例 α_Δ			刚度折减比例				
		小震	大震	极大震	小震	大震		极大震	
					$k_{int,2}/k_{int,1}$	$k_{sec,2}/k_{sec,1}$	$k_{sec,2}/k_{int,1}$	$k_{sec,2}/k_{sec,1}$	$k_{sec,2}/k_{int,1}$
3.1	0.90	1.08	1.11	1.23	0.945	0.927	0.853	0.745	0.418
3.2	0.87	1.07	1.11	1.20	0.965	0.921	0.833	0.769	0.311
3.3	0.87	1.10	1.16	NA	0.962	0.892	0.841	NA	NA
3.4	0.87	1.09	1.11	1.28	0.938	0.918	0.849	0.803	0.544

表 3.2.6 列出结构的自振周期（PERFORM-3D 的计算结果）和在 7 度大震作用下结构构件的最大（广义）塑性变形和性能水准。由于结构的设计延性系数偏小，计入效应后，尽管 4 个实例的构件塑性变形都有所增加，但均未观测到有发生性能水准降级的现象。

表 3.2.6　构件的最大（广义）塑性变形和性能水准

实例	分析工况	自振周期/s	墙体应变	柱端转动/rad	连梁转动/rad
3.1	一阶效应	8.66	0.001 75（OP）	0.13%（IO）	0.83%（LS）
	$P\text{-}\Delta$ 效应	9.01	0.001 9（OP）	0.15%（IO）	0.94%（LS）
	$P\text{-}\Delta,\varphi$ 效应	9.02	0.002 0（OP）	0.15%（IO）	0.95%（LS）
3.2	一阶效应	5.54	0.000 60（OP）	0.18%（IO）	0.60%（LS）
	$P\text{-}\Delta$ 效应	5.72	0.000 68（OP）	0.20%（IO）	0.68%（LS）
	$P\text{-}\Delta,\varphi$ 效应	5.74	0.000 69（OP）	0.21%（IO）	0.69%（LS）
3.3	一阶效应	7.06	0.000 96（OP）	0.26%（IO）	1.50%（CP）
	$P\text{-}\Delta$ 效应	7.15	0.000 99（OP）	0.28%（IO）	1.52%（CP）
	$P\text{-}\Delta,\varphi$ 效应	7.17	0.000 99（OP）	0.28%（IO）	1.52%（CP）
3.4	一阶效应	9.06	0.001 29（OP）	0.27%（IO）	0.79%（LS）
	$P\text{-}\Delta$ 效应	9.34	0.001 34（OP）	0.30%（IO）	0.82%（LS）
	$P\text{-}\Delta,\varphi$ 效应	9.36	0.001 35（OP）	0.30%（IO）	0.83%（LS）

注：OP、IO、LS 和 CP 的定义见第六章。

5. 分析结果

上述列举的 4 个工程实例确认了以下几点。

1）在小震弹性分析阶段，间接放大系数公式（3.1.12）仅适用于 $P\text{-}\Delta$ 效应，不适用于 $P\text{-}\varphi$ 效应。计入几何刚度的有限元法是计入 $P\text{-}\Delta,\varphi$（线性和非线性）效应的最佳数值分析法。

2）尽管列举的实例均为弱对称结构，$P\text{-}\varphi$ 效应小于 $P\text{-}\Delta$ 效应，但几乎具有同等数量级。

3）重力二阶效应放大的程度取决于临界屈曲因子的大小和比例，与自振周期的关联性并不明显。而且，三维分析得到的放大效应要大于二维分析。

4）当采用刚性隔板假定时，扭转屈曲因子小于弯曲屈曲因子，扭转为一阶屈曲模态。这个现象将在第三章第四节详细讨论。

5）当结构遭遇强烈地震时，双重非线性使结构刚度产生了折减。地震作用越大，折减越明显。折减的程度还取决于临界屈曲因子的大小和比例，但与自振周期的关联性并不明显。

6）对于弱对称结构，若扭转刚度较小，也许会影响结构抗侧移倒塌的能力。与第 4）点相同，这个现象将在第三章第四节详细讨论。

7）JGJ 3—2010 对刚度及 $P\text{-}\Delta$ 效应的控制过于严格，结构的延性系数偏小。当遭遇设防烈度大震时，结构整体上仅刚刚进入非线性阶段。计入重力二阶效应后，尽管构件的（广义）塑性变形都有所增加，但均未观测到性能水准降级的现象。仅当遭遇极大震时，才能观测到顶部位移的明显增大和刚度的明显折减。

第三节　基于规范的整体稳定设计

整体稳定是超高层建筑结构设计的主要内容之一。中国、美国、新西兰、欧洲等规范都制定了有关整体稳定设计的条文，均设置了有关稳定的两个界限点。即在重力和地震作用的组合工况下，需要考虑重力二阶效应的第一界限点，限制过大重力二阶效应引起潜在侧移失稳的第二界限点。本节取中国和美国两国规范（规程）的有关条文，对以剪力墙（或核心筒）作为主要抗侧力构件的超高层钢筋混凝土结构的稳定设计方法展开一些讨论和评估。

一、中国规范

1. GB 50011—2010

GB 50011—2010 采用结构稳定系数 θ 作为评估 $P\text{-}\Delta$ 效应的力学参数，其中第 3.6.3 条及其条文说明给出了 θ 的计算公式[11]

$$\theta_i = \frac{M_a}{M_0} = \frac{\sum G_i \cdot \Delta_i}{V_i \cdot h_i} \tag{3.3.1}$$

并规定 $\theta > 0.1$ 作为第一界限值，应计入重力二阶效应的影响。上式中，θ_i 为第 i 层的稳定系数；$\sum G_i$ 为第 i 层以上全部重力荷载设计值；Δ_i 为第 i 层质心处的弹性或弹塑性层间位移；V_i 为第 i 层地震剪力计算值；h_i 为第 i 层层高。但 GB 50011—2010 未给出稳定问题的第二界限值。

该条文说明还规定，当弹性分析时，作为简化方法，二阶效应的内力增大系数可取

$$\alpha = 1/(1-\theta) \tag{3.3.2}$$

当弹塑性分析时，宜采用考虑所有受轴向力的结构和构件的几何刚度的计算机程序进行重力二阶效应分析。

2. JGJ 3—2010

JGJ 3—2010 第 5.4 节在文献[12]的基础上，定义了以等截面均质悬臂杆的等效刚度的等效刚重比[13]

$$r_{eq}^{sw} = EI_{eq}\big/(H^2 \sum G_i) \tag{3.3.3}$$

作为评估高层混凝土结构整体稳定性的物理参数。上式中，EI_{eq} 为倒三角形分布水平荷载作用下等截面均质悬臂杆的顶部位移与结构顶部位移相等时的弯曲刚度，取为结构的等效弯曲刚度；H 为结构总高度；$\sum G_i$ 为上部结构重力荷载设计值。JGJ 3—2010 取等效刚重比 $r_{eq}^{sw} = 2.7$ 作为第一界限点，记作 $(r_{eq}^{sw})_{bU}$；取 $r_{eq}^{sw} = 1.4$ 作为第二界限点，记作 $(r_{eq}^{sw})_{bL}$。规定当等效刚重比在第一界限点和第二界限点之间时，应考虑重力二阶效应对结构内力和位移的不利影响。

第 5.4.3 条规定，高层建筑结构的重力二阶效应可采用有限元方法进行运算；也可采用结构位移增大系数 F_1 和结构构件弯矩增大系数 F_2：

$$F_1 = \frac{1}{1 - 0.14/r_{eq}^{sw}} \qquad F_2 = \frac{1}{1 - 0.28/r_{eq}^{sw}} \qquad (3.3.4)$$

全楼按统一比例放大位移和弯矩,其中,F_2 考虑了结构刚度 50%的折减。

比较式(3.3.4)中的位移放大系数表达式和式(3.1.12),得等效刚重比,弯曲临界屈曲因子和结构稳定系数三者间的关系式如下:

$$r_{eq}^{sw} = 0.14\lambda_{cr}^{f} = 0.14/\theta \qquad (3.3.5)$$

二、美国规范

ASCE 7-05 采用结构稳定系数 θ 作为评估 P-Δ 效应的力学参数,公式如下[14]:

$$\theta_x = P_x\Delta/(V_x h_{sx} C_d) \qquad (3.3.6)$$

式中,P_x 为第 x 层以上重力荷载标准值;h_{sx} 为相应的层高;V_x 为层剪力;C_d 为位移放大系数;Δ 为第 $x-1$ ~ 第 x 层形心处的层间位移。式(3.3.6)隐含着所有竖向构件的侧向位移相等的基本假定,P-Δ 效应仅与重力荷载的大小相关,与荷载分布无关。

ASCE 7-05 取结构稳定系数 $\theta = 0.1$ 作为第一界限点。对于第二界限点 θ_{max},规定

$$\theta_{max} = 0.5/(\beta C_d) \leqslant 0.25 \qquad (3.3.7)$$

式中,β 为第 $x-1$ ~ 第 x 层的剪力需求与承载能力之比。该规范允许偏保守地取 $\beta = 1$。当 $\theta > \theta_{max}$,认为结构侧向刚度偏弱,需要加强。当 θ 在第一界限点和第二界限点之间时,允许采用与式(3.3.2)相等的放大系数 α 放大侧向位移和弯矩,即

$$\alpha = 1/(1-\theta) \qquad (3.3.8)$$

三、综合评述

对中国和美国规范中以上条文涉及的理论和概念综合评述如下。

1. 结构稳定系数

综合前述章节讲述的内容,本书作者认为使用反应谱法,通过三维建模得到实际结构的重力附加弯矩和地震作用弯矩(剪力×层高)之比,即结构稳定系数 θ,来求解第二类稳定问题,评估侧移失稳的可能性是一个直接及合理的方法。它不需要附加的"等效",也不需要通过求解第一类稳定问题及安全系数来估计重力二阶效应。ASCE 7-05 和 GB 50011—2010 在式(3.1.11)的基础上,各自给出了计算公式。若 GB 50011—2010 式(3.3.1)中的 Δ_i 的意义为小震弹性层间位移,两者的计算公式基本上是一致的。对于竖向刚度不发生突变的规则结构,若令侧向位移沿高度为线性分布,都可以简化为

$$\theta = P_{tot}\Delta_{roof}/(V_b H C_d) \qquad (3.3.9)$$

式中,P_{tot} 为全部重力荷载;Δ_{roof} 为顶部侧向位移;V_b 为底部剪力;H 为结构总高。但需要注意:ASCE 7-05 使用荷载标准值,且按 ACI 第 10.10.4.1 节的规定,使用构件折减后的有效弯曲刚度。GB 50011—2010 按中国的抗震设计基本理论框架,使用荷载设计值以及使用构件的弹性弯曲刚度。

2. 刚重比

刚重比是屈曲问题中一个宏观的物理指标。对式(2.3.5)等号两侧除以重力荷载

P，得

$$\lambda_{\text{cr}}^{\text{f}} = s \cdot \frac{EI}{H^2 P} \qquad (3.3.10)$$

式中，$EI/H^2 P$ 是刚重比的通用表达式。式（3.3.10）建立了 $EI/H^2 P$ 和 $\lambda_{\text{cr}}^{\text{f}}$ 之间的关系。德国规范 DIN 1045-1 : 2001-07 以刚重比作为重力二阶效应第一界限点的判据。第 8.6.2 条规定，对于 4 层及 4 层以上的对称或弱对称结构，若满足不等式（3.3.11），结构的 P-Δ 效应不会大于 10%，仅进行一阶弹性分析就可以满足工程设计的要求[15]，即

$$\frac{1}{h_{\text{ges}}} \sqrt{\frac{E_{\text{cm}} I_{\text{c}}}{F_{\text{ED}}}} \geqslant \frac{1}{0.6} \qquad (3.3.11)$$

式中，h_{ges} 为结构总高度；F_{ED} 为全部重力荷载标准值；$E_{\text{cm}} I_{\text{c}}$ 为拉应力不大于 f_{ctm}（相当于中国规范的 f_{tk}）的全部竖向抗侧力构件的弯曲刚度之和。

3. 等效刚重比

（1）等效原理

所谓等效刚重比是在承受倒三角形分布水平荷载作用下的等截面均质悬臂杆和实际结构顶部位移相等的基本假定下，把前者的弯曲刚度作为后者的等效弯曲刚度进行稳定验算的刚重比。图 3.3.1 给出等效刚度的原理示意图。

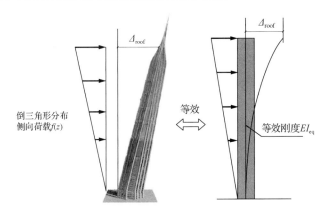

图 3.3.1　等效刚重比原理示意图

（2）评估意见

JGJ 3—2010 的等效刚重比考虑了水平荷载和重力荷载的联合作用，企图使用侧向刚度等效的方法，通过求解第一类稳定问题来估计第二类稳定问题。等效刚重比形式简单、计算工作量不大，在分析手段尚不很完善的年代，对促进我国高层建筑的结构设计起到了一定的作用，但在理论上存在一定的缺陷，并不能准确反映结构真实的屈曲性能，详述如下[16]：

1）顶部位移等效。顶部位移相等并不能保证等效系统和被等效系统的侧向挠度曲线相等。也就是说，两者的应变能并不相等，暗示了临界荷载也不相等。以等截面均质杆等效锥形截面均质杆为例，图 3.3.2 给出解析解、应变能等效及顶部位移等效（倒三角形荷载作用下）的 m-I_1/I_2 曲线。

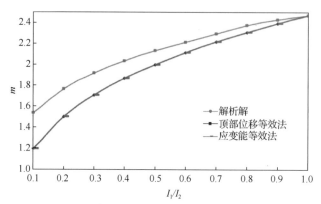

m 为临界屈曲荷载系数；I_1/I_2 为杆顶和杆底截面惯性矩之比（详见第二章第二节）。

图 3.3.2　　$m-I_1/I_2$ 曲线的比较

应变能等效时，采用式（2.1.6）作为等截面均质杆的挠度曲线方程，采用变截面杆屈曲微分方程解作为锥形截面均质杆的挠度曲线方程[17]。当 $I_1/I_2=0.1$，顶部位移等效 m 值的误差达 20%以上。与预期相同，由于使用了一阶屈曲模态作为侧向挠度曲线，应变能等效的 m 曲线与解析解几乎重合。以上仅仅是锥形截面和等截面之间的简单等效。事实上，并无有效的方法估计等效均质悬臂杆与实际结构之间应变能的差别引起误差的范围。

2）等截面均质杆。按表 2.2.3 第一行列出的数据，若重力总荷载相等，按均匀分布、线性分布、二次分布，三者的临界荷载之比为 $P_{cr}^{U}:P_{cr}^{L}:P_{cr}^{Q}=1:1.02:1.16$。按表 2.2.2 列出的数据，对于 $I_1/I_2=0.1$ 的锥形变截面杆（$n=4$），其顶部集中荷载的弯曲临界系数与等截面杆之比为 0.488。这些数据表明了重力荷载沿高度的分布模态以及杆件截面形状对临界荷载的影响程度。

为了减小风和地震作用效应，满足垂直交通的要求，长周期超高层建筑的体形特征和竖向构件的截面尺寸一般是底部大、顶部小，质量和刚度沿高度的分布也是底部大、顶部小。锥形截面竖向悬臂杆力学模型保留了结构最基本的刚度和质量分布特征。因此，等截面均质杆或锥形截面杆可以作为基本模型，对高层建筑的力学特性进行基础理论的研究。然而，由于其模型过于简单，略去了许多真实的因素。例如，结构平面布置，偏心率，核心筒与框架之间侧向刚度的比例，开口薄壁杆件和闭口薄壁杆件之间的差别，连梁和框架梁的影响，加强层质量、刚度的突变，以及裙房质量、刚度的影响等，在模型中都未得到应有的反映，使等效的近似程度存在无法估计的不确定性，因此，等效的结果不应直接作为设计依据。

3）侧向荷载分布。JGJ 3—2010 规定使用倒三角形荷载分布求取顶部位移。本书作者理解规程的意图是使侧向荷载分布尽量与底部剪力法的水平地震作用分布保持一致。然而，正如前述，仅仅是那些接近于一阶屈曲模态的侧向挠度曲线，才可能得到满意的近似解。事实上，无法估计哪一种荷载分布作用下的侧向挠度曲线与结构实际屈曲模态曲线之间的接近程度。另外，高振型对超高层建筑的地震反应具有不可忽视的影响，即使采用模态叠加作为侧向荷载分布，每栋建筑的也并不相同。

4）不确定性。由于上述第 1）～3）条理论上的欠缺，表现出等效刚重比的不确定性。表 3.3.1 给出第三章第二节实例 3.1～实例 3.4 的等效刚重比和屈曲分析得到的临界屈曲因子。数据表明，两者之间关系凌乱，无规律可循。以实例 3.2 为例，与三维临界屈曲因子比较，等效刚重比在沿 x 方向高估了 1.37 倍；沿 y 方向低估了 0.72 倍。

表 3.3.1　实例 3.1～实例 3.4 的等效刚重比和临界屈曲因子

实例	JGJ 3—2010		二维有限元		三维有限元		
	$(r_{eq}^{sw})_x$	$(r_{eq}^{sw})_y$	λ_{cr}^x	λ_{cr}^y	λ_{cr}^x	λ_{cr}^y	λ_{cr}^t
3.1	1.53（10.93）	1.61（11.50）	14.98	14.67	12.44	12.24	6.08
3.2	3.40（24.28）	1.51（10.78）	19.72	17.09	17.71	14.97	13.18
3.3	2.09（14.92）	1.56（11.14）	12.66	11.32	11.35	10.02	2.51
3.4	1.38（9.86）	1.41（10.07）	13.88	14.55	11.53	12.14	4.66

注：括号中的数字为对应于等效刚重比的临界屈曲因子。

4．P-Δ 弹性放大效应

中国和美国规范都规定了可采用放大系数法估计 P-Δ 效应。这是一种对 P-Δ 弹性放大效应进行间接、近似估计的方法。放大系数的计算公式源于两端铰接、中部承受横向集中力的均质压弯杆，按平衡分叉理论得到的近似解[17]。它仅适用于对侧向位移和有侧移弯矩的放大，并不适用于对无侧移弯矩的放大，也不适用于对扭转角和扭矩的放大。

另外，JGJ 3—2010 规定在放大弯矩时，构件弯曲刚度折减 50%。按中国规范的理论体系，在弹性分析中除了连梁的弯曲刚度予以一定折减以外，钢筋混凝土构件直接采用混凝土的弹性模量与构件截面二次矩的乘积作为弯曲刚度，不考虑裂缝、徐变等因素可能会造成的刚度折减，也不考虑刚度折减后的内力重分布现象。因此，考虑构件弯曲刚度折减估计 P-Δ 非线性放大效应的方法是有悖于中国规范理论体系的。而且，按照第三章第一节和第三章第二节讲述的理论和工程实例 3.1～实例 3.4 分析的结果，P-Δ 非线性效应主要表现在屈服后的刚度折减以及非线性位移进一步放大两个方面，对强度需求的增加是有限的。因此，本书作者认为似乎没有必要在弹性分析阶段考虑 50%的刚度折减。

其实，当代的商业计算机软件都具有了计入几何刚度有限单元分析的功能，可以直接输出放大了的变形、位移、内力。尽管 GB 50010—2010 和 ACI 318-08 中仍保留按放大系数法计算柱 P-Δ 和 P-δ 效应的条文，正如 GB 50011—2010 第 3.6.3 条的条文说明指出，"混凝土柱考虑多遇地震作用产生的重力二阶效应的内力时，不应与混凝土规范承载力计算时考虑的重力二阶效应重复"。实际上，上述放大系数法已经淡出了当前的设计领域。

5．P-Δ 效应的界限点

表 3.3.2 给出中国和美国规范以弯曲屈曲因子表示的第一界限点和第二界限的对照表。P-Δ 效应的第一界限点和第二界限点分别记作 $\lambda_{cr,1}^f$ 和 $\lambda_{cr,2}^f$。表中，除 JGJ 3—2010 以外，GB 50010—2010、JGJ 99—2015 和 ASCE 7-05 均与学术界达成共识，即取 $\lambda_{cr,1}^f = 10$ [11,14,18]。

表 3.3.2 以弯曲屈曲因子表示的稳定第一界限点和第二界限点

规范	ASCE 7-05	GB 50011—2010	JGJ 3—2010	JGJ 99—2015
弯曲刚度	按 ACI 折减	不折减	不折减	不折减
荷载	标准值	设计值	设计值	设计值
$\lambda_{cr,1}^{f}$	10	10	20	10
$\lambda_{cr,2}^{f}$	4	未规定	10	5

对于 $\lambda_{cr,2}^{f}$ 的取值，美国 ASCE 7-10 和现行规范 ASCE 7-16 增加了若按式（3.3.6）计算 θ 时，允许除以 $(1+\theta)$ 后，再按式（3.3.7）复核 θ_{max} 的条文[19,20]。按 Wilson 的研究成果，若 $\theta > 0.25$ 将有可能出现奇异点而分析发散[21]。ASCE 7 接纳了此观点，取 θ_{max} 的上限值为 0.25 以下，以延性剪力墙和延性框架组成的双重抗侧力结构体系为例进一步说明。位移放大系数 $C_d = 5.5$，对于一个脆性破坏的安全系数，取剪力需求与承载能力之比 $\beta = 0.65$ 是一个可以接受的合理设计。按式（3.3.7）计算，$\theta_{max} = 0.165$，相当于 $\lambda_{cr,2}^{f} \approx 6$。本书作者认为，由于钢结构构件无须考虑刚度折减，JGJ 99—2015 取 $\lambda_{cr,2}^{f} = 5$ 是处于合理范围内的。GB 50011—2010 对 $\lambda_{cr,2}^{f}$ 的取值未作规定。显然，JGJ 3—2010 对第一界限点和第二界限点的取值都明显过高。若按 JGJ 3—2010 进行设计，特高层建筑也许是稳定问题起控制作用。

6. $P\text{-}\varphi$ 效应

中国规范（规程）和美国 ASCE 7-05 均未列出有关 $P\text{-}\varphi$ 效应的条文。美国从 ASCE 7-10 开始，对 $P\text{-}\Delta$ 效应的条文作出了如下的调整。

1）对结构稳定系数 θ 的调整。计算公式调整为

$$\theta_x = P_x \Delta I_E / (V_x h_{sx} C_d) \tag{3.3.12}$$

式中，$I_E = 1.0 \sim 1.5$ 为建筑物重要性系数；其他符号意义与式（3.3.6）相同。也就是说，按 ASCE 7-10，结构稳定系数 θ 比 ASCE 7-05 的结果要大 I_E 倍。

2）对层间位移 Δ 取值的调整。对于抗震设计分类为 C、D、E 或 F，且具有扭转不规则的建筑，层间位移 Δ 调整为最大层间位移，而不是 ASCE 7-05 的形心处层间位移。这意味着 ASCE 7-10 意识到了三维重力二阶效应，即 $P\text{-}\Delta, \varphi$ 效应。然而，ASCE 7-10 和 ASCE 7-16 仍未直接列出有关 $P\text{-}\varphi$ 效应的条文或解释，而且仍允许使用式（3.3.8）给定的放大系数估计重力二阶放大效应。然而，无论规范是否要求考虑 $P\text{-}\varphi$ 效应，计入几何刚度的有限单元法都已经自动地计入了扭转不规则以及 $P\text{-}\varphi$ 效应对位移、扭转角、内力的弹性和非线性放大效应。

第四节 基于临界屈曲因子的稳定设计

开口薄壁构件屈曲分析的解析解表明，长细比不高，翼缘宽厚的构件容易发生扭转屈曲。但随着构件高度的增高，弯曲屈曲荷载将快于扭转屈曲荷载趋近于 1。也就是说，如构件的断面保持不变，随着长细比的增大，弯曲将是一阶屈曲模态。另外，本书作者

在文献[8]中给出的周期比近似解析解已经证明，矮胖、外挑质量结构的扭转振动为第一振型是大概率事件，均质悬臂杆的周期比是高宽比的线性函数。也就是说，如杆件的断面保持不变，随着高宽比的增大，弯曲振动将是第一振型，相应的周期为基本周期。上述两个方面的解析解都表明，随着杆件长细比或高宽比的增大，其弯曲刚度的下降速率快于扭转刚度。这完全验证了第二章第二节讲述的内容。即由微分方程的等阶性推理得出，屈曲反映了静力特性，自由振动反映了动力特性，屈曲和自由振动组成了结构全部固有力学特性的结论。

　　然而，本书作者收集到的和承担设计的超高层建筑屈曲分析表明，在刚性隔板的假定下，无一例外地扭转均为一阶屈曲模态（表2.2.6）。这是一个有趣的现象。本节将尝试对此作出解释，并在此基础上提出基于临界屈曲因子的高层建筑稳定分析方法，使用扭转临界屈曲因子控制结构的扭转刚度，使用弯曲临界屈曲因子控制结构的侧移失稳。

一、临界屈曲因子和高度的关系曲线

1. 开口薄壁悬臂构件

　　式（2.2.59）给出双轴对称等截面均质简支杆的屈曲临界荷载计算公式。这里，考虑一根双轴对称等截面的均质悬臂杆，顶部截面形心处作用集中轴压力 P，沿 x 方向为弱轴方向。屈曲微分方程式解耦。参考式（2.2.58），写出两个独立的控制微分方程为

$$EI_y \frac{\mathrm{d}^2 u}{\mathrm{d}z^2} + Pu = 0 \qquad EI_\omega \frac{\mathrm{d}^4 \varphi}{\mathrm{d}z^4} + \left(\frac{I_0}{A}P - GJ\right)\frac{\mathrm{d}^2 \varphi}{\mathrm{d}z^2} = 0 \qquad (3.4.1)$$

式中符号意义与式（2.2.58）相同。对于悬臂杆件，边界条件为

$$u(0) = \varphi(0) = 0 \qquad u'(0) = \varphi'(0) = 0 \qquad u''(L) = \varphi''(L) = 0 \qquad (3.4.2)$$

设模态曲线为

$$u = a_1\left[1 - \cos(\pi z/2L)\right] \qquad \varphi = a_3\left[1 - \cos(\pi z/2L)\right] \qquad (3.4.3)$$

式中，a_1，a_3 为待定常数。

　　把式（3.4.3）代入式（3.4.1），利用式（3.4.2）的边界条件，得弯曲临界屈曲荷载 $P_{\mathrm{cr},0}^x$ 和扭转临界屈曲荷载 $P_{\mathrm{cr},0}^z$。它们分别为

$$P_{\mathrm{cr},0}^x = \frac{\pi^2 EI_y}{4L^2} \qquad P_{\mathrm{cr},0}^z = \frac{A}{I_0}\left(\frac{\pi^2 EI_\omega}{4L^2} + GJ\right) \qquad (3.4.4)$$

显然，随着 $L \to \infty$，则 $P_{\mathrm{cr},0}^x \to 0$，$P_{\mathrm{cr},0}^z \to GJ$。$P_{\mathrm{cr},0}^x < P_{\mathrm{cr},0}^z$，弯曲为一阶屈曲模态。扭转与弯曲临界屈曲因子之比为

$$\frac{\lambda_{\mathrm{cr}}^{\mathrm{t}}}{\lambda_{\mathrm{cr}}^x} = \frac{P_{\mathrm{cr},0}^z}{P_{\mathrm{cr},0}^x} = \frac{A}{I_0}\left(\frac{I_\omega}{I_y} + \frac{4GJL^2}{\pi^2 EI_y}\right) \qquad (3.4.5)$$

　　图3.4.1给出 $P_{\mathrm{cr},0}^x - L$、$P_{\mathrm{cr},0}^z - L$ 和 $\lambda_{\mathrm{cr}}^{\mathrm{t}}/\lambda_{\mathrm{cr}}^{\mathrm{f}} - L$ 关系曲线的示意图。

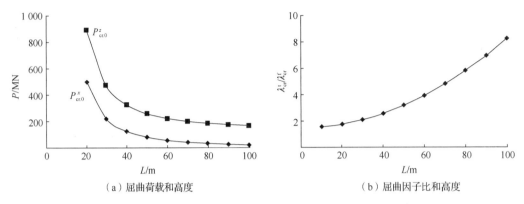

（a）屈曲荷载和高度　　　　　　　　　　（b）屈曲因子比和高度

图 3.4.1　双轴对称悬臂杆屈曲和高度关系曲线的示意图

2. 高层框架-核心筒结构（算例 3.2）

（1）算例概况

图 3.4.2 给出一个以工程实例为背景、抽象为正八角形双轴对称结构平面布置简图。

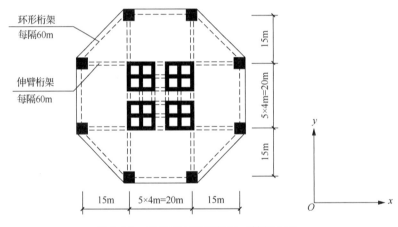

图 3.4.2　结构平面布置简图（算例 3.2）

核心筒由 4 个筒体+连梁组成，周边布置 8 根型钢混凝土巨柱。建 5 个不同高度的分析模型（模型 1～模型 5），层高 5m，高度 100～500m。每隔 100m 为一个区段，设置钢伸臂桁架和钢环形桁架，与巨柱形成巨型框架，模拟巨型框架-核心筒结构。混凝土强度等级 C60，巨型框架层之间设置次结构的钢柱及钢梁。模型的墙柱截面尺寸分区段减薄，模拟超高层建筑下刚上柔的特性，主要竖向构件截面尺寸如表 3.4.1 所示。为了简单起见，不计次结构的刚度贡献。

表 3.4.1　主要竖向构件截面尺寸（算例 3.2）

区段	第一区段	第二区段	第三区段	第四区段	第五区段
核心筒外圈墙厚/m	1.5	1.3	1.1	0.9	0.7
外框柱尺寸	4m×4m	3m×3m	2m×2m	1.5m×1.5m	1.2m×1.2m

（2）屈曲分析

表 3.4.2 列出 5 个模型的体型特性及按常规的刚性隔板模型计算的固有力学特性。图 3.4.3 绘出屈曲荷载和屈曲因子比与高度的关系曲线。注意到它们与构件屈曲的解析解相反，但与实例 3.1～实例 3.4 的屈曲性能相同，扭转为一阶屈曲模态。

表 3.4.2　算例 3.2 的体型特性及固有力学特性

特性参数	模型 1	模型 2	模型 3	模型 4	模型 5
高度/m	100	200	300	400	500
高宽比	2	4	6	8	10
核心筒高宽比	5	10	15	20	25
$T_{\mathrm{L}}=T_1=T_2$ /s	1.36	3.40	5.79	8.45	12.09
$T_{\mathrm{t}}=T_3$ /s	1.11	2.12	3.07	3.99	4.85
$\lambda_{\mathrm{cr}}^{\mathrm{t}}$	76.80	16.72	6.68	3.49	1.79
$\lambda_{\mathrm{cr}}^{\mathrm{f}}=\lambda_{\mathrm{cr}}^{x}=\lambda_{\mathrm{cr}}^{y}$	101.3	32.21	16.69	10.37	6.21

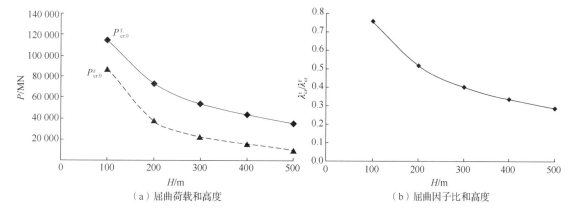

（a）屈曲荷载和高度　　　　　　　　　（b）屈曲因子比和高度

图 3.4.3　屈曲和高度关系曲线（算例 3.2，刚性隔板模型）

对本算例的模型 5（500m）分别按刚性隔板、泊松比 $\nu=0.2$（情况 1），刚性隔板、泊松比 $\nu=0$（情况 2）和非刚性隔板、泊松比 $\nu=0.2$（情况 3）进行屈曲分析，考察刚性隔板及泊松比对结构屈曲性能的影响。其中，情况 1 是规则楼板的常规分析模型。表 3.4.3 列出了模型 5 的三种情况的屈曲因子、墙肢最大水平应力和水平变形。图 3.4.4～图 3.4.6 分别给出模型 5 三种情况的竖向内力、水平内力和变形的截图。

表 3.4.3　情况 1～情况 3 的屈曲因子、墙肢最大水平应力和水平变形（模型 5）

项目	弯曲屈曲因子 $\lambda_{\mathrm{cr}}^{\mathrm{f}}$	扭转屈曲因子 $\lambda_{\mathrm{cr}}^{\mathrm{t}}$	最大水平应力/MPa	最大水平变形/mm
情况 1，刚性隔板，$\nu=0.2$	6.21	1.79	20.0	0
情况 2，刚性隔板，$\nu=0$	6.60	26.64	0	0
情况 3，非刚性隔板，$\nu=0.2$	6.15	25.59	4.5	2.34

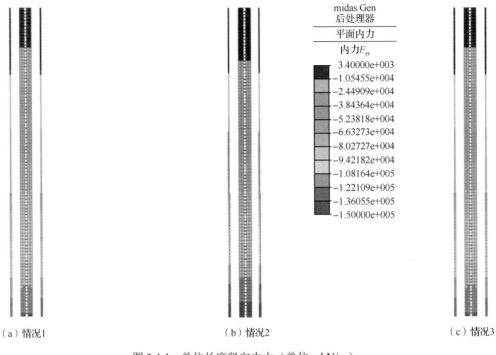

（a）情况1　　　　　　　　（b）情况2　　　　　　　　（c）情况3

图 3.4.4　单位长度竖向内力（单位：kN/m）

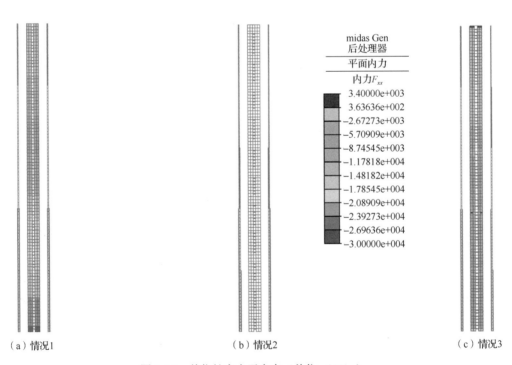

（a）情况1　　　　　　　　（b）情况2　　　　　　　　（c）情况3

图 3.4.5　单位长度水平内力（单位：kN/m）

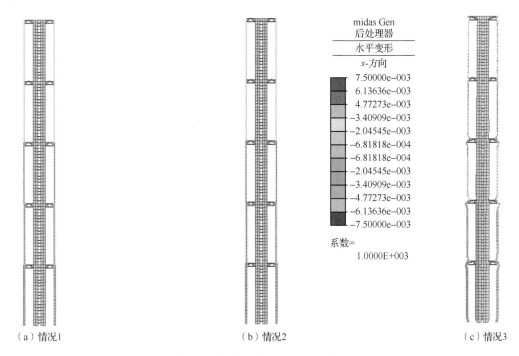

图 3.4.6　水平变形（单位：m）

上述分析表明，在屈曲分析中，不同的模型将反映出下列不同的力学性能。

1）按常规模型，即刚性隔板、泊松比 $\nu = 0.2$ 模型（情况 1），扭转屈曲荷载小于弯曲屈曲荷载，与杆件解析解相反。扭转始终是一阶屈曲模态，随着高度的增高，扭转屈曲比弯曲屈曲更快地趋近于 1。然而，刚性隔板、泊松比 $\nu = 0$ 的模型（情况 2）和非刚性隔板、泊松比 $\nu = 0.2$ 的模型（情况 3），扭转屈曲荷载大于弯曲屈曲荷载，与杆件解析解的趋势相同。

2）应力分析表明，各种情况的竖向应力相当接近。也就是说，无论如何模拟楼板，与弯曲屈曲荷载大小几乎不相关。对于水平应力，情况 2 为零，情况 3 约为 $0.05\sigma_1$ 的数量级，最大值为 4.5MPa。但情况 1 的水平应力约为 $\nu\sigma_1 = 0.2\sigma_1$ 的数量级，最大值为 20.0MPa，如表 3.4.3 所示。

3）情况 1 和情况 2 的水平变形理论上应该为零，情况 3 发生了水平方向的拉伸变形。最大值 2.34mm，位于伸臂层，如表 3.4.3 所示，但三种情况的竖向应变相当接近（未给出分布图）。

二、有限元屈曲分析的解读

1. 屈曲分析中楼板模型的讨论

前述归纳的三条分析结果与 ETABS 编程工程师在屈曲分析报告中描述的现象十分相似[22]，相互印证了刚性隔板和非刚性隔板模型会严重影响结构屈曲模态的排序。作者将应用分叉点屈曲理论和剪力墙的受力特征，尝试对这种现象作出一些解读如下。

1）杆件分叉点屈曲分析理论解析解的基本假定：①重力荷载作用于杆件的形心；

②在荷载到达分叉点以前，不计初始缺陷、初始偏心、杆件保持笔直，不发生任何侧向位移，即使是微小的侧向位移；③不考虑材料泊松效应。

2）在有限元屈曲分析中，构件自重和板面荷载通过竖向构件的形心由上往下传递至基础。因此，能满足分叉点屈曲分析的第一条基本假定。

3）剪力墙作为二维平面构件，即使处于单向轴压力状态，由于泊松效应，处于约束状态的墙单元处于双向应力状态（σ_1,σ_2）。当侧向受到刚性约束，$\sigma_2 = v\sigma_1$。因此，对于使用刚性隔板模拟楼板的核心筒，不符合杆件分叉点屈曲分析的第三条基本假定。

4）图 3.4.6 提供了水平变形分布。刚性隔板在楼板标高处对竖向构件提供了一个水平约束，在重力荷载达到分叉点失稳荷载以前，理论上不会产生水平位移，构件保持笔直。情况 1 和情况 2 能满足分叉点屈曲分析的第二条基本假定。但情况 3 的竖向构件有一些外鼓的现象，向两侧发生了水平拉伸变形，释放了大部分的水平应力。在伸臂层最大水平变形达 2.34mm，这不符合分叉点屈曲分析的第二条基本假定。

5）图 3.4.5 提供了水平应力 $\sigma_2 = F_{xx}/h$（h 为墙厚）分布。情况 1，侧向受到刚性约束，水平压应力 $\sigma_2 \approx v\sigma_1 \approx 0.2\sigma_1$，验证了泊松效应，符合二维构件剪力墙的应力状态。情况 3，楼板按膜单元模拟。由于墙体侧向约束的放松，导致 $\sigma_2 \approx 0.05\sigma_1$，释放了约 78% 的约束应力。情况 2 是一个比较模型，没有实际工程意义。图 3.4.4 提供了竖向应力 $\sigma_1 = F_{yy}/h$ 的分布。三种情况都比较接近。说明刚性隔板和非刚性隔板并不会影响到竖向压应力的分布和大小，因此，三种情况的弯曲屈曲因子基本相同。

6）刚性隔板能符合分叉点屈曲理论，但它不能反映楼板在垂直荷载作用下处于拉弯受力状态，构件开裂后对剪力墙约束应力的修正。相反，情况 3 能模拟楼板平面内的刚度，但它不能满足分叉点屈曲理论的基本假定，构件不能保持笔直。当前的商用软件尚未具有在屈曲分析中把楼板模拟为拉弯开裂构件，计入裂缝间受拉混凝土刚度硬化效应的功能。因此，刚性隔板模型和非刚性隔板模型都带有一定的缺陷。屈曲分析加荷过程中构件的笔直是分叉点屈曲理论的核心。从这个观点出发，似乎刚性隔板模型更显得合理一些。然而，按照表 3.4.3 列出数据，最大水平压应力 $\sigma_2 = 20.0\text{MPa}$，只要墙体横向伸长 3.2mm，水平应力就可以完全得到释放。如此小数量级的变形，尽管与分叉点屈曲理论有所出入，但也应该能满足设计精度的要求。幸运的是，刚性隔板和非刚性模型的缺陷都没有对起主导作用的弯曲屈曲因子的分析结果带来实质性的影响。因此，采用刚性隔板或非刚性模型进行屈曲分析，完全可以由结构工程师作出明智的选择。然而，由于刚性隔板模型的普遍性和实用性，作者推荐使用刚性隔板模型进行屈曲分析。

2. 刚性隔板效应

以下本书作者尝试从概念上解释图 3.4.3 刚性隔板模型扭转屈曲荷载低于弯曲屈曲荷载的机理。在工程设计中，认为规则的混凝土楼板都能符合刚性隔板的假定。它使每一个楼层的自由度浓缩到两个水平位移和一个转角位移，实质性地简化了计算工作量，是一种常规的分析模型，广泛应用于弹性分析和非线性分析。软件通过参考点（如形心）对位于同一平面上节点间平面内变形的限制来约束节点指定刚性隔板，但不计算隔板的内力。图 3.4.7 给出本算例 ETABS 的刚性隔板模型示意图。

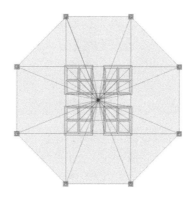

图 3.4.7 刚性隔板模型示意图（算例 3.2，EATBS）

因此，在屈曲分析中，墙体在两侧端部受到的水平约束相当于作用着一对轴向压力，以平衡泊松效应产生的水平应力。图 3.4.8（a）给出核心筒墙肢承受水平约束力的平面示意图。当单榀框架达到剪切屈曲荷载，带动核心筒一起发生绕 z 轴的微小刚体转动时，轴压力做正功 $N \cdot e$，形成了附加扭矩 $8N \cdot \varDelta_{\mathrm{w}}$，且具有负刚度性质，如图 3.4.8（b）所示。

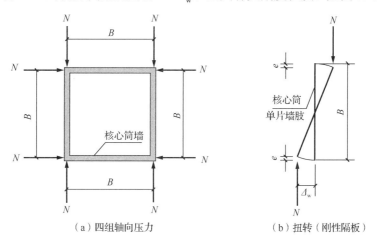

（a）四组轴向压力　　　　（b）扭转（刚性隔板）

图 3.4.8 核心筒墙体水平方向受力和变形（刚性隔板）

综上所述，屈曲分析中的刚性隔板效应，可以归纳如下。

1）在楼板标高处，限制了墙肢发生水平拉伸，形成刚性约束。

2）墙肢在刚性隔板约束下，其两端产生水平约束力以平衡泊松效应产生水平应力。

3）当单榀框架达到剪切屈曲荷载，带动核心筒一起发生绕 z 轴的微小刚体转动时，上述水平约束力形成附加扭矩，且具有负刚度性质。

4）附加扭矩与重力荷载引起的扭矩产生叠加效应，使扭转先于弯曲发生屈曲，成为一阶屈曲模态。

5）由于二维构件的泊松效应和刚性隔板效应，结构有限元分析屈曲模态的排序与杆件解析解不同，临界屈曲因子比和高度关系曲线的趋势与杆件解析解恰恰相反。

三、刚性隔板模型屈曲分析的实用意义

1. 临界屈曲因子之间的相关性

（1）弹性阶段

第二章第二节讲述了对于完全对称的构件，屈曲微分方程组（2.2.58）解耦，两个方向的弯曲屈曲及扭转屈曲三者相互独立、无相关性。有限元屈曲分析中，若结构和荷载均完全对称，屈曲荷载（或临界屈曲因子）之间理论上也应相互独立、无相关性。然而，需要注意以下两点：①由于建筑功能，核心筒墙体完全双轴对称布置几乎没有可能，一般仅仅为弱对称或近似对称结构；②在二维有限元屈曲分析中，需要设置一定的约束来满足二维分析的条件，导致屈曲模态不一定能符合实际的变形曲线，使得二维分析得到的临界荷载一般都要大于三维分析。因此，即使完全对称，也需要进行三维屈曲分析。

（2）弹塑性阶段

第三章第一节讲述了几何刚度对刚度的折减是 $P\text{-}\Delta$ 效应的核心理论，屈服后的 $P\text{-}\Delta$ 非线性效应主要是对弯曲刚度的进一步折减和侧向位移的进一步放大；并明确指出刚度折减的程度取决于地震作用的大小，临界屈曲因子的大小和比例，与自振周期的关联性并不明显。以下把上述的工程实例 3.3（高 254m，$\lambda_{cr}^{f}=10.2$，$\lambda_{cr}^{t}=2.51$）和实例 3.4（高 632m，$\lambda_{cr}^{f}=11.53$，$\lambda_{cr}^{t}=4.66$）作为原始模型，逐级降低弹性模量 E，建立两组屈曲因子逐级降低的系列测试模型，进一步考察弯曲和扭转屈曲因子对刚度折减方面的相关性。测试模型的质量，构件尺寸与原始模型保持一致，称为实例 3.3 系列和实例 3.4 系列，分别记作 S3 系列和 S4 系列。对每一个系列的测试模型分别取刚性隔板和非刚性隔板模型进行屈曲分析。然后，按分析惯例，取刚性隔板模型进行推覆分析，绘出能力曲线，求取性能点，结合屈曲分析，分别考察两个系列的地震作用、屈曲因子、刚度折减三者之间的关系。

与预期相同，在测试模型中，刚性隔板和非刚性隔板模型得到的弯曲屈曲因子几乎相同，推覆分析结果也完全相同，仅扭转屈曲因子的大小有所不同。显然，若略去两种模型弯曲屈曲因子间的微小差别，只要把非刚性隔板模型和刚性隔板模型的扭转屈曲因子映射在同一根坐标轴上，那么，在同一张图中，仅需要用一根曲线就可以同时表示出两种模型的地震作用、屈曲因子、刚度折减三者关系曲线的趋势、走向以及数值。图 3.4.9 给出以弯曲屈曲因子为参数的刚度折减-地震水准关系曲线。图中，刚度折减比例 $k_{int,2}/k_{int,1}$ 对应于小震，$k_{sec,2}/k_{int,1}$ 对应于大震或极大地震，其意义如图 3.2.16 所示。图中直线的斜率表示刚度折减随地震水准的下降速率，直线间的距离表示刚度折减随屈曲因子下降的速率。

图 3.4.10 从另外一个角度绘制了它们三者间的关系曲线。顶部水平坐标中同时给出了非刚性隔板模型的扭转屈曲因子（上排数字）和刚性隔板模型的扭转屈曲因子（下排数字）。结合图示曲线和底部水平坐标的弯曲屈曲因子，对比这两组数列表明了两种模型的扭转屈曲因子都随着弹性模量 E 降低（即刚度的降低）而降低，其差别仅在降低的速率有所不同，刚性隔板模型的扭转屈曲因子要快于弯曲屈曲因子趋向于 1，但这并不影响对地震作用、屈曲因子、刚度折减三者之间关系曲线的评估。以下在刚性隔板模型

基础上，继续评估图 3.4.10 的图示曲线反映的性能如下。

1）S3 系列随地震作用强度增强和随屈曲因子减小，其刚度折减速率快于 S4 系列，屈服后刚度折减对地震作用和屈曲因子显得更为敏感。

2）S3 系列不具备抗 8 度极大地震的能力。与此相反，弯曲屈曲因子降低到 $\lambda_{cr}^{f}=8.89$，S4 系列仍可以承受 8 度极大地震的冲击。

3）在 7 度设防大震作用下，S3 系列和 S4 系列的 $\lambda_{cr}^{f}=7.5, \lambda_{cr}^{t}=1.9$ 和 $\lambda_{cr}^{f}=7.0, \lambda_{cr}^{t}=2.6$ 附近分别是刚度折减从稳定到不稳定的转折点，即 $k_{sec,2}/k_{int,1}-\lambda_{cr}$ 曲线开始进入快速下降通道。

4）上述的系列测试模型表明，抗倒塌性能和刚度折减快慢与扭转屈曲因子的大小以及弯扭屈曲因子的比例相关。即若扭转屈曲因子偏小，将在相对较大的弯曲屈曲因子下产生较多的刚度折减和顶部位移的放大，影响到结构非线性阶段的抗侧移失稳的能力。但与自振周期的长短无明显的关联。

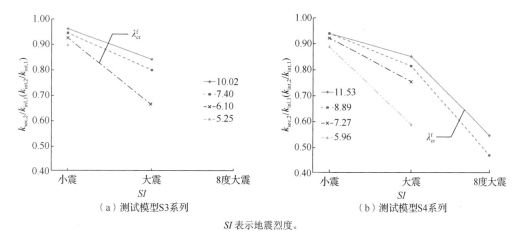

SI 表示地震烈度。

图 3.4.9　刚度折减-地震水准关系曲线

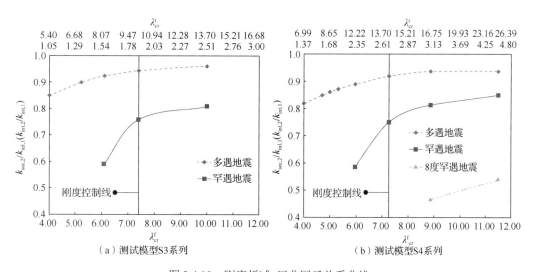

图 3.4.10　刚度折减-屈曲因子关系曲线

造成两组系列的屈服后重力二阶效应和抗倒塌能力方面有所差别的原因是多种多样的。本书作者认为，其中一个原因是它们的原始模型，即两个实例的扭转刚度，即扭转屈曲因子 λ_{cr}^t 及其屈曲因子之比 $\lambda_{cr}^t / \lambda_{cr}^f$ 的差别较大。实例 3.3 的扭转屈曲因子（$\lambda_{cr}^t = 2.5$）比较接近刚度折减失稳临界点的扭转屈曲因子（$\lambda_{cr}^t = 1.9$）。两者的差为 $2.5 - 1.9 = 0.6$，相对较小。对于实例 3.4，它们两者之间的差为 $4.66 - 2.6 \approx 2.1$，相对较大。也就是说 S3 系列的扭转刚度偏小。过小的扭转刚度也许会增加 $P\text{-}\Delta, \varphi$ 效应对刚度的折减，影响了结构的抗倒塌能力，影响了抵抗地震作用的韧性。表 3.4.4 汇总了他们的固有力学性能。按周期比理论，实例 3.3 已经具有足够的扭转刚度，但恰恰是扭转屈曲因子成了结构刚度设计的主导参数。

综合实例 3.3 和实例 3.4 的对比分析表明，在超高层建筑的抗震设计中，在控制弯曲屈曲因子的同时，也需要控制扭转屈曲因子，即控制结构的扭转刚度，避免大震时过多的刚度折减，以增加结构的韧性，提高抗倒塌能力。

表 3.4.4 实例 3.3 和实例 3.4 性能汇总

性能		实例 3.3	实例 3.4
基本周期，周期比		$T_1=6.58$s, $T_t/T_1=0.76$	$T_1=9.1$s, $T_t/T_1=0.44$
一阶屈曲模态（刚性隔板模型）		扭转	扭转
弯曲，扭转临界屈曲因子		10.02，2.51	11.53，4.66
二阶弹性分析 $P\text{-}\Delta, \varphi$ 放大效应	顶部位移 α_Δ	1.104	1.088
	顶部转角 α_φ	1.083	1.058
屈服后 $P\text{-}\Delta, \varphi$ 效应对刚度折减贡献		0.892	0.918
抗倒塌能力		7 度大震	8 度大震
对应明显刚度折减起点的临界屈曲因子		$\lambda_{cr}^f = 7.5$, $\lambda_{cr}^t = 1.9$	$\lambda_{cr}^f = 7$, $\lambda_{cr}^t = 2.6$
刚度控制参数		扭转临界屈曲因子 λ_{cr}^t	弯曲临界屈曲因子 λ_{cr}^f

2. 框架和核心筒对整体扭转刚度的贡献

第三章第三节已经说明了框架-核心筒结构的扭转刚度由核心筒的翘曲刚度 EI_ω、自由扭转刚度 GJ、周边框架的等效扭转刚度 (GJ) 组成，即 $k_t = EI_\omega + GJ + (GJ)$。扭转屈曲临界荷载取决于结构扭转刚度的大小和重力荷载的分布。分析表明，作为主要抗侧力构件核心筒的翘曲刚度+自由扭转刚度大于周边框架的等效扭转刚度，等效扭转刚度又大于单榀框架的等效剪切刚度，即 $EI_\omega + GJ > (GJ)$，$(GJ) > (GA)$。也就是说，核心筒的翘曲刚度 EI_ω 对结构整体扭转刚度起到了主要作用。

这里再使用一个工程实例进一步地说明这一点。某商办楼，高 99.5m，框架-剪力墙结构。应业主要求，取消原设计的周边（临街）剪力墙和中部一字形剪力墙，以提升周边商铺的商业价值。图 3.4.11 给出优化前后墙体布置的对比。图中，方框中下排和上排分别表示优化前后的构件截面尺寸。可以看到，原设计的墙体是典型的开口薄壁构件，优化设计扩大了核心筒包围的面积，且把开口薄壁构件调整为半闭口薄壁构件，极大地增大了核心筒的扭转刚度。弥补了取消周边剪力墙带来降低扭转刚度的影响。表 3.4.5 给出优化前后的自振周期，小震层间位移角和位移比。取消周边剪力墙，优化后的周期比与原设计大致接近。

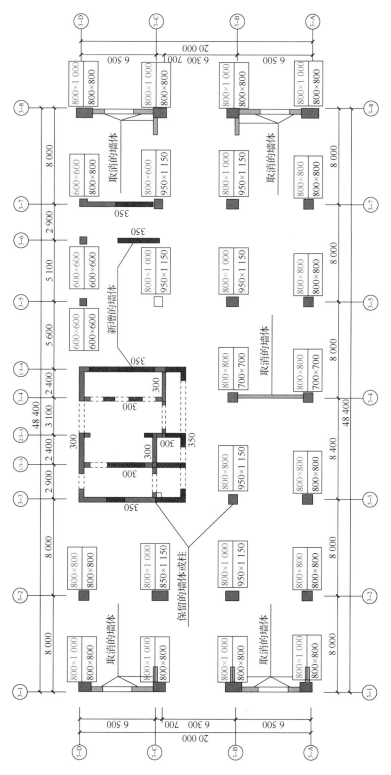

图 3.4.11　优化前后墙体布置的对比

表3.4.5　优化前后结构的自振周期和主要地震反应指标

项目	自振周期 T/s			层间位移角		位移比		屈曲因子		
	T_x	T_y	T_z	X向	Y向	X向	Y向	λ_{cr}^x	λ_{cr}^y	λ_{cr}^t
原设计	2.79	2.64	1.94	1/2 678	1/3 092	1.08	1.35	35.32	36.41	11.12
优化设计	3.43	3.07	2.63	1/1 788	1/2 345	1.08	1.37	23.72	24.32	9.89

3. 周期比

结构的扭转刚度受到中国设计界的关注。JGJ 3—2010 采用文献[23]的研究成果，使用结构扭转为主的第一周期 T_t 与平动为主的第一自振周期 T_1 之比（简称周期比）来控制扭转刚度。其第 3.4.5 条规定，A 级高度高层建筑不应大于 0.9，B 级高度高层建筑，超过 A 级高度的混合结构及本规程第 10 章所指的复杂高层建筑不应大于 0.85。而且，当不满足时，审查意见往往会认为是框架-核心筒结构的周边框架刚度偏弱，要求加强。上述条文和审查意见表达了一个清晰的概念，即周期比不仅用于控制结构的整体扭转刚度，而且还用于控制核心筒和周边框架之间的刚度的比例。这个概念是值得商榷的。对此，作者在文献[8]中对周期比做了专题论述，可供有兴趣的读者查阅。为了讲述的完整性，这里归纳和梳理如下：

1）均质悬臂杆的解析解表明，周期比是高宽比的线性函数。

2）对于矮胖的建筑，扭转为第一振型，周期比大于 1 是结构的固有动力特性。对于高耸的建筑，平动为第一振型，周期比小于 1 也是结构的固有动力特性。没有必要控制扭转周期一定要小于平动周期。

3）对于一个指定的高度，周期比可以反映结构整体扭转刚度的大小。但大概率事件也许是核心筒的翘曲刚度 EI_ω 偏弱，而不一定是周边框架的刚度偏弱，因此不应以周期比限值作为单一的判别结构刚度分布的标准。

4）很难使用某一个周期比限值来反映不同高宽比结构的扭转刚度是否充分。例如，高耸建筑的周期比不大于 0.85 不等于具备足够的扭转刚度，矮胖建筑的周期比大于 0.85 也不等于不具备足够的刚度。

4. 基于扭转屈曲因子的整体扭转刚度的控制

如上所述，结构工程师可以选择屈曲分析的模型，刚性隔板还是非刚性隔板。作者偏向于前者。理由如下：①临界屈曲因子与周期比不同，随着高度的增高，它具有归一性；②第三章第二节实例 3.3 和实例 3.4 的系列研究表明，扭转临界屈曲因子反映了结构整体扭转刚度；③刚性隔板模型的扭转为一阶屈曲模态，扭转屈曲因子比弯曲屈曲因子更快地趋向于 1。因此，我们有理由采用它作为控制结构扭转刚度的设计参数。这样，可以合理设定一个大于 1 的系数作为扭转屈曲因子的容许下限值，避免扭转刚度偏小，引起屈服后过大的刚度折减，降低结构的抗倒塌性能。

四、稳定设计和扭转刚度控制的统一理论

第三章第三节综述了等效刚重比理论上的缺陷，这里不再赘述。另外，从稳定理论的角度，结构稳定系数 θ 是一个控制 $P\text{-}\Delta$ 效应的合理设计参数。它直接求解第二类稳定问题。从 ASCE 7-10 起，美国规范意识到了平面外 $P\text{-}\Delta$ 效应，即 $P\text{-}\varphi$ 效应，修正了 Δ 为层的最大位移，考虑了扭转不规则对结构稳定性的影响，然而，其仍未直接明确 $P\text{-}\varphi$ 效应的机理和本质，而且仍允许采用放大因子 $1/(1-\theta)$ 间接地估计三维 $P\text{-}\Delta$ 的弹性放大效应。

本书作者根据当前通用有限元分析软件提供的技术支持，提出基于临界屈曲因子及计入几何刚度的三维有限元分析作为另外一种可供选择的高层建筑稳定设计方法，直接考虑 $P\text{-}\Delta,\varphi$ 效应，同时控制弯曲刚度和扭转刚度，特别适用于高层框架–核心筒结构[24]。

1. 基本理论和可行性

1）求解临界屈曲因子属于第一类稳定问题，理论成熟，求解方便。采用求解第一类稳定问题和适当安全系数来评估第二类稳定问题是经典稳定理论中的惯用方法。

2）结构的临界屈曲荷载（或临界屈曲因子）仅仅与结构刚度和质量分布有关，与强度无关，与外部作用无关，是结构固有的力学特性参数，是 $P\text{-}\Delta,\varphi$ 效应的源参数。

3）屈曲模态的次序和临界屈曲因子的大小、比例是结构宏观物理参数刚度与重量的比例及其分布在静力特性中的反映。

4）屈曲因子的归一性便于指定一个容许的下限值控制结构刚度。

5）弯曲屈曲因子是稳定设计的基本参数，可以指定一个下限值控制结构的侧向刚度，避免侧移失稳。

6）刚性隔板效应使扭转屈曲因子先于弯曲屈曲因子趋近于 1，可以指定一个下限值控制结构的整体扭转刚度，避免屈服后过大的刚度折减，加大结构侧移失稳的概率。

7）计入几何刚度的有限元分析方法具有严密的数学理论，编程成熟。当在菜单中勾选重力二阶效应后，软件自动地直接求解 $P\text{-}\Delta,\varphi$ 效应，不需要通过放大系数间接放大。更重要的是，不需要用 $P\text{-}\Delta,\varphi$ 的弹性放大效应来估计非线性放大效应，而是直接进行材料非线性和计入几何刚度的几何非线性的双重非线性分析。

8）当前的计算机软件提供了临界屈曲因子和清晰、直观的屈曲模态以及应力、应变等图形。在作了适当勾选后，可进行屈曲分析，计入 $P\text{-}\Delta,\varphi$ 效应弹性分析和 $P\text{-}\Delta,\varphi$ 效应双重非线性分析等一系列的运算。

9）上述基本理论和可行性同时适用于非对称结构。软件将自动考虑偏心对 $P\text{-}\Delta,\varphi$ 效应的影响。

2. 临界屈曲因子的容许限值

使用临界屈曲因子的容许上限值作为判别重力二阶效应的第一界限点，记作 λ_{aU}；容许下限值为判别重力二阶效应的第二界限点，记作 λ_{aL}；分别等同表 3.3.2 中的 $\lambda_{\mathrm{cr,1}}$ 和 $\lambda_{\mathrm{cr,2}}$。

（1）容许上限值

对于第一界限点，作者建议取弯曲屈曲因子容许上限值 $\lambda_{\mathrm{aU}}^{\mathrm{f}}=10$，相当于 $\theta=0.1$。这一点，在学术界已经达成共识。

（2）容许下限值

按式（3.1.13）和式（3.1.19）所示的最大延性系数、结构稳定系数和临界屈曲因子三者之间的关系，按中国规范设计的高层建筑，其弯曲屈曲因子的下限值取 4 也将是安全的。如上所述，应用平衡分叉失稳来评估重力二阶效应的第二界限点是一种通过求解第一类稳定问题估计第二类稳定问题的近似方法。从设计的角度，尚应考虑结构的初始缺陷，混凝土开裂后的刚度折减（仅对于按中国规范设计的结构），初始偏心和偶然偏心，地震作用不确定性等方面的影响以及研究的工程实例偏少等因素。按作者的有限经验，大震时结构的刚度折减20%～30%应该是工程界可以接受的范围。因此，按偏安全地推荐屈曲因子的容许下限值 $\lambda_{aL}^f = 7.5$。

图3.4.10给出的测试模型的刚度折减-屈曲因子-地震作用关系曲线表明了临界屈曲因子之间在非线性阶段的相关性。进一步，根据案例研究和收集到的 22 个工程实例的统计（表 2.2.6），在刚性隔板假定下，扭转与弯曲屈曲因子比的低值在 $\lambda_{cr}^t / \lambda_{cr}^f \approx 0.25 \sim 0.3$。据此，本书作者进一步偏安全地推荐扭转屈曲因子容许下限值取 $\lambda_{aL}^t = 2.5$ 控制结构扭转刚度。若按此准则，按表 3.4.4 最后一行所示，实例 3.3 控制刚度的参数是扭转屈曲因子 λ_{cr}^t，扭转刚度控制了结构的刚度设计。实例 3.4 控制刚度的参数是弯曲屈曲因子 λ_{cr}^f，弯曲刚度控制了结构的刚度设计。

再一次特别指出：临界屈曲因子容许下限值 λ_{aL}，最小等效刚重比 $(r_{eq}^{sw})_{bL}$ 和最大结构稳定系数 θ_{max} 都是使用弹性分析的结果来粗略地估计屈服后重力二阶效应对结构抗倾覆能力的影响。因此，即使不能满足这些指标的要求，在层间位移角不超过规范限值的前提下，按本书作者的观点，可通过计入几何刚度的有限单元法进行双重非线性分析测试和评估结构的抗倾覆能力作为最终的设计依据。

3. 设计要点

基于临界屈曲因子，计入几何刚度的超高层整体稳定有限元设计方法的要点如下：

1）建立三维弹性分析模型，在刚性楼板假定下进行三维屈曲分析，得到弯曲临界屈曲因子 λ_{cr}^f 和扭转临界屈曲因子 λ_{cr}^t。

2）若弯曲临界屈曲因子 $\lambda_{cr}^f \geq \lambda_{aU}^f = 10$，重力二阶效应可以予以略去。

3）若 $\lambda_{aL}^f = 7.5 \leq \lambda_{cr}^f < \lambda_{aU}^f = 10$，在小震设计阶段，使用计入几何刚度的有限元分析方法，直接计算被重力二阶效应放大了的变形和内力，作为构件截面设计的依据。

4）若 $\lambda_{cr}^f < \lambda_{aL}^f = 7.5$，在层间位移角不超过规范限值的前提下，可使用推覆分析或动力非线性分析进行计入双重非线性的抗倾覆能力测试，考察超越大震性能点后，结构刚度的折减程度和能力曲线能否继续保持正刚度的程度，判别是否需要增加结构侧向刚度。

5）若 $\lambda_{cr}^t < \lambda_{aL}^t = 2.5$，同第 4）点，进行计入双重非线性的抗倾覆能力测试，判别是否需要增加结构扭转刚度。

4. 讨论与分析

本书作者提出的基于临界屈曲因子的结构整体稳定设计方法与等效刚重比类似，都是使用刚重比的概念求解第一类稳定问题作为估算第二类稳定问题的界限点的方法，适用于以剪力墙作为主要抗侧力构件的（超）高层建筑的整体稳定性设计。但基于临界屈曲因子的结构整体稳定设计方法弥补了等效刚重比在理论上的欠缺。尽管结构稳定系数 θ 是一个估计 P-Δ 效应的合理设计参数，但按当前规范条文的规定，尚未涉及 P-φ 效应对扭转角的放大。而且，当前软件根据几何刚度计算 P-Δ 效应，并不需要计算，也未提

供 θ 的数值。因此，需要结构工程师按照层间位移，按规范公式进行列表计算 θ，工作量繁重。对基于临界屈曲因子的结构整体稳定设计方法核心思想的要点归纳如下：

1）三维分析。其实，正如本书作者一再强调，当前三维重力二阶效应分析中，软件自动地计入了 $P\text{-}\Delta,\varphi$ 效应。

2）摒弃间接放大法。应充分利用当代计算机软件提供的技术支持，小震分析阶段，使用计入几何刚度的有限单元法直接计算被 $P\text{-}\Delta,\varphi$ 效应放大了位移、扭转角、弯矩和扭矩。关于这一点，从低层至超高层建筑，从对称结构至非对称结构，都是适用的。

3）高层建筑稳定问题的核心理念是，在满足规范规定的层间位移角限值的前提下，进行双重非线性分析的抗倾覆能力测试，考察大震或极大震性能点后，结构刚度折减的程度和能力曲线继续保持正刚度的程度，判别结构在强烈地震中侧移失稳倒塌的概率。也就是说，本书作者更主张直接利用当前软件提供的技术支持，在大震分析阶段，应用几何刚度理论直接分析第二类稳定问题。基于规范的重力二阶效应的界限点以及本书给出的临界屈曲因子的容许界限点仅仅是一个供结构工程师参考的范围。

参 考 文 献

[1] ROSENBLUETH E. Slenderness effects in buildings[J]. J. Structural Division, ASCE, 1965, 91(1): 229-252.

[2] HUSID R. Gravity effects on the earthquake response of yielding structures[D]. California Institute of Technology, Pasadena California, 1967.

[3] JENNINGS P C, HUSID R. Collapse of yielding structures under earthquake[J]. J. Eng. Mech. Div., ASCE, 1968, 94(5): 1045-1065.

[4] BERNAL D. Amplification factors for inelastic dynamic $P\text{-}\Delta$ effects in earthquake analysis[J]. EESD, 1987, 15(5): 635-651.

[5] POWELL G H. Modeling for Structural Analysis: Behavior and Basics[M]. Berkeley: CSI, 2010.

[6] CLOUGH R, PENZIEN J. Dynamics of structures[M]. 2nd ed. (Revised). Berkeley: CSI, 2003.

[7] 扶长生，张小勇，周立浪. 长周期超高层建筑三维稳定设计及其扭转屈曲因子[J]. 建筑结构，2014，44（3）：1-6.

[8] 扶长生. 抗震工程学：理论与实践[M]. 北京：中国建筑工业出版社，2013.

[9] CSI (Computer & Structures, Inc). Perform-3D manual—components and elements[M]. Version 4, Berkeley: CSI, 2006.

[10] FEMA (Federal Emergency Management Agency). Improvement of nonlinear static seismic analysis procedures[S]. FEMA 440, 2005.

[11] 中华人民共和国住房和城乡建设部，中华人民共和国国家质量监督检验检疫总局. 建筑抗震设计规范（2016 年版）：GB 50011—2010[S]. 北京：中国建筑工业出版社，2016.

[12] 徐培福，肖从真. 高层建筑混凝土结构的稳定设计[J]. 建筑结构，2001，31（8）：69-72.

[13] 中华人民共和国住房和城乡建设部. 高层建筑钢筋混凝土结构技术规程：JGJ 3—2010[S]. 北京：中国建筑工业出版社，2010.

[14] ASCE (American Society of Civil Engineers). Minimum design loads for buildings and other structures[S]. ASCE 7-05, 2005.

[15] DIN (Deutshes Institut für Normung). Plain, reinforced and prestressed concrete structures, part 1: design and construction[S]. DIN 1045-1 : 2001-07, 2001.

[16] 扶长生，周立浪，张小勇. 长周期超高层钢筋混凝土建筑的 $P\text{-}\Delta$ 效应与稳定设计[J] .建筑结构，2014，44（2）：1-7.

[17] TEMOSHENKO S P, GERE J M. Theory of Elastic Stability[M]. 2nd ed. Mineola, New York: Dover Publications, Inc., 2009.

[18] 中华人民共和国住房和城乡建设部. 高层民用建筑钢结构设计规程：JGJ 99—2015[S]. 北京：中国建筑工业出版社，2015.

[19] ASCE (American Society of Civil Engineers). Minimum design loads for buildings and other structures[S]. ASCE 7-10, 2010.

[20] ASCE (American Society of Civil Engineers). Minimum design loads for buildings and other structures[S]. ASCE 7-16, 2016.

[21] WILSON E L. Three dimensional static and dynamic structures: a physical approach with emphasis on earthquake engineering[M]. 3rd ed. Berkeley: CSI, 2002.

[22] CSI (Computers and Structures Inc.). Effect of rigid diaphragms on buckling of a cruciform structure[R]. Technical Article, Berkeley: CSI, 2012.

[23] 徐培福，黄吉峰，韦承基. 高层建筑结构在地震作用下的扭转振动效应[J]. 建筑科学，2000，16（1）：1-6.

[24] 扶长生，张小勇，周立浪. 超高层框架-核心筒结构的扭转刚度及其稳定[J]. 建筑结构学报，2016，37（2）：26-33.

第四章 抗震设计中若干理论问题的讨论

本章依次对抗震设计中的最小底部剪力系数，相互作用体系、双重抗侧力结构体系、带少量剪力墙的框架结构体系，柱的延性设计和剪力墙的延性设计等若干理论问题及热门话题展开一些讨论，内容涉及底部剪重比、外框剪力分担比、柱的轴压比和墙的轴压比及全截面拉应力验算等方面。抗震设计博大精深，合格的结构设计负责人，除了有丰富的设计经验和结构构造知识以外，应具有地震工程学和结构动力学的深厚造诣，才能深刻地理解规范条文及其制定这些条文的背景和理论支持，合理使用和分配有限的社会资源，在可接受的成本下，向投资方提供一个具有足够安全度的结构。

第一节 最小设计地震作用

一、底部剪力系数 C_s

抗震分析把地震作用产生的惯性力作为外部荷载施加于结构进行静力或动力分析。沿高度分布的惯性力之和等于底部剪力。因此，底部剪力反映了结构承受地震作用的大小或地震作用输入结构能量的大小。定义由地震作用产生的底部剪力与结构重力荷载之比为底部剪力系数，即 $C_s = V_b/W$，俗称底部剪重比，是结构众多地震反应中的其中一个物理量。

另外，由于地震作用的随机性和不确定性，从设计的角度，为了安全起见，设定一个以最小底部剪力表达的最小设计地震作用是合理及必要的。定义最小底部剪力与结构重力荷载之比为最小底部剪力系数。它与底部剪力系数不同，其物理意义是按拟建场地的地质条件、地震活动度、结构动力特性、工程经验以及社会经济能力，建筑物必须承受的最小设计地震作用与重力荷载之比，记作 $C_s^{\min}$。若采用基于规范的抗震设计方法，结构的底部剪力系数应不小于最小底部剪力系数，即 $C_s \geqslant C_s^{\min}$，即结构承受的地震作用应不小于规范规定的最小设计地震作用。本节仅讨论底部剪力和底部剪力系数，在以下讨论中，在不会引起误解的场合，有时会略去"底部"两字。

目前，地标性高层建筑不断涌现。随着高度增高、基本周期增长，$C_s^{\min}$ 有时成为抗震设计的控制指标。中国和美国规范都规定了最小剪力系数 $C_s^{\min}$。中国结构工程师在执行 GB 50011—2010 规定的 $C_s^{\min}$ 的过程中，暴露了一些问题。学术界和工程界从不同的角度展开了一些有益的讨论[1-6]，讨论的内容主要有：① $C_s^{\min}$ 的物理意义；② 如何满足 $C_s \geqslant C_s^{\min}$；③ 如何解决处于坚硬场地的长周期超高层建筑比处于软弱场地的同样建筑需要更刚侧向刚度的倒挂矛盾等问题。它们是当前设计中迫切需要解决的问题。

以上仅仅对 C_s 和 $C_s^{\min}$ 的物理意义作了一些初步的解释。本节将在结构动力学基本原理以及国内外研究成果和规范的基础上，对它们做进一步详细讲解。

1. C_s 的通用表达式

一个 N 层建筑，刚性楼板假定，不计扭转影响，第 j 振型的等效荷载矢量为

$$f_j(t) = ku_j(t) = \gamma_j m\boldsymbol{\Phi}_j \omega_j^2 D_j(t) = \gamma_j m\boldsymbol{\Phi}_j A_j(t) \tag{4.1.1}$$

式中，m, k 分别为结构的质量矩阵和刚度矩阵；$u_j, \boldsymbol{\Phi}_j$ 分别为第 j 振型的位移矢量和振型矢量；$D_j(t)$ 为时程分析中第 j 振型的位移反应，其一般表达式为 Duhamel 积分（略去下标 j）

$$D(t) = -\frac{1}{\omega_d}\int_0^t \ddot{u}_g(\tau)e^{\xi\omega_n(t-\tau)}\sin\omega_d(t-\tau)d\tau \tag{4.1.2}$$

式中，ξ、ω_d、ω_n 分别为振型阻尼比、有阻尼自振频率和无阻尼自振频率；$A_j(t) = \omega_j^2 D_j(t)$ 为第 j 振型加速度反应；γ_j 为第 j 振型的振型参与系数，即

$$\gamma_j = \boldsymbol{\Phi}_j^T m\mathbf{1} / \boldsymbol{\Phi}_j^T m\boldsymbol{\Phi}_j \tag{4.1.3}$$

式（4.1.1）等号的右侧由两部分组成。$A_j(t)$ 是时间函数，反映了结构的动力特性；$\gamma_j m\boldsymbol{\Phi}_j$ 是空间函数，表示以层质量作为作用力在第 j 振型上的投影，反映了结构的自振特性。令 $f_j^{st} = \gamma_j m\boldsymbol{\Phi}_j$ 为地震作用的等效静荷载，按楼层作用于结构。第 i 层的等效静荷载为

$$f_{ij}^{st} = \gamma_j m_i \phi_{ij} \tag{4.1.4}$$

式中，m_i 为第 i 层的质量；ϕ_{ij} 为第 j 振型在第 i 层的元素。由等效静荷载 f_{ij}^{st} 产生的第 j 振型底部静剪力为

$$V_{bj}^{st} = \sum_{i=1}^N f_{ij}^{st} = \left(\sum_{i=1}^N m_i\phi_{ij}\right)^2 \bigg/ \left(\sum_{i=1}^N m_i\phi_{ij}^2\right) = \gamma_j L_j^h = (L_j^h)^2 / M_j \tag{4.1.5}$$

其中

$$L_j^h = \boldsymbol{\Phi}_j^T m\mathbf{1} = \sum_{i=1}^N m_i\phi_{ij} \tag{4.1.6}$$

式中，$M_j = \boldsymbol{\Phi}_j^T m\boldsymbol{\Phi}_j$ 是第 j 阶振型的广义质量。

左乘振型矩阵转置 $\boldsymbol{\Phi}^T$，利用振型正交性，很容易证明下式成立：

$$\sum_{j=1}^N \gamma_j m\boldsymbol{\Phi}_j = m\mathbf{1} \tag{4.1.7}$$

对式（4.1.7）两侧左乘 $\mathbf{1}^T$，有

$$\sum_{j=1}^N \gamma_j \mathbf{1}^T m\boldsymbol{\Phi}_j = \mathbf{1}^T m\mathbf{1} \rightarrow \sum_{j=1}^N \gamma_j L_j^h = \sum_{i=1}^N m_i \tag{4.1.8}$$

若以底部静剪力相等的等效原则，令第 j 振型等效单自由度的有效振型质量 M_j^{eff} 为

$$M_j^{eff} \equiv V_{bj}^{st} = \gamma_j L_j^h = (L_j^h)^2 / M_j \tag{4.1.9}$$

当全部振型计入振型叠加时，有效振型质量之和等于建筑物的总质量 M，即

$$\sum_{j=1}^N M_j^{eff} = \sum_{j=1}^N V_{bj}^{st} = \sum_{j=1}^N \gamma_j L_j^h = \sum_{i=1}^N m_i = M \tag{4.1.10}$$

定义第 j 振型的有效振型质量与结构总质量之比为质量参与系数，记作 μ_j

$$\mu_j \equiv M_j^{eff} \bigg/ \sum_{i=1}^N m_i = M_j^{eff} / M \tag{4.1.11}$$

其意义是，以层质量作为等效水平力按振型分布作用楼层标高产生的底部静剪力与系统总质量之比。通常认为，当累计值 $\sum \mu_j$ 达到总质量的 90%及以上时，有足够多的振型参与了振型叠加，计算精度满足规范要求。

当采用振型分解反应谱法进行抗震分析时，第 j 振型的底部剪力为

$$V_{bj} = M_j^{\mathrm{eff}} S_{aj} \qquad (4.1.12)$$

式中，S_{aj} 为第 j 振型的谱加速度。按定义，第 j 振型的底部剪力系数

$$C_{sj} = V_{bj}/W = \alpha_j \mu_j \qquad (4.1.13)$$

为第 j 振型的地震影响系数 α_j 和质量参与系数 μ_j 的乘积。按 SRSS 进行振型叠加，底部剪力系数为

$$C_s = \sqrt{\sum_{j=1}^{N} C_{sj}^2} = \sqrt{\sum_{j=1}^{N} \alpha_j^2 \mu_j^2} \qquad (4.1.14)$$

与文献[2]相同。它反映了在加速度反应谱作用下结构承受的地震作用与重力荷载之比。

式（4.1.14）具有普遍意义，是剪力系数的通用表达式，同样适用于分布质量系统。以弯曲型杆（杆长 L）为例，第 j 振型的振型参与系数为

$$\gamma_j = L_j^{\mathrm{h}}/M_j \qquad L_j^{\mathrm{h}} = \int_0^L \rho A(z) \phi_j(z) \mathrm{d}z \qquad M_j = \int_0^L \rho A(z) \phi_j^2(z) \mathrm{d}z \qquad (4.1.15)$$

有效质量和质量参与系数为

$$M_j^{\mathrm{eff}} = \frac{(L_j^{\mathrm{h}})^2}{M_j} \qquad \mu_j = \frac{M_j^{\mathrm{eff}}}{M} \qquad M = \int_0^L \rho A(z) \mathrm{d}z \qquad (4.1.16)$$

式中，ρ 为密度；$A(z)$ 为截面面积；$\phi_j(z)$ 为第 j 振型模态。对于均质等截面悬臂杆，

$$\phi_j(z) = \mathrm{ch}\lambda_j z - \cos\lambda_j z - \frac{\mathrm{ch}\lambda_j L + \cos\lambda_j L}{\mathrm{sh}\lambda_j L + \sin\lambda_j L}(\mathrm{sh}\lambda_j z - \sin\lambda_j z) \qquad (4.1.17)$$

式中，$\lambda_j L = 1.875, 4.694, \cdots$ 为频率方程的根。

当采用振型分解反应谱法时，剪力系数 C_s 按式（4.1.14）求值。影响 C_s 的因素有外部的反应谱曲线形状标定参数和内部的结构固有特性参数。前者是最大地震影响系数 $\alpha_{\max}$、特征周期 T_g、阻尼比 ξ、衰减指数 χ，后者是自振周期 T、振型参与系数 γ、质量参与系数 μ。由于振型的收敛性，一般取前几阶振型的特性参数就能满足设计要求，尤其以第一振型的自振周期 T_1、振型参与系数 γ_1 和质量参与系数 μ_1 的贡献为最大。

进一步考察式（4.1.13）和式（4.1.14），改写为以第一振型有效质量、底部剪力系数、地震影响系数为参数的表达式如下：

$$C_s = \left(\frac{M_1^{\mathrm{eff}}}{M} \middle/ \frac{C_{s1}}{C_s} \right) \alpha_1 = \beta_{mv} \alpha_1 \approx f(T_1) \qquad \beta_{mv} = \left(\frac{M_1^{\mathrm{eff}}}{M} \middle/ \frac{C_{s1}}{C_s} \right) \qquad (4.1.18)$$

式中，括号中的分子为第一振型质量参与系数，分母为第一振型底部剪力参与系数。它们将随着质量或刚度的调整同步提高或下降，是第一周期 T_1 的慢变函数，相对稳定，记作 β_{mv}。因此，可以近似地认为剪力系数 C_s 是变量基本周期 T_1 的某一维函数。这是使用底部剪力法控制最小设计地震作用的理论依据。

2. C_s-T 关系曲线

以单根悬臂杆为例,采用振型分解反应谱法绘制 C_s 反应谱,即 C_s-T 关系曲线,讨论剪力系数 C_s 随周期 T 的变化规律以及 C_s 和质量、刚度分布之间的关系[6]。图 4.1.1 给出三个基本模型,底部嵌固端,分别输入一维水平地震作用。图 4.1.1(a)为模型 1,均质等截面悬臂杆,典型的连续体分析模型。图 4.1.1(b)为模型 2,杆的截面惯性矩沿高度呈四次方收进,模拟长周期超高层建筑的体形特征和竖向构件的截面尺寸、质量、刚度沿高度的分布特征。图 4.1.1(c)为模型 3,杆的截面惯性矩沿高度呈四次方放大。显然,模型 1 是一个研究结构基本力学性质的理论模型;模型 2 的质量、刚度分布比较符合超高层建筑的工程特征;除特殊情况以外,模型 3 的结构设计不符合基本力学概念和实际情况,仅用于对比分析。

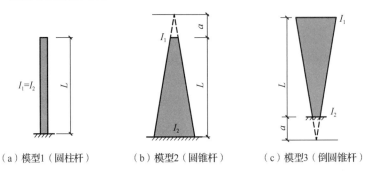

（a）模型1（圆柱杆）　　　　（b）模型2（圆锥杆）　　　　（c）模型3（倒圆锥杆）

L 为杆件长度;a 为杆端至锥体延长线交点的距离;I_1 和 I_2 分别为杆顶和杆底的截面惯性矩。

图 4.1.1　单根悬臂杆模型

表 4.1.1 给出三个模型前六个振型的等效单自由度系统的振型质量参与系数。可以看出,符合长周期超高层体形特征的模型 2,其第一振型质量参与系数最小,高振型影响收敛最慢。与之相反,非常规设计的模型 3,第一振型质量参与系数最大,收敛最快。

表 4.1.1　前六个振型的振型质量参与系数

模型	振型					
	第一振型	第二振型	第三振型	第四振型	第五振型	第六振型
模型 1	0.616 1	0.189 2	0.065 0	0.033 2	0.020 1	0.013 4
模型 2	0.455 8	0.210 2	0.097 4	0.055 1	0.035 1	0.024 2
模型 3	0.709 9	0.166 5	0.044 8	0.021 4	0.012 5	0.008 2

设 7 度设防,设计分组第一组。对上述三个模型进行反应谱分析。分别取 II 类和 IV 类场地,对应的特征周期分别为 $T_g = 0.35s$ 和 $T_g = 0.65s$。对于不同的自振周期,应用式（4.1.14）得到 C_s-T 关系曲线。图 4.1.2 给出三种模型的比较。图 4.1.3 给出三种变形特征的圆柱杆之间的比较。图中的水平折线为 GB 50011—2010 规定的最小底部剪力系数。

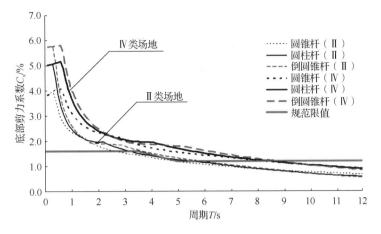

图 4.1.2 C_s-T 关系曲线（三个模型的比较）

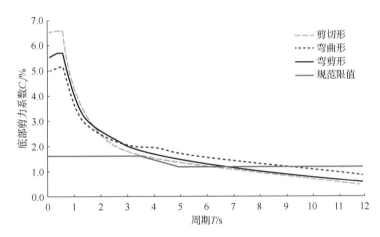

图 4.1.3 C_s-T 关系曲线（圆柱杆模型，IV 类场地，不同结构特征的比较）

如上所述，C_s-T 关系曲线是一条以周期作为横坐标、剪力系数作为纵坐标的反应谱曲线。所示曲线至少可以说明以下 6 点。

1）C_s-T 关系曲线与加速度设计反应谱曲线趋势相似。当 $T > T_g$，C_s 是周期 T 的单调下降函数。随周期的变长，曲线按一定的衰减规律下降。事实上，当采用底部剪力法时，C_s-T 曲线与加速度设计反应谱曲线之间呈一定的比例关系，如图 4.1.4（a）所示。

2）按加速度反应谱的工程特征，对应于每一个周期，理论上都应设定一个最小剪力系数 C_s^{min}，确保抗震设计在各周期点都具有一定的安全度。进一步，为了确保长周期超高层建筑的抗震设计具有足够的安全度，更应该在某一个周期点上，设定一个最小剪力系数的下限值，记作 C_{sL}^{min}。例如，按 GB 50011—2010，对应于 7 度设防区，$T_1 = 3.5s$ 处的 0.016 为最小剪力系数 C_s^{min}，$T_1 = 5s$ 处的 0.012 为最小剪力系数的下限值 C_{sL}^{min}。$C_{sL}^{min}W$ 为最小底部剪力的下限值，仅取决于地震活动环境和地震地质，与结构的动力特性无关。这是结构必须承受最小设计地震作用的下限值，也是本节讨论的重点。

3）与最小剪力系数下限值 C_{sL}^{min} 比较，任何结构都存在一个临界周期。只要结构的基本周期超过临界周期，剪力系数总不能满足规范最小限值的要求。例如，按文献[3]的推导，根据 GB 50011—2010 规定的最小底部剪力系数，若 $\beta_{mv} < C_{sL}^{min}/\alpha$（其中 α 是

加速度设计反应谱的地震影响系数），$C_{\rm s} \geqslant C_{\rm sL}^{\min}$ 的要求就总得不到满足。

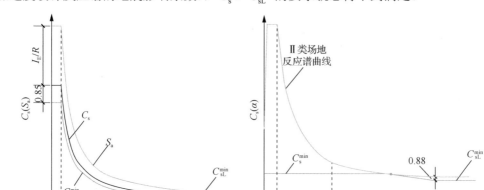

图 4.1.4　最小底部剪力系数谱示意图

4）超高层建筑结构体系和布置与底部剪力系数能不能满足 $C_{\rm sL}^{\min}$ 的要求没有明显的关系。它们最多只能微调临界周期的长短，并不能改变 $C_{\rm s}$-T 曲线的趋势。

5）符合超高层建筑基本力学概念，下重上轻、下刚上柔结构方案的模型 2，由于第一振型的贡献小于不符合基本力学概念，上重下轻、上刚下柔结构方案的模型 3，其临界周期反而短于后者。$C_{\rm s} < C_{\rm s}^{\min}$ 并不能说明结构方案布置不合理。

6）场地特征周期与临界周期的长短有明显的关系。GB 50011—2010 反应谱的最大地震影响系数 $\alpha_{\max}$，最小底部剪力系数 $C_{\rm s}^{\min}$、下限值 $C_{\rm sL}^{\min}$ 以及它们对应的周期（如 3.5s 和 5s）均与场地类别无关。因此，场地越软，$T_{\rm g}$ 越长，临界周期越长，造成了处于坚硬场地的长周期超高层建筑比处于软弱场地的同样建筑需要更刚侧向刚度的倒挂矛盾。

二、中国和美国的最小设计地震作用

如上所述，最小底部剪力系数 $C_{\rm s}^{\min}$ 和下限值 $C_{\rm sL}^{\min}$ 意味着结构必须承受的最小设计地震作用。在各国基于规范的法定设计方法中，对最小设计地震作用几乎都有明确的规定。其中，美国 ASCE 7-10 以底部剪力法的剪力系数作为最小底部剪力系数的基准。尽管中国和美国抗震设计的理论框架有所不同，但总可以找到一些中国规范受美国规范影响的痕迹。以下对照两国规范的有关条文，进一步详细说明底部剪力系数和最小设计地震作用。

1. ASCE 7-10 的有关规定

（1）底部剪力系数的计算公式

本质上，底部剪力法的分析模型就是振型分解反应谱法中，振型质量为结构总质量 W/g（中国规范为 $0.85W/g$），振型周期为结构基本周期 T_1 的第一振型单质点。结合上一小节 $C_{\rm s} \approx f(T_1)$ 的特征，ASCE 7-10 第 12.8 节使用底部剪力法来控制最小设计地震作用[7]。底部剪力系数 $C_{\rm s}$ 的需求公式为

$$C_{\rm s} = \frac{I_{\rm E}}{R} S_{\rm DS} \qquad (4.1.19)$$

最大限值取

$$C_s = \frac{I_E}{R}\frac{S_{D1}}{T} \quad T \le T_L, \quad C_s = \frac{I_E}{R}\frac{S_{D1}T_L}{T^2} \quad T > T_L \tag{4.1.20}$$

最小限值取

$$C_s = 0.044 S_{DS}I_E \ge 0.01 \quad S_1 < 0.6g, \quad C_s = \frac{I_E}{R}0.5S_1 \quad S_1 \ge 0.6g \tag{4.1.21}$$

式中，I_E 为结构重要性系数，对于危险性分类 II 及以下的建筑物，取 $I_E = 1.00$；危险性分类 III 和 IV 的建筑物，分别取 $I_E = 1.25$ 和 $I_E = 1.5$。危险性分类 II、III 的建筑物大致相当于中国抗震设防分类为丙类和乙类的建筑物。R 为（地震）反应折减系数，按结构体系取 $R = 1 \sim 8$，见表 4.2.1。T_L 为长周期转换周期，即反应谱曲线从速度控制区段转换至位移控制区段的拐角周期，取 $T_L = 4 \sim 16\text{s}$（ASCE 7-05 取 $T_L = 8 \sim 12\text{s}$）。S_{DS}、S_{D1} 分别为经场地类别调整的 0.2-s（短周期）和 1-s 设计反应谱加速度。按条文规定，$S_{DS} = 2/3 \cdot S_{MS}$ 和 $S_{D1} = 2/3 \cdot S_{M1}$。其中，$S_{MS} = F_a S_S$，$S_{M1} = F_v S_1$ 分别为经场地类别调整的 0.2-s 最大谱加速度和 1-s 最大谱加速度，而 S_S，S_1 分别为最大地震动参数区划图标定的 0.2-s 最大谱加速度和 1-s 最大谱加速度（未经场地类别调整），F_a，F_v 分别为场地加速度和速度调整系数。

ASCE 7-10 使用谱反应加速度直接划分抗震设防区域。0.2-s 谱加速度 $S_{DS} < 0.167$ 或 1-s 谱加速度 $S_{D1} < 0.067$ 的区域大致相当于中国 6 度设防区；$0.167 \le S_{DS} < 0.33$ 或 $0.067 \le S_{D1} < 0.133$ 的区域大致相当于中国 6.5 度～7.5 度设防区；$0.33 \le S_{DS} < 0.50$ 或 $0.133 \le S_{D1} < 0.20$ 的区域大致相当于中国 7.5 度～8.5 度设防区。$0.50 \le S_{DS}$ 或 $0.20 \le S_{D1}$ 的区域大致相当中国 8.5 度～9 度设防区。对应于 II 类场地，$S_1 \ge 0.6g$ 相当于 $S_{D1} \ge 0.4g$，大致相当于中国 9 度及 9 度以上设防区。

（2）基本周期和截止周期

ASCE 7-10 给出了计算基本周期的公式

$$T_a = c_t h_n^x \tag{4.1.22}$$

式中，h_n 为结构高度（m）。对于钢筋混凝土框架结构，$c_t = 0.046\,6$，$x = 0.9$；对于其他结构，$c_t = 0.048\,8$，$x = 0.75$。它是一个偏保守的经验统计公式。在此基础上，ASCE 7-10 规定了截止周期，即

$$T_a^{cut} = C_u T_a \tag{4.1.23}$$

式中，C_u 为周期上限系数，高烈度区取低值，低烈度区取高值，如表 4.1.2 所示。在自由振动分析模型中一般不计非抗侧力构件，隔墙、吊顶、装饰性构件等对结构刚度的影响，得到的自振周期往往偏长。进一步，尽管 ACI 318-08 考虑混凝土构件开裂等因素的影响，给出了构件刚度折减系数的指导意见，但确定一个合理的有效刚度并不是一件十分容易的事情。因此，ASCE 7-10 采用式（4.1.23），限制自由振动分析得到基本周期的上限。即在计算底部剪力时，基本周期最长不能超过式（4.1.23）规定的截止周期。

表 4.1.2　基本周期的上限系数 C_u

1-s 设计反应谱加速度参数 S_{D1}	C_u
≥ 0.4	1.4
0.3	1.4
0.2	1.5

续表

1-s 设计反应谱加速度参数 S_{D1}	C_u
0.15	1.6
≤0.1	1.7

（3）振型分解反应谱法的最小底部剪力

如上所述，底部剪力法的分析模型是质量参与系数为 100%，自振周期为结构基本周期的单自由度质点。超高层建筑的工程实践表明，受高振型的影响，当结构的第一自振周期处于速度控制区段和（或）位移控制区段时，第一振型的质量参与系数一般很少超过 0.7。而且，根据振型参与系数的收敛性，振型分解反应谱法并不需要计入全部振型的影响，规范仅要求参与振型的数量满足振型质量参与系数累计值不小于 90%的要求。叠加有效刚度的不确定性，反应谱法得到的底部剪力 V_b 有可能会偏小过多。振型分解反应谱法是一种拟动力分析方法，是当前结构弹性抗震分析的主流方法。精细的分析方法得到合理偏小的结果是必然的。ASCE 7-10 第 12.9.4.1 条规定了这个合理偏小的"度"。若采用振型分解反应谱法进行抗震分析时，当 CQC 法得到的底部剪力小于底部剪力法得到剪力的 0.85 倍时，应按底部剪力法得到剪力的 85%进行设计。这意味着最小底部剪力系数 $C_s^{min} = 0.85C_s$，其下限值 C_{sL}^{min} 为式（4.1.21）长周期下限值的 0.85 倍。采用振型分解反应谱法设计时，底部剪力应 $V_b \geq C_s^{min}W$ 或 $V_b \geq C_{sL}^{min}W$。表 4.1.3 列出按 ASCE7-10 典型抗震设防区域的划分，按不同场地类别的最小底部剪力系数下限值 C_{sL}^{min}，其中括号中的数值适用于重要性系数 $I_E = 1.25$。表中 $S_1 = 0.15, S_s = 0.5$ 为中等烈度设防区，大致相当于我国的 7 度～8 度设防区，$S_1 = 0.37, S_s = 1.75$ 为高烈度设防区，大致相当于我国的 8.5 度～9 度设防区。

表 4.1.3　典型抗震设防区域的最小底部剪力系数下限值（ASCE 7-10）

场地类别	$S_1 = 0.15, S_s = 0.5$		$S_1 = 0.37, S_s = 1.75$	
	B	D	B	D
F_a	1.0	1.4	1.0	1.0
F_v	1.0	1.65	1.0	1.66
S_{D1}	0.1	0.165	0.25	0.41
S_{DS}	0.33	0.47	1.17	1.17
C_{sL}^{min}	0.012（0.015）	0.018（0.022）	0.044（0.055）	0.044（0.055）

2. GB 50011—2010 的有关规定

GB 50011—2010 第 5.2.5 条按设防烈度给出了楼层最小地震剪力系数[8]。魏琏等对条文背景做了详细研究，并指出该条文的内涵是把对应 II 类场地、质量为结构总质量的单自由度质点，在 $T = 3.5s$ 处的剪力系数作为 $T \leq 3.5s$ 区段的最小楼层剪力系数；把质量为 0.88 倍结构总质量的单自由度质点，在 $T = 5.0s$ 处的剪力系数作为 $T \geq 5.0s$ 区段的最小楼层剪力系数的下限值[3]。当 $3.5s \leq T \leq 5.0s$，最小剪力系数线性内插，具体数值列于表 4.1.4 中。GB 50011—2010 规定，抗震验算结构任一楼层的剪力系数都不应小于楼层最小剪力系数。但是，只有全部的惯性力之和才能代表地震作用输入的能量。这意味着只要 $C_s \geq C_s^{min}$ 或 $C_s \geq C_{sL}^{min}$，合理设计的整个结构（含各楼层）在遭遇地震时，将具有足够的强度和延性抵抗断层发震时释放的能量。本书作者认为，要求任一楼层均满足最小剪力系数是没有物理意义支持的。按地震惯性力和结构重力荷载沿高度的分布特征，以及力的平衡条件，楼层剪力系数往往大于底部剪力系数。本书把规范中的楼层剪力系数解读为底部剪力系数。如上所述，这里仅讨论 $C_s^{\min}$，重点讨论下限值 $C_{sL}^{\min}$。

表 4.1.4　楼层最小地震剪力系数（GB 50011—2010）

类别	6 度	7 度（7.5 度）	8 度（8.5 度）	9 度
扭转效应明显或基本周期小于 3.5s 的结构	0.008	0.016（0.024）	0.032（0.048）	0.064
基本周期大于 5.0s 的结构	0.006	0.012（0.018）	0.024（0.036）	0.048

注：1. 基本周期介于 3.5s 和 5s 之间的结构，按插入法取值；
　　2. 括号内数值分别用于设计基本地震加速度为 0.15g 和 0.30g 的地区。

三、中国规范和美国规范的点评

1. 最小底部剪力系数取值的逻辑

按 ASCE 7-10 的理论框架，式（4.1.19）适用于基本周期不大于拐角周期 T_S 的建筑，是剪力系数的上限值。式（4.1.21）适用于长周期建筑，是下限值。式（4.1.20）为上、下限值之间的插入公式，按反应谱速度控制区段衰减系数 $\chi = 1/T$ 内插。ASCE 7-10 认为，底部剪力法是抗震分析方法的基石，融入了抗震分析的基本理论，设计和工程经验。尽管振型分解反应谱法为当前主流的抗震分析方法，它应该与底部剪力法之间仅存在一个合理的偏差。ASCE 7-10 把式（4.1.19）～式（4.1.21）计算结果的 0.85 倍作为反应谱法的最小底部剪力系数 $C_s^{\min}$。因此，$C_s^{\min}$ 谱是一条带下限值，与加速度反应谱曲线呈比例的 $C_s^{\min}$-T 曲线，如图 4.1.4（a）所示。$C_s^{\min}$ 谱下限值的起始周期 T_{vN} 取决于场地类别和结构延性。观察式（4.1.20）和式（4.1.21），当 $S_1 < 0.6$ 且 $T \leqslant T_L$，经简单运算得

$$T_{vN} = T_S/0.044R \tag{4.1.24}$$

$C_s^{\min}$ 谱表明，ASCE 7-10 对长、短周期结构都设定了最小剪力系数。如上所述，由于高振型的影响及结构有效刚度的不确定性，ASCE 7-10 在经验统计公式的基础上，规定了自由振动分析得到基本周期的上限值。按自振分析得到的基本周期和上限值之间的小者，在 $C_s^{\min}$ 谱曲线上获取对应的最小剪力系数。

GB 50011—2010 列出了底部剪力法的条文。其第 5.2.5 条的条文说明提到，"由于地震影响系数在长周期段下降较快，对于基本周期大于 3.5s 的结构，由此计算所得的水平地震效应可能太小。而对于长周期结构，地震动态作用中的地面运动速度和位移可能对结构的破坏更具有影响，但是规范所采用的振型分解反应谱法尚无法对此做出估计。出于结构安全的考虑，提出了对结构总水平地震剪力及各楼层水平地震剪力最小值的要求"[8]。它表明了中国抗震规范重点关注的是振型分解反应谱法对长周期结构抗震分析的不确定性。中国规范的 $C_s^{\min}$ 谱在 $T \leqslant 3.5s$ 区段和 $T \geqslant 5.0s$ 区段为两条 $C_s^{\min}$ 等于不同常数的水平直线（如 7 度设防区的 $C_s^{\min} = 0.016$ 和 $C_{sL}^{\min} = 0.012$ 两条水平直线）和在 $3.5s \leqslant T \leqslant 5.0s$ 区段为一条斜的连接直线组成的折线，折点对应的周期固定为 3.5s 和 5.0s，与设防烈度、场地类别、结构延性能力等无关，如图 4.1.4（b）所示。按中国抗震设计理论框架，规范不要求反应谱法得到的底部剪力与底部剪力法进行比较，也没有条文允许按 0.85 放松规范的限值。规范采用弹性刚度来计算结构的自振周期，通过周期折减系数考虑非结构构件对结构刚度影响等途径得到较小的自振周期，以达到反应谱法

不低估短周期结构底部剪力的目的。

比较表 4.1.3 和表 4.1.4，可以认为，尽管中国和美国规范对最小底部剪力系数取值的逻辑有所不同，但对于探讨长周期超高层建筑抗震设计中关注的最小底部剪力系数下限值 C_{sL}^{min} 的取值和如何满足 $C_s \geq C_{sL}^{min}$ 的设计准则，两者是具有对比意义的。

2. 刚度控制准则和强度控制准则

刚度控制准则是指当基本周期长于临界周期时，通过增加刚度或调整结构布置的途径使 $C_s \geq C_s^{min}$ 或 $C_s \geq C_{sL}^{min}$。强度控制准则是指当基本周期长于临界周期时，通过提高地震作用的途径使 $C_s \geq C_s^{min}$ 或 $C_s \geq C_{sL}^{min}$。GB 50011—2010 第 5.2.5 条的条文说明提到了"当底部总剪力相差较多时，结构的选型和总体布置需要重新调整，不能仅采用乘以增大系数处理"[8]。按此条文说明，中国规范执行的是刚度控制准则。按本节以上所述，ASCE7-10 执行的是强度控制准则。这是一个理论问题。

本章第一小节已经从理论上讲述了：①若 $\beta_{mv} < C_{sL}^{min}/\alpha$，$C_s > C_{sL}^{min}$ 的要求就总得不到满足；②结构体系和布置方案与底部剪力系数能不能满足最小底部剪力系数的要求没有明显的关系；③$C_s < C_s^{min}$ 并不能说明结构方案布置不合理。本书作者认为，按当前的抗震理论，顶部侧向位移 Δ_{roof} 和底部地震剪力 V_b 是两个最基本的设计控制指标。Δ_{roof} 是反映结构总体刚度的宏观指标。可以通过 Δ_{roof}、层间位移角、临界屈曲因子 λ_{cr} 以及舒适度四项指标对结构刚度及其分布进行综合评估。V_b 是反映结构承受地震作用大小的宏观指标。最小底部剪力系数的功能是确保在抗震分析中输入了具有足够安全的最小设计地震作用。弹塑性分析和工程实践均表明，只要长周期超高层建筑在规范规定的最小设计地震作用下，具有足够强度，满足层间位移角、整体稳定、舒适度等要求，结构的安全就能得到保证。

当前，我国高度 500m 以上的高层建筑基本周期在 8.5～9.3s 内。图 4.1.5 给出一个高度 500m 以上长周期超高层建筑 C_s-T 关系曲线的实例。某工程 7 度设防，$T_g = 0.65s$。对应于 $C_{sL}^{min} = 0.012$，临界周期约为 6.5s；对应于 $0.85C_{sL}^{min} = 0.01$，临界周期为 8.0s（若对 6s 以后的反应谱曲线作拉平处理，临界周期为 9.0s）。

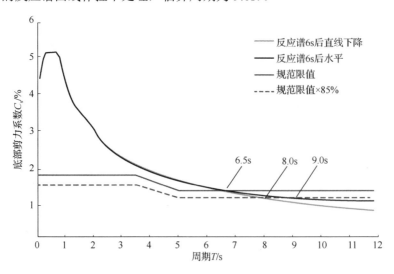

图 4.1.5　C_s-T 关系曲线（某工程实例）

按现行规范、抗震专项审查现状及本书作者的观点，可以有以下 4 种方法对此实例进行抗震设计。方法 1：刚度控制，按规范执行 $C_{sL}^{\min}=0.012$，将基本周期缩短至 6.5s 以内，控制底部剪力 $V_b \geqslant 0.012W$。方法 2：刚度控制，最小剪力系数限值放松至 $0.85C_{sL}^{\min}=0.01$，将基本周期缩短至 8.0s 以内，控制底部剪力 $V_b \geqslant 0.01W$。方法 3：强度控制，按规范执行 $C_{sL}^{\min}=0.012$，按比例放大地震作用，控制底部剪力 $V_b \geqslant 0.012W$。方法 4：强度控制，最小剪力系数限值放松至 $0.85C_{sL}^{\min}=0.01$，按比例放大地震作用，控制底部剪力 $V_b \geqslant 0.01W$。方法 1 将极大地增加材料用量，造成极其不合理的结构设计，而且还不一定能提高结构的延性性能和抗倒塌能力[5]。方法 2 勉强可行，但是最小地震作用是规范限值的 85%，需要补充性能设计。而且，若拟建场地为 II 类场地，需要对最小底部剪力系数做更多的放松，造成结构的安全度过低。因此，方法 2 仅仅是一个应急方法。方法 3 符合抗震设计理论，能满足安全度的要求，且实施简单。按方法 3 设计，满足层间位移角限值、整体稳定、舒适度等要求的建筑物，其强度、延性和抗倒塌能力均高于按方法 2 设计的建筑物，至少不低于按方法 1 设计的建筑物，材料用量要远少于按方法 1 设计的建筑物。方法 4 是方法 3 的衍生方法，安全度相对偏低。表 4.1.5 给出上述 4 种方法的简明对比[6]。

表 4.1.5　刚度控制、强度控制方法的对比

内容		最小地震作用	强度	延性和抗倒塌能力	材料用量	可操作程度
刚度控制	方法 1	$V_b = C_s^{\min}W$	满足要求	满足要求	极大	困难
	方法 2	$V_b = 0.85C_s^{\min}W$	相对偏低	视性能设计	视场地类别	视场地类别
强度控制	方法 3	$V_b = C_s^{\min}W$	满足要求	满足要求	正常	简单
	方法 4	$V_b = 0.85C_s^{\min}W$	相对偏低	视性能设计	相对偏低	简单

3. 反应谱形状和最小地震作用

本节的宗旨不是专题讨论设计反应谱及其形状标定系数的细节。这里仅仅指出，反应谱曲线对于某一个特定的周期具有结构反应的某种意义，在整体上恰恰反映了地震动的频谱特性和工程特性，地震波中的频率成分决定了反应谱曲线的形状。反应谱理论的杰出贡献在于它结合了随机理论和确定性分析方法，把地震波的频谱特征、结构的自振特性以及地震作用和效应三者有机地联系在一起。反应谱理论的数学模型是高斯随机过程。基本假定是，一条地震记录波为高斯随机过程集合中的一次事件，设计反应谱是按平稳随机过程理论统计平均的光滑曲线。按平稳随机过程进行振型组合，振型分解反应谱法得到的地震反应是高斯随机过程集合的期望值[9]。中国现行规范的加速度设计反应谱曲线，在 $5T_g$ 以后按直线衰减，在长周期区段的谱值比统计平均值提高约 25%以上，造成位移谱处于发散状态的做法并不符合地震工程学、结构动力学以及平稳随机过程及统计平均的理论，值得商榷（详见第六章）。本书作者认为，当前在现行的规范框架下，对于长周期超高层建筑，为了满足最小设计地震作用，合理、有效、简单的方法就是按比例放大地震作用。事实上，按比例放大地震作用意味着整体抬高反应谱曲线。从随机理论的观点，就是把反应谱曲线的安全保证度提高到随机振动的期望值以上。当弹性时程分析法得到的平均底部剪力高于 CQC 法的底部剪力时，规范要求按比例放大振型分

解反应谱分析法的输入地震动就是一个例子。

另外，GB 50011—2010 规定的 C_s^{min} 与场地类别无关是一个缺陷。该规范应纳入最大地震影响系数 α_{max} 和特征周期 T_g 随着场地变软而增大的研究成果及实际观测结果。反应谱曲线的形状标定参数应计入场地效应的影响。C_s^{min} 和 C_{sL}^{min} 取值的大小也应计入场地效应的影响，避免出现上述倒挂矛盾。

四、几点建议

事实上，最小剪力系数 C_s^{min} 的取值，除了地震环境以外，还取决于社会经济能力和工程经验。美国从 UBC 97 起到 ASCE 7-10 也经历了一个对抗震理论和震害分析不断加深认识，对 C_s^{min} 的取值反复调整的过程。近期，美国 PEER/TBI 的研究报告已经给出使用性能目标替代最小底部剪力系数的指导意见[10]。然而，最小地震作用的工程意义非常明确。由于地震作用的随机性，反应谱曲线在位移控制区段的不确定性，长周期地震动对长周期建筑破坏机理认识的不完善性，尤其是我国地震的发震机制复杂，强震观测网站不够密集，常规设计时设定一个最小设计地震作用为基于规范设计的长周期超高层建筑提供一定的保证度是必要的，本书作者不建议中国规范取消最小剪力系数的规定，并提出几点建议如下。

1）GB 50011—2010 对最小底部剪力系数下限值 C_{sL}^{min} 的取值处于合理范围，现阶段应予以执行。随着抗震理论的发展，当基于性能的抗震设计方法得到认真实施，强震观测网站足够密集，强震观测资料能合理解释大部分中国地震的发震机制时，可以再考虑予以放松或取消。

2）反应谱曲线在整体上反映了地震动的工程特性，不能为了满足底部最小剪力系数而轻率地改变反应谱的形状，这是本末倒置的。合理、有效、简单的方法是按比例放大地震作用使底部剪力系数满足 $C_s \geq C_{sL}^{min}$，提高设计反应谱曲线的安全保证度，确保长周期超高层建筑的结构安全性。

3）取消楼层剪力系数限值的要求。

4）设计反应谱中的最大地震影响系数 α_{max} 和特征周期 T_g 都应与场地类别挂钩，以符合实测地震动记录的统计平均规律。

5）最小底部剪力系数的取值应计入场地效应的影响，避免在设计中出现上述倒挂的矛盾。

6）加强对短周期和中长周期建筑最小底部剪力系数合理取值的研究。

强度控制准则的学术观点在作者起草的沪建管〔2014〕954 号文件附件 2《上海市超限高层建筑工程抗震设防专项审查技术要点》（以下简称沪建管 954 号文件）中得到了贯彻[11]。但遗憾的是，全国建质〔2015〕67 号文件《超限高层建筑工程抗震设防专项审查技术要点》（以下简称建质 67 号文件）的第十三条第（二）款仍规定[12]，"基本周期大于 6s 的结构，计算的底部剪力系数比规定值低 20%以内，基本周期 3.5～5s 的结构比规定值低 15%以内，即可采用规范关于剪力系数最小值的规定进行设计"。其实，强度控制的观点在中国建筑工程界已经达成了共识。正如本书作者一再指出的，刚度控制准则的观点以及计算底部剪力系数比规定值低 15%或 20%等限制是没有理论支持和依据的，应予以取消。

第二节　双重抗侧力结构体系

本节以框架-核心筒结构为对象，讨论双重抗侧力结构体系。第一章第二节已经讲述了为提高结构的抗倾覆能力和减小顶部侧向位移，剪切型框架与弯曲型核心筒组成了框架-核心筒相互作用体系。为了提高体系的抗震赘余度，除了框架与核心筒在弹性分析阶段各自按刚度分配比例承担地震作用以外，框架尚需承担附加地震作用，提高其承载能力，避免连梁屈服、墙肢开裂，核心筒刚度退化，内力重分布引起框架发生过大的塑性变形。这种框架尚需承受附加地震作用的相互作用结构体系被称为双重抗侧力结构体系或双重体系。

以下主要通过基本力学原理、国内学术界的研究成果和横向对比中国和美国有关抗侧力体系的条文，对双重抗侧力结构体系的抗震分析方法和设计展开一些有益的讨论。

一、ASCE 7-10 的抗侧力结构体系

ASCE 7-10 执行中震设防设计法[7,9]。以 50 年设计基准期，超越概率 10%（10/50a）的地震作为设防地震动；按构件和抗侧力体系的延性和耗能能力，使用不同的（地震）反应折减系数 R 折减设计反应谱；采用折减后的谱加速度作为输入地震作用对结构进行弹性分析，确定地震工况标准值；按规范进行荷载组合，确定强度需求值，进行构件强度设计；乘以位移放大系数 C_d，进行层间变形验算。对于混凝土结构，需考虑混凝土构件的开裂、徐变等影响，按构件类型折减弹性刚度为有效刚度后进行等效弹性分析。在此理论框架下，ACI 318-08 按不同的类型给出了构件的刚度折减系数；按不同等级的抗震延性构造，区分了普通、中等延性和延性钢筋混凝土（抗弯）框架和普通、延性钢筋混凝土剪力墙。ASCE 7-10 使用框架和（或）剪力墙抵抗地震荷载，使用承重墙和/或框架承受重力荷载，使用不同延性等级的框架、剪力墙、承重墙组合成具有不同延性和耗能能力的抗侧力结构体系。

1. 几个定义

（1）框架

1）支撑框架：支撑拉压，构件弯曲和节点转动共同抵抗水平荷载的结构，可细分为普通中心支撑框架（OCBF）、延性中心支撑框架（SCBF）和偏心支撑框架（EBF）。

2）抗弯框架：构件弯曲和节点转动抵抗水平荷载的结构，可细分为普通（抗弯）框架（OMF）、中等延性（抗弯）框架（IMF）和延性（抗弯）框架（SMF）。

（2）墙

1）承重墙：除了自重以外，任何承受 100 lb/ft（1 459N/m）重力线荷载以上的金属骨架夹板墙或木骨架夹板墙，或者承受 200 lb/ft（2 919N/m）以上重力线荷载的混凝土墙。

2）非承重墙：除承重墙以外的墙。

3）剪力墙：抵抗墙肢平面内水平力的承重墙或非承重墙，可细分为普通钢筋混凝土剪力墙（OSW）和延性钢筋混凝土剪力墙（SSW）。

4）结构墙：承重墙和剪力墙统称为结构墙。

（3）结构体系

1）框架体系。包括以下4种。

a. 房屋框架体系（building frame system）：由基本完整的空间框架支承重力荷载，由剪力墙和（或）框架抵抗水平荷载的结构体系。

b. 双重体系（dual system）：由基本完整的空间框架支承重力荷载，由剪力墙和框架共同抵抗水平荷载，而且框架尚需单独承担25%底部剪力的结构体系。

c. 剪力墙–框架相互作用体系（shear wall-frame interactive system）：使用OSW和OMF共同抵抗、按刚度比例分配水平荷载的结构体系。

d. 空间框架体系（space frame system）：由同时承受重力荷载和抵抗水平荷载的构件组成的三维结构体系；或者由承重墙的边缘构件和其他抵抗水平荷载的构件组成的三维结构体系。

2）墙体系。

承重墙体系（bearing wall system）：由承重墙承受全部或大部分重力荷载，由剪力墙和（或）框架抵抗水平荷载的结构体系。

2. 抗震设计分类

ASCE 7-10赋予每一个建筑物危险性分类和抗震设计分类两个属性。按使用功能和震后对生命安全、日常生活以及社会经济冲击影响等，建筑物被划分为危险性分类 I～IV类，地震重要性系数I_E取1.0～1.5。大部分建筑物的危险性分类为 II 类和 III 类，大致相当于中国的丙类和乙类分类。按危险性分类及设防区域，建筑物进一步被划分为6个抗震设计分类A～F，类别越高，对抗侧力体系的延性要求越高，地震反应折减系数R值越大。抗震设计分类 B 或 C 大致相当于中国7度～8度设防区域的丙类建筑，抗震设计分类 C 或 D 大致相当于乙类建筑；抗震设计分类 D 大致相当于8.5度区及9度区的建筑。抗震设计赘余度系数ρ是考虑结构超静定等因素引起的系统超强作用。对于抗震设计分类为 B 或 C 的建筑物，取$\rho=1.0$；对于抗震设计分类的 D、E、F 类建筑物，取$\rho=1.3$。图4.2.1给出美国抗震设计的流程框图。

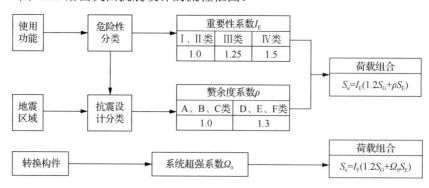

图4.2.1　美国抗震设计的流程框图

3. 结构延性

ACI 318-08第1～19章和第22章列出了抗震设计分类为 A 的钢筋混凝土（含型钢，

下同）结构的有关设计条文，第 21 章为抗震设计专篇[13]。抗震设计分类 B～F 的结构不仅需要满足第 1～19 章和第 22 章的有关要求，更需要满足第 21 章的抗震要求。

（1）延性框架

按延性等级的高低，钢筋混凝土框架结构的排列顺序为 OMF、IMF、SMF。其中，OMF 适用于抗震设计分类 B 及以下的建筑物。框架梁仅需满足纵向钢筋的连续性和整体性；对净高不大于 5 倍柱截面尺寸的框架柱，要求进行剪切验算，避免剪切破坏。IMF 适用于抗震设计分类 C 及以下的建筑物，应满足第 21.3 节有关规定。SMF 适用于抗震设计分类 D、E、F 及以下的建筑物，应满足第 21.5～21.7 节有关规定。为避免列出烦琐的条文，图 4.2.2～图 4.2.5 给出本书作者承担美国项目的结构设计时，按 IMF 和 SMF 框架柱和框架梁的要求绘制的施工图实例，供读者参考。有关 SMF 的柱塑性铰区域内约束箍筋体积配箍率的要求（第 21.6.4 条），将在第四章第三节中展开专题讨论。

（2）延性剪力墙

ACI 318-08 规定普通钢筋混凝土剪力墙（OSW）无须满足第 21 章的条文规定。延性钢筋混凝土剪力墙（SSW）一般指底部是按延性构造措施详细设计的潜在塑性铰区域，两侧设边缘构件的悬臂墙肢或通过延性连梁连接的联肢墙肢。第 21.9.2～21.9.5 条对剪力墙的最小配筋率，剪切、压弯强度计算公式等作出了详细的规定。这里不予赘述，以避免重复抄写烦琐的条文。有兴趣的读者可阅读 ACI 的有关条文及条文说明。有关 SSW 的延性机理以及边缘构件（第 21.9.6 条）等将在第四章第四节展开讨论。这里，暂且仅对连梁做一些介绍。

连梁把独立的墙肢连接成联肢墙或三维的核心筒体，是结构的主要抗侧力构件。连梁的强度和延性是延性剪力墙设计内容的重要组成部分，对整个结构体系提供了耗能能力和侧向刚度。非线性分析表明，一般来说，连梁将先于框架梁进入屈服状态，性能水准要低于框架梁，并耗散了大部分的地震波输入能量。另外，为了满足规范对层间位移角限值的要求，有时会采取加高连梁，加强联肢墙肢间联系的措施。但深连梁的剪切变形往往会引起刚度和强度的退化，可能会发生剪切破坏，控制连梁的设计。

ACI 318-08 第 21.9.7.1～21.9.7.3 条规定：

1）当连梁净跨高比 $(l_n / h) \geqslant 4$，连梁以弯曲变形为主，可按延性框架梁配筋。

2）当 $(l_n / h) < 2$，且 $V_u > 4A_{cw}\sqrt{f_c'}$（其中 V_u 为剪力需求，A_{cw} 为连梁抗剪截面面积），连梁以剪切变形为主，应配置沿跨中对称的两组交叉斜筋。

3）当 $2 \leqslant (l_n / h) < 4$ 时，可按延性框架梁配筋，也可以配置交叉斜筋。

ACI 318-08 第 21.9.7.4 条规定，对于配置交叉斜筋的连梁，其名义承载能力 V_n 为

$$V_n = 2A_{vd}f_y \sin\alpha \leqslant 10\sqrt{f_c'}A_{cw} \tag{4.2.1}$$

式中，A_{vd} 为一组斜筋的面积；α 为斜筋与纵向轴线间的夹角。每一组斜筋至少应有 4 根斜向钢筋分两层组成，锚入墙体内的长度为纵筋受拉锚固长度的 1.5 倍。

ACI 318-08 第 21.9.7.4 条还使用连梁全截面约束的概念，给出一个可供选择的交叉钢筋布置方式，替代旧版本推荐的两组斜纵筋和箍筋绑扎成为柱钢筋笼的配筋方式，以方便施工，如图 4.2.6 所示。

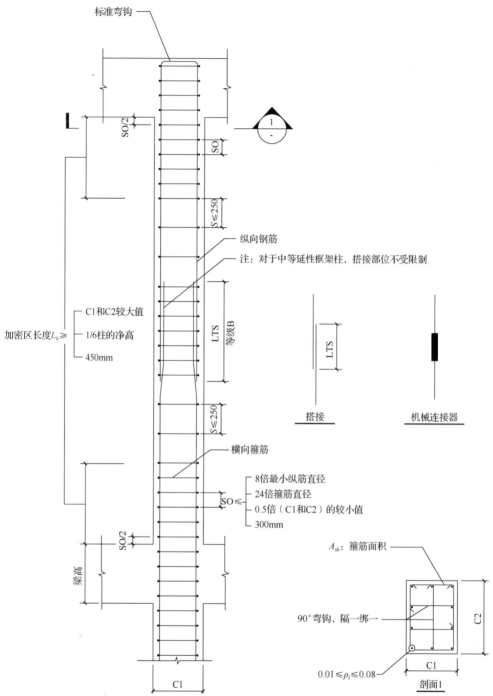

说明：

1. 本图为柱立面图，给出柱的纵向钢筋和箍筋的布置方式，与有关柱表和典型节点配合使用。

2. 梁柱支座处的箍筋细部构造，见梁柱节点典型详图。

3. 总包方应优化钢筋的搭接数量。

4. 符号：

A_{sh}：箍筋面积；　ρ_l：纵向钢筋配筋率；　LTS：纵向钢筋搭接长度；

S：箍筋非加密区箍筋间距；　SO：箍筋加密区箍筋间距；　L_0：箍筋加密区长度。

图 4.2.2　中等延性框架柱典型详图

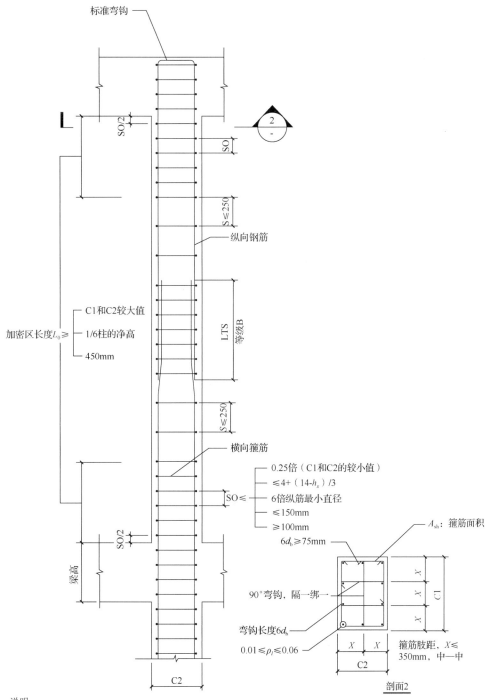

说明：
1. 本图为柱立面图，给出柱的纵向钢筋和箍筋的布置方式，与有关柱表和典型节点配合使用。
2. 梁柱支座处的箍筋细部构造，见梁柱节点典型详图。
3. 总包方应优化钢筋的搭接数量。
4. 符号：
A_{sh}：箍筋面积；ρ_l：纵向钢筋配筋率；LTS：纵向钢筋搭接长度；
S：箍筋非加密区箍筋间距；SO：箍筋加密区箍筋间距；L_0：箍筋加密区长度，h_x：最大箍筋肢距（单位：in）。

图 4.2.3　延性框架柱典型详图

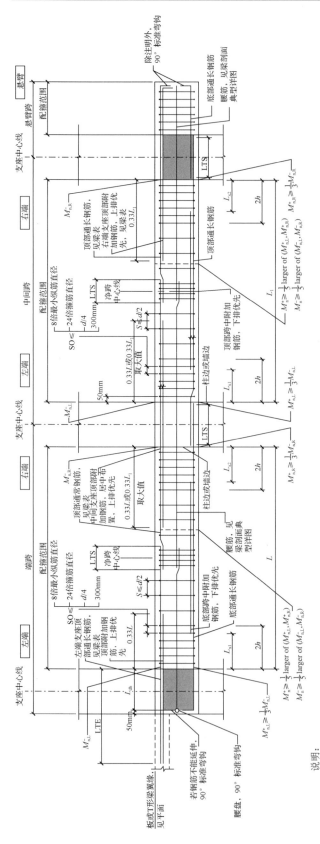

图 4.2.4　中等延性框架梁典型纵向立面图

说明:

1. 本图为梁纵向立面图,给出梁的纵向钢筋和箍筋的布置方式,与有关表和典型节点配合使用。
2. 梁支座处的箍筋构造,见典型节点详图。
3. 总包方应优化钢筋的搭接数量。
4. 若搭接,搭接的位置和构造应符合本图的要求。
5. 在跨中搭接范围内,箍筋间距不大于 d/4 和 100mm 的较小值。
6. 符号:

M_n^+: 梁跨中任意截面的(正弯矩)弯曲强度;M_n^-: 梁跨中任意截面的(负弯矩)弯曲强度;$M_{n,L}^+$: 梁左端支座处的柱边的(正弯矩)弯曲强度;$M_{n,L}^-$: 梁左端支座处的柱边的(负弯矩)弯曲强度;$M_{n,R}^+$: 梁右端支座处的柱边的(正弯矩)弯曲强度;$M_{n,R}^-$: 梁右端支座处的柱边的(负弯矩)弯曲强度;

A_s: 纵向钢筋面积;

L_{x1}: 底部跨中附加纵筋筋断点至左端支座柱边的距离;L_{x2}: 底部跨中附加纵筋纵筋截断点至右端支座柱边的距离;

LTS: 搭接长度;LTE: 锚固长度;L_{dh}: 锚固钢筋水平段长度;

S: 箍筋加密区箍筋间距;SO: 箍筋非加密区箍筋间距;

b: 梁宽;h: 梁高;d: 梁截面有效高度。

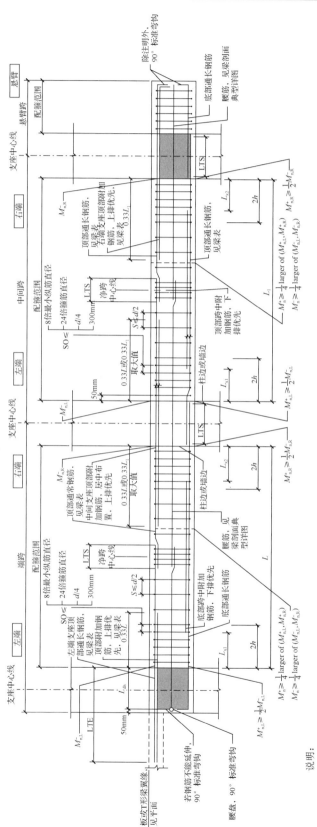

图 4.2.5 延性框架梁典型纵向立面图

说明:
1. 本图为梁纵向立面图,绘出梁向钢筋和箍筋的布置方式,与有关梁表和典型节点配合使用。
2. 梁支座处的箍筋构造,见梁柱节点详图。
3. 总包方应核对应符合本图的要求。
4. 若搭接,搭接位置和构造应符合本图的要求。
5. 在跨中搭接范围内,箍筋间距不大于 $d/4$ 和 100mm 的较小值。
6. 符号:
   M_n^+:梁跨中任意截面的(正弯矩)弯曲强度;M_n^-:梁跨中任意截面的(负弯矩)弯曲强度;
   $M_{n,L}^+$:梁左端支座处的柱边的(正弯矩)弯曲强度;$M_{n,L}^-$:梁左端支座处的柱边的(负弯矩)弯曲强度;
   $M_{n,R}^+$:梁右端支座处的柱边的(正弯矩)弯曲强度;$M_{n,R}^-$:梁右端支座处的柱边的(负弯矩)弯曲强度;
   A_s:纵向钢筋面积;
   L_{x1}:底部跨中附加纵筋截断点至左端支座柱边的距离;L_{x2}:底部跨中附加纵筋截断点至右端支座柱边的距离;
   LTS:搭接长度;LTE:锚固长度;L_{ab}:锚固长度水平段长度;
   S:箍筋间距,SO:箍筋加密区箍筋间距;
   b:梁宽;h:梁高;d:梁截面有效高度。

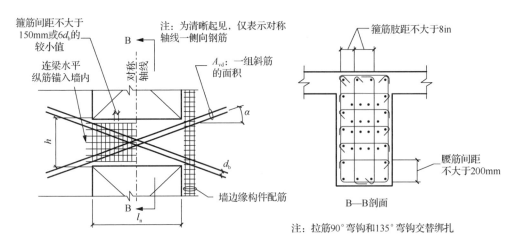

图 4.2.6　设置交叉斜筋的连梁构造示意图

4. 抗侧力体系表

在上述抗震设计准则的基础上，按体系和构件的延性能力，ASCE 7-10 给出比较完整的抗侧力体系表，部分摘录于表 4.2.1 中。

表 4.2.1　抗侧力体系表

抗侧力体系	反应折减系数 R	超强系数 Ω_0	位移放大系数 C_d	结构限高 h_e/ft 抗震设计分类				
				B	C	D	E	F
A. 承重墙体系								
1. 延性钢筋混凝土剪力墙	5	$2\frac{1}{2}$	5	NL	NL	160	100	100
2. 普通钢筋混凝土剪力墙	4	$2\frac{1}{2}$	4	NL	NL	NP	NP	NP
B. 房屋框架体系								
1. 钢偏心支撑框架	8	2	4	NL	NL	160	160	100
2. 延性钢中心支撑框架	6	2	5	NL	NL	160	160	100
3. 普通钢中心支撑框架	$3\frac{1}{4}$	2	$3\frac{1}{4}$	NL	NL	35	35	NP
4. 延性钢筋混凝土剪力墙	6	$2\frac{1}{2}$	5	NL	NL	160	160	100
5. 普通钢筋混凝土剪力墙	5	$2\frac{1}{2}$	4	NL	NL	NP	NP	NP
6. 型钢混凝土偏心支撑框架	8	$2\frac{1}{2}$	4	NL	NL	160	160	100
7. 型钢混凝土中心支撑框架	5	2	$4\frac{1}{2}$	NL	NL	160	160	100
8. 普通钢和混凝土支撑框架	3	2	3	NL	NL	NP	NP	NP
9. 钢板混凝土剪力墙	$6\frac{1}{2}$	$2\frac{1}{2}$	$5\frac{1}{2}$	NL	NL	160	160	100
10. 延性型钢混凝土剪力墙	6	$2\frac{1}{2}$	5	NL	NL	160	160	100

续表

抗侧力体系	反应折减系数 R	超强系数 Ω_0	位移放大系数 C_d	结构限高 h_e/ft 抗震设计分类				
				B	C	D	E	F
11. 普通型钢混凝土剪力墙	5	$2\frac{1}{2}$	$4\frac{1}{2}$	NL	NL	NP	NP	NP
12. 钢防屈曲支撑框架	8	$2\frac{1}{2}$	5	NL	NL	160	160	100
13. 延性钢板剪力墙	7	2	6	NL	NL	160	160	100
C. 框架体系								
1. 延性钢框架	8	3	$5\frac{1}{2}$	NL	NL	NL	NL	NL
2. 延性钢桁架	7	3	$5\frac{1}{2}$	NL	NL	160	100	NP
3. 中等延性钢框架	$4\frac{1}{2}$	3	4	NL	NL	35	NP	NP
4. 普通钢框架	$3\frac{1}{2}$	3	3	NL	NL	NP	NP	NP
5. 延性钢筋混凝土框架	8	3	$5\frac{1}{2}$	NL	NL	NL	NL	NL
6. 中等延性钢筋混凝土框架	5	3	$4\frac{1}{2}$	NL	NL	NP	NP	NP
7. 普通钢筋混凝土框架	3	3	$2\frac{1}{2}$	NL	NP	NP	NP	NP
8. 延性型钢混凝土框架	8	3	$5\frac{1}{2}$	NL	NL	NL	NL	NL
9. 中等延性型钢混凝土框架	5	3	$4\frac{1}{2}$	NL	NL	NP	NP	NP
10. 部分约束型钢混凝土框架	6	3	$5\frac{1}{2}$	160	160	100	NP	NP
11. 普通型钢混凝土框架	3	3	$2\frac{1}{2}$	NL	NP	NP	NP	NP
D. 延性框架至少承受 25% 底部地震剪力的双重体系								
1. 钢偏心支撑框架	8	$2\frac{1}{2}$	4	NL	NL	NL	NL	NL
2. 延性钢中心支撑框架	7	$2\frac{1}{2}$	$5\frac{1}{2}$	NL	NL	NL	NL	NL
3. 延性钢筋混凝土剪力墙	7	$2\frac{1}{2}$	$5\frac{1}{2}$	NL	NL	NL	NL	NL
4. 普通钢筋混凝土剪力墙	6	$2\frac{1}{2}$	5	NL	NL	NP	NP	NP
5. 钢和混凝土组合偏心支撑框架	8	$2\frac{1}{2}$	4	NL	NL	NL	NL	NL
6. 钢和混凝土组合中心支撑框架	6	$2\frac{1}{2}$	5	NL	NL	NL	NL	NL
7. 钢板混凝土组合剪力墙	$7\frac{1}{2}$	$2\frac{1}{2}$	6	NL	NL	NL	NL	NL
8. 延性型钢混凝土剪力墙	7	$2\frac{1}{2}$	6	NL	NL	NL	NL	NL
9. 普通型钢混凝土剪力墙	6	$2\frac{1}{2}$	5	NL	NL	NP	NP	NP

续表

| 抗侧力体系 | 反应折减系数 R | 超强系数 Ω_0 | 位移放大系数 C_d | 结构限高 h_e/ft | | | | |
| | | | | 抗震设计分类 | | | | |
				B	C	D	E	F
10. 钢防屈曲支撑框架	8	$2\frac{1}{2}$	5	NL	NL	NL	NL	NL
11 延性钢板剪力墙	8	$2\frac{1}{2}$	$6\frac{1}{2}$	NL	NL	NL	NL	NL
E. 中等延性框架至少承受25%底部地震剪力的双重体系								
1. 延性钢中心支撑框架	6	$2\frac{1}{2}$	5	NL	NL	35	NP	NP
2. 延性钢筋混凝土剪力墙	$6\frac{1}{2}$	$2\frac{1}{2}$	5	NL	NL	160	100	100
3. 普通钢筋混凝土剪力墙	$5\frac{1}{2}$	$2\frac{1}{2}$	$4\frac{1}{2}$	NL	NL	NP	NP	NP
4. 延性钢和混凝土组合中心支撑框架	$5\frac{1}{2}$	$2\frac{1}{2}$	$4\frac{1}{2}$	NL	NL	160	100	NP
5. 普通钢和混凝土组合支撑框架	$3\frac{1}{2}$	$2\frac{1}{2}$	3	NL	NL	NP	NP	NP
6. 普通型钢混凝土剪力墙	5	3	$4\frac{1}{2}$	NL	NL	NP	NP	NP
F. 普通钢筋混凝土框架和普通钢筋混凝土剪力墙的相互作用体系								
	$4\frac{1}{2}$	$2\frac{1}{2}$	4	NL	NP	NP	NP	NP
G. 符合下列要求的悬臂柱体系								
1. 延性钢框架	$2\frac{1}{2}$	$1\frac{1}{4}$	$2\frac{1}{2}$	35	35	35	35	35
2. 中等延性钢框架	$1\frac{1}{2}$	$1\frac{1}{4}$	$1\frac{1}{2}$	35	35	35	NP	NP
3. 普通钢框架	$1\frac{1}{4}$	$1\frac{1}{4}$	$1\frac{1}{4}$	35	35	NP	NP	NP
4. 延性钢筋混凝土框架	$2\frac{1}{2}$	$1\frac{1}{2}$	$2\frac{1}{2}$	35	35	35	35	35
5. 中等延性钢筋混凝土框架	$1\frac{1}{2}$	$1\frac{1}{4}$	$1\frac{1}{2}$	35	35	NP	NP	NP
6. 普通钢筋混凝土框架	1	$1\frac{1}{4}$	1	35	NP	NP	NP	NP
H. 除钢悬臂柱以外的不设防钢结构体系								
	3	3	3	NL	NL	NP	NP	NP

注：1. NL 表示没有限制，NP 表示不允许。

2. 位移放大系数 C_d 用于计算层间位移、层间位移角和结构稳定系数。

3. 当超强系数 Ω_0 大于 $2\frac{1}{2}$，允许减小 $\frac{1}{2}$。

4. 1ft=3.048×10⁻¹m。

注意：承重墙结构体系、房屋框架体系、双重体系（延性框架+剪力墙）、双重体系（中等延性框架+剪力墙）中的主要竖向抗侧力构件都可以采用延性钢筋混凝土剪力墙或普通钢筋混凝土剪力墙（表 4.2.1 内加底纹的部分），但这四个体系的耗能能力是不同的，相应的地震反应折减系数 R 值的大小也是不同的。

5. 房屋框架体系

按 ASCE 7-10 承重墙的定义，几乎所有的钢筋混凝土墙都属于承重墙的范畴。表 4.2.1 中的承重墙体系中的墙体同时承受重力荷载和抵抗地震荷载，相当于中国的剪力墙体系。当大震时，墙体在底部或其他位置有可能出现严重裂缝而不能继续承受重力荷载，结构发生坍塌。因此，承重墙体系是一种延性并不很高的结构体系。房屋框架体系是由空间重力框架承受重力荷载+剪力墙和（或）框架抵抗地震荷载的结构体系。按美国 SEAOC（加利福尼亚结构工程师协会）规定，若在承重墙的周边设置边缘构件，并假定移除了边缘构件以外的所有墙体后，由边缘构件组成的框架能够承受重力荷载（包括被移除墙体的荷载），且按重力框架的构造要求进行设计（允许边缘构件和墙体同时浇注），那么，由边缘构件组成的框架（与其他的框架一起，若有）形成了一个空间框架，承受所有（或绝大部分）的重力荷载；由剪力墙（与其他框架一起，若有）抵抗地震力。结构体系由承重墙体系转换成房屋框架结构体系。也就是说，承重墙的边缘构件提供了重力荷载的另外一种传力途径，能确保大震不倒，并且加强了对墙体的约束作用，房屋结构体系具有高于承重墙体系的延性和耗能能力。图 4.2.7 给出其转换原理示意图。

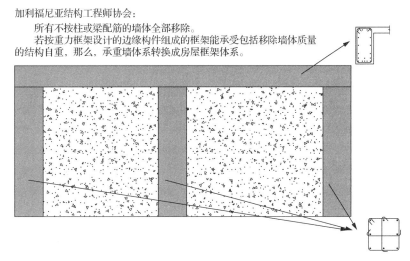

图 4.2.7 承重墙体系转换为房屋框架体系的原理示意图
（引自：PPT by Guglielmo E，美国结构工程师大学）

6. 双重体系

表 4.2.1 的 D 和 E 表明，ASCE 7-10 通过框架单独承担 25%结构底部总地震剪力

$$V_{bf0} = 0.25V_b \tag{4.2.2}$$

来提高框架强度，控制塑性变形，达到预期性能水准来实现双重体系。式（4.2.2）中，V_{bf0} 表示框架单独承担地震作用的底部剪力。对于钢筋混凝土框架-核心筒双重体系，当连梁屈服、墙肢出现裂缝，核心筒刚度退化时，周边框架将具有足够的强度来限制内力重分布引起框架过大的塑性变形。显然，双重体系不仅提高了结构的抗倾覆能力和减小了顶部侧向位移，更重要的是提高了结构体系的延性和耗能能力。双重体系的延性和耗

能能力要明显高于房屋框架体系。当然，延性框架+延性剪力墙的双重体系的延性和耗能能力要高于中等延性框架+延性剪力墙的双重体系。根据 R-μ-T 准则，结构体系和构件的延性及耗能能力的增高导致反应折减系数 R 增大，位移放大系数也作出了相应的调整。

结构工程师可通过计算机软件实现周边框架单独承担 $V_{bf0} = 0.25V_b$ 的计算分析。在具体操作中，可在分析模型中弱化核心筒墙体的刚度，把 V_{bf0} 以倒三角形的分布模式作用于框架结构。框架将按分配的层剪力和按 V_{bf0} 单独计算得到的层剪力 V_{f0} 进行包络设计。

综上所述，ASCE 7-10 的宗旨是延性框架必须单独承担一个以底部总地震剪力百分比形式出现的最小设计地震作用。在这个最小设计地震作用下，框架应该具有足够的强度。它与前述的最小底部剪力系数具有相同的物理意义。ASCE 7-10 的双重抗侧力的结构体系理论和有关规定源自 UBC 97。本书称这种设计准则为强度控制设计准则。

表 4.2.1 还给出由 OMF 和 OSW 组成的相互作用体系。与承重墙体系、房屋框架体系和双重体系比较，这种体系由普通延性构件组成，并不要求框架部分单独承担 25%底部剪力，其反应折减系数 R 值也较小。

有几个细节需要说明：①ASCE 7-10 设防区域的划分，已经计入了场地类别的影响；②抗震设计分类是针对结构体系的；③ACI 318-08 使刚度折减系数把弹性弯曲刚度折减为有效弯曲刚度，如剪力墙取 0.3（开裂）或 0.7（未开裂），柱取 0.7，已经考虑了一部分结构内部的内力重分布效应。

综上所述，表 4.2.1 中各种抗侧力体系的设计参数和适用范围是 R-μ-T 准则的具体体现。ASCE 7-10 推荐低烈度区采用低延性结构体系，输入相对较高的地震作用进行结构抗震分析，构件具有相对较高的承载能力，采取相对放松的抗震延性构造措施；推荐高烈度区采用高延性结构体系，输入相对较低的地震作用进行结构抗震分析，构件具有相对较低的承载能力，但采取严格的抗震延性构造措施。

二、中国规范的双重抗侧力结构体系

1. 简述

我国 1979 年引进了美国的双重体系概念，对框架-核心筒结构，不论建筑物的高矮和场地设防烈度的高低，设定了框架部分分担地震剪力标准值 $0.2V_b$ 的要求。当不能满足，但其最大值不小于 $0.1V_b$ 时，框架各楼层地震剪力标准值应按

$$V_f \geqslant \text{smaller of } (0.2V_b, 1.5V_{f,max}) \qquad (4.2.3)$$

沿高度按垂直线统一调整，并按调整的比值（即剪力调整系数）来调整框架梁的地震剪力和梁柱节点地震弯矩标准值。式（4.2.3）中，V_b 为结构底部地震总剪力标准值，$V_{f,max}$ 为框架承担的最大地震层剪力标准值[14]。这种采用剪力调整系数来提高框架强度的规定一直延续至今。

另外，我国有关规范把框架楼层承担地震剪力标准值与结构底部总地震剪力标准值之比定义为框架楼层地震剪力分担比（简称楼层剪力分担比或剪力分担比，下同）。除了上述剪力调整以外，GB 50011—2010 第 6.7.1 条第 2 款进一步规定，除加强层及其相邻上、下层外，按框架-核心筒计算分析得到的框架部分最大楼层剪力分担比不宜小于10%。此外，GB 50011—2010 附录 G 的第 G.2.3 条第 2 款规定，钢框架部分按刚度计算分配的最大楼层剪力，不宜小于 10%。当小于 10%时，核心筒的墙体承担的地震作用应

适当增大，墙体构造的抗震等级宜提高一级，一级时应适当提高[8]。框架部分最大楼层剪力分担比不宜小于10%的规定同样也适用于钢框架-混凝土核心筒结构。

JGJ 3—2010第9.1.11条给出了类似的、更详细的规定如下：①框架部分分配的楼层地震剪力标准值的最大值不宜小于结构底部总地震剪力标准值的10%。②当框架部分分配的地震剪力标准值的最大值小于结构底部总地震剪力标准值的10%时，各层框架部分承担的地震剪力标准值应增大到结构底部总地震剪力标准值的15%；此时，各层核心筒墙体的地震剪力标准值宜乘以增大系数1.1，但可不大于结构底部总地震剪力标准值，墙体的抗震构造措施应按抗震等级提高一级后采用，已为特一级的可不再提高。③当框架部分分配的地震剪力标准值小于结构底部总地震剪力标准值的20%，但其最大值不小于结构底部总地震剪力标准值的10%时，应按结构底部总地震剪力标准值的20%和框架部分楼层地震剪力标准值中最大值的1.5倍两者的较小值进行调整[14]。

建质67号文件第十一条第（二）款又进一步明确，框架与墙体、筒体共同抗侧力的各类结构中，框架部分地震剪力的调整宜依据其超限程度比规范的规定适当增加；超高的框架-核心筒结构，其混凝土内筒和外框之间的刚度宜有一个合适的比例，框架部分计算分配的楼层地震剪力，除底部个别楼层、加强层及其相邻上、下层外，多数不低于基底剪力的8%，且最大值不宜低于10%，最小值不宜低于5%[12]。

综合上述规范条文和超限审查要点，从6度到9度设防区、从低层到超高层建筑，中国规范都要求相互作用体系按双重抗侧力结构体系进行抗震设计。对于框架-核心筒结构，不仅通过剪力调整系数提高周边框架的强度，还要求周边框架和核心筒的侧向刚度有一个合适的比例。显然，中国规范执行的是强度和刚度双控的设计方法，但更强调框架和核心筒之间弹性刚度的比例。本书称这种设计准则为双控设计准则或刚度控制设计准则。

2. 二道防线

对不同的构件赋予不同的强度等级和延性等级，建立多道防线是抗震设计理论的一个重要组成部分。强柱-弱梁、强墙肢-弱连梁的抗震设计原则就是使用内力重分布原理实现多道防线概念的具体应用之一。在此理论基础上，GB 50011—2010和JGJ 3—2010对钢筋混凝土框架-核心筒结构明确提出了周边框架为核心筒墙体二道防线的概念：核心筒吸收了大部分地震作用，为抗侧力体系的第一道防线；在大震作用下，连梁屈服、墙体开裂，核心筒的内力流向外部框架，框架为第二道防线。如上所述，规范还进一步以框架楼层地震剪力分担比作为判别周边框架强弱程度的参数，认为最大剪力分担比小于10%，周边框架刚度过弱，不能起到二道防线的作用。建质67号文件又调整为除底部个别楼层、加强层及其相邻上下层外，多数不低于基底剪力的8%，且最大值不宜低于10%，最小值不宜低于5%。这就是说，中国设计界的二道防线是一个用于框架-核心筒结构判别周边框架刚度是否足够，双重体系是否成立的专用名词。

二道防线的概念基本正确（详见以下案例研究中"地震剪力的分配和流向"小节的讨论）。非线性分析表明大部分的地震剪力从核心筒流向周边框架。为了能起到二道防线的作用和双重体系成立，当地震剪力流向周边框架时，框架应具有足够的抗弯能力和耗能能力。尽管中国和美国规范采取的方法有所不同（中国规范采用剪力调整系数，美国规范采用框架单独承担 $V_{bf0} = 0.25V_b$），但都通过周边框架应该承担附加地震作用的途径来提高框架的强度。这种强度控制设计准则对增加高延性双重体系的结构安全具有积极的意义。

　　然而，随着抗震理论的完善和建筑高度的攀升，在超高层建筑设计中，逐步暴露了中国规范双控设计中刚度控制设计准则的缺陷，全楼统一地按垂直控制线调整框架剪力理论上的不完整以及较差的技术经济指标等问题。对于巨形框架-核心筒结构体系，甚至带来结构设计的困难。主要表现如下：

　　1）工程实践表明，若不计斜柱轴力的投影，巨型框架-核心筒结构超高层建筑的巨柱，其楼层剪力分担比在 2%~3%。

　　2）以水平剪力作为判别周边框架强弱的物理量并不十分合适。图 1.2.8 给出在均布水平荷载作用下，以结构特征系数 αH 作为参数，等效连续方法得到的框架-核心筒结构侧向挠曲变形 $u(z)$、层间位移角 du/dz、核心筒墙体承担的弯矩 $M_w(z)$ 和剪力 $V_w(z)$ 沿高度分布曲线的近似解析解。近似解表明，核心筒底部墙体承担了结构全部的地震剪力，与 αH 无关。这也许并不完全符合实际受力情况。但是，在底部区域核心筒的弹性刚度远大于框架，框架确实仅仅承担了小部分的底部剪力。结构模型试验表明，保持楼层侧向位移协调的情况下，弹性阶段底部框架仅承担不足 5%的总剪力[8]。正如第一章第二节所述，周边框架对结构的贡献主要在于降低墙体承受的弯矩和减少结构的侧向位移。随着 αH 的增大，在上述 4 个反映结构力学特性的物理量中，结构顶部水平位移的减小和核心筒墙体弯矩的减小效应最为明显，框架承担剪力的增大效应最不明显。仅通过调整柱、梁的截面尺寸来满足剪力分担比不小于 10%的设计途径也许是得不偿失的。

　　3）以分配到的楼层地震剪力标准值的最大值来判别周边框架的强弱也并不十分合适。由于设备层、避难层或其他建筑功能，高层建筑的层高和构件断面往往并不是均匀的。个别层刚度的变化会引起框架剪力分布曲线的局部外凸。若外凸恰恰超过剪力分担比10%的刚度控制线，核心筒墙体的地震剪力将不予增大，抗震等级将不予提高。对于同一个结构，若通过刚度均匀化，框架剪力分布曲线也许恰恰落在剪力分担比 10%刚度控制线的内侧，核心筒承担的地震剪力将增大 1.1，核心筒抗震等级将提高一级。这就是说，刚度均匀的高层建筑比刚度不均匀的类似高层建筑，结构底部总地震剪力要大 1.036 倍，核心筒墙体承担的地震剪力要大 1.1 倍。这并不符合通常的结构设计概念。进一步，如上所述，双重体系中的延性框架应承担一个以底部总地震剪力百分比形式出现的最小设计地震作用。此种按楼层地震剪力调整的方法模糊了框架承担附加地震作用的物理意义。

　　4）按 JGJ 3—2010 第 9.1.11 条规定，调整后结构总底部剪力控制在计算值的 110%~115%。若周边框架的剪力分担比不足 10%，核心筒墙体将承担 100%的地震剪力。这样，柱的剪力调整系数随着剪力分担比的减小将迅速增大。例如，当分担比为 2%~3%时，调整系数可达 7.5~5，且全楼按此系数统一调整。这样的调整并不符合框架-核心筒相互作用结构体系的基本力学特性。

　　5）按第 JGJ 3—2010 第 9.1.11 条规定，即使最大楼层剪力分担比小于 10%，墙体的抗震等级已为特一级的可不再提高。按照现行规范规定的适用高度和抗震等级，低烈度区、高层建筑的安全度将有可能出现高于高烈度区、超高层建筑的倒挂现象。

　　3. 案例研究

　　（1）分析模型

　　把某型钢框架-混凝土核心筒超高层建筑设计实例的层高和构件断面均匀化处理

后，可作为分析案例[15]。图 4.2.8 给出分析案例的结构平面示意图。核心筒偏置，以考虑扭转的不利影响。地上 42 层，结构高度 202.5m。抗震设防烈度 7 度，抗震设防分类丙类，设计分组第一组，场地 II 类，特征周期 0.35s。

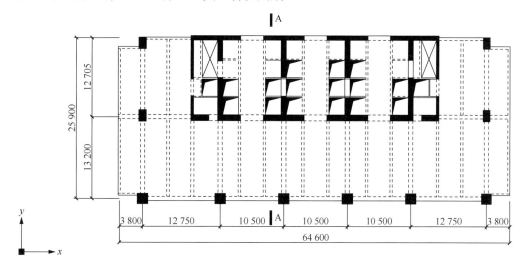

图 4.2.8　分析案例的结构平面示意图[15]

（2）弹性分析

结构振型清晰，自振特性良好。第一平动周期 $T_1 = 5.51s$（ y 向），周期比 $T_t/T_1 = 0.73$。地震反应的初步设计控制指标均满足规范要求。其中，最大楼层剪力分担比，x 向：8.6%，y 向：8.9%；最小剪力分担比，y 向：2.0%。按 JGJ 3—2002 进行设计，即框架的地震剪力按式（4.2.3）进行调整，核心筒承担的地震剪力未予放大。

（3）非线性分析

在建立非线性模型后，使用 PERFORM-3D 进行推覆分析，从小震到濒临倒塌全过程观察结构层间变形的发展规律和地震剪力的分配规律，以深入研究核心筒墙体和周边框架之间内力重分布的机理和路径。按作者的有限经验，对于长周期高层建筑，若考虑第一振型、第一振型±第二振型、第一振型±第三振型（ $\boldsymbol{\Phi}_1, \boldsymbol{\Phi}_1 \pm \boldsymbol{\Phi}_2, \boldsymbol{\Phi}_1 \pm \boldsymbol{\Phi}_3$ ）5 种不同的推覆力分布模式，基本上能足够精确地计入高振型的影响[9]。

1）抗倾覆能力测试。按第一振型分布的推覆力对结构进行推覆，得能力曲线如图 4.2.9 所示。图中，大小圆点表示不同地震水准下的顶点位移角（顶点位移与结构高度之比）。结构具有足够的抗倒塌能力，当遭遇到极罕遇地震（8 度大震）时，其能力曲线尚能基本上处于正刚度。

2）性能目标。表 4.2.2 列出本案例 5 种推覆力分布模式包络后结构实现的性能水准。与预期相同，框架梁的中部、连梁的中下部和剪力墙的底部区域是塑性铰集中出现的区域。结构的性能目标高于 GB 50011—2010 的抗震设防总目标。竖向构件的性能目标高于水平构件，变形机制合理。按 JGJ 3—2010 的分类，至少达到了 C 级性能目标。

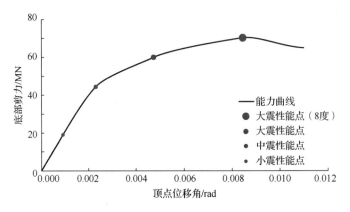

图 4.2.9　能力曲线（y 向，$\boldsymbol{\Phi}_1$）

表 4.2.2　案例实现的性能水准

项目	中震	大震	8 度大震
框架梁	轻度损坏（中部区域，小范围）	轻度损坏（中部区域，大范围） 中度损坏（中部区域，小范围）	中度损坏（中部区域）
框架柱	无损坏	无损坏	中度损坏
剪力墙	无损坏	轻度损坏（底部区域）	中度损坏（底部区域） 重度损坏（底部区域，局部） 轻微损坏（顶部区域）
连梁	轻度损坏（中下部区域，小范围）	轻度损坏（中下部区域，小范围） 中度损坏（中下部区域，大范围）	重度损坏（中下部区域）

3）层间变形。图 4.2.10 依次给出 A—A 剖面的核心筒墙体、框架、连梁，在沿 y 向第一振型推覆力作用下的区格广义剪切变形层分布曲线。小震、中震时，墙体的最大剪切变形小于 1/3 000，无剪切损坏。大震时，墙体的塑性变形集中发生在底部，最大剪切变形约为 1/1 800。在规范定义的层间位移角中，本案例墙体的贡献占 10% 以下。图 4.2.10（b）和（c）表明，小震、中震时，框架的区格广义剪切变形要大于连梁；大震时，在结构的顶部区域，框架的广义剪切变形大于连梁区格，但在结构的中下部区域，情况相反。大部分连梁出现了中度损坏的弯曲塑性变形（LS），其区格剪切变形远远大于框架，为结构弹塑性层间位移角的主要组成部分。

4）地震剪力的分配和流向。图 4.2.11 给出不同设防水准的框架楼层剪力和楼层剪力分担比。图示曲线表明，中震时，由于连梁和框架梁的轻度损坏，内力有所重分布，但并不明显。大震时，底部区域墙体受拉开裂，核心筒刚度有所减弱。中下部区域大部分连梁屈服（LS），核心筒刚度明显减弱，框架剪力分担比由 5%～6% 提高至 10% 左右。此阶段内力重分布的机理主要是连梁的屈服，地震剪力从核心筒流向框架。8 度大震时，底部区域墙体钢筋屈服，核心筒刚度大幅度减弱，框架剪力分担比提高至 13% 左右，而且分担比沿高度的分布模式也发生了本质的变化。此阶段内力重分布的机理主要是墙体的开裂和钢筋的屈服，地震剪力从核心筒流向框架。

另外一个值得注意的方面是，8 度大震时，在结构的顶部区域出现了地震剪力从框架流向核心筒的现象。这体现了框架-核心筒双重抗侧力结构体系相互作用的力学特性。

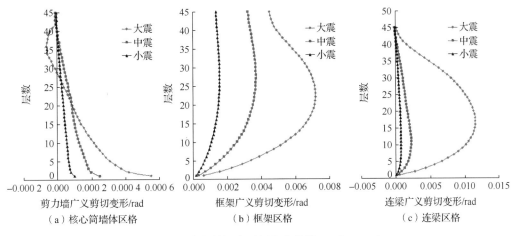

（a）核心筒墙体区格 （b）框架区格 （c）连梁区格

图 4.2.10 广义剪切变形层分布曲线（y 向，Φ_1）

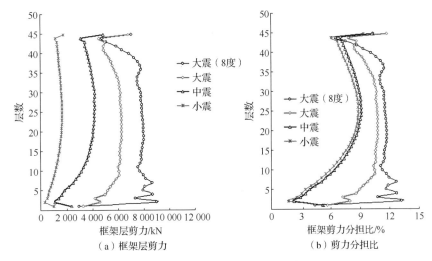

（a）框架层剪力 （b）剪力分担比

图 4.2.11 框架水平剪力和分担比（y 向，Φ_1）

综合图 4.2.9～图 4.2.11 和表 4.2.2，可以说明以下几点。

1）按 JGJ 3—2002 设计的超高层建筑，即使剪力分担比小于 10%，最小剪力分担比为 2%的结构底部总地震剪力，核心筒墙体承担的剪力未作放大，中震时墙体仍未屈服，也未发生明显的内力重分布现象。大震时，由于内力重分布，框架承担的地震剪力有明显的提高。但是，结构完全能达到或高于小震不坏、中震可修、大震不倒的抗震设计总目标。当遭遇到高于基本烈度的极罕遇地震时，结构尚未倒塌，继续承受竖向荷载。

2）内力重分布的基本机理是核心筒和周边框架的侧向刚度发生了相对变化，其主要部位在结构的中下部，集中发生在底部。对于中下部区域，主要原因是连梁屈服。对于底部区域，主要原因是墙体混凝土边缘纤维拉裂，钢筋屈服。地震剪力均从核心筒流向框架。

3）按照层位移挠曲线的变形特征和地震剪力的流向，框架和核心筒应是互为二道防线：在结构的中下部区段，框架为核心筒的二道防线；但在上部区段，核心筒为框架的二道防线。这符合双重抗侧力结构体系的基本力学特性。当然，工程设计的重点在底部。随着结构的屈服，大部分区域中的地震剪力都由核心筒流向框架，可以近似地认为框架为核心筒的二道防线。但这种提法不够全面，规范的条文说明应该注意到这一点。

图 4.2.12(a)给出李梦珂等对美国太平洋地震工程研究中心 PEER/TBI 研究计划 Task 12 案例研究报告中 Building 2A 框架-核心筒结构（42 层，总高 141.8m）展开研究时得到的框架部分、核心筒部分和结构总的底部剪力（F）-顶点位移（D）曲线[16]。它充分说明了框架-核心筒结构互为防线的相互作用特性。图示曲线清晰地显示了剪力流向的三个阶段。第一阶段为弹性阶段，核心筒承担的底部剪力上升陡峭，占总底部剪力的绝大部分，符合结构的弹性受力特征。第二阶段为连梁屈服后阶段，核心筒剪力曲线出现带硬化的屈服平台，底部剪力流向框架，框架承担的底部剪力占总剪力的比例上升，并超过了核心筒承担的剪力。第三阶段为整个结构的底部剪力接近于峰值，约在顶部位移 1.0m，核心筒剪力曲线继续缓慢上升，框架承担的剪力却缓慢地逆向流回核心筒。在总底部剪力曲线出现负刚度时，出现了逆向剪刀差，核心筒的底部剪力又超过了框架的底部剪力。

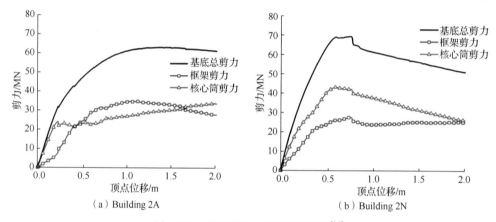

（a）Building 2A   （b）Building 2N

图 4.2.12　底部剪力-顶部位移曲线[16]

　　作为对比分析，李梦珂等根据 Building 2A 的设计要求，在保证两个结构的几何条件（即外形尺寸、层高、柱网布置、核心筒尺寸和位置）、设计荷载、场地条件和地震危险性水平一致的情况下，按照中国规范体系进行了重新设计，称为 Building 2N。由于中国规范对层间位移角、轴压比、外框剪力比等限值比较严格，因此，Building 2N 中的首层柱截面尺寸从 1 170m×1 170m 调整到 1 500m×1 500m，核心筒增加了较多的内部墙体来满足规范的要求。图 4.2.12（b）给出 Building 2N 的底部剪力（F）-顶点位移（D）曲线。图示曲线表明，在结构底部剪力达到峰值（顶点位移约 0.6m）前，整个结构几乎处于弹性阶段，核心筒和框架之间没有发生内力重分布现象。峰值后，核心筒刚度退化，历经了短暂的平台后，总底部剪力及核心筒底部剪力曲线处于负刚度状态。此时，核心筒剪力才开始流向框架。核心筒剪力流出的程度与外框剪力比没有直接的联系。与 Building 2A 不同，Building 2N 核心筒剪力在峰值后，进入软化的屈服平台，承担的剪力始终大于框架部分。中国规范底部加强区的设计理念和严格的层间位移角限值减少了内力重分布的需求。

　　4. 综合评述

　　表 4.2.3 列出中国和美国有关相互作用体系的规范条文对比。除了抗震设计的理论框架不同以外，两国规范的差别主要表现如下：

　　中国规范几乎排斥了除框架结构和剪力墙结构以外的单一抗侧力结构体系，而且要求所有的相互作用体系都按双重体系设计。对于双重体系，不仅使用沿建筑物高度统一的剪力调整系数公式（4.2.3）增大周边框架抵抗地震作用的能力，而且还要求周边框架满足楼层地震剪力分担比不小于 10% 的刚度要求，执行双控设计准则或刚度控制设计准则。

表 4.2.3　中国和美国规范有关相互作用体系的对比

序号	中国规范	美国规范
1	小震设防设计法，不区分结构体系的延性和耗能能力。采用统一的反应折减系数确定小震设计加速度峰值。例如，对于 7 度设防区，反应折减系数为 100/35=2.86	中震设防设计法，区分构件延性和结构延性。例如，以 SSW 为主要的抗侧力构件，在承重墙结构体系、房屋框架结构、中等延性框架的双重体系和延性框架的双重体系中，其（地震）反应折减系数分别为 R = 5,6,6.5,7
2	无对应的结构体系	由 SSW 为主要抗侧力构件的房屋框架体系适用于抗震设计分类 B、C 的建筑，不限高；抗震设计分类 D、E 的建筑，限高 160ft；抗震设计分类 F 的建筑，限高 100ft。由 OMF 和 OSW 的组成相互作用体系仅适用于抗震设计分类 B 的建筑物，不限高。框架部分承担按计算分析分配到的地震剪力
3	不论高度，不论设防烈度，要求所有的相互作用体系都按双重抗侧力体系设计，框架承担的剪力按式（4.2.3）进行调整。对框架-核心筒结构尚且要求框架最大楼层分担比不小于 10% 的刚度要求	由 SMF 组成的双重抗侧力体系适用于抗震设计分类 B~F 的建筑物，不限高。框架需要单独承担 25% 底部地震总剪力，即 $V_{bf0} = 0.25V_b$ 为框架部分单独需要承担的最小设计地震作用

美国规范列出了比较完整的抗侧力体系表。结构工程师可以依据抗震设计分类和建筑高度，选择合适的结构体系。对于双重体系，要求框架按式（4.2.2）单独承担 $V_{bf0} = 0.25V_b$ 的附加地震作用作为框架部分的最小设计地震作用，执行强度控制设计准则。

在地震波持续时间内，由于塑性铰的出现，构件的刚度在不断地发生变化，在不断地进行内力重分布。框架-核心筒结构二道防线的核心概念是框架和核心筒两种结构体系之间的相对刚度发生变化后引起的内力重分布。其目的是推迟框架构件塑性铰的出现，避免过大的塑性变形，实现预期的性能目标。按当代的抗震理论、设计方法及计算机软件提供的技术支持，与所有的内力重分布相同，可在常规设计中，通过框架承担按刚度分配的地震剪力外，再承担附加地震作用的途径使框架具有足够的强度，以控制其塑性变形。因此，对周边框架进行刚度控制必要性的依据并不充分。对此，上海市《建筑抗震设计规程》（DGJ 08-9—2013）第 6.7.1 条第 3 款已经作出了调整，规定若达不到规定的外框剪力比的要求，可通过大震非线性分析验证连梁屈服后能够消耗地震输入的能量，相应的墙肢承受因连梁屈服内力重分布后的地震作用，验算核心筒在大震下的极限承载能力来保证结构的安全。沪建管 954 号文件重申了该条文的合理性[11]。

本节的上述部分已经讨论了框架各楼层地震剪力标准值按式（4.2.3）统一调整的缺陷。框架-核心筒之间屈服后的内力重分布现象主要发生在结构的中下部和底部区域，似乎按 ASCE 7-10 推荐的框架部分单独承担 $V_{bf0} = 0.25V_b$ 的调整方法比楼层剪力调整系数更符合相互作用体系的受力特征，而且给框架部分设定一个应单独承担最小设计地震作用的概念也许更具有物理意义。

5. 设计建议

ASCE 7-10 方法的剪力调整控制线呈三角形分布，更符合内力重分布的特征。然而，按中国规范设计的工程，其底部区域已经得到了加强。已建的大量工程实践的经验，底部区域的框架部分地震剪力按 $0.2V_b$ 调整，已经完全能起到二道防线的作用。按中国的抗震设计理论体系，若照搬 ASCE 7-10 的规定对框架底部区域的剪力调整似乎有所偏大。综合以上分析和中国和美国规范的对比，本书作者提出如下设计建议，供参考。

1）对于框架-核心筒的结构，按强度控制设计准则进行设计，贯彻二道防线的设计思想。

2）把调整框架地震剪力的垂直控制线修改为双折控制线。具体地说，周边框架承担的地震剪力按 $0.2V_b$ 和按 $V_{bf0} = 0.25V_b$ 得到的 V_{f0}，二者的较小值进行调整，与 $V_{f,max}$ 无关，即

$$V_f \geqslant \text{smaller of } (0.2V_b, V_{f0}) \qquad (4.2.4)$$

3）周边框架按式（4.2.4）计算得到的结果和弹性分析分配到结果的包络进行强度设计。

4）加强对中下部连梁的延性设计，且避免在顶部区域过快、过早地削弱或收进竖向构件。

5）取消框架-核心筒结构中按刚度控制的设计准则。

6）应有条件地允许选取单重抗侧力结构体系。最近，谢昭波等通过对一个 25 层，结构总高度 100m 的混凝土框架-核心筒结构的研究表明，两者的破坏模式略有区别，大震性能水准和抗倒塌能力大致相同，但单重抗侧力体系的经济指标要优于双重抗侧力体系[17]。

三、案例分析

某高层建筑，钢筋混凝土框架-核心筒结构，地上 36 层，结构高度 173.5m。抗震设防烈度 7 度，抗震设防分类丙类，设计分组第一组，场地 IV 类（上海），特征周期 0.9s。核心筒和框架抗震等级一级。典型层三维分析模型如图 4.2.13 所示。周边框架邻近角部 8 根方形柱的截面尺寸 1.3m，其余 10 根方形柱的底部截面尺寸 1.5m，标准层框架梁截面尺寸 0.6m×0.55m[15]。

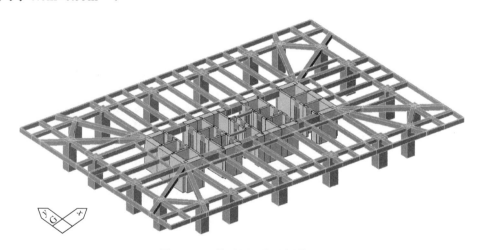

图 4.2.13　典型层三维分析模型

1. 用钢量比较

第一平动周期（y 向）$T_1 = 5.05s$，第二平动周期（x 向）$T_2 = 4.01s$，周期比 $T_t/T_1 = 0.79$。x 方向的剪力分担比为 9.3%，不足 10%。按 JGJ 3—2010 进行初步设计（记作方法一），小震分析控制指标的简明结果如表 4.2.4 所示。

表 4.2.4　某高层建筑小震弹性反应主要控制性指标

最大位移比		最大层间位移角		底部剪力系数	
x 向	y 向	x 向	y 向	x 向	y 向
1.10	1.22	1/984	1/706	2.28%	1.85%

此外，按 DGJ 08-9—2013 第 6.7.1 条、本书作者建议的剪力调整公式（4.2.4）（强度控制），以及刚度控制的三种设计方法（分别记作方法二到方法四）进行了结构分析。其中，方法四把周边框架邻近角部 8 根方形柱的截面尺寸从 1.3m 调整为 1.6m，10 根方形柱截面尺寸从 1.5m 调整为 2.0m，标准层框架梁截面尺寸 0.6m×0.55m 调整为 0.6m×0.65m，以满足两个方向的最大剪力分担比大于结构底部总地震剪力的 10% 的规范要求。显然，方法三和方法四分别属于强度控制方法和刚度控制方法。图 4.2.14 给出周边框架承担的剪力和剪力调整控制线。

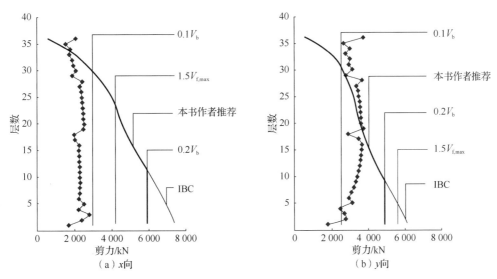

图 4.2.14　周边框架承担的剪力分布曲线及调整控制线

四种方法得到的梁、柱、墙计算理论用钢量统计列于表 4.2.5 中。严格按刚度控制，周边框架邻近角部 8 根方形柱的截面面积放大了 1.5 倍，12 根方形柱放大了 1.78 倍，标准层梁放大了 1.18 倍；梁、柱、墙的计算用钢量为作者推荐方法的 1.06 倍。不仅仅它的技术经济指标最差，而且投资方和建筑师都很难接受构件截面如此放大。按本书作者建议的方法进行强度控制，非线性分析表明周边框架完全起到了二道防线的作用。

表 4.2.5　梁、柱、墙用钢量统计表　　　　　　　　单位：t

构件类别	方法一 JGJ 3—2010 式（4.2.3） $\xi_w = 1.1$	方法二 DGJ 08-3—2013 式（4.2.3） $\xi_w = 1.0$	方法三 本书作者建议公式 式（4.2.4） $\xi_w = 1.0$	方法四 JGJ 3—2010（刚度控制） 式（4.2.3） $\xi_w = 1.0$
梁	2 156	2 156	2 068	2 116
柱	1 363	1 363	1 361	1 755
墙	2 839	2 685	2 685	2 625
小计	6 358	6 204	6 114	6 496

注：ξ_w 为基于规范的核心筒地震剪力调整系数。

2. 非线性分析和性能水准

按方法三对框架部分进行地震剪力调整。7 度大震时，按 $\boldsymbol{\Phi}_1,\boldsymbol{\Phi}_1\pm\boldsymbol{\Phi}_2,\boldsymbol{\Phi}_1\pm\boldsymbol{\Phi}_3$ 5 种推覆力分布模式包络的构件性能水准和层分布如图 4.2.15 所示。与预期相同，结构的中下部为连梁的主要屈服区域，中部为框架梁的主要屈服区域，底部为核心筒墙体的主要屈服区域。在结构的顶部区域，部分框架柱发生了轻度损坏。所有构件均未发生剪切破坏。

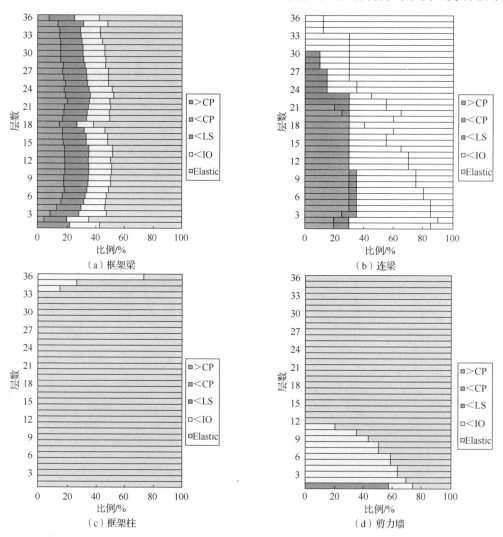

图 4.2.15　构件性能水准层分布图（7 度大震，方法三）

图 4.2.16 给出顶层典型柱的 *P-M* 屈服面以及 *P-M* 矢的轨迹线。柱的轴压比 0.07 左右，属弯曲型延性屈服。图中曲线的 *OA* 段为重力加载段，*AB* 段为水平加载段。*B* 点为屈服点，处于 *P-M* 屈服面。屈服后，沿着屈服面流动至 *C* 点。然后，由于内力重分布，卸载至 *D* 点。实际上，*B*、*C* 两点非常接近。也就是说，压弯构件刚刚出现屈服。因此，若有必要，只要按非线性分析结果，略微加强柱的配筋，顶部区域柱完全可以达到大震无损坏的性能水准。图 4.2.15 和图 4.1.16 表明，整个结构实现了性能 C 级，达到 JGJ 3—2010

规定的性能水准。

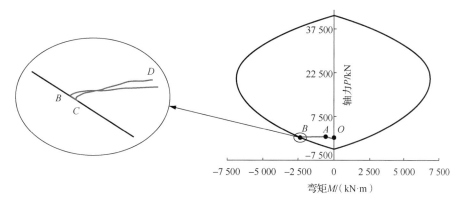

图 4.2.16　顶部典型柱的 P-M 屈服面和 P-M 矢的轨迹线

　　图 4.2.17 给出按方法三和方法四设计结构的能力曲线。与预期相同，按方法四设计的结构侧向刚度略大一些，弹塑性层间位移角略小一些。但在抗倒塌能力方面，二者无实质性的差别，均在设防烈度 7 度大震时能力曲线仍能继续保持足够长段的正刚度。

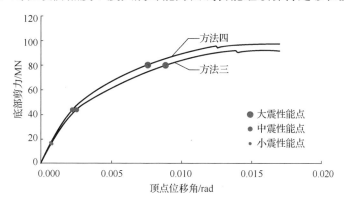

图 4.2.17　方法三和方法四能力曲线的比较（y 向，$\boldsymbol{\Phi}_1$）

3．分析结果

　　1）如上所述，二道防线的核心概念是框架和核心筒两种结构体系之间的相对刚度发生变化后引起的内力重分布。其目的是推迟框架构件塑性铰的出现，避免过大的塑性变形，实现预期的性能目标。强度控制准则完全能使周边框架起到抗震二道防线的作用，而且尚可得到比较合理的技术经济指标。

　　2）按刚度控制准则采取增大柱的截面尺寸来增大周边框架的刚度，达到规范规定的地震剪力分担比收效甚微，梁、柱断面过分地增大更会影响建筑的立面效果和使用功能，且技术经济指标差。沿建筑周边增设斜撑，改变抗弯框架为支撑框架是增大周边框架刚度的一个有效方法。但不应以结构不安全作为理由，否定建筑方案的核心理念。第一章第一节超高层建筑的发展简史中的结构体系的演变已经说明，一个合格的结构工程师应该在深刻理解规范背景的前提下，尊重规范和创新并举，根据基本力学原理，使用性能设计和（或）试验成果，在合理的技术经济指标下来达到建筑和结构的完美统一。

3）大震非线性分析是验证二道防线成立与否的最佳方法。

四、带少量剪力墙的框架结构体系

1. 有关的规范条文

JGJ 3—2010 以框架部分分担的倾覆力矩来定义结构体系。其第 8.1.3 条第 1 款规定，当框架部分承受的地震倾覆力矩不大于结构总地震倾覆力矩的 10%时，按剪力墙结构进行设计，其中的框架部分应按框架-剪力墙中的框架进行设计。第 2 款规定，当框架部分承受的地震倾覆力矩大于结构总地震倾覆力矩的 10%，但不大于 50%时，按框架-剪力墙结构进行设计。第 3 款规定，当框架部分承受的地震倾覆力矩大于结构总地震倾覆力矩的 50%但不大于 80%时，按框架-剪力墙结构进行设计，其最大适用高度可比框架结构适当增加，框架部分的抗震等级和轴压比限值宜按框架结构的规定采用。第 4 款规定，当框架部分承受的地震倾覆力矩大于结构总地震倾覆力矩的 80%时，按框架-剪力墙结构进行设计，但其最大适用高度宜按框架结构采用，框架部分的抗震等级和轴压比限值应按框架结构的规定采用。当结构的层间位移角不满足框架-剪力墙结构的规定时，可按 JGJ 3—2010 第 3.1.1 节的有关规定进行结构抗震性能分析和论证。

JGJ 3—2010 的说明进一步指出，当框架部分承受的地震倾覆力矩不大于结构总地震倾覆力矩的 10%时，框架承担的地震作用较小，工作性能接近于纯剪力墙结构。当框架部分承受的地震倾覆力矩大于结构总地震倾覆力矩的 10%但不大于 50%时，属于典型的框架-剪力墙结构；当框架部分承受的地震倾覆力矩大于结构总地震倾覆力矩的 50%但不大于 80%时，意味着结构中剪力墙的数量偏少，框架承担较大的地震作用；当框架部分承受的地震倾覆力矩大于结构总地震倾覆力矩的 80%时，意味着结构中剪力墙的数量极少，对于这种少墙框剪结构，由于其抗震性能较差，不主张采用，以避免剪力墙受力过大、过早破坏。

GB 50011—2010 第 6.1.3 条第 1 款规定，设置少量抗震墙的框架结构，在规定水平力作用下，底层框架部分所承担的地震倾覆力矩大于结构总地震倾覆力矩 50%，其框架的抗震等级应按框架结构确定，抗震墙的抗震等级可与其框架的抗震等级相同。第 6.1.3 条的条文说明指出，底层框架部分所承担的地震倾覆力矩大于结构总地震倾覆力矩的 50%时仍属于框架结构范畴，最大适用高度按框架结构执行。

对比上述条文，我国主要的两本设计规范是不协调的。按 JGJ 3—2010，只要框架部分的倾覆力矩分担比大于 10%，均属于框架-剪力墙体系。也就是说，框架部分承担的地震剪力应按式（4.2.3）进行调整。按 GB 50011—2010，只要框架承担的倾覆力矩分担比大于 50%，属于设置少量抗震墙的框架结构体系，除抗震墙以外，均按框架结构执行，框架部分承担的地震剪力不需要调整。

按本书作者的工程经验和学术观点，似乎把框架部分承担的倾覆力矩大于结构总倾覆力矩的 80%的结构归类于带少量剪力墙的框架结构（简称少墙框架结构体系）更为合理，而且抗震设计的重点，即结构的薄弱部位是剪力墙。

2. 侧向变形特征

在工程实践中，少墙框架结构主要用于多层或中高层建筑，高度一般不会超过 40m。以下以 8 层平面模型为例，比较少墙框架、框架、剪力墙结构的变形特征。

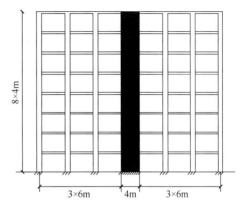

图 4.2.18 少墙框架的结构立面示意图

少墙框架结构，层高 4.0m，共 7 跨。两侧 3 跨为框架，每跨跨度 6.0m，中间跨为剪力墙，跨度 4.0m。柱截面尺寸 1 000mm×1 000mm，梁截面尺寸 500mm×700mm，墙厚 200mm。混凝土强度等级 C30。框架部分承担的地震剪力分担比为 44.9%，倾覆力矩分担比为 89.1%。图 4.2.18 给出该少墙框架案例的结构立面示意图。

在此基础上，①把中间跨的剪力墙替换为框架，少墙框架结构转换为（纯）框架结构，构件截面尺寸不变；②把两侧跨的框架替换为剪力墙，少墙框架结构转换为（纯）剪力墙结构，墙厚不变。在规定水平力作用下，对上述 3 种结构体系的层间位移角和有害层间位移角（最大层间位移角都调整到 1/800）进行了对比分析，如图 4.2.19 所示。剪力墙结构表现出典型的弯曲型变形特征，最大层间位移角发生在建筑物的上部；框架结构表现出典型的剪切型变形特征，最大层间位移角发生在建筑物的下部。少量的剪力墙承担过小的倾覆力矩，少墙框架结构的变形特征与框架结构类同，仍表现出典型的剪切型。

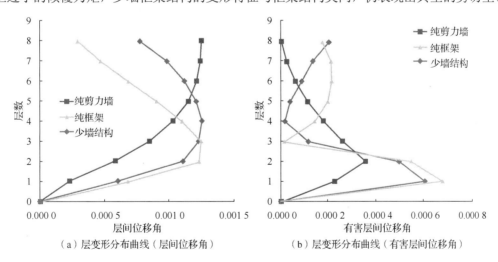

（a）层变形分布曲线（层间位移角）　（b）层变形分布曲线（有害层间位移角）

图 4.2.19 三种结构体系变形分布曲线对比

注：本图和案例摘自上海现代集团安东亚博士的网络论文。

墙体的开裂剪切变形为 1/3 000 左右，剪力墙结构底部有害层间位移角 1/4 367，远未开裂。少墙框架底部层间位移角 1/1 641，底部墙体已经产生明显的裂缝。在大震分析中，少墙框架中的墙体基本上都处于严重的剪切破坏状态，不能继续承受重力荷载而发生倒塌。

3. 几点建议

中国规范重视双重抗体系中框架的二道防线，对框架-核心筒结构中的周边框架执行刚度控制准则，但对少墙框架中的剪力墙没有给予足够的关注。虽然一两片墙往往也能吸收较多的地震剪力，按剪力分担比也许仍可划入一道防线，但少量的剪力墙并没有起到改变框架剪切型的变形特征。事实上，少墙框架不是一种相互作用体系，仅是剪力墙与框架一起抵抗地震作用，并不能起到第一道防线的作用。本书作者提出如下设计建议：

1）应对框架部分承担地震倾覆力矩大于 80%的结构定义为少墙框架结构体系，且明确规定少墙框架结构不属于框架-剪力墙相互作用体系。对剪力墙应采取加强措施。墙体边缘设暗柱、暗梁形成框架承受重力荷载。暗柱、暗梁的抗震等级可同框架的抗震等级。

2）除非墙体边缘按第 1）条设暗柱、暗梁，为重力荷载提高可靠的第二条传力途径以外，应明确否定带少量钢筋混凝土剪力墙的框架结构。

3）建议把框架部分承担地震倾覆力矩分担比在 50%～80%的相互作用体系定义为带少量剪力墙的框架-剪力墙结构体系。对此类相互作用体系，剪力墙按第 1）条设暗柱、暗梁形成重力框架，加强抗剪切的水平钢筋；但框架仅承担按刚度分配的地震作用，不承担双重抗侧力体系的附加地震作用。

第三节　柱的延性及塑性铰区域的约束箍筋

一、柱受力特性的分类

柱的受力特性可大致分为四类：小偏心受压、大偏心受压、小偏心受拉和大偏心受拉。按 GB 50010—2010 第 6.2.17 条和第 6.2.23 条的规定，它们之间的界限如下。

1）当混凝土受压区相对高度 $\xi = x/h_0$ 不大于界限受压区相对高度 ξ_b 时，为大偏心受压。

2）当混凝土受压区相对高度 $\xi = x/h_0$ 大于界限受压区相对高度 ξ_b 时，为小偏心受压。

3）当轴向拉力作用在钢筋 A_s 合力点和 A_s' 合力点之间时，为小偏心受拉。

4）当轴向拉力不作用在钢筋 A_s 合力点和 A_s' 合力点之间时，为大偏心受拉。

上述界限相对高度 ξ_b 定义为纵向受拉钢筋屈服与受压区混凝土压碎破坏同时发生时的混凝土受压区高度 x_b 与 h_0 之比，即 $\xi_b = x_b/h_0$ [18]。图 4.3.1 给出了大小偏压与大小偏拉在 $P\text{-}M$ 坐标平面中所占区域的示意图。

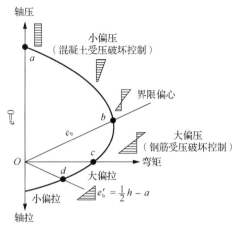

$e = M/P$ 为偏心距；e_b 为大小偏压界限偏心距；b 点为 $P\text{-}M$ 曲线上的平衡点；$e'_b = \dfrac{1}{2}h - a$ 为大小偏拉界限偏心距，

h 为截面高度，a 为纵向受拉钢筋中心点至混凝土边缘受拉纤维的距离。为简单起见，未考虑预应力构件。

图 4.3.1　大小偏压和大小偏拉区域示意图

工程中，柱正截面往往承受轴向压力与弯矩的共同作用，处于偏心受压状态。在本节以下部分，仅讨论柱在偏压状态下，其潜在塑性铰区域临界截面受拉侧纵向钢筋屈服形成弯曲塑性铰的转动能力，即柱的延性能力。这是抗震设计关注的重点。

二、柱的延性

1. 名义轴压比的几何意义

按 GB 50011—2010，轴压比 n 定义为

$$n = P/f_c A_g \tag{4.3.1}$$

式中，P 为轴压力设计值；f_c 为混凝轴心土抗压强度设计值；A_g 为柱截面的毛面积。与此对应，本节记 n_k 为

$$n_k = P_{test}/f_{ctest} A_g \tag{4.3.2}$$

式中，P_{test} 为轴压力试验值；f_{ctest} 为混凝土试件的轴心抗压强度试验值。显然，式（4.3.1）定义的 n 可理解为设计轴压比，式（4.3.2）的 n_k 可理解为试验轴压比或名义轴压比。

在平截面假定下，程文瀼等引进了混凝土压应力块系数 $\alpha_1 \approx 1.1$ 和偏心受压试件界限破坏时的钢筋屈服应变 ε_y^0 与混凝土极限压应变试验值 ε_{cu}^0 之比近似地由设计值替代，即 $\varepsilon_y^0/\varepsilon_{cu}^0 \leftarrow f_y/E_s\varepsilon_{cu}$，并把轴压力和受压强度试验值作为标准值，即 $P_{test} = P_k$ 和 $f_{ctest} = f_{ck}$，推导了对称配筋矩形截面偏压构件的名义轴压比 n_k 近似等于界限相对高度 ξ_b[19]，即

$$n_k \approx \xi_b = \frac{\beta_1}{1 + f_y/E_s\varepsilon_{cu}} \tag{4.3.3}$$

式（4.3.3）与 GB 50010—2010 中式（6.2.7-1）相同。式中，β_1 为平截面假定下确定中和轴高度的系数，当混凝土强度等级不超过 C50 时 β_1 取为 0.8，当混凝土强度等级为 C80 时 β_1 取为 0.74，其间按线性内插法确定；ε_{cu} 为非约束混凝土应力下降至 $0.5f_c$ 处的应变，

称极限应变值，一般取 0.003 3；E_s 为钢筋弹性模量，f_y 为钢筋屈服强度设计值。对于混凝土 C50，钢筋 HRB500，$n_k \approx \xi_b = 0.482$。

式（4.3.3）揭示了名义轴压比 n_k 的几何意义，相当于相对界限受压区高度 ξ_b，表明了轴压比与划分大小偏心构件之间的关联程度。

2. 轴压比和柱的延性

郭子雄等给出不同轴压比试件的骨架实测曲线和低周反复荷载下的滞回实测曲线[20]，如图 4.3.2 和图 4.3.3 所示。

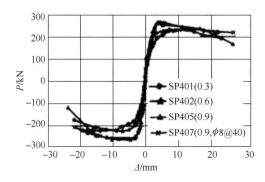

图 4.3.2　不同轴压比试件的骨架实测曲线

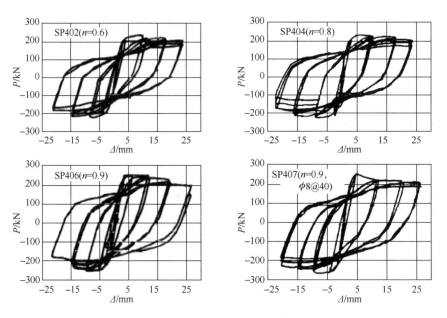

图 4.3.3　不同轴压比试件的滞回实测曲线

试验曲线表明，在箍筋等其他条件不变的情况下，柱的轴压比越高，延性越差。其主要表现在：①骨架曲线中，钢筋屈服后的强化区段减短，强化幅度减弱，下降段的下降速率增加；②在低周反复荷载下，滞回曲线峰值的强度退化加快；③试件的侧向变形能力明显减小。试验曲线同时也表明，随着体积配箍率的增加，相同轴压比试件的延性将明显改善。

3. 影响柱延性能力的因素

以上叙述得到了名义轴压比近似等同于相对界限高度 ξ_b，高轴压比降低柱的延性和高配箍率改善柱的延性三个结论。我国规范片面地接纳了它们。尽管制定了随轴压比提高的最小配箍特征值 λ_v，但前两个结论演变成了规范的指导思想，普遍认为控制轴压比就是为了加强柱的延性，并按此理念制定了有关使用轴压比限值来控制柱截面设计的条文。

我国对轴压比研究和试验的出发点基本上集中于混凝土处于非约束状态下使用轴压比来判别压弯构件的破坏模式，缺乏系统性地讨论约束混凝土塑性化对相对界限高度 ξ_b 的影响，以及对塑性铰转动能力的改善。对低周反复荷载下柱延性的研究也是零星的，缺乏系统地涉及混凝土处于约束状态下轴压比与其他因素之间相互影响的讨论和对试验数据的统计回归分析。其实，影响柱延性和耗能能力的不只是轴压比，其因素有多种，至少还有箍筋体积配箍率（含面积、间距和配置方式等）、混凝土强度等级、柱的截面形状、纵向钢筋配筋率、混凝土保护层厚度等。

在地震作用下，按能力设计原理，柱脚和柱邻近梁柱节点的上下端部区域是柱的潜在塑性铰区域。柱对弹塑性侧移的贡献一般有塑性铰区域临界截面的塑性转动（弯曲变形）、剪切塑性变形和纵向钢筋的黏结滑移等三个方面。设计应避免剪切造成的脆性破坏，而黏结滑移量将随着轴压比的增大有所减小，变形钢筋增大了混凝土和钢筋的咬合力，降低了滑移的程度。因此，潜在塑性铰区域的弯曲塑性转动 φ 或弯曲塑性曲率 $\phi = \varphi/l_p$（其中 l_p 为塑性铰区域的长度）是考量柱延性能力的主要指标。

Mander 提出的约束混凝土的应力-应变关系曲线和经验公式得到了国际学术界的公认[21,22]。当柱配置充分的约束箍筋时，柱在混凝土保护层剥落的高应变情况下，将表现出相当的延性。这种延性能力是由于箍筋提供的横向约束提高了核心混凝土强度，改善了核心混凝土延性以及防止了纵向钢筋不发生早期屈曲的缘故。

以 Park 为首的新西兰学者做了大量的钢筋混凝土柱抗震性能系列试验，使用 Mander 约束混凝土模型，对不同数量和布置方式的约束箍筋做了大量分析[23-26]。在分析中，Zahn 等把低轴压比、低约束箍筋定义为情况 1，高轴压比、高约束箍筋定义为情况 2，并给出了这两种情况混凝土柱的理想弯矩-曲率（M-ϕ）骨架曲线，如图 4.3.4 所示[23]。

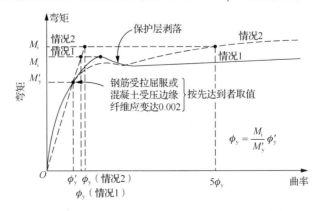

图 4.3.4 约束混凝土柱的理想 M-ϕ 骨架曲线[23]

图 4.3.4 中，情况 1 的曲线表明，当混凝土保护层临界剥落时，弯矩达到峰值；剥落后弯矩明显下降且曲线缓慢上升，在 $5\phi_y$ 处仍低于前部的峰值。此时，定义前部的峰值为情况 1 的理想弯矩 M_i，等效线性化后的曲率为情况 1 的屈服曲率 ϕ_y。对于情况 2，混凝土保护层剥落后弯矩稍有下降，但应变硬化明显，在 $5\phi_y$ 处的弯矩高于保护层临界剥落处的弯矩。此时，定义 $5\phi_y$ 处的弯矩为情况 2 的理想弯矩 M_i，等效线性化后的曲率为情况 2 的屈服曲率 ϕ_y。

Zahn 等应用图 4.3.4 所示约束混凝土柱的理想 M-ϕ 骨架曲线，在试验分析和理论研究的基础上，第一次系统地提供了约束箍筋改善混凝土柱应力-应变滞回曲线性能的信息，建立了约束和非约束混凝土以及各种纵向钢筋配筋率和横向箍筋配箍率的钢筋混凝土柱截面的 M-ϕ 滞回曲线图表，并绘制了以曲率延性系数 ϕ_u/ϕ_y 和压应力 N_o^*/A_g 为坐标轴，以有效横向约束应力 f_l' 与混凝土抗压强度 f_c' 之比 (f_l'/f_c') 和纵向钢筋受力比例系数 $\rho_t m$（其中 ρ_t 为纵向钢筋配筋率，$m = f_y/0.85f_c'$）等作为参数的设计曲线图表[23]。Zahn 定义每一个方向四圈相同循环，且当出现以下任一情况时的峰值曲率为极限曲率 ϕ_u：①第四圈循环的峰值弯矩比第一圈下降至 80%；②约束箍筋拉伸破坏；③纵向钢筋达到极限抗拉强度；④纵向钢筋发生明显的非线性屈曲。图 4.3.5 给出以强度退化 20%控制的弯矩-曲率理论滞回曲线示意图。

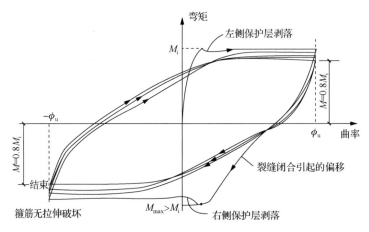

图 4.3.5　以强度退化 20%控制的弯矩-曲率理论滞回曲线示意图[23]

Watson 等使用 Zahn 的图表，在压应力 N_o^*/A_g 等参数处于典型数值范围内，对设计图表给出的箍筋面积以 95%的保证率进行回归分析，推导了与图表曲线呈最佳拟合的方程式，定量地确定钢筋混凝土柱潜在塑性铰区域约束箍筋的体积配箍率[24,25]。

对于矩形截面：

$$\frac{A_{sh}}{s_h h''} = \left\{ \frac{A_g}{A_c} \frac{\{(\phi_u/\phi_y) - 33\rho_t m + 22\}}{111} \frac{f_c'}{f_{yt}} \frac{N_o^*}{\phi f_c' A_g} \right\} - 0.006 \tag{4.3.4}$$

对于圆形截面：

$$\rho_s = 1.4 \left\{ \frac{A_g}{A_c} \frac{\{(\phi_u/\phi_y) - 33\rho_t m + 22\}}{111} \frac{f_c'}{f_{yt}} \frac{N_o^*}{\phi f_c' A_g} \right\} - 0.008\,4 \tag{4.3.5}$$

式中，ρ_s 为体积配箍率；s_h, h'' 为箍筋的水平间距和垂直于校核方向的核心混凝土尺寸；A_{sh} 为间距 s_h 范围内，沿校核方向箍筋的全部有效面积；$A_{sh}/s_h h'' = \rho_x$ 或 ρ_y，$\rho_x + \rho_y = \rho_s$；A_g 为柱截面的毛面积；A_c 为核心混凝土面积；ϕ_u/ϕ_y 为曲率延性系数，其中 ϕ_y, ϕ_u 分别按图 4.3.4 和图 4.3.5 定义；$\rho_t m$ 为纵向钢筋受力比例系数（其中 ρ_t 为柱的纵向钢筋配筋率，$m = f_y/0.85 f_c'$）；f_{yt} 为箍筋屈服强度标准值；f_c' 为混凝土圆柱体抗压强度；N_o^* 为轴向压力设计值；ϕ 为强度折减系数。式中，除非能证明柱混凝土核的设计强度（计入约束引起对混凝土抗压强度的提高效应）能承受有地震作用荷载组合的设计荷载，否则应确保 $A_g/A_c \leqslant 1.5$。这意味着，需要有一个最小尺寸来保证保护层剥落后，柱的核心混凝土能继续承受荷载；并且考虑到施工的困难程度，取 $\rho_t m \leqslant 0.4$。式（4.3.4）和式（4.3.5）的有效性已经得到试验的验证。

上述两个公式全面反映了影响柱延性的多种因素。尽管形式复杂，但若仅考察其中一个参数与约束箍筋之间的关系，保持其他参数不变，可分别退化为直线方程式。有关这一点，在以下的章节中，将进一步详细讨论。

上述两个公式揭示了一个事实。当柱的设计轴压力满足正截面强度设计时，只要适当地配置足够的箍筋和（或）纵向钢筋，提供足够的约束力，总可以获得足够的延性能力。更清楚地说，轴压比仅仅在约束箍筋等其他因素不变的状态下，影响柱的延性；改善柱延性的主要因素是箍筋的体积配箍率和布置方式。以下使用约束混凝土的应力-应变关系继续讨论。

4. 约束混凝土和柱的延性机理

本书作者在文献[9]中，对于约束混凝土的 Mander 模型已有所介绍。这里，仅简述模型的要点如下。有关模型的详细论述，读者可以阅读 Mander 和 Paulay 的原著[21,22,27]。

1984 年 Mander 等在试验数据的基础上，提出了约束混凝土的应力-应变公式。图 4.3.6（a）给出示意曲线和有关符号的意义。当箍筋的间距不大于 6 倍纵向钢筋的直径，纵向钢筋间距不大于 200mm 时，箍筋提供的横向约束应力为

$$f_l = f_{yt}\rho_s/2 \tag{4.3.6}$$

有效约束应力分别为

$$f_l' = K_e f_l$$
$$f_{lx}' = K_e \rho_x f_{yt} \qquad f_{ly}' = K_e \rho_y f_{yt} \tag{4.3.7}$$

式中，$f_{yt}, \rho_s, \rho_x, \rho_y$ 的意义与式（4.3.4）和式（4.3.5）相同；K_e 为约束有效系数。对圆柱，可取 $K_e = 0.95$；对矩形柱，可取 $K_e = 0.75$；对墙体，可取 $K_e = 0.6$。对于圆形截面及两个方向有效约束应力相等的方形截面，约束混凝土抗压强度 f_{cc}' 与非约束混凝土抗压强度 f_c' 之比，可由式（4.3.8）计算得到。对于有效约束应力不相等的矩形截面，f_{cc}' 与 f_c' 之比可以从图 4.3.6（b）中查找得到。

$$K = \frac{f_{cc}'}{f_c'} = \left(-1.254 + 2.254\sqrt{1 + \frac{7.94 f_l'}{f_c'}} - \frac{2 f_l'}{f_c'}\right) \tag{4.3.8}$$

约束混凝土抗压强度 f_{cc}' 对应的应变为

$$\varepsilon_{cc} = 0.002\left[1 + 5\left(f_{cc}'/f_c' - 1\right)\right] \tag{4.3.9}$$

当第一根横向箍筋拉伸破坏时，约束混凝土达到极限压缩应变 ε_{cm}。式（4.3.10）给出了极限压缩应变的保守估计值

$$\varepsilon_{cm} = 0.004 + 1.4\rho_s f_{yt}\varepsilon_{sm}/f'_{cc} \qquad (4.3.10)$$

式中，ε_{sm} 为钢筋最大应力对应的应变；对于矩形柱，体积配箍率 $\rho_s = \rho_x + \rho_y$。典型的 ε_{cm} 值约为非约束混凝土 ε_{cu} 的 4～16 倍。

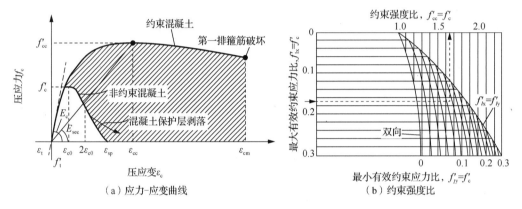

图 4.3.6　约束与非约束混凝土的比较

Mander 模型表明，在三向压应力状态下，约束混凝土的抗压强度和峰值应变均有所提高，且表现出良好的延性，即具有一段相当长而平缓的屈服平台。举一个例子来说明。设圆形柱和方形柱，混凝土强度等级 C50，钢筋 HRB500，最大应力对应的应变 $\varepsilon_{sm} = 0.08$，配置螺旋箍或复合箍，抗震等级一级，轴压比 0.9。按 GB 50011—2010 规定，需求的配箍特征值 $\lambda_v = 0.21$，体积配箍率 $\rho_s = 1.12\%$，$\rho_x = \rho_y = 0.56\%$。按式（4.3.6）～式（4.3.10）计算约束混凝土的应力、应变参数。表 4.3.1 列出上述算例非约束混凝土和约束混凝土的力学指标对比分析。表中数据说明，圆形柱和方形柱的约束混凝土抗压强度分别提高了 1.38 倍和 1.31 倍，峰值应变增大了 2.9 倍和 2.55 倍，极限应变增大了 4.48 倍和 4.66 倍。

表 4.3.1　非约束混凝土和约束混凝土的力学指标对比分析

项目		圆柱体抗压强度/MPa	峰值应变	极限应变
非约束混凝土		$f'_c = 42.18$	$\varepsilon_{c0} = 0.002$	$\varepsilon_{cu} = 0.0033$
约束混凝土	圆形	$f'_{cc} = 58.25$	$\varepsilon_{cc} = 0.0058$	$\varepsilon_{cm} = 0.0148$
	方形	$f'_c = 55.17$	$\varepsilon_{cc} = 0.0051$	$\varepsilon_{cm} = 0.0154$

如上所述，建立界限受压区相对高度 ξ_b 是为了避免脆性混凝土压碎破坏先于受拉钢筋屈服。其实，对于理想的延性材料，判别界限高度是没有意义的。若受压侧先发生屈服，形成受压塑性铰。足够长的屈服平台有能力在压铰转动的过程中等待受拉侧发生受拉屈服，形成双侧塑性铰。对于约束混凝土，第一排箍筋发生拉伸破坏意味着失去三向应力状态，混凝土将降低或消失延性性能。那么，对应的极限塑性应变 ε_{cm} 是约束混凝土屈服平台长度的末端。若仍应用前述界限相对高度的概念，可使用约束混凝土的 ε_{cm} 替代式（4.3.3）中的非约束混凝土 ε_{cu} 来计算约束混凝土的界限相对高度。这样，上述算

例计入箍筋约束效应的界限相对高度或名义轴压比 n_k；圆形柱，$n_k = \xi_b \approx 0.7$；矩形柱，$n_k = \xi_b \approx 0.7$。需要特别注意的是，约束混凝土的界限相对高度是动态的，取决于箍筋体积配箍率、混凝土强度等级、轴压比、柱的截面形状、纵向钢筋配筋率、混凝土保护层厚度等多方面因素的综合影响。显然，只有当约束箍筋发挥有效、高强的约束效应，核心混凝土才能很好地体现三向应力状态下的延性性能。按图 4.3.4，Zahn 定义的约束混凝土柱的理想 M-ϕ 曲线所示，高轴压比、高约束箍筋的钢筋混凝土柱的延性能力要优于低轴压比、低约束箍筋柱的延性能力。

三、基于规范的柱约束箍筋的设计

柱箍筋应满足抗震设计的剪切强度需求和往复摆动时的延性需求。以下仅讨论不同等级塑性铰区域内满足相应延性需求所设置的箍筋。本节把这些箍筋称为约束箍筋。

1. 新西兰规范

新西兰混凝土设计规范 NZS 3101:2006 按混凝土构件（梁、柱、墙）潜在塑性铰区域的曲率延性系数 μ_ϕ 的大小，按延性等级，由低向高依次区分了名义延性塑性铰区域（NDPR）、有限延性塑性铰区域（LDPR）和延性塑性铰区域（DPR）。它们的定义和潜在部位见附录和文献[28]、文献[29]。在上述 Watson 研究成果的基础上，NZS 3101:2006 令曲率延性系数 $\mu_\phi = \phi_u / \phi_y = 10$ 或 $\mu_\phi = \phi_u / \phi_y = 20$ 代入式（4.3.4）和式（4.3.5）分别作为 NDPR 和 DPR 约束箍筋配箍率的规范计算公式；另外，取 DPR 约束箍筋配箍率的 0.7 倍和 NDPR 约束箍筋的较大值，作为 LDPR 配箍率的需求值。

NZS 3101:2006 认为，塑性铰区域的箍筋除了提供足够的横向约束应力，使核心混凝土成为约束混凝土，具有压塑性能以外，还应为纵向钢筋提供足够的侧向支撑，避免纵向钢筋在反复弯曲中发生早期屈曲破坏。因此，规范从功能上区分了约束箍筋和防纵向钢筋屈曲箍筋。这里，为叙述方便，统称约束箍筋。以下按塑性铰区域的类别详细讨论。

（1）名义延性塑性铰区域的约束箍筋

1）圆形截面。NZS 3101:2006 第 10.3.10.5 条给出了圆形截面柱 NDPR 的体积配箍率 ρ_s。当使用螺旋箍或圆箍时，ρ_s 应大于等于式（4.3.11）和式（4.3.12）。前者以满足约束混凝土要求为控制条件，适用于高轴压比；后者以满足纵向钢筋不发生早期屈曲为控制条件，适用于低轴压比。

$$\rho_s = \frac{1 - \rho_t m}{2.4} \frac{A_g}{A_c} \frac{f_c'}{f_{yt}} \frac{N^*}{\phi f_c' A_g} - 0.008\,4 \tag{4.3.11}$$

$$\rho_s = \frac{A_{st}}{155 d''} \frac{f_y}{f_{yt}} \frac{1}{d_b} \tag{4.3.12}$$

式中，A_{st} 为全部纵向钢筋的面积；d'' 为混凝土核心区直径；d_b 为箍筋直径；N^* 为强度极限（ULS）状态下的设计轴力，见以下"柱最大设计轴力的限值"小节。

2）矩形截面。NZS 3101:2006 第 10.3.10.6 条给出了矩形截面柱 NDPR 的配箍率。当使用复合箍时，在间距 s_h 范围内，沿截面每一个主轴方向约束箍筋总有效面积（包括拉筋）A_{sh} 应大于等于式（4.3.13）和式（4.3.14）。前者以满足约束混凝土要求为控制条件，适用于高轴压比；后者以满足纵向钢筋不发生早期屈曲为控制条件，适用于低轴压比。

$$A_{sh} = \frac{(1-\rho_t m)s_h h''}{3.3} \frac{A_g}{A_c} \frac{f_c'}{f_{yt}} \frac{N^*}{\phi f_c' A_g} - 0.0065 s_h h'' \tag{4.3.13}$$

$$A_{te} = \frac{\sum A_b}{135} \frac{f_y}{f_{yt}} \frac{s_h}{d_b} \tag{4.3.14}$$

式中，A_{te} 为箍筋单肢的面积；$\sum A_b$ 为由箍筋单肢提供侧向支撑的所有纵向钢筋的面积；N^* 为 ULS 状态下的设计轴力。

（2）延性塑性铰区域的约束箍筋

1）圆形截面。NZS 3101:2006 第 10.4.7.4 条给出了圆形截面柱 DPR 的体积配箍率 ρ_s。当使用螺旋箍或圆箍时，ρ_s 应大于等于式（4.3.15）和式（4.3.16）。前者以满足约束混凝土要求为控制条件，适用于高轴压比；后者以满足纵向钢筋不发生早期屈曲为控制条件，适用于低轴压比。

$$\rho_s = \frac{1.3-\rho_t m}{2.4} \frac{A_g}{A_c} \frac{f_c'}{f_{yt}} \frac{N_o^*}{f_c' A_g} - 0.0084 \tag{4.3.15}$$

$$\rho_s = \frac{A_{st}}{110d''} \frac{f_y}{f_{yt}} \frac{1}{d_b} \tag{4.3.16}$$

式中，N_o^* 为 ULS 状态下考虑材料超强的设计轴力，见以下"柱最大设计轴力的限值"小节。

2）矩形截面。NZS 3101:2006 第 10.4.7.5 条给出了矩形截面柱 DPR 的配箍率。当使用复合箍时，间距 s_h 范围内，沿截面每一个主轴方向约束箍筋总有效面积（包括拉筋）A_{sh} 应大于等于式（4.3.17）和式（4.3.18）。前者以满足约束混凝土要求为控制条件，适用于高轴压比；后者以满足纵向钢筋不发生早期屈曲为控制条件，适用于低轴压比。

$$A_{sh} = \frac{(1.3-\rho_t m)s_h h''}{3.3} \frac{A_g}{A_c} \frac{f_c'}{f_{yt}} \frac{N_o^*}{f_c' A_g} - 0.006 s_h h'' \tag{4.3.17}$$

$$A_{te} = \frac{\sum A_b}{96} \frac{f_y}{f_{yt}} \frac{s_h}{d_b} \tag{4.3.18}$$

（3）有限延性塑性铰区域的约束箍筋

NZS 3101:2006 第 10.4.7.4.2 条规定，柱 LDPR 的配箍率不小于按 DPR 公式计算结果的 0.7 倍和按 NDPR 公式计算结果之间的大值。

（4）限制条件

在一般情况下，式（4.3.11）～式（4.3.18）应满足 $\rho_t m \leqslant 0.4$、$A_g/A_c \leqslant 1.5$、$f_{yt} \leqslant 800\text{MPa}$ 三个限制条件。

（5）柱最大设计轴力的限值

对于名义延性塑性铰区域，NZS 3101:2006 第 10.3.4.2 条规定，柱的轴心受压设计轴力 N^* 不应大于柱最大承载能力设计值的 0.85 倍，即

$$N^* \leqslant 0.85\phi N_{n,max} \tag{4.3.19}$$

其中

$$N_{n,max} = 0.85 f_c'(A_g - A_{st}) + f_y A_{st} \tag{4.3.20}$$

式中，ϕ 为强度折减系数，取 $\phi = 0.85$；A_{st} 为全部纵向钢筋的面积。

对于延性塑性铰区域，NZS 3101:2006 第 10.4.4 条规定，柱考虑材料超强的轴心受压设计轴力 N_o^* 不应大于柱最大承载能力标准值的 0.7 倍。即

$$N_o^* \leqslant 0.7 N_{n,max} \tag{4.3.21}$$

式中，取强度折减系数 $\phi = 1.0$，$N_{n,max} = 0.85 f_c'(A_g - A_{st}) + f_y A_{st}$，与式（4.3.20）相同。

2. 美国规范

（1）受压控制截面和受拉控制截面

在平截面假定下，ACI 318-08 以受拉侧钢筋的拉应变作为判别参数，定义了受压控制截面和受拉控制截面。第 10.3.3 条和第 10.3.4 条规定，对于 60 级钢筋（$f_{yk} = 414\text{MPa}$），受压控制截面最外侧钢筋的界限拉应变 $\varepsilon_t = 0.002$，受拉控制截面最外侧钢筋的界限拉应变 $\varepsilon_t = 0.005$。更清楚地说，当最外侧混凝土纤维达到极限压应变 $\varepsilon_{cu} = 0.003$ 时，另一侧的最外侧钢筋拉应变 $\varepsilon_t \leqslant 0.002$ 的截面被定义为受压控制截面；最外侧钢筋拉应变 $\varepsilon_t \geqslant 0.005$ 的截面被定义为受压控制截面。当 $0.002 < \varepsilon_t < 0.005$，被定义为过渡截面。

ACI 318-08 对不同受力和破坏特征的构件采用不同的强度折减系数。第 9.3.2 条规定，受拉控制截面：强度折减系数 $\phi = 0.9$。受压控制截面：螺旋箍，强度折减系数 $\phi = 0.75$；非螺旋箍，强度折减系数 $\phi = 0.65$。对于过渡截面的强度折减系数 ϕ，允许线性插入。

（2）体积配箍率

1）圆形截面。ACI 318 第 10.9.3 条给出了约束箍筋体积配箍率的计算公式（4.3.22），对于延性框架，第 21.6.4.4 条给出了体积配箍率的补充计算公式（4.3.23）。取两者之间的较大值进行设计。

$$\rho_s = 0.45\left(\frac{A_g}{A_c} - 1\right)\frac{f_c'}{f_{yt}} \tag{4.3.22}$$

$$\rho_s = 0.12 f_c' / f_{yt} \tag{4.3.23}$$

2）矩形截面。ACI 318 第 21.6.4.4 条给出了矩形截面在间距 s_h 范围内，每一个方向的总箍筋面积计算公式（4.3.24）和式（4.3.25）。取两者之间的较大值进行设计。

$$A_{sh} = 0.3\frac{s_h h'' f_c'}{f_{yt}}\left(\frac{A_g}{A_c} - 1\right) \tag{4.3.24}$$

$$A_{sh} = 0.09\frac{s_h h'' f_c'}{f_{yt}} \tag{4.3.25}$$

式（4.3.22）～式（4.3.25）中的符号意义同式（4.3.4）和式（4.3.5）。

（3）柱最大设计轴力的限值

ACI 318—08 第 10.3.6 条规定，轴心受压柱的设计轴力需求值 ϕP_n 不应大于柱的最大设计强度 $\phi P_{n,max}$，而 $\phi P_{n,max}$ 按式（4.3.26）或式（4.3.27）计算。

对于螺旋箍，

$$\phi P_{n,max} = 0.85\phi[0.85f_c'(A_g - A_{st}) + f_y A_{st}] \tag{4.3.26}$$

对于矩形箍，

$$\phi P_{n,max} = 0.80\phi[0.85f_c'(A_g - A_{st}) + f_y A_{st}] \tag{4.3.27}$$

3. 中国规范

（1）轴压比限值

中国设计界普遍认为限制柱的轴压比主要是为了保证柱的塑性变形能力和保证框架的抗倒塌能力，并制定了按轴压比控制柱截面的条文[8,14]。GB 50011—2010 中第 6.3.6 条规定，柱轴压比不宜超过表 6.3.6 的规定；建造于 IV 类场地且较高的高层建筑，柱轴压比限值应适当减小。摘录 GB 50011—2010 的表 6.3.6 于表 4.3.2。

表 4.3.2　柱轴压比限值（GB 50011—2010 的表 6.3.6）

结构类别	抗震等级			
	一	二	三	四
框架结构	0.65	0.75	0.85	0.90
框架-抗震墙，板柱-抗震墙 框架-核心筒及筒中筒	0.75	0.85	0.90	0.95
部分框支抗震墙	0.6	0.7		

注：1. 轴压比是指柱组合的轴压力设计值与柱的全截面面积和混凝土轴心抗压强度设计值乘积之比；对本规范规定不进行地震作用计算的结构，可取无地震作用组合的轴力设计值计算。

2. 表内限值适用于剪跨比大于 2、混凝土强度等级不高于 C60 的柱；剪跨比不大于 2 的柱，轴压比限值应降低 0.05；剪跨比小于 1.5 的柱，轴压比限值应专门研究并采取特殊构造措施。

3. 沿柱全高采用井字复合箍且箍筋肢距不大于 200mm、间距不大于 100mm、直径不小于 12mm，或沿柱全高采用复合螺旋箍、螺旋间距不大于 100mm、箍筋肢距不大于 200mm、直径不小于 12mm，或沿柱全高采用连续复合矩形连续箍、螺旋净距不大于 80mm、箍筋肢距不大于 200mm、直径不小于 10mm，轴压比限值均可增加 0.10。上述三种箍筋的最小配箍特征值均应按增大的轴压比由本规范表 6.3.9 确定。

4. 在柱的截面中部附加芯柱，其中另加的纵向钢筋的总面积不少于柱截面面积的 0.8%，轴压比限值可增加 0.05；此项措施与注 3 的措施共同采用时，轴压比限值可增加 0.15，但箍筋的体积配箍率仍可按轴压比增加 0.10 的要求确定。

5. 柱轴压比不应大于 1.05。

（2）体积配箍率和轴压比

GB 50011—2010 给出了体积配箍率、配箍特征值和轴压比之间的相互关系，其中第 6.3.9 条第 3 款规定，应按下列规定采用。

1）柱箍筋加密区的体积配箍率应符合下式要求：

$$\rho_v \geq \lambda_v \cdot f_c / f_{yv} \tag{4.3.28}$$

式中，ρ_v 为柱箍筋加密区的体积配箍率（一级不应小于 0.8%，二级不应小于 0.6%，三、四级不应小于 0.4%；计算复合螺旋箍的体积配箍率时，其非螺旋箍的箍筋体积应乘以折减系数 0.8）；f_c 为混凝土轴心抗压强度设计值，强度等级低于 C35 时，应按 C35 计算；f_{yv} 为箍筋或拉筋的抗拉强度设计值；λ_v 为最小配箍特征值，宜按表 6.3.9 采用，摘录 GB 50011—2010 的表 6.3.9 于表 4.3.3。

表 4.3.3　柱端加密区最小配箍特征值（GB 50011—2010 的表 6.3.9）

抗震等级	箍筋形式	柱轴压比								
		≤0.30	0.40	0.50	0.60	0.70	0.80	0.90	1.00	1.05
一	普通箍、复合箍	0.10	0.11	0.13	0.15	0.17	0.20	0.23		
	螺旋箍、复合或连续复合螺旋箍	0.08	0.09	0.11	0.13	0.15	0.18	0.21		
二	普通箍、复合箍	0.08	0.09	0.11	0.13	0.15	0.17	0.19	0.22	0.24
	螺旋箍、复合或连续复合螺旋箍	0.06	0.07	0.09	0.11	0.13	0.15	0.17	0.20	0.22
三、四	普通箍、复合箍	0.06	0.07	0.09	0.11	0.13	0.15	0.17	0.20	0.22
	螺旋箍、复合或连续复合螺旋箍	0.05	0.06	0.07	0.09	0.11	0.13	0.15	0.18	0.20

　　注：普通箍是指单个矩形箍和单个圆形箍，复合箍指由矩形箍、多边形箍、圆形箍或拉筋组成的箍筋；复合螺旋箍是指由螺旋箍与矩形箍、多边形箍、圆形箍或拉筋组成的箍筋；连续复合矩形螺旋箍是指用一根通长钢筋加工而成的箍筋。

　　2）框支柱宜采用复合螺旋箍或井字复合箍，其最小配箍特征值应比表 4.3.3 内数值增加 0.02，且体积配箍率不应小于 1.5%。

　　3）剪跨比不大于 2 的柱宜采用复合螺旋箍或井字复合箍，其体积配箍率不应小于 1.2%，9 度一级时不应小于 1.5%。

　　4．条文背景的剖析和讨论

　　以下在柱延性基本机理的框架下，剖析解读上述规范条文、计算公式和设计表格的理论背景和合理性，且展开一些有益的讨论。

　　（1）新西兰规范

　　新西兰混凝土设计规范 NZS 3101:2006 在大量试验数据建立的约束混凝土 M-ϕ 骨架曲线和循环荷载下的 M-ϕ 滞回曲线的基础上，应用统计回归分析给出的约束箍筋计算公式全面地反映了影响柱延性能力的各种因素。该规范认为，柱延性能力的高低主要取决于约束箍筋提供的约束应力使核心混凝土在三向压应力的作用下由脆性材料过渡到塑性材料，混凝土塑性化的程度。高轴压比、高约束箍筋体积配箍率的柱，在混凝土保护层剥落后，核心混凝土不仅弥补了保护层剥落引起的强度折减，而且还能表现出明显的应变硬化，其延性能力要高于比低轴压比、低体积配箍率的柱。图 4.3.7 给出纵向配筋率 1% 和 3% 两种情况下，DPR 和 NDPR 约束箍筋体积配箍率和轴压比之间的关系曲线。图中，横坐标为 DPR 的轴压比表达式 $N_o^*/f_c'A_g$；取钢筋屈服强度 $f_y = f_{yt} = 500\text{MPa}$，混凝土圆柱体抗压强度 $f_c' = 50\text{MPa}$，柱全截面面积与核心混凝土面积之比 $A_g/A_c = 1.3$。在低轴压比区域，是以防纵向钢筋屈曲的一条水平直线，相当于最低配箍率。高轴压比区是一条随轴压比增大而上升的斜直线。研究表明，对式（4.3.15）和式（4.3.17）稍加修正后，还可以用于确定高强混凝土 $f_c' = 130\text{MPa}$ 柱的体积配箍率[26]。

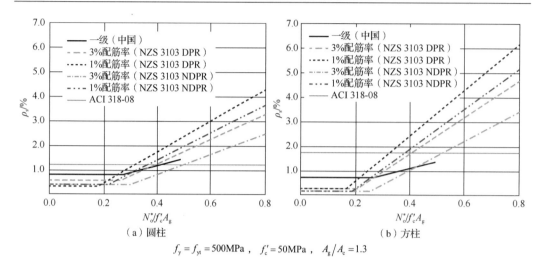

$f_y = f_{yt} = 500\text{MPa}$ ， $f'_c = 50\text{MPa}$ ， $A_g/A_c = 1.3$

图 4.3.7　轴压比-体积配箍率关系曲线（中国、美国、新西兰规范的比较）

尽管 NZS 3101:2006 的公式反映了各种因素，但若仅考虑一种因素对约束箍筋配箍率的影响，保持其他参数不变，可以得到不同斜率的直线。使用图 4.3.7 的参数，图 4.3.8 给出截面形状对体积配箍率的影响（对应于 $m\rho_t = 0.4$），图 4.3.9 给出纵向钢筋配筋率对体积配箍率的影响（对应于 $N_o^* / f'_c A_g = 0.8$）。

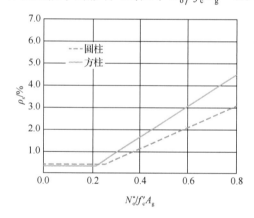

图 4.3.8　截面形状-体积配箍率的关系曲线
$m\rho_t = 0.4$

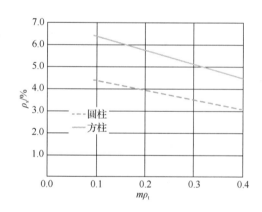

图 4.3.9　纵向配筋率-体积配箍率的关系曲线
$N_o^* / f'_c A_g = 0.8$

需要说明的是，NZS 3101:2006 考虑了构件的初始偏心和偏心受压以及混凝土收缩、徐变的影响，对柱的轴心抗压强度作了一定的限制。但这是对柱的承载能力强度的限制，与延性无关。

（2）美国规范

ACI 318-08 认为高轴压比的柱往往是受压控制截面（相当于小偏心受压）。通过降低强度系数（$\phi = 0.65$）增加纵向钢筋的配筋率，提高柱的实际承载能力来减少对延性的需求。约束箍筋发挥的作用仅仅是满足适当提高核心混凝土的强度和延性来弥补混凝土保护层剥落引起柱承载能力的降低，大震后能继续承受重力荷载的需求，并不认为按规范条文设计的柱塑性铰区域的曲率系数一定要达到 $\mu_\phi = \phi_u/\phi_y = 20$ 或 $\mu_\phi = \phi_u/\phi_y = 10$。大震非线性分析表明，大部分（超）高层框架-核心筒结构外框柱脚的性能目标都能达到 OP 或 IO。ACI 318-08 的柱约束箍筋体积配箍率与轴压比不相关，反映在图 4.3.7 中是一条水平直线。另外，约束箍筋体积配箍率与纵向钢筋配筋率也不相关[13]。

与 NZS 3101:2006 相同，ACI 318-08 考虑了构件的初始偏心和偏心受压以及混凝土收缩、徐变的影响，对柱的轴心抗压强度作了一定的限制。但这是对柱的承载能力强度的限制，与延性无关。

（3）中国规范

图 4.3.7 还给出按 GB 50011—2010 或 JGJ 3—2010 一级抗震等级钢筋混凝土柱配箍特征值计算的体积配箍率与轴压比之间的关系。图中，尽管中国和新西兰规范约束箍筋配箍率-轴压比直线方程的斜率并不相同，但趋势是一致的。低轴压比区段，GB 50011—2010 的最小约束配箍率处于 NZS 3101:2006 和 ACI 318-08 之间；高轴压比区段，圆形柱约束箍筋配箍率约与 NZS 3101:2006 的名义延性塑性铰区域的水准相当，方形柱的配箍率明显偏低。

对于我国规范有关轴压比的条文，本书作者认为尚有以下诸多方面值得商榷。

1）我国规范限制轴压比使柱最终为大偏心受压构件的意图很难实现。李楚舒等的论文《钢筋混凝土轴压比与轴压比限值》（《建筑结构》，待发表）把 P-M 屈服线的平衡点作为大小偏压的界限。这相当于不计混凝土的约束效应，使用平截面假定来考察大小偏压的界限。平衡点对应的轴压比约在 0.5，接近于文献[19]的名义轴压比，而不是设计轴压比。即使按最小配箍特征值配置约束箍筋，按现行规范规定的轴压比限值，一般而言，柱属于小偏心受压构件。

2）尽管现行规范意识到约束箍筋的作用，但始终把轴压比作为控制及保证柱的塑性变形能力和保证框架抗倒塌能力主要因素的指导思想是片面的，显得对柱延性机理的理解不够充分。轴压比仅是影响柱延性能力的因素之一。在众多因素中，起决定性作用的因素是约束箍筋的体积配箍率。试验数据表明，高轴压比、高体积配箍率的柱核心混凝土，在三向高压应力作用下的塑性化，使其脆性得到了根本性的改善。核心区约束混凝土完全具备了延性材料长而平缓屈服平台的特征。而且，其延性曲率的应变硬化程度要高于低轴压比、低体积配箍率的柱。

3）我国有关规范应用静态相对界限受压区高度的观点来区分大小偏心受压构件，采取了规定轴压比限值来严格控制柱截面的条文有悖于柱的延性能力主要是约束混凝土从脆性材料转变为塑性材料的基本理论。图 4.3.7 表明，我国规范方形柱的体积配箍率明显偏低；而且，一级抗震最大轴压比限值 0.9 仅相当于新西兰规范延性塑性铰区域的轴压比 0.5 左右，明显偏小。过小的轴压比限值造成了大尺寸、低纵向配筋率和低体积配箍率的截面设计，降低了柱的韧性。

4）要求短柱的轴压比限值减少 0.05 的规定，理论上不成立。减少轴压比限值意味着增加柱的截面尺寸，将造成更短的短柱，如此恶性循环。其实，轴压比仅仅影响柱的弯曲延性。短柱的破坏模式已经从弯曲破坏转变为剪切破坏。增加短柱延性的有效措施应是增加纵筋配筋率和（或）增加约束箍筋的体积配箍率。

5）剪跨比小于 1.5 的超短柱，轴压比限值应专门研究并采取特殊构造措施的条文，显得空洞。当前国内流行软件把超短柱轴压比的限值再减 0.05 的做法是错误的，应予以改正。

6）根据大量的试验数据及其横向对比新西兰和美国规范，需求的约束箍筋体积配箍率与截面形状以及与纵向钢筋配筋率是有密切的关系的。我国有关规范给出的配箍特征值与截面形状无关，与纵向配筋率无关，显得比较粗糙。

7）需要进一步论证芯柱纵向钢筋起到提高约束还是提高强度的作用。

四、工程实例4.1（整体抗震分析和柱的延性设计）

图4.3.10为广西钦州北部湾中心表现图。本工程设两道抗震缝，由主楼、附楼、裙房三个独立的抗震单元组成。主楼建筑总高度248.93m、54层，普通钢筋混凝土框架-核心筒结构。设防烈度7度，设防类别乙类，场地类别II类，核心筒抗震等级特一级，周边框架抗震等级一级。

图 4.3.10　广西钦州北部湾中心表现图

1. 结构整体性能

塔楼与裙房间设抗震缝，主体结构基本周期6.51s，振型清晰，自振性能良好。图4.3.11为竖向构件平面布置简图和首层16根的轴压比。最大弹性层间位移角1/692（y向），计偶然偏心的最大位移比1.28（x向）。图4.3.12给出弹性分析的外框剪力分担比分布曲线，第二层的分担比小于5%。按JGJ 3—2010，计入重力二阶效应进行构件截面设计。

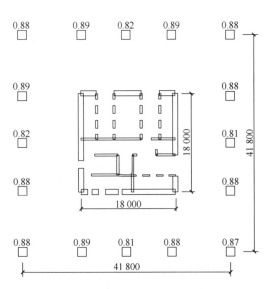
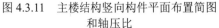

图 4.3.11　主楼结构竖向构件平面布置简图和轴压比

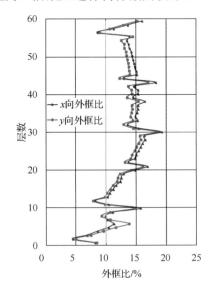

图 4.3.12　外框剪力分担比分布曲线（SATWE）

建立非线性模型，使用PERFORM-3D对结构沿y向（第一振型方向）进行推覆。由于仅仅是测试结构的抗倾覆能力，仅取第一振型作为推覆力沿高度的加载模式。推覆时，同时计入了材料非线性和重力二阶效应的几何非线性。图 4.3.13 给出结构的能力曲线和等效双折线 F-D 曲线以及 7 度、8 度大震顶点位移。

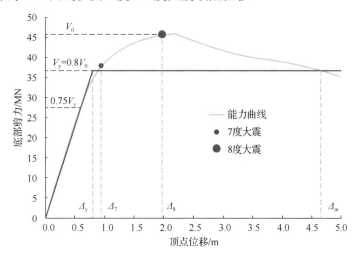

图 4.3.13　能力曲线和顶点位移（y 向）

7 度大震：底部剪力 38 050kN，顶部位移 0.95m；8 度大震：底部剪力 45 830kN，顶部位移 1.96m。能力曲线过了 8 度大震顶部位移点后，尚能继续保持一小段正刚度，然而进入下降通道。按学术界惯例，取最大剪力的 0.8 倍为屈服剪力，即 $V_y = 0.8V_o$，对应的顶部位移为极限位移 Δ_m；并把原点至 $0.75V_y$ 的连线作为等效弹性刚度，与 $V_y = 0.8V_o$ 的水平线交点对应的横坐标为屈服顶点位移 Δ_y，把结构的刚度等效为双折线型。V_o 为结构超强剪力。结构极限延性系数 $\mu_{\Delta,\max} = \Delta_m / \Delta_y = 5.91$。7 度和 8 度大震的设计延性系数分别为 $\mu_{\Delta,7} = \Delta_7 / \Delta_y = 1.19$ 和 $\mu_{\Delta,8} = \Delta_8 / \Delta_y = 2.46$。若按 NZS 1700.5:2004 的分类（详见附录），按期望的 7 度大震，主体结构为名义延性结构；按高于期望的 8 度大震，主体结构为有限延性结构。也就是说，遭受 7 度大震，整个结构层面仅仅刚进入塑性阶段；即使遭遇 10 000 年一遇的 8 度大震，结构也有足够的刚度和延性，不会因侧移过大而造成失稳倒塌。

2. 柱截面设计和延性措施

首层柱截面尺寸 1.6m×1.6m，剪跨比 1.32，超短柱。混凝土强度等级 C70，钢筋 HRB400。对其采取如下延性措施。

1）进行大震和极大震非线性分析，验证当本项目遭受 7 度大震冲击时，大部分柱的性能水准为不损坏（OP），少部分柱的性能水准为轻度损坏（IO）。

2）提高柱的纵向配筋率。以首层柱为例，按弹性分析结果，需求的纵筋配筋率 1.55%，实配纵筋 80D40，配筋率 3.93%；芯柱纵筋实配 16D36+4D40，配筋率 0.83%。采用提高强度的措施来减少对延性的要求，全部柱的性能水准均达到不损坏（OP）。

3）提高柱的体积配箍率。以首层柱为例，按弹性分析结果，需求的体积配箍率 2.03%，配箍特征值 0.23。采用复合箍，实配 D14@100，体积配箍率 2.66%，配箍特征值 0.301。图 4.3.14 给出首层柱的最大配筋、配箍断面示意图。

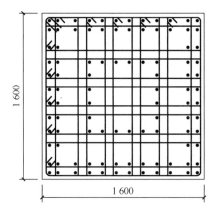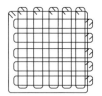

图 4.3.14　首层柱最大配筋断面示意图（单位：mm）

根据本工程材料特性、纵向钢筋配筋率、混凝土保护层厚度等，分别按 NZS 3101:2006 式（4.3.13）、式（4.3.17）和 ACI 318-08 式（4.3.24）、式（4.3.25）计算束箍筋体积配箍率，对实配体积配箍率进行安全性论证。图 4.3.15 给出中国、美国、新西兰规范的轴压比-体积配箍率关系曲线。图中，还给出本工程实配体积配箍率的投影（圆点）。可以直观地看出，实配体积配箍率远远高于 GB 50011—2010 的需求，与 ACI 318-08 的需求基本持平，处于 NZS 3101:2006 的 DPR 和 LDPR 之间。通过横向比较以及本工程的延性需求，可以认为柱的延性设计完全满足 8 度大震的需求。

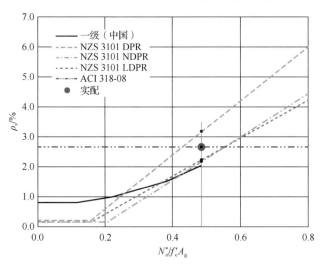

图 4.3.15　轴压比-体积配箍率关系曲线

综合上述论证，在现行规范的框架下，若柱的大震性能水准为 OP，按 GB 50011—2010 附录 M 表 M1.1-3 "若通过大震非线性分析及性能设计表明，柱的性能水准达到性能 1（OP）或性能 2（IO），可按常规设计的有关规定降低一度或二度，但不低于 6 度，且不发生脆性破坏"的原则，本工程外框柱按抗震等级二级选取轴压比限值，即轴压比限值 1.00，短柱减 0.05，C70 混凝土减 0.05。

3. 柱的大震性能水准

本书作者把 BM-LB 波［1933 年波雷戈山（Borrego Mountain）地震长滩码头岛（Long Beach Terminal Island）强震记录，见第六章第三节］的 PGA 调整到 8 度大震的水准，并进行了非线性分析，取轴压比最大的柱为典型柱。图 4.3.16 给出典型柱的性能水准，即 *P-M* 屈服面和 *P-M* 矢量历程图。图 4.3.16 充分表明，即使结构遭受高于设防烈度的罕遇地震，典型柱仍始终处于小偏压状态，未屈服，性能水准为 OP。

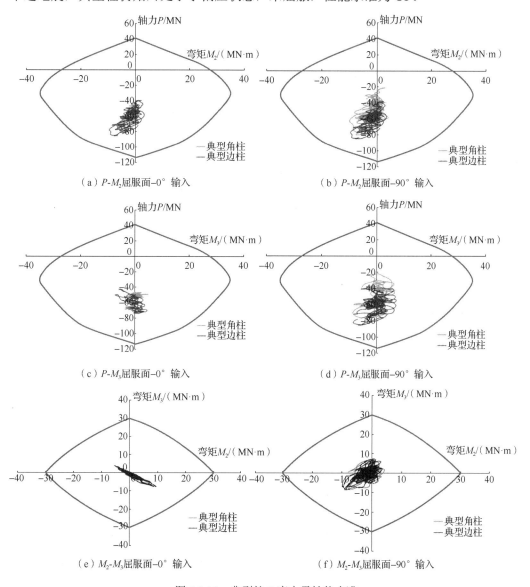

图 4.3.16　典型柱 8 度大震性能水准

4. 进一步研究

作为一个案例，在上述工程实例的基础上，使用 ETABS 分别按中国、美国、新西兰规范进行柱截面设计和塑性铰区域约束箍筋设计的对比分析。取混凝土强度等级 C80，钢筋 HRB500。按 JGJ 3—2010 设计时，控制轴压比 0.80，短柱和超短柱不做调整，首层柱断面尺寸 1.6m×1.6m；按 NZS 3101:2006 和 ACI 318-08 设计时，柱截面尺寸调整为 1.4m×1.4m。1.6m 柱和 1.4m 柱的外框剪力分担比曲线的分布模式接近，但 1.4m 柱的分担比数值明显要大得多，如图 4.3.17（a）所示。这是因为新西兰和美国规范剪力墙和柱的有效刚度折减系数不同（柱折减 0.7，墙折减 0.35），引起内力重分布的缘故。图 4.3.17（b）所示的能力曲线表明，两者之间无实质性差别。表 4.3.4 给出柱截面设计比较，包括结构基本周期、轴压比和柱截面配筋率和配箍率等信息。

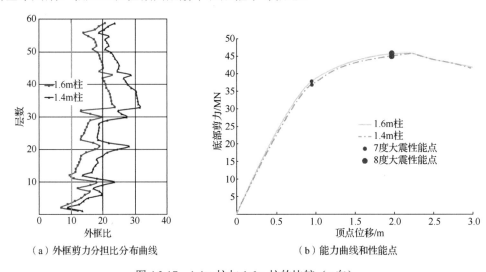

（a）外框剪力分担比分布曲线   （b）能力曲线和性能点

图 4.3.17   1.4m 柱与 1.6m 柱的比较（y 向）

表 4.3.4   中国、美国、新西兰规范柱截面设计比较（C80，HRB500）

项目	基本周期 T/s	截面尺寸	延性系数 μ_Δ	轴压比 n	纵向钢筋 A_{st} /mm²	ρ_t /%	横向箍筋 A_{sh}/s_h /mm²	ρ_s /%
JGJ 3	6.50	1.6m×1.6m	1.19	0.78	28 160	1.1	12.8	1.65
NZS 3101	6.60	1.4m×1.4m	1.19	0.53	35 280	1.8	17.9	2.69
ACI 318				—	19 600	1.0	16.2	2.43

注：1. NZS 3101：按名义延性塑性铰区域设计，取 $\rho_t m = 0.16$。

2. 轴压比和体积配箍率，按各自规范公式计算。

图 4.3.18 给出按 NZS 3101:2006 设计的典型柱 7 度大震性能水准，未屈服，OP、$P\text{-}M$ 矢量历程表明，柱仍处于小偏压状态。

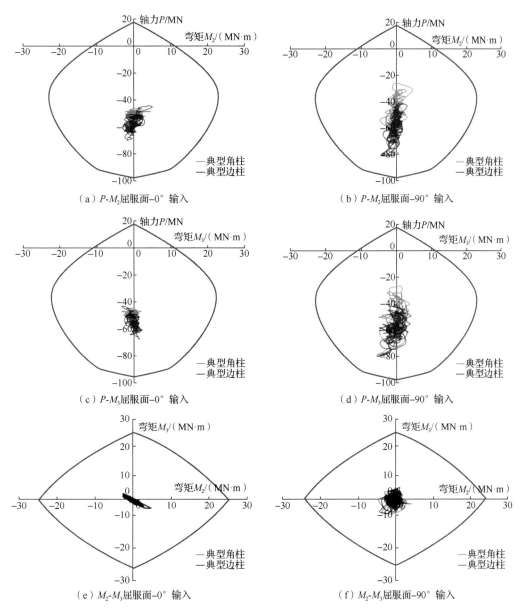

图 4.3.18　典型柱 7 度大震性能水准（1.4m×1.4m）

五、外框柱的工程特征和设计建议

框架-核心筒结构是超高层公共建筑的主要结构体系之一。框架-核心筒结构的外框柱具有如下工程特征。

1）外框柱承担了大面积的重力荷载，为高轴力、低弯矩、低剪力、小偏心受压构件。

2）过小的轴压比限值会引起过大的截面尺寸，按中国规范设计的（超）高层建筑钢筋混凝土外框柱一般为短柱或超短柱。

3）外框柱的拉压组成的整体弯矩和核心筒承担的弯矩共同抵抗水平地震作用的倾覆力矩。以轴力为主的受力特征使外框柱，即使遭受罕遇地震作用，也能达到不损坏的性能水准。因此，若能满足 NDPR 的延性构造措施，柱截面就具有了足够的延性储备。

作为本节的小结，本书作者建议在展开系列试验和加强基础性研究的前提下，新一代规范似乎可以考虑体现下列柱的延性设计理念：

1）删除按轴压比限值控制柱截面设计的条文，树立基于强度和延性的柱截面设计思想。在现行规范的框架下，暂且先按 GB 50011—2010 附录 M 表 M.1.1-3 的原则，放松轴压比限值。

2）直接给出轴压比和体积配箍率的计算公式，替代现行的最小配箍特征值表格。

3）计入纵向钢筋配筋率对体积配箍率的影响。

4）计入柱截面形状对体积配箍率的影响。

5）重新评估芯柱的作用。在计算配箍率和配筋率时，应计入芯柱纵向和横向的钢筋面积。

6）鼓励使用高强钢筋和高强混凝土。

第四节　剪力墙的延性机理和剪切破坏控制

剪力墙是结构体系中受力最复杂的构件。详细叙述剪力墙的细部设计超出了本书的讨论范围。撰写本节的目的主要是解释剪力墙的延性机理，讨论影响延性的因素，并在延性剪力墙的理论框架下，讨论全截面拉应力验算的妥当性。

一、延性剪力墙及其破坏模式

延性剪力墙是指在明确定义的塑性铰区域内，弯曲控制强度、非线性变形和能量耗损及不发生剪切破坏的二维竖向抗震构件。一般来说，悬臂剪力墙、由延性连梁连接的联肢墙肢或核心筒墙肢（在不混淆的情况下，统称剪力墙，下同）的底部是潜在的墙弯曲塑性铰区域。作为上述基本要求或定义，可以得到以下两个推论。

1）避免在底部以外的上部墙肢出现塑性铰。以弯曲变形为主的超高层建筑，即使反映结构整体延性性能的位移延性系数 μ_Δ 相同，若在任何上部区域出现墙塑性铰，塑性铰至顶部较短的距离将要求上部塑性铰区域比底部塑性铰区域更高的曲率延性系数 ϕ_u/ϕ_y，造成设计的困难及高昂的投资。对楼层刚度突变，剪力墙收进处或中断处或伸臂层，应加强配筋，避免应力集中，发生屈服。

2）防止墙肢，特别在塑性铰区域内，发生剪切破坏，沿施工缝滑移，墙体失稳以及墙体纵向钢筋屈曲等脆性破坏，甚至稍有延性的脆性破坏都不允许发生。

因此，应按能力设计原理，制定强剪弱弯、分等级的强度和延性保护以及防止纵筋屈曲破坏来保证仅在潜在的塑性铰区域发生弯曲破坏的设计准则。

悬臂剪力墙的能耗源是底部塑性铰区域内边缘构件的纵向钢筋受拉屈服和约束混

凝土的塑性化。具有良好设计的延性剪力墙可以得到稳定、丰满的滞回曲线。Paulay 等使用 1 : 3 设置边缘构件的一字形悬臂墙试件，模拟联肢墙的一个墙肢，在图示轴压比的范围内，进行了往复加载试验[30]。图 4.4.1 给出试验记录的滞回曲线示例。当位移延性系数 $\mu_\Delta = 4$ 时，滞回圈相当稳定。当 $\mu_\Delta = 6$，层间位移角为 3% 时，两圈后墙体发生非线性失稳破坏。图示曲线进一步显示，试件抗弯强度的超强与延性系数有关。当正方向位移延性系数 $\mu_\Delta = 4$ 时，弯曲超强达 32%。

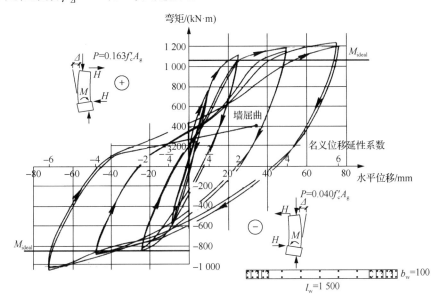

图 4.4.1　延性剪力墙稳定的滞回曲线示例[30]

二、影响墙延性的因素

1. 轴压比和中和轴高度

图 4.4.2 为轴压比对曲率的影响。图中给出一字形悬臂剪力墙，在压弯作用下的应变剖面图。设大偏压构件的受拉侧钢筋率先屈服，达到屈服应变 ε_y。在平截面假定下，混凝土最外侧纤维的压应变 $\varepsilon_c \leqslant \varepsilon_{cu}$。若把较高轴压比和较低轴压比分别称为情况 2 和情况 1，如图 4.4.2（a）所示，混凝土压应变 $\varepsilon_{c2} > \varepsilon_{c1}$，中和轴高度 $c_{y2} > c_{y1}$，相应的屈服曲率 $\phi_{y2} > \phi_{y1}$（下标的数字分别表示情况 1 和情况 2）。继续加载直至混凝土外侧纤维的压应变达到 ε_{cu}（非约束混凝土）或 ε_{cm}（约束混凝土）。若仍服从平截面假定，如图 4.4.2（b）所示，钢筋应变 $\varepsilon_s > \varepsilon_y$，且 $\varepsilon_{s2} < \varepsilon_{s1}$，中和轴高度 $c_{u2} > c_{u1}$。极限曲率 $\phi_{u2} < \phi_{u1}$。这样，截面曲率延性系数不等式 $\phi_{u2}/\phi_{y2} < \phi_{u1}/\phi_{y1}$ 成立。可以认为，高轴压比通过中和轴高度 c 影响了截面的曲率延性能力，继而减小了悬臂墙的位移延性系数 μ_Δ。也就是说，对于相同的 μ_Δ，高轴压比剪力墙曲率延性系数的需求大于低轴压比的剪力墙，需要设置边缘构件，配置高体积配箍率的约束箍筋提高约束效应予以补偿。

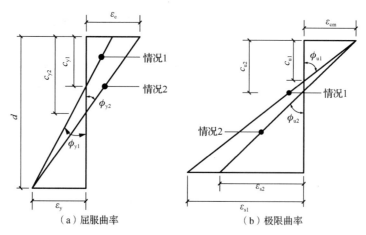

（a）屈服曲率　　　　　　　（b）极限曲率

图 4.4.2　轴压比对曲率的影响

2. 墙的平面形状

（1）联肢墙

设一片联肢墙具有两个截面尺寸相同的墙肢，但承受不同的轴力，墙肢 1 的轴压比低于墙肢 2，中和轴高度 $c_1 < c_2$。在地震作用下，若暂且单独考察两个墙肢，并设混凝土压应变均达到了极限应变 ε_{cu}。图 4.4.3 给出两段联肢墙墙肢的应变剖面图。

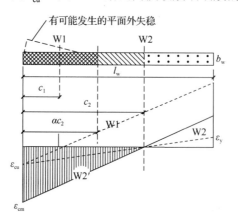

图 4.4.3　联肢墙墙肢的应变剖面图（改笔于 Paulay[27]）

图 4.4.3 中，墙肢 1 为大偏压构件，墙肢 2 处于界限破坏状态。墙肢 1 和墙肢 2 的应变沿截面的变化分别如图中标为 W1 和 W2 的虚线所示。显然，墙肢 1 的曲率 ϕ_1 大于墙肢 2 的曲率 ϕ_2。然而，在弹性阶段，与连梁强连接的联肢墙两段截面形状相同墙肢的曲率应保持一致，其变形协调的程度取决于连梁的弯曲刚度。图中标有 W2′ 的实线表示了一种可能的协调结果。变形协调有可能使墙肢 2 的混凝土压应变达到 $\varepsilon_{cm} \gg \varepsilon_{cu}$。因此，需要在墙肢 2 的端部设置边缘构件，对墙体混凝土产生有效的约束效应。

（2）核心筒

略去所有的核心筒内墙，并把外墙简化为两个槽形的组合墙肢，如图 4.4.4 所示。分别考察在图示水平荷载作用下，两个墙肢的应变剖面特征，继续讨论剪力墙形状对延性的影响。

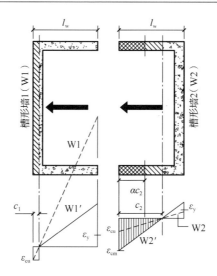

图 4.4.4　核心筒墙肢的应变剖面（改笔于 Paulay[27]）

槽形墙 1 的腹板处于受压状态。长腹板使较小的中和轴高度就能满足力的竖向平衡，翼缘受拉侧端部的钢筋将先于混凝土压应变达到 ε_{cu} 前屈服。若混凝土压应变达到 ε_{cu}，图中虚线 W1 表示墙 1 的应变沿截面的变化，受拉侧钢筋的应变会远远超过极限应变。另外，槽形墙 2 的腹板处于全截面受拉状态。长腹板中的纵向钢筋使得墙 2 的中和轴高度 $c_2 \gg c_1$。图中虚线 W2 表示墙 2 的应变剖面，处于小偏心受压状态。如上一小节所述，由于墙 1 和墙 2 具有相同的水平位移，强连梁将协调两个组合墙肢的曲率。图中实线表示了一种可能的协调结果。变形协调使槽形墙 2 翼缘端部的混凝土压应变达到 $\varepsilon_{cm} \gg \varepsilon_{cu}$，需要设置边缘构件，对端部混凝土产生有效的约束效应。同时，尚需验算槽形墙 1 翼缘端部受拉钢筋的拉应变 $\varepsilon_s \leqslant \varepsilon_{sm}$。联肢墙和核心筒的应变分析表明，墙肢间的变形协调使剪力墙的受力状况比柱复杂得多，更不能简单地使用轴压比来把墙肢归纳为大小偏心的压弯构件。

3.　延性机理

上述讨论充分表明了，剪力墙的延性机理是墙肢受压侧端部设置约束箍筋的边缘构件核心混凝土的塑性化和受拉侧端部纵向钢筋的受拉屈服。与柱的延性措施稍有不同，剪力墙的延性措施应包括边缘构件的面积和边缘构件约束箍筋的体积配箍率两个方面。

4.　临界中和轴高度

上述讨论同时还表明了剪力墙的中和轴高度 c 是反映墙延性能力的设计参数。定义临界中和轴高度 c_c 为墙肢塑性铰区域达到极限曲率 ϕ_u，最外侧混凝土纤维的压应变恰等于 ε_{cu} 时的中和轴高度。按平截面假定，有

$$c_c = \varepsilon_{cu} / \phi_u \qquad (4.4.1)$$

根据伯克利加利福尼亚大学（University of California，Berkeley）对墙长 $l_w = 2\,388\text{mm}$（94in）试件的试验结果，当 $\mu_\Delta = 9$ 的数量级时，其平均极限曲率的范围为 $\phi_u = 0.045 / l_w \sim 0.076 / l_w$，对应的位移延性系数 $\mu_\Delta = 3 \sim 6$。若取 $\phi_u \approx 0.04 / l_w$ 和 $\varepsilon_{cu} = 0.004$，代入式（4.4.1），得

$$c_{\mathrm{c}} \approx 0.1 l_{\mathrm{w}} \qquad\qquad (4.4.2)$$

仿照界限相对高度 $\xi_{\mathrm{b}} = x_{\mathrm{b}}/h_0$ 的概念，进一步定义 $\xi = c/l_{\mathrm{w}}$ 为墙肢中和轴相对高度，$\xi_{\mathrm{w}} = c_{\mathrm{c}}/l_{\mathrm{w}}$ 为临界中和轴相对高度。由式（4.4.2），得

$$\xi_{\mathrm{w}} = c_{\mathrm{c}}/l_{\mathrm{w}} \approx 0.1 \qquad\qquad (4.4.3)$$

这是一个偏安全的公式[27]。式（4.4.2）和式（4.4.3）表明，若墙肢的中和轴高度 $c \leqslant c_{\mathrm{c}}$ 或 $\xi \leqslant \xi_{\mathrm{w}}$，墙肢弯曲屈服时，最外侧混凝土纤维的压应变不超过 $\varepsilon_{\mathrm{cu}}$，可不设置约束边缘构件。

三、基于规范的约束边缘构件设计准则

结合本章第三节对柱延性机理的讨论，可以清晰地得出如下结论：轴力通过截面中和轴高度影响构件的延性性能。对于柱，当中和轴高度大于临界高度（第三节中的 $x_{\mathrm{b}}/0.8$），塑性铰区域内必须配置足够的约束箍筋，以确保核心混凝土塑性化。对于剪力墙，当中和轴高度大于临界高度 c_{c}，必须设置约束边缘构件，包括确定边缘构件的截面尺寸和约束箍筋的体积配箍率两个最基本的参数。在上述延性机理的理论框架下，各国规范根据各自的研究成果，都制定了有关延性剪力墙的设计条文。以下仅对轴压比限值以及与约束边缘构件截面尺寸和约束箍筋体积配箍率有关的条文展开一些讨论和评估。

1. 中国规范

JGJ 3—2010 比 GB 50011—2010 对钢筋混凝土高层建筑剪力墙设计列出了更详细的条文规定。其第 7.2.13 条规定，重力荷载代表值作用下，一、二、三级剪力墙墙肢的轴压比不宜超过表 7.2.13 的限值。其第 7.2.14 条第 1 款规定，一、二、三级剪力墙底层墙肢底截面的轴压比大于表 7.2.14 的规定值时，以及部分框支剪力墙结构的剪力墙，应在底部加强部位及相邻的上一层设置约束边缘构件，约束边缘构件应符合本规程第 7.2.15 条的规定。其第 7.2.15 条第 1 款规定，约束边缘构件沿墙肢的长度 l_{c} 和箍筋配箍特征值 λ_{v} 应符合表 7.2.15 的要求，其体积配箍率 ρ_{v} 仍按式（4.3.28）计算。

表 4.4.1～表 4.4.3 分别摘录自 JGJ 3—2010 的表 7.2.13～表 7.2.15。

表 4.4.1　剪力墙轴压比限值（JGJ 3—2010 的表 7.2.13）

抗震等级	一级（9 度）	一级（6、7、8 度）	二、三级
轴压比限值	0.4	0.5	0.6

注：墙肢轴压比是指重力荷载代表值作用下墙肢承受的轴压力设计值与墙肢的全截面面积和混凝土轴心抗压强度设计值乘积之比。

表 4.4.2　剪力墙可不设约束边缘构件的最大轴压比（JGJ 3—2010 的表 7.2.14）

等级或烈度	一级（9 度）	一级（6、7、8 度）	二、三级
轴压比	0.1	0.2	0.3

表 4.4.3　约束边缘构件沿墙肢的长度 l_c 及配箍特征值 λ_v（JGJ 3—2010 的表 7.2.15）

项目	一级（9 度）		一级（6、7、8 度）		二、三级	
	$\mu_N \leq 0.2$	$\mu_N > 0.2$	$\mu_N \leq 0.3$	$\mu_N > 0.3$	$\mu_N \leq 0.4$	$\mu_N > 0.4$
l_c（暗柱）	$0.20h_w$	$0.25h_w$	$0.15h_w$	$0.20h_w$	$0.15h_w$	$0.20h_w$
l_c（翼墙或端柱）	$0.15h_w$	$0.20h_w$	$0.10h_w$	$0.15h_w$	$0.10h_w$	$0.15h_w$
λ_v	0.12	0.20	0.12	0.20	0.12	0.20

注：1. μ_N 为墙肢在重力荷载代表值作用下的轴压比；h_w 为墙肢长度。

2. 剪力墙的翼墙长度小于翼墙厚度的 3 倍或端柱截面边长小于 2 倍墙厚时，按无翼墙、无端柱查表。

3. l_c 为约束边缘构件沿墙肢的长度。对暗柱不应小于墙厚和 400mm 的较大值；有翼墙或端柱时，不应小于翼墙厚度或端柱沿墙肢方向截面高度加 300mm。

2. 新西兰规范

NZS 3101:2006 第 11.4.6.5 条规定，剪力墙的（底部）潜在塑性铰区域，在强度极限状态（ultimate limit state，ULS，详见附录）下，适当荷载组合（包括有地震组合）得到的中和轴高度超过临界高度

$$c_c = \frac{0.1\phi_{ow}l_w}{\lambda} \tag{4.4.4}$$

在墙的受压区应设置约束边缘构件。约束边缘构件的约束箍筋面积和构件最小长度应满足下列第 1 款和第 2 款的要求。

1）约束边缘构件的箍筋和拉筋的面积应满足

$$A_{sh} = \alpha s_h h'' \frac{A_g^*}{A_c^*} \frac{f_c'}{f_{yt}} \left(\frac{c}{l_w} - 0.07 \right) \tag{4.4.5}$$

2）约束边缘构件的长度 c' 应满足

$$c' \geq c - 0.7c_c \tag{4.4.6}$$

且不小于 $0.5c$。式中，有限延性塑性铰区域（LDPR）：$\lambda=1.0$，$\alpha=0.175$；延性塑性铰区域（DPR）：$\lambda=2.0$，$\alpha=0.25$；$\phi_{ow}=M_o/M_E$（其中 M_o 为超强弯矩，M_E 为地震作用的需求弯矩）为墙底部的弯矩超强系数，一般可取 $\phi_{ow}=1.39 \sim 1.50$；A_g^* 为约束边缘构件的全截面面积，A_c^* 为约束边缘构件混凝土核的面积。图 4.4.5 给出约束边缘构件长度与中和轴高度关系的示意图。图 4.4.6 以槽形断面为例，给出不同区域对钢筋的要求。

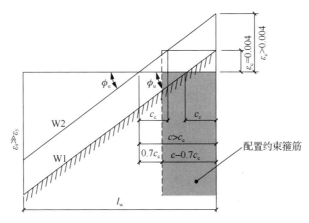

图 4.4.5　约束边缘构件长度与中和轴高度关系的示意图[27]

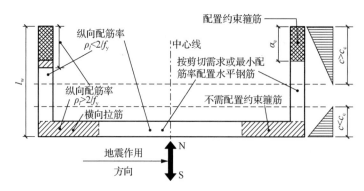

图 4.4.6　不同区域对横向钢筋的要求[27]

3. 美国规范

ACI 318-08 第 21.9.6.2 条基于位移的方法规定，对落地且不转换，在压弯联合作用下仅有一个临界截面的墙肢，当

$$c \geqslant \frac{l_{\text{w}}}{600(\delta_{\text{u}} / h_{\text{w}})} \tag{4.4.7}$$

应设置边缘构件。式中，c 为压弯构件在设计轴力和名义弯曲强度下的最大中和轴高度；δ_{u} 为墙肢的水平位移；$l_{\text{w}}, h_{\text{w}}$ 为墙肢的长度和高度；$(\delta_{\text{u}} / h_{\text{w}})_{\text{min}}$ 取 0.007。边缘构件的截面长度至少应延伸，且超过压应变 $\varepsilon_{\text{c}} = \varepsilon_{\text{cu}}$ 的混凝土纤维，边缘构件的高度应超过塑性铰长度的估计上限，且延伸至混凝土保护层不发生剥落处。

第 21.9.6.4 条第 1~5 款对边缘构件的截面尺寸和约束箍筋规定了如下要求。

1）边缘构件的长度不短于 $c - 0.1 l_{\text{w}}$ 和 $c/2$ 中的较大者。

2）对于 T 形或工字形截面的墙肢，腹板中的长度至少为 12in（300mm），且应设置有效翼缘宽度。

3）箍筋的体积配箍率按延性框架柱的式（4.3.24）和式（4.3.25）执行，但间距可不大于墙肢截面最小尺寸的 1/3，最大限值不超过 150mm，最小限值不小于 100mm。

4）箍筋范围应延伸至（下部）支承段内，不短于最大纵向钢筋的锚固长度。当边缘构件截止于基础顶面，应延伸至基础内，不小于 300mm。

5）墙体的水平钢筋应伸入边缘构件的混凝土核心区，且符合锚固长度的要求。

ACI 318-08 第 21.9.6.3 条还给出了使用截面应力作为判别边缘构件设置条件的另外一种方法——应力法。应力法规定，在有地震作用的荷载组合下，当端部边缘纤维或洞口边纤维的最大压应力大于 $0.2 f_{\text{c}}'$，应设置边缘构件。若需要设置边缘构件，其构造要求应满足第 21.9.6.4 条，且截面长度应一直延伸至最大压应力不大于 $0.15 f_{\text{c}}'$ 处。

4. 中国、美国、新西兰规范的点评

中国、美国、新西兰规范都在剪力墙延性机理的理论框架下，各自制定了上述的有关条文。具体点评如下：

1）新西兰规范 NZS 3101:2006 在计算临界中和轴高度中，计入了弯矩的超强效应，并严格按计算的临界高度，设置与之匹配的约束边缘构件长度。该规范采用了与柱约束

箍筋类似的公式计算边缘构件的约束箍筋。与延性柱比较，对体积配箍率的需求有所放松。

2）美国规范 ACI 318-08 提供了两种方法作为判断约束边缘构件的设置条件，即位移法和应力法，要求约束边缘构件长度外侧的混凝土压应变不超过非约束混凝土的极限应变值 ε_{cu}。该规范采用与柱约束箍筋相同的公式计算边缘构件的约束箍筋配箍率。与延性柱比较，对箍筋的间距有所放松。

3）中国规范 JGJ 3—2010 采用重力荷载作用下的轴压比限值控制墙厚，采用轴压比作为设置约束边缘构件的判别条件和分段规定约束边缘构件的长度来双重控制墙的强度和延性的方法。该规范采用了与柱约束箍筋类似配箍特征值和公式计算边缘构件约束箍筋的体积配箍率。与延性柱比较，对体积配箍率的需求有所放松。

4）中国规范延性措施的条文符合剪力墙延性的理论框架，但使用重力荷载作用下轴压比限值控制墙厚的方法偏向于工程经验，没有计入地震作用对墙体轴力的影响以及剪力墙之间的变形协调，显得比较粗糙。中国规范仍把轴压比是影响构件延性能力的主要因素作为制订条文的指导思想。与第三节柱的延性机理类似，高轴压比，大截面约束边缘构件、高配筋率和高体积配箍率的剪力墙，只要确保剪切破坏的保护等级高于弯曲破坏，其延性能力要高于低轴压比，小截面约束边缘构件、低配筋率和低配箍率的剪力墙。建议在现行规范的框架下，补充允许通过扩大约束边缘构件的截面长度，来放松轴压比的限值的有关条文。

四、剪力墙的拉剪性能及剪切破坏控制

建质 67 号文第十二条第（四）款规定，"中震时出现小偏心受拉的混凝土构件应采用《高规》中规定的特一级构造。中震时双向水平地震下墙肢全截面由轴向力产生的平均名义拉应力超过混凝土抗拉强度标准值时宜设置型钢承担拉力，且平均名义拉应力不宜超过两倍混凝土抗拉强度标准值（可按弹性模量换算考虑型钢和钢板的作用），全截面型钢和钢板的含钢率超过 2.5% 时可按比例适当放松"。尽管没有给出条文说明，其主要目的明显是以截面名义拉应力来控制钢筋的拉应力。按本书作者的理解，该条文的制定也许出于对下列四个方面的考虑：①拉应力会影响剪力墙的抗剪承载力；②混凝土开裂后，过高的截面拉应力会使裂缝处钢筋应变急剧增大，受拉侧纵向钢筋的应变超过极限应变而被拉断；③反复拉压下过大拉应变的纵向钢筋有可能发生局部屈曲折断；④钢筋拉断或屈曲后，导致混凝土在反复拉压下发生脆性的压溃破坏。

该条文涉及"中震验算"的概念以及一些有关材料和构件性能的理论问题。前者将在第六章讨论。关于材料和构件性能，例如，如何理解剪力墙的拉剪性能、混凝土的剪切性能及影响混凝土剪切性能的因素，少筋剪力墙和延性剪力墙约束边缘构件核心混凝土的塑性化等等方面，以下将展开一些讨论。

1. 问题的提出

我国从 20 世纪 70 年代末至 80 年代初由同济大学、天津大学、南京工学院、重庆建筑工程学院等高等院校组成了抗剪强度专题研究组，以梁、柱为对象，对钢筋混凝土偏心受压和偏心受拉构件的抗剪强度进行了研究，合理评价了《钢筋混凝土结构设计规范》（TJ 10—74）中的偏心受压和偏心受拉构件的计算公式[31]。其研究成果在后续的规

范版本中得到了反映。但一直到 1985 年智利地震造成了剪力墙端部纵向钢筋折断，这种罕见的脆性破坏模式才引起了当时学术界和设计界对剪力墙受力特性和延性设计的强烈关注[32,33]。

1985 年 3 月 3 日当地时间 19:47，智利中部海岸发生了 7.8 级地震。震中位于瓦尔帕莱索（Valparaiso）地区西南离岸 25km 的太平洋阿尔加罗沃（Algarrobo），如图 4.4.7 所示。断层走向与海岸线基本平行，震源深度 33km。太平洋板块的 Nazca 次板块以每年 10cm 的速度向东、向下倾斜 10° 左右，俯冲伸入南美板块是直接的发震原因。这次逆断层的地震包含了间隔仅 10s 的两次独立发震。第一次主震体波震级 $m_b = 5.2$，第二次主震面波震级 $M_s = 7.8$，体波震级 $m_b = 6.9$，是 20 世纪世界最大的地震事件，极震区修正麦卡利烈度（modified Mercalli intensity，MMI）VIII 度。强震观测台网记录到一大批相当有价值的地面运动时程，最大加速度峰值达 PGA=0.67g。震中距 80km 的滨海城市 Vina Del Mar（维那德马，邻近瓦尔帕莱索），设置在市区 10 层大厦地下室的强震仪记录到 Vina Del Mar 波 S20W 分量的加速度峰值 PGA=0.36g。

智利为强震区，从 1570 年到 1985 年发生了 45 次 7 级以上的地震，平均约每 10 年发生一次破坏性地震。频繁而强烈的地震使智利抗震规范（NCh 433）定义 6.5 级～7 级的地震为小震，7.5 级以上的地震为中等烈度的地震。尽管防止结构倒塌，确保生命安全的抗震设计理念与美国规范的延性设计相同，但当时 NCh 433 采用了刚性设计准则。5 层以上的住宅一般都采用剪力墙结构，同时承受竖向荷载和地震荷载，并提高墙地比（剪力墙面积与建筑面积之比）为 4%～8%，限制侧向位移来实现抗震设防目标[34]。但与 ACI 318 不同，墙体基本上没有延性构造措施，在端部不设置边缘构件和约束箍筋。刚性设计准则基本上经受了 1985 年大地震的冲击。Vina Del Mar 的 400 栋左右、5～23 层剪力墙结构中仅 6 栋遭受到结构性严重破坏，但其中的 EL Faro，一栋 8 层公寓，底层墙肢端部纵向钢筋折断，墙体压碎的脆性破坏模式引起了学术界的极大关注。EL Faro 公寓于震后第 5 天拆除，图 4.4.8 为其拆除前的震害照片。

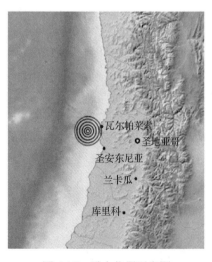

图 4.4.7　震中位置示意图
[引自：美国地质勘探局（USGS）]

图 4.4.8　Vina Del Mar 市 EL Faro 公寓的震害照片

　　EL Faro 位于山坡，向西南面临太平洋。8 层剪力墙结构，另加 1 层顶塔楼，典型层层高 2.63m。1979 年按 NCh 433-1972 设计，1981 年竣工。混凝土强度等级 C22.5，钢筋 60 级（约相当于 HRB400）。图 4.4.9 给出典型层（含首层）的平面布置，首层墙地比达 6.8%。景观大窗使墙体布置沿图示垂直方向严重偏置。图 4.4.10 给出沿 M 轴线典型墙肢的配筋示意图。显然，它属于少筋剪力墙，不设边缘构件、不设约束箍筋，不符合延性剪力墙的设计准则。通过对该结构的模拟计算，该墙肢端部对应于混凝土压应变 0.003 的钢筋拉应变超过了其断裂应变的 2 倍[32,33]。结构的破坏机制相当明确，在强烈地震作用下，扭转效应使墙肢端部发生过大的平面外弯曲（图 4.4.3 虚线），叠加低轴压比及少筋引起墙肢底部潜在塑性铰区域的端部纵向钢筋过大的拉应变、混凝土开裂，在往复摆动中，纵筋局部屈曲折断、墙体压碎。可简单归纳五个方面：①位移比过大；②墙端未设置端柱或翼墙；③墙端未配置约束箍筋形成边缘构件；④轴压比过低；⑤纵向钢筋过少、拉应变过大。

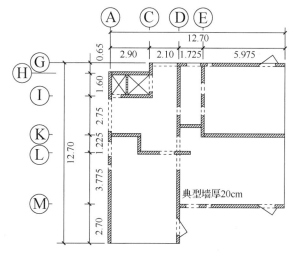

图 4.4.9　EL Faro 公寓典型层平面布置[32,33]（尺寸单位：m）

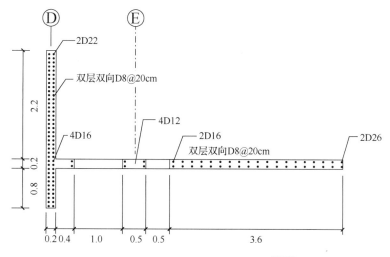

图 4.4.10　典型墙肢的配筋示意图[32,33]

2. 剪力墙的拉剪性能

按照延性剪力墙底部为潜在塑性铰区域的设计思想，受拉侧钢筋应屈服。在双向地震作用下，也许有可能发生墙肢全截面受拉，处于拉剪状态。因此，有必要详细探讨剪力墙的拉剪抗震性能。

（1）试验研究

任重翠等完成了剪跨比 1.5，截面纵向配筋率分别为 1.7%、2.5%，按不同的拉应力等级，共 11 片编号为 RCW17T100～RCW25T400 剪力墙试件的拉剪性能试验[35]。编号中，"RCW"表示矩形截面钢筋混凝土剪力墙，"17"或"25"表示纵筋配筋率，"T"表示受拉，"100"或"400"表示截面纵筋平均拉应力（MPa）。试件尺寸：高×宽×厚为 960mm×800mm×120mm。表 4.4.4 列出试件设计参数，轴拉比 $n_t = N_t / f_t A$，钢筋为暗柱纵筋 HRB400，其余 HPB300。

表 4.4.4　试件设计参数

试件编号	混凝土强度等级	暗柱纵筋/配筋率/%	暗柱箍筋/体积配箍率/%	配箍特征值	墙体水平筋/配筋率/%	墙体纵筋/配筋率/%	纵筋轴拉应力/MPa	轴拉比
RCW17T100	C80	4⏀14(4.75)	⏀6@60(2.31)	0.17	⏀6@120(0.39)	⏀6@80(0.59)	100	0.42
RCW17T150	C80	4⏀14(4.75)	⏀6@60(2.31)	0.19	⏀6@120(0.39)	⏀6@80(0.59)	150	0.65
RCW17T200	C80	4⏀14(4.75)	⏀6@60(2.31)	0.17	⏀6@120(0.39)	⏀6@80(0.59)	200	0.80
RCW17T250	C80	4⏀14(4.75)	⏀6@60(2.31)	0.19	⏀6@120(0.39)	⏀6@80(0.59)	250	1.08
RCW17T350	C80	4⏀14(4.75)	⏀6@60(2.31)	0.19	⏀6@120(0.39)	⏀6@80(0.59)	350	1.52
RCW25T000	C60	4⏀18(7.85)	⏀6@60(2.31)	0.21	⏀6@120(0.39)	⏀6@80(0.59)	000	0
RCW25T200	C60	4⏀18(7.85)	⏀6@60(2.31)	0.26	⏀6@120(0.39)	⏀6@80(0.59)	200	1.30
RCW25T250	C60	4⏀18(7.85)	⏀6@60(2.31)	0.22	⏀6@120(0.39)	⏀6@80(0.59)	250	1.70
RCW25T300	C60	4⏀18(7.85)	⏀6@60(2.31)	0.21	⏀6@120(0.39)	⏀6@80(0.59)	300	2.06
RCW25T350	C60	4⏀18(7.85)	⏀6@60(2.31)	0.24	⏀6@120(0.39)	⏀6@80(0.59)	350	2.45
RCW25T400	C60	4⏀18(7.85)	⏀6@60(2.31)	0.24	⏀6@120(0.39)	⏀6@80(0.59)	400	2.86

试验的加载制度如下：首先按每级 50MPa 加载轴向拉力至目标纵筋拉应力；然后在维持目标拉应力不变的情况下，屈服前按预估屈服荷载 10%的增量水平加载，每级加载往复循环一次；屈服后按 1/400 位移角（每级位移量 3mm）加载，每级加载往复循环两次。

按上述试件参数和加载制度，任重翠等根据试验现象和数据，对纵向配筋率、轴拉比等因素对剪力墙拉剪性能，如破坏模式、抗剪承载能力、极限变形能力、耗能能力、等效黏滞阻尼系数等进行了分析和研究。这里，摘录了破坏形态及裂缝、滞回曲线和力-位移骨架曲线的试验照片和图形，列于图 4.4.11～图 4.4.13 中。

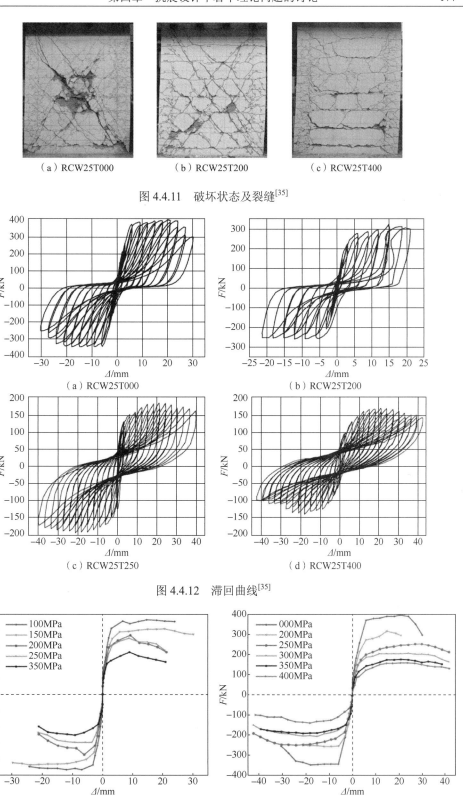

（a）RCW25T000　　　　（b）RCW25T200　　　　（c）RCW25T400

图 4.4.11　破坏状态及裂缝[35]

（a）RCW25T000　　　　　　　　　（b）RCW25T200

（c）RCW25T250　　　　　　　　　（d）RCW25T400

图 4.4.12　滞回曲线[35]

（a）截面纵筋率1.7%　　　　　　　　（b）截面纵筋率2.5%

图 4.4.13　力-位移（F-D）骨架曲线[35]

任重翠等的主要结论如下[35,36]。

1）剪力墙在拉力和剪力共同作用下，因轴拉力大小不同，表现出两种破坏模式：当轴拉力相对较小时，剪力墙斜截面存在剪压区，试件处于大偏心受拉状态，发生剪压破坏；当轴拉力相对较大时，试件处于全截面受拉的小偏心受拉状态，发生滑移破坏。

2）轴拉力降低了剪力墙的抗剪承载力，并对剪力墙的水平抗侧刚度和积累滞回耗能等抗震性能造成不利影响。与剪压破坏相比，拉剪剪力墙的极限变形能力有所提高，延性加大，但随着拉力的增加，其变化规律不明确。

3）纵筋提高了剪力墙的抗剪承载力、变形能力、水平抗侧刚度和累积滞回耗能等抗震性能。

4）在拉剪作用下，等效黏滞阻尼系数随轴拉力的增加而增大，随截面纵筋率的增加而降低。

按任重翠等提供的试件参数，作者注意到截面纵筋配筋率从 1.7%提高到 2.5%，主要是暗柱配筋从 4D14 提高到 4D18，加强了暗柱的配筋。本书作者进一步解读任重翠等提供的试验图表如下：①剪压破坏为脆性破坏，剪拉破坏为延性破坏；②边缘构件的截面尺寸、纵筋配筋率和约束箍筋的体积配箍率是影响拉剪剪力墙延性性能的主要因素，RCW25T250～400 试件表现出良好的延性性能；③无论哪一种破坏模式，边缘构件对墙体的约束作用都是明显的。因此，只要注意到拉剪剪力墙抗剪承载力有所降低的特征，按规范公式计算的剪力墙剪切强度有足够的安全度，建立强剪弱弯的等级保护措施，无论压弯、压剪，还是拉弯、拉剪，加强边缘构件是延性剪力墙设计的最重要的延性措施，而不是控制轴压比和控制拉应力。

（2）拉剪强度计算公式的试验校核

GB 50010—2010 第 11.7.5 条，剪力墙在偏心受拉时的斜截面抗震受剪承载力应符合下列规定：

$$V_{\mathrm{w}} \leq \frac{1}{\gamma_{\mathrm{RE}}}\left[\frac{1}{\lambda-0.5}\left(0.4f_tbh_0-0.1N\frac{A_{\mathrm{w}}}{A}\right)+0.8f_{\mathrm{yh}}\frac{A_{\mathrm{sh}}}{s}h_0\right] \tag{4.4.8}$$

式中符号意义同规范公式（11.7.5），其中，$\gamma_{\mathrm{RE}}=0.85$ 为抗震承载力调整系数，N 为轴力，受拉为正。方括号中的第一项为计入轴拉力影响的混凝土抗剪强度设计值，第二项为水平钢筋的抗剪强度设计值。王铁成等令 $\gamma_{\mathrm{RE}}=1.0$，按式（4.4.8）计算了 5 片钢筋混凝土剪力墙试件拉弯剪复合作用下的受剪承载力。试件的截面尺寸、剪跨比、墙腹板的配筋与上述 RCW 试件接近，但边缘构件的纵筋为 4D25，得到了加强；箍筋 D8@100，稍有加强。表 4.4.5 和图 4.4.14 给出计算值与试验值比较，其中，SW-5 试件配置了抗滑移的交叉钢筋。按图表数据，王铁成等认为在轴拉比 μ_{N} 不大于 2.82 的情况下，式（4.4.8）具有一定的安全储备[37]。

表 4.4.5　受剪承载力 V_{w} 计算值与试验值的比较

试件编号	轴拉比 μ_{N}	计算值/kN	试验值/kN	试验值/计算值
SW-1	0	417.90	602.84	1.443
SW-2	0.86	399.50	543.26	1.351
SW-3	1.85	378.00	435.82	1.133
SW-4	2.82	357.00	427.30	1.164
SW-5	2.82	512.05	530.14	1.013

注：取 $\gamma_{\mathrm{RE}}=1.0$；SW-5 试件为内置交叉抗滑钢筋的剪力墙。

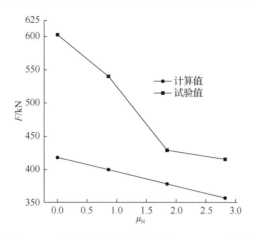

图 4.4.14　计算值与试验值对比（SW1-SW4）[37]

3. 基于规范的剪力墙剪切破坏控制

（1）混凝土抗剪机理

研究表明，拉（或压）剪试验中钢筋提供的抗剪强度没有明显的变化，混凝土提供的抗剪强度的降低或增强是影响剪力墙拉剪承载力的主要原因。

由于徐变、收缩或受力等因素，混凝土是带裂缝工作的。混凝土抗剪强度不完全取决于混凝土的材料性能，影响其因素是多方面的。它是骨料咬合力、纵向钢筋暗销力、受压区混凝土的剪切传递、受拉区裂缝间混凝土块对构件刚度的贡献（tensile concrete stiffening effects）以及拱作用等因素的一种综合效应，具有一定的不确定性。

在塑性铰区域，弯曲与剪切屈服后的相互作用和反复摆动引起的交叉斜裂缝都对混凝土抗剪强度产生相当大的影响。在长墙中，斜裂缝展开后，剪力引起的拉力通常由水平钢筋承担；在矮墙中，通常由水平钢筋和竖向钢筋共同承担。对于整片剪力墙，作为边缘构件的暗柱或翼缘为墙体提供了约束。水平钢筋应有效地锚入两侧的边缘构件，竖向钢筋应有效地锚入塑性铰区域以外的混凝土墙体中。按斜压-斜拉剪切模型，约束边缘构件和钢筋的拉力为斜杆提供了压应力。因此，水平钢筋和竖向钢筋的配筋率和间距是影响混凝土斜裂缝宽度的主要因素。通常认为，混凝土材料的剪切模量 $G = 0.4E_c$，泊松比 $\nu = 0.25$。在框架型构件中，剪切作用远远小于弯曲的作用。因此，近似地、简洁地使用 $G = 0.4E_c$ 作为杆件的剪切模量不会产生实质性的误差，但剪力墙塑性铰区的混凝土剪切模量必须考虑上述斜裂缝展开后传力机理的改变、刚度退化等因素。按此理论，Powell 认为混凝土开裂后的剪切模量 $G \ll 0.4E_c$[38,39]，且建议在非线性分析中，取钢筋混凝土剪力墙的等效剪切刚度为

$$G_{eq} = 2\rho_t E_c \tag{4.4.9}$$

式中，ρ_t 为墙体水平钢筋配筋率。

（2）名义剪应力

学术界一般使用名义剪切强度或名义剪应力作为材料和截面剪切性能的设计参数。名义剪切强度相当于我国抗剪承载力标准值。按定义，验算剪力墙剪切强度的通用表达式为

$$V \leqslant V_c + V_s = V_{cs} \qquad V \leqslant V_n \qquad\qquad (4.4.10)$$

式中，V 为设计剪力；V_n 为截面名义剪切强度；V_c，V_s 分别为混凝土和钢筋提供的名义剪切强度，它们的和记作 V_{cs}。各名义剪切强度与对应的名义剪应力之间存在以下的关系式：

$$v_c = V_c / A_{cv} + v_s = V_s / A_{cv} \qquad v_{cs} = v_c + v_s \qquad v_n = V_n / A_{cv} \qquad (4.4.11)$$

式中，$A_{cv} = b_w h_{w0}$，为有效剪切截面面积，其中，b_w 为墙肢截面的厚度，h_{w0} 为截面的有效高度，分别对应于新西兰规范和美国规范中的 t 和 d。

　　按上述混凝土剪切机理，潜在塑性铰区域的混凝土抗剪强度更具有相当的不确定性。进一步，为了确保剪力墙仅发生延性的弯曲破坏，防止剪切实质性地降低剪力墙的耗能能力，各国规范都制定了提高剪切破坏保护等级的条文，给出混凝土名义剪切强度随轴拉应力增大而降低的计算公式；并列出了以截面名义剪应力表示的剪力墙截面限制条件，限定最小剪切截面，避免剪力墙过早开裂。为了便于各国规范之间的横向比较，以下列出按式（4.4.11）格式转换，基于规范的名义剪应力公式。

　　（3）中国规范

　　根据 GB 50010—2010 第 11.7.5 条或 JGJ 3—2010 第 7.2.11 条列出的计算公式，可以写出一字形剪力墙拉剪状态下，地震设计状况时斜截面混凝土名义剪应力

$$v_c = \frac{1}{\lambda - 0.5} \left(0.4 f_{tk} - 0.125 \sigma_z \right) \qquad (4.4.12)$$

式中，f_{tk} 为混凝土抗拉强度标准值；σ_z 为正截面拉应力。钢筋提供的名义剪应力

$$v_s = 0.8 f_{ykh} \rho_h \qquad (4.4.13)$$

式中，f_{ykh} 为水平钢筋的屈服强度标准值；ρ_h 为水平钢筋配筋率，$\rho_h = A_{sh} / b_w s$，其中，s 为水平钢筋的间距，A_{sh} 为 s 范围内的水平钢筋面积。

　　按 GB 50010—2010 第 11.7.3 条或 JGJ 3—2010 第 7.2.7 条规定的截面限制条件，截面名义剪应力

$$v_n = \beta_\lambda \beta_c f_{ck} \qquad (4.4.14)$$

式中，β_λ 为剪跨比调整系数（当 $\lambda > 2.5$，取 $\beta_\lambda = 0.2$；当 $\lambda \leqslant 2.5$，取 $\beta_\lambda = 0.15$）。

　　（4）新西兰规范

　　新西兰规范 NZS 3101:2006 考虑到交叉斜裂缝降低了混凝土的压杆作用以及弯曲与剪切的相互作用，按第 7.5.3 条和第 11.4.7.3 条规定，可以写出剪力墙塑性铰区的混凝土名义剪应力

$$v_c = 0.27 \lambda \sqrt{f_c'} + 0.25 \sigma_z \geqslant 0.0 \qquad (4.4.15)$$

式中，σ_z 为正截面拉应力，受拉取负值；系数 $\lambda = 0.25$（延性塑性铰区域）或 $\lambda = 0.5$（有限延性塑性铰区域）。按第 11.3.10.3.8 条的规定，钢筋承担的名义剪应力

$$v_s = f_{yt} \rho_t \qquad (4.4.16)$$

式中，f_{yt} 为水平钢筋的名义屈服强度；ρ_t 为墙的水平钢筋配筋率。

　　根据美国波特兰水泥协会（Portland Cement Association）和伯克利加利福尼亚大学的试验成果，仅控制混凝土名义剪应力，若不控制截面名义剪应力，在 3 次循环加载后，塑性铰区域的剪力墙腹板有可能出现斜裂缝脆性破坏。NZS 3101:2006 第 11.4.7.3 条进一步限制最小受剪截面。按第 11.4.7.3 条规定，剪力墙截面名义剪应力

$$v_{\mathrm{n}} = \left(\frac{\phi_{\mathrm{ow}}}{\alpha} + 0.15\right)\sqrt{f_{\mathrm{c}}'} \leqslant v_{\max} = 8\mathrm{MPa} \tag{4.4.17}$$

式中，系数 $\alpha = 6.0$（延性塑性铰区域）或 $\alpha = 3.0$（有限延性塑性铰区域），允许内插；ϕ_{ow} 为弯矩超强系数，一般可取 $\phi_{\mathrm{ow}} = 1.4$，表明了提高剪力墙边缘构件和墙肢腹板的纵向钢筋配筋率将提高截面的抗剪能力。

（5）美国规范

根据美国 ACI 318-08 第 11.2.2.3 条规定，当承受对构件产生实质性影响的轴向拉力时，混凝土名义剪应力（psi）可以写为

$$v_{\mathrm{c}} = 2\left(1 + 0.002\sigma_{z}\right)\sqrt{f_{\mathrm{c}}'} \geqslant 0 \tag{4.4.18}$$

式中，σ_{z} 为正截面拉应力，受拉取负值。

按第 11.9.9.1 条的规定，钢筋承担的名义剪应力

$$v_{\mathrm{s}} = f_{\mathrm{yt}}\rho_{\mathrm{t}} \tag{4.4.19}$$

与式（4.4.16）相同。

按 ACI 318-08 第 21.9.4.1 条规定，延性剪力墙截面名义剪应力（psi）不超过

$$v_{\mathrm{n}} = \alpha_{\mathrm{c}}\sqrt{f_{\mathrm{c}}'} + \rho_{\mathrm{t}}f_{\mathrm{y}} \leqslant 8\sqrt{f_{\mathrm{c}}'} \tag{4.4.20}$$

式中，当剪力墙的高长比 $h_{\mathrm{w}}/l_{\mathrm{w}} \leqslant 1.5$，取 $\alpha_{\mathrm{c}} = 3.0$；当 $h_{\mathrm{w}}/l_{\mathrm{w}} \geqslant 2.0$，取 $\alpha_{\mathrm{c}} = 2.0$；当 $1.5 < h_{\mathrm{w}}/l_{\mathrm{w}} < 2.0$，$\alpha_{\mathrm{c}}$ 值线性内插。ρ_{t} 为墙的水平钢筋配筋率。

（6）中国、美国、新西兰规范的点评

按典型设计参数，设混凝土圆柱体抗压强度 $f_{\mathrm{c}}' = 42.18\mathrm{MPa}$（对应于立方体强度 50MPa），60 级钢筋（对应于 $f_{\mathrm{yk}} = 414\mathrm{MPa}$），水平配筋率 $\rho_{\mathrm{t}} = 0.5\%$（约相当于底部加强区墙厚 300mm，配置水平筋 2D12@150）。图 4.4.15 给出中国、美国、新西兰三国规范一字形剪力墙的混凝土名义剪应力-轴向拉应力（v_{c}-σ_{z}）关系的对比以及钢筋和混凝土名义剪应力之和-轴向拉应力（v_{cs}-σ_{z}）关系的对比。表 4.4.6 列出三国规范的剪力墙截面名义剪应力的对照。

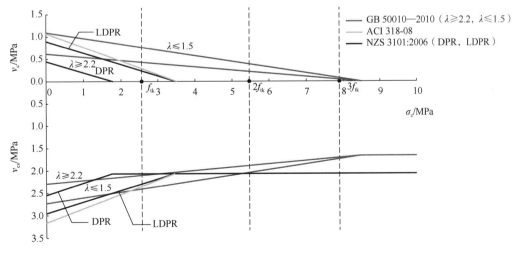

图 4.4.15　中国、美国、新西兰规范 v_{c}-σ_{z} 及 v_{cs}-σ_{z} 的对比

表 4.4.6　中国、美国、新西兰规范截面名义剪应力对照

标准	GB 50010—2010		ACI 318-08		NZS 3101:2006	
v_n/MPa	$\lambda > 2.5$	$\lambda \leqslant 2.5$	$h_w/l_w \geqslant 2.0$	$h_w/l_w \leqslant 1.5$	LDPR	DPR
	6.48	4.86	3.17	3.72	4.00	2.49

按上述公式和图表，可以注意到以下几点。

1）v_c-σ_z 关系曲线为一条下降的直线。当截面拉应力增大至直线与 σ_z 轴的交点处，混凝土完全退出工作。GB 50010—2010 的混凝土完全退出工作的截面拉应力为 $\sigma_z \approx 3.2 f_{tk}$（对应 n_t 于轴拉比 $n_t = 4.5$），NZS 3101:2006 和 ACI 318-08 的截面拉应力 $\sigma_z \approx 0.66 f_{tk} \sim 1.32 f_{tk}$，远远小于 GB 50010—2010。对比图 4.4.14，GB 50010—2010 的 v_c-σ_z 关系曲线比较符合试验结果。遗憾的是，本书作者收集的试验样本偏少。

2）钢筋提供的名义剪应力 v_s，GB 50010—2010 为 NZS 3101:2006 和 ACI 318-08 的 0.8 倍。

3）v_{cs}-σ_z 关系曲线为一条下降的双折线。当混凝土完全退出工作，转折为一条平行于 σ_z 轴的直线，与 σ_z 轴的距离为钢筋的名义剪应力 v_s。此时，名义剪应力 v_{cs} 独立于拉应力。一般而言，加强区剪力墙的 v_s 远大于 v_c。显然，对于高轴拉比的剪力墙，提高截面剪切强度的有效措施是提高墙体的水平配筋率。

4）GB 50010—2010 提供的混凝土和钢筋的名义剪切力 v_{cs}，与 NZS 3101:2006 和 ACI 318 比较，在 $\sigma_z \approx 0 \sim 2 f_{tk}$ 范围内，中国、美国、新西兰三国规范的剪力墙拉剪强度总体基本协调；当 $\sigma_z > 2 f_{tk}$，中国规范相对偏低；当 $\sigma_z \geqslant 3.2 f_{tk}$，为 NZS 3101:2006 和 ACI 318-08 的 0.8 倍，偏于安全。

5）与 NZS 3101:2006 和 ACI 318 比较，GB 50010—2010 截面名义剪应力 v_n 的取值，相对偏高。但另外一个方面，从设计需求的角度，中国规范对特一级和一级剪力墙的小震剪力放大系数分别达到 3.61 和 2.56[9]。其实，它们仅仅是一种在有限经验基础上的商定系数，并没有试验和理论的支持，远远放大了设计需求。进一步，参考 NZS 3101:2006 的延性分类标准，按中国规范设计的剪力墙潜在塑性铰区域一般属于名义延性类别，弯剪相互作用并不明显。因此，似乎可以认为按 GB 50010—2010（或 JGJ 3—2010）提供的剪力墙偏心受拉斜截面抗震受剪承载力计算公式设计的剪力墙，即使当需求/能力比稍不满足不大于 1 的设计需求时，其设计安全度也不一定低于按国外规范设计的剪力墙。

五、全截面拉应力验算妥当性的讨论

如上所述，在双向地震作用下，有可能发生墙肢全截面受拉，处于拉剪状态。尽管中国规范制定了剪力墙的严格延性措施，但设计界并未真正建立和接受剪力墙底部出现塑性铰的设计理念。以中国建筑科学研究院为代表的学术界认识到剪力墙截面有可能受拉，且有可能降低抗震性能，进行了一系列的剪力墙拉剪试验[35-37]。这是技术发展的一种表现。本书作者在延性剪力墙的理论框架下，结合试验成果，综合上述讨论，对建质 67 号文第十二条第（四）款中震双向水平地震作用下剪力墙墙肢全截面由轴向力产生的平均名义拉应力超过 f_{tk} 时宜设置型钢，且不宜超过 $2f_{tk}$ 规定的妥当性，继续讨论如下：

1）按现有的试验资料和对比美国规范和新西兰规范的有关规定以及 JGJ 3—2010

的设计剪力需求，可以认为 GB 50010—2010 提供的剪力墙偏心受拉状态下的斜截面抗震受剪承载力计算公式基本上可以满足拉剪的强度需求。

2）按文件编制者的指导思想，在执行该条条文时，要求采用等效弹性分析方法。然而，弹性模型不能预估结构屈服后的力学行为和构件的非线性变形，不能考虑剪力墙开裂后抗剪机制的改变、剪切模量的变化，不能考虑内力重分布。按图 4.4.13 所示的骨架曲线，RCW25T250～400 试件的屈服剪力比 RCW25T000～100 试件，随着混凝土逐渐退出工作，约下降了 0.6 倍。也就是说，在地震作用下，某一段高拉应力的墙肢，超过其剪切承载能力的那部分剪力将重新分配至其他墙肢。因此，使用等效弹性分析法验算截面拉应力并不可取。

3）即使中震等效弹性分析全截面混凝土拉应力 $\sigma_z > 2f_{tk}$，由于内力重分布，工程实践中大震非线性分析取得剪力墙性能水准的统计表明，弯曲性能水准一般不会低于 IO，剪切性能满足截面限制条件。建质 67 号文第十二条第（四）款的规定，缺乏理论、试验和实践的支持。作者认为，既不合理，又没有必要。

4）继续考虑图 4.4.4 所示的核心筒。在图示地震作用下，W2 墙肢腹板受拉。按反应谱法分析，考虑双向地震，W2 墙肢中和轴在长腹板的中间，腹板的 1/2 的长度处于拉剪状态，1/2 的长度处于压剪状态。在垂直于图示地震作用方向的地震作用下，W2 墙肢的一侧翼缘受拉。在双向地震作用下，只有当连接两侧槽形墙的连梁具有足够的刚度，翼缘才有可能全截面受拉。简言之，在双向地震作用下，短墙肢、连梁刚的联肢墙有可能处于全截面受拉的状态，长墙肢将处于部分截面拉剪的状态，但短墙肢分配到的剪力也相对偏小。而且，正如上一条所述，较大拉应力截面会把较高的剪应力重新分配至其他墙肢。在波形持续时间内，墙肢的拉剪也许仅发生在断续的瞬间。反应谱法并不能考虑这些因素，墙肢的拉剪性能应通过大震非线性分析来论证。

5）当记录波两个分量的峰值同步时，端部拉应变是最临界的设计参数。无论墙肢处于偏压或偏拉状态，以及全截面受拉还是部分截面受拉，墙肢端部的拉应变比全截面应力要敏感得多。因此，进行大震剪力墙弹塑性拉应变的验算才是合理且必要的，避免纵向钢筋屈服后，过大的拉应变使墙端发生过大的裂缝造成纵向钢筋的折断。

6）边缘构件对墙体的约束和约束箍筋对纵筋提供的侧向支撑以及使核心混凝土塑性化是剪力墙延性能力的根本原因。剪力墙的延性设计应包括：①剪力墙墙肢端部弹塑性应变和墙肢弹塑性转角的验算；②边缘构件设计；③考虑材料超强、弯曲超强进行强剪弱弯的保护等级；④剪切截面限制条件验算；⑤避免在潜在塑性铰区域以外发生塑性变形。

7）与第四章第三节相同，本书作者认为我国设计界应纠正降轴压比就是提高构件延性的观念，规范应取消以轴压比限值控制剪力墙截面尺寸的条文，建立约束边缘构件，约束混凝土塑性化，剪切和弯矩分等级保护，墙体水平钢筋和竖向钢筋的应力水平控制混凝土裂缝宽度等延性剪力墙设计理念。

六、工程实例 4.2（核心筒角部性能分析）

本书作者的上述观点，将通过工程实例给予进一步论证。该项目概况见第四章第三节。分别按 0° 和 90° 输入双向水平地震，进行中震等效弹性分析（取连梁刚度折减系数为 0.3，阻尼比为 5%），验算墙肢全截面拉应力。此外，本书作者还使用 BM-LB 波（详见第六章第三节）进行了中震和大震非线性分析，提取了图示四个角点的拉应变沿高度的分布。

图 4.4.16 给出 7 个组合墙肢的示意图及编号和 W1、W5 中震等效弹性的截面应力沿高度的分布曲线。表 4.4.7 列出 7 段墙肢在首层和 31 层全截面拉应力的包络值。首层，W1 墙肢的全截面拉应力达 $1.14 f_{tk}$。31 层，全部墙肢均未出现全截面拉应力的情况。图 4.4.17 和图 4.4.18 分别给出中震非线性和大震非线性时程分析得到核心筒 4 个角点的应变沿高度分布曲线。

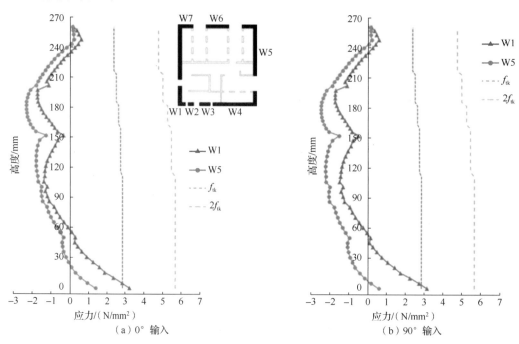

（a）0°输入　　　　　　　　　　　　　（b）90°输入

图 4.4.16　W1 和 W5 组合墙肢拉应力沿高度分布（中震等效弹性分析）

表 4.4.7　墙肢拉应力（0°输入）

墙体编号	首层				31 层			
	墙肢面积/m^2	墙肢拉力/kN	平均拉应力 σ_c /MPa	$\dfrac{\sigma_c}{f_{tk}}$	墙肢面积/m^2	墙肢拉力/kN	平均拉应力 σ_c /MPa	$\dfrac{\sigma_c}{f_{tk}}$
W1	5.80	18 791	3.24	1.14	3.23	NA	NA	NA
W2	1.45	3 998	2.76	0.97	0.87	NA	NA	NA
W3	2.80	3 095	1.11	0.39	1.68	NA	NA	NA
W4	13.7	7 244	0.53	0.19	8.00	NA	NA	NA
W5	15.25	20 426	1.34	0.47	8.88	NA	NA	NA
W6	5.80	3 051	0.53	0.18	3.40	NA	NA	NA
W7	16.20	14 623	0.90	0.32	8.73	NA	NA	NA

注：NA 表示不适用。

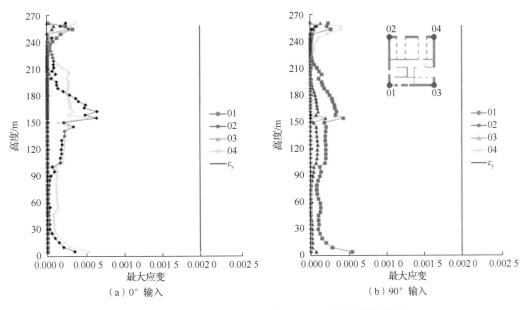

图 4.4.17 核心筒墙肢角点最大拉应变（中震非线性分析）

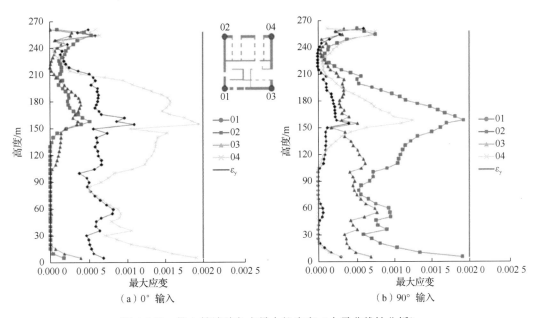

图 4.4.18 核心筒墙肢角点最大拉应变（大震非线性分析）

考察图 4.4.16～图 4.4.18 和表 4.4.7，以下几点值得关注。

1）在核心筒组合墙肢中，中震等效弹性分析的双向地震作用下，在两个方向上，均表现出 W1 的首层为临界墙肢。

2）中震非线性分析表明，尽管结构层面尚未进入屈服状态，但连梁已经屈服，引起内力重分布。在 0°输入时，04 点（W5）底部的拉应变已经超过了 01 点（W1）。31 层处的应变已经出现了明显的突变现象。在 90°输入时，两个方向的内力重分布有所不同，02 点（W7）的拉应变最为临界。

3）大震时，结构进入屈服状态。非线性分析清晰地表明，内力重分布效应不仅增大了拉应变的数值，而且改变了应变沿高度的分布模态。31 层为第 4 区的避难层，不仅荷载较重，而且层高由第 30 层的 4.99m、第 31 层的 4.7m 降低到第 32 层的 3.75m。尽管结构布置中通过调整墙体的厚度达到层刚度比不小于 0.7 来满足竖向不规则性的限值要求，但动力非线性分析中的高振型影响还是在筒体墙肢的角点的拉应变中反映出来。内力重分布不仅改变了拉应变的大小，还改变了拉应变的模态。拉应变剖面揭示，对本工程的筒体墙肢，有两个控制点，底部和第 31 层。

4）本工程实例证实了弹性模型不能考虑内力重分布，不能预测结构的塑性变形机构以及内力重分布效应的严重缺陷，也证实了只有考虑了内力重分布，才有可能比较正确地预测构件屈服后的力学行为。震害分析表明，核心筒墙肢的角点拉应变比全截面拉应力更能反映墙体开裂的程度和纵向钢筋反复拉伸、受压可能引起屈曲的程度。因此，使用弹性模型分析得到的全截面拉应力来包络墙肢大震效应的做法并不可取。建质 2015-67 号文第十二条第（四）款的规定值得商榷。

5）图 4.4.18 表明，大震时角点 1 拉应变 1 层为 0.000 69，31 层为 0.001；角点 4 拉应变为 0.001 9，31 层为 0.001 9。它们均小 0.002，钢筋未屈服，无须设置型钢。

6）按照能力设计理论，并不希望第 31 层墙体发生过大的拉应变，本书作者在施工图设计中，适当加强了第 30 层、第 31 层和第 32 层核心筒墙体的暗柱纵向钢筋和箍筋。

七、工程实例 4.3

1. 工程概况

北京世侨财富中心主要由 4 栋办公楼和 4 栋公寓楼组成。图 4.4.19 为该项目的表现图。其中，5-2 号公寓楼上人屋面 93.55m，分别在一层顶和二层顶进行错层结构转换，为复杂转换的部分框支剪力墙结构，属于 B 级高度的高层建筑。其一般不规则明细列于表 4.4.8 中，无较严重和严重不规则性。振型清晰，振动主轴与结构抗侧力体系方向一致，$T_1 = 1.77s$（x 向），$T_2 = 1.68s$（y 向），周期比 $T_3 / T_1 = 0.82$。底部加强部位，混凝土强度等级 C60。图 4.4.20 给出其结构转换平面图。本小节主要以 5-2 号楼的剪力墙为研究对象，把全截面拉应力验算作为讨论主题。表 4.4.9 列出抗震设防标准。

图 4.4.19 北京世侨财富中心表现图

表 4.4.8　5-2 号楼不规则性明细

一般不规则性	B 级高度高层建筑									
	1a	1b	2a	2b	3	4a	4b	5	6	7
	扭转不规则	偏心布置	凹凸不规则	组合平面	楼板不连续	刚度突变	尺寸突变	构件间断	承载力突变	局部不规则
	有	无	有	无	有	无	有	无	有

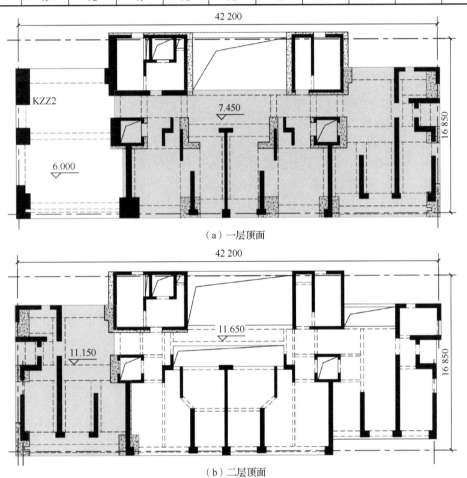

图 4.4.20　转换结构平面（实例 4.3，5-2 号楼，阴影部分为转换楼板）

表 4.4.9　抗震设防标准（实例 4.3）

建筑结构安全等级	二级	结构设计基准期	50 年
抗震设防烈度	8 度	抗震设防类别	丙类
设计基本地震加速度	0.20g	地震影响系数最大值	$\alpha_{max}=0.16$（大震 0.9）
设计分组	第二组	场地类别	III
特征周期	0.55s（大震 0.60s）	阻尼比	5%

2. 地面运动加速度时程的选择

北京处于阿穆尔板块（Amurian Plate）的西南部。它是属于欧亚大陆板块的独立次板块。北、西、西南三面与欧亚大陆板块接壤，东部与鄂霍次克海板块接壤，包含我国满洲里、朝鲜半岛、黄海和俄罗斯的滨海边疆区（Primorsky Krai）。整个板块以 10mm/a 向南偏西相对运动，并伴随缓缓的逆时针转动，造成燕山晚期运动主要为 NNE—SSW 的挤压褶皱作用。断层分布揭示，北京地区处于郯庐地震带，燕山地震带和海河平原地震带的交会处附近。近期，对北京影响最大的历史地震是 1976 年的唐山大地震，东偏北距北京 110km，震源深度 15km。其震源发生于燕山地震带的 NNE 走向的唐山断裂，挤压走滑型。研究表明，唐山地震可能是阿穆尔板块运动的结果。

根据震源机制、地震地质、潜在震源、震源深度、震级、场地特性、结构动力特性以及统计特性等方面，北京震泰工程公司精心挑选了发生于美国加利福尼亚的 5 条天然波和 2 条人工波作为本项目的输入地震波集合。表 4.4.10 给出 5 条天然波的基本信息汇总。其中，3 条波的发震断层为走滑型断层。为了考虑中国内地型地震发震机制的复杂性，还选取了 2 条分别为逆俯冲断层和直下型断层的地面运动记录，作为补充。所选波的地震震级 6.2～6.6，震源深度 8.4～20km；为了使结构进入非线性以后，能充分地来回摆动，吸收地震能量，波形的持续时间均不短于 60s。所选波的底部剪力以及主要周期点上与规范谱的差别，均符合我国规范的要求。

表 4.4.10　天然波基本信息汇总（实例 4.3）

编号	地震名称	发震日期	断层性质	台站名称	震级	震源深度/km	加速度峰值	持续时间/s
L0061	长滩地震（LONG BEACH, CA）	1933 年 3 月 10 日	走滑型	CMD BLDG, VERNON	6.4M_w	10	151g	98
L0062							125g	
L0544	圣费尔南多地震（SAN FERNANDO, CA）	1971 年 2 月 9 日	逆俯冲	SAN JUAN CAPISTRANO	6.6M_w	8.4	41g	99
L0545							31g	
L0781	波雷戈山谷地震（BORREGO VALLEY, CA）	1942 年 10 月 21 日	走滑型	IMPERIAL VALLEY IRRIG DISTRICT EL CENTRO	6.5M_w	20	59g	71
L0782							47g	
L0784	帝谷地震（IMPERIAL VALLEY, CA）	1951 年 1 月 23 日	走滑型	IMPERIAL VALLEY IRRIG DISTRICT EL CENTRO	6.5M_w	11.6	30g	60
L0785							28g	
L2425	科林加地震（COALINGA, CA）	1983 年 5 月 2 日	直下型	PARKFIELD FAULT ZONE 7	6.2M_w	10km	12g	60
L2427							12g	

在结构层面上进行 7 波大震非线性分析以后，根据结构的弹塑性反应特征，能耗平衡图以及作者建立的波形核定准则[9]等综合因素，挑选 1933 年长滩地震(LB Earthquake) CMD BLDG, VERNON 台站记录波的主分量（L0061），次分量（L0062）为核定地面运动加速度记录。分别把主分量沿 x 方向，次分量沿 y 方向（记作 0°输入）和主分量沿 y 方向，次分量沿 x 方向（记作 90°输入）二次输入分析模型，进行结构整体和构件层面的双向中震和双向大震非线性分析，评估构件性能水准。以下仅围绕剪力墙全截面拉

应力验算的论题展开专题讨论。

3. 全截面拉应力验算专题讨论

在双向地震作用下,剪力墙结构平面 4 个角部应是拉剪效应较严重的部位。图 4.4.21 给出 4 个角部控制墙肢 1～4 三种分析结果的全截面中震拉应力沿高度分布曲线。

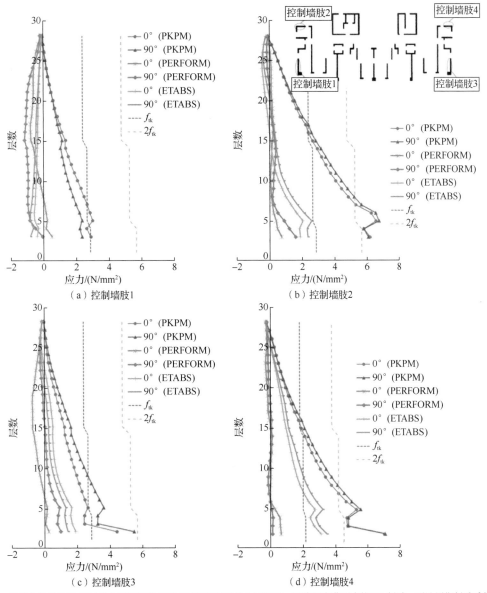

（a）控制墙肢1

（b）控制墙肢2

（c）控制墙肢3

（d）控制墙肢4

括号中的 PKPM 表示按中国规范要求的中震等效弹性的分析结果,即连梁弯曲刚度按 0.3 折减,不计周期折减系数,附加阻尼比取 0.02。括号中的 ETABS 表示按美国 ACI 318-08 考虑了构件有效弯曲刚度的分析结果,即剪力墙有效弯曲刚度取 0.35 的弹性刚度,柱有效弯曲刚度取 0.7 的弹性刚度,连梁有效弯曲刚度取 0.35 的弹性刚度。括号中的 PERFORM 表示中震非线性时程分析结果,即中震时按非线性分析得到的钢筋最大拉应变推算钢筋拉力(中震时混凝土开裂,墙体纵向钢筋尚未屈服, $T_s = \sum A_s E_s \varepsilon_s$),按全截面平均的等效拉应力。

图 4.4.21 中震墙肢拉应力分布

以左侧控制墙肢 1 和控制墙肢 2 为例，图 4.4.22～图 4.4.24 分别给出中震非线性分析墙肢第 5 层截面的拉应变时程、等效竖向应力时程和剪应力时程。只有墙肢上 01 点～03 点同时受拉，才会发生真实的全截面拉应变以及对应的全截面受拉。

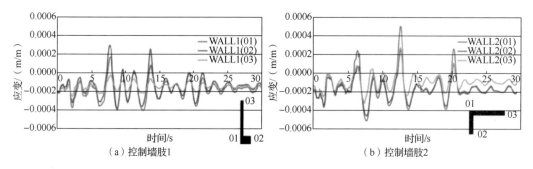

图 4.4.22　中震典型墙肢拉应变时程曲线（第 5 层截面）

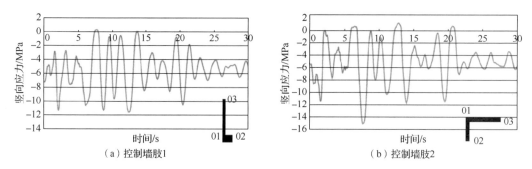

图 4.4.23　中震典型墙肢等效竖向应力时程曲线（第 5 层截面）

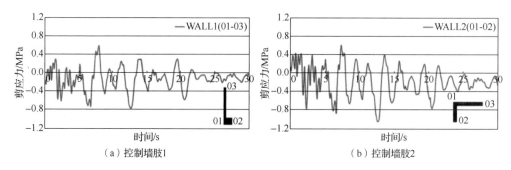

图 4.4.24　中震典型墙肢剪应力时程曲线（第 5 层截面）

图 4.4.22 应变时程显示，墙肢 2 有三个时间段（6.1～6.8s，12.4～13.2s，20.5～20.8s）全截面受拉，但仅有 12.7～13.0s 时间段，墙肢 3 个点的混凝土拉应变大于 0.000 2，真正意义上发生全截面开裂。图 4.4.23 显示，等效竖向应力时程中的全截面拉应力时间段长于全截面开裂的时间段。它表明全截面等效拉应力不完全等同于全截面的开裂。图 4.4.24 的剪应力时程显示，最大剪应力发生在 12.7s 附近，控制墙肢 1 为 0.77MPa，控制墙肢 2 为 1.09MPa。它们均远小于 JGJ 3—2010 的截面限制条件，即式（3.11.3-4）的 5.78MPa，也小于式（7.2.7-3）的 4.56MPa。

图 4.4.25 和图 4.4.26 分别给出 6 个角点的大震和中震非线性分析的弹塑性应变沿高

度的分布曲线。

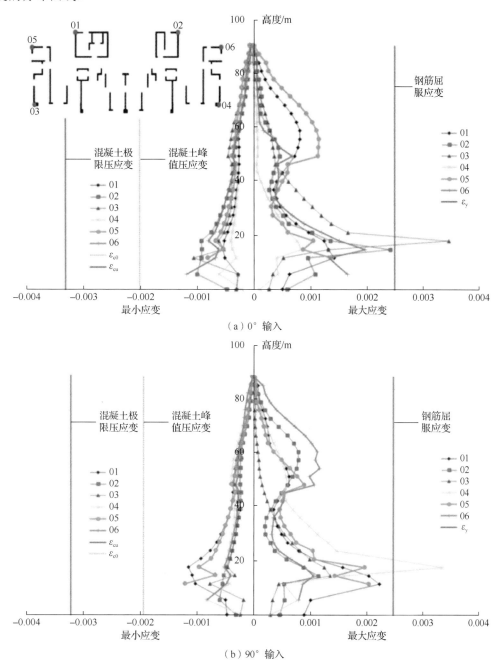

（a）0°输入

（b）90°输入

图4.4.25 墙角点大震应变沿高度分布

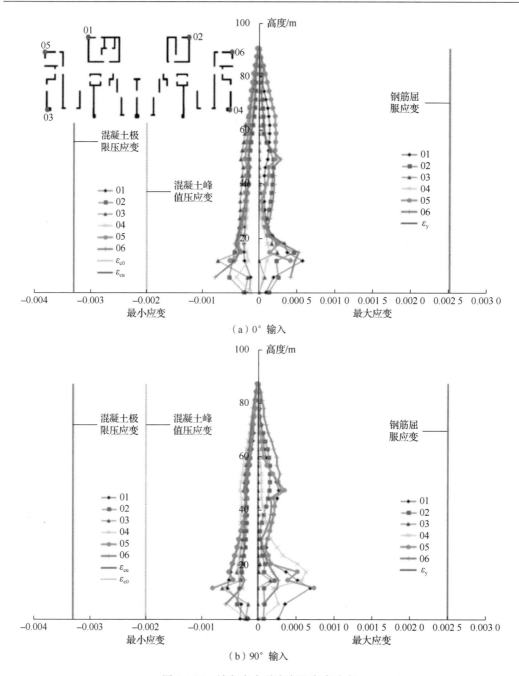

图 4.4.26　墙角点中震应变沿高度分布

对比图 4.4.25 和图 4.4.26 所示的应变沿高度分布曲线，显然可以进一步充分认识到内力重分布的重要性。考察 90°输入的应变效应，6 个角点，其临界部位发生了变化，从中震的角点 1 或角点 5 移至大震的角点 4；临界截面发生了变化，从转换层向上移至第 5 层；沿高度的分布格式发生了较大的变化，由于剪力墙厚度的收进，大震作用下高振型使 55m 高度附近的墙体应变发生较严重的外鼓现象，突变明显。

本书作者采用分层壳单元模拟剪力墙，对实例 4.3 双向输入 L0061 和 L0062 地面运动记录，使用 ETABS 进行大震非线性分析，以确认图 4.4.25 所示的大震角部竖向应变。这里，以左外侧两层转换的剪力墙为例，给出了 0° 输入 7.96s（x 正向位移最大时刻），分层壳单元的竖向应变和剪切应变分布云图，如图 4.4.27 和图 4.4.28 所示。按标尺所示，最大拉应变约为 0.003 6 左右，发生在第 5 层的角部，与图 4.4.25 互相印证。最大剪应变，第 3 层约为 0.000 16，最大剪应力约为 2.3MPa，远远小于小于 JGJ 3—2010 式（3.11.3-4）的截面名义剪应力 5.78MPa 和式（7.2.7-3）的截面名义剪应力 4.56MPa。

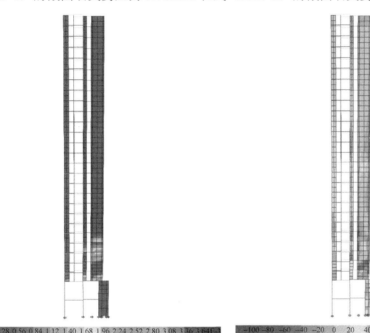

图示分析结果由筑信达公司协助完成　　　　　　　　图示分析结果由筑信达公司协助完成

图 4.4.27　大震竖向应变分布云图（0°输入）　　图 4.4.28　大震剪应变分布云图（0°输入）

通过上述工程实例 4.2 和工程实例 4.3 的论证，证实了本书作者的上述观点，可以确认以下几点。

1）中震非线性分析结果应该作为校核等效弹性分析结果的基准。那么，图 4.4.21 的图示曲线表明 PKPM 的计算结果远远高估了墙肢的拉应力反应，不应作为设计依据。

2）内力重分布是结构抗震能力的最基本机理之一。两个实例均表明，大震的内力重分布不仅完全改变了结构小震弹性分析的反应特征，也改变了中震等效弹性分析的反应特征。

3）重申使用弹性分析或等效弹性分析的全截面拉应力验算作为设计依据，既不合理，又没有必要，建议取消。

4）按本书作者理解，对核心筒或剪力墙结构墙肢的性能评估，在小震设计阶段，应按弹性模型，按 GB 50010—2010 或 JGJ 3—2010 的有关规定，进行强度设计；在大震设计阶段，应按非线性模型进行墙肢转动以及墙肢端部正应变的验算，并在现行规范的框架下验算截面剪切限制条件。

参 考 文 献

[1] 王亚勇. 关于建筑抗震设计最小地震剪力系数的讨论[J]. 建筑结构学报，2013，34（2）：37-44.

[2] 廖耘，容柏生，李盛勇. 剪重比的本质关系推导及其对长周期超高层建筑的影响[J]. 建筑结构，2013，43（5）：1-4.

[3] 魏琏，韦承基，王森. 高层建筑结构抗震设计中的剪重比问题[J]. 深圳土木与建筑，2013，39（3）：16-20.

[4] 方小丹，魏琏. 关于建筑结构抗震设计若干问题的讨论[J]. 建筑结构学报，2013，32（12）：46-51.

[5] 卢啸，甄伟，陆新征，等. 最小地震剪力系数对超高层建筑结构抗震性能的影响[C]. 第 14 届高层建筑抗震技术交流会论文集，北海，2013：275-282.

[6] 扶长生，张小勇，周立浪. 长周期超高层建筑的最小底部剪力系数[J]. 建筑结构，2014，44（10）：1-6.

[7] ASCE (American Society of Civil Engineers). Minimum design loads for buildings and other structures[S]. ASCE 7-10, 2010.

[8] 中华人民共和国住房和城乡建设部，中华人民共和国国家质量监督检验检疫总局. 建筑抗震设计规范（2016 年版）：GB 50011—2010[S]. 北京：中国建筑工业出版社，2016.

[9] 扶长生. 抗震工程学：理论与实践[M]. 北京：中国建筑工业出版社，2013.

[10] PEER/TBI. Guidelines for performance-based seismic design of tall buildings[R]. Version 1.0, PEER Report No. 2010/05, 2010.

[11] 上海市城乡建设和管理委员会. 上海市超限高层建筑工程抗震设防专项审查技术要点[S]. 沪建管[2014]954 号文附件 2，2014.

[12] 中华人民共和国住房和城乡建设部. 超限高层建筑工程抗震设防专项审查技术要点[S]. 建质[2015]67 号文，2015.

[13] ACI (American Concrete Institue). Building code requirements for structural concrete and commentary[S]. ACI 318-08, 2008.

[14] 中华人民共和国住房和城乡建设部. 高层建筑钢筋混凝土结构技术规程：JGJ 3—2010[S]. 北京：中国建筑工业出版社，2010.

[15] 扶长生，张小勇，周立浪. 框架-核心筒结构体系及其地震剪力分担比[J]. 建筑结构，2015，45（4）：1-8.

[16] 李梦珂，卢啸，陆新征，等. 中美高层钢筋混凝土框架-核心筒结构抗震设计对比[J]. 工程力学，2015，32（6）：52-61.

[17] 谢昭波，解琳琳，林元庆，等. 典型框架-核心筒单重与双重抗侧力体系的抗震性能与剪力分担研究[J]. 工程力学，2019，36（10）：40-49.

[18] 中华人民共和国住房和城乡建设部，中华人民共和国国家质量监督检验检疫总局. 混凝土结构设计规范（2015 年版）：GB 50010—2010[S]. 北京：中国建筑工业出版社，2015.

[19] 程文瀼，李爱群，张晓峰，等. 钢筋混凝土柱的轴压比限值[J]. 建筑结构学报，1994，15（6）：25-30.

[20] 郭子雄，吕西林. 低周反复荷载下高轴压比 RC 框架柱的研究[J]. 建筑结构，1999，29（4）：19-22.

[21] MANDER J B, PRIESTLEY M J N, PARK R. Theoretical stress-strain model for confined concrete[J]. Journal of Structural Engineering, ASCE, 1988, 114(8): 1804-1826.

[22] MANDER J B, PRIESTLEY M J N, PARK R. Observed stress-strain behaviour of confined concrete[J]. Journal of Structural Engineering, ASCE, 1988, 114(8): 1827-1849.

[23] ZAHN F A, PARK R, PRIESTLEY M J N. Design of reinforced concrete bridge columns for strength and ductility[R]. Research Report 86-7, Department of Civil Engineering, University of Canterbury, Christchurch, Canterbury, New Zealand, 1987.

[24] WATSON S, ZAHN F A, PARK R. Confining reinforcement for concrete columns[J]. Journal of Structural Engineering, ASCE, 1994, 120(6): 1798-1824.

[25] WATSON S, PARK R. Simulated seismic load Tests on reinforced concrete columns[J]. Journal of Structural Engineering, ASCE, 1994, 120(6): 1825-1849

[26] LI B, PARK R. Confining reinforcement for high-strength concrete columns[J]. ACI Structural Journal, 2004, 101(3): 314-324.

[27] PAULAY T, PRIESTLEY M J N. Seismic Design of Reinforced Concrete and Mansonry Buildings[M]. New York: John Wiley & Sons, Inc., 1992.

[28] NZS (New Zealand Council of Standards). Structural Design Actions Part 5: Earthquake Actions -New Zealand[S]. NZS 1170.5:2004, 2004.

[29] NZS (New Zealand Council of Standards). Concrete structures standard part 1-the design of concrete structures[S]. NZS

3101:2006, 2006.

[30] PAULAY T, GOODSIR W J. The ductility of structural walls[J]. Bulletin of the New Zealand National Society for Earthquake Engineering, 1985, 18(3): 250-269.

[31] 喻永言，吴智眉，吕志涛. 钢筋混凝土偏心受压和偏心受拉构件的抗剪强度[J]. 建筑结构，1982，12（3）：26-31.

[32] WOOD S L, WIGHT J K, MOEHLE J P. The 1985 chile earthquake: Observations on earthquake-resistant construction in Vina Del Mar [R]. Structural Research Series No. 532, University of Illinois, Chicago, 1987.

[33] WOOD S L. Minimum tensile reinforcement requirements in walls[J]. ACI Structural Journal, 1989, 86(4): 582-591.

[34] 胡庆昌. 1985 年智利地震多层及高层钢筋混凝土剪力墙结构的表示及其设计方法的探讨[J]. 建筑结构，1993，23（9）：51-57.

[35] 任重翠，肖从真，徐培福. 钢筋混凝土剪力墙拉剪性能试验研究[J]. 土木工程学报，2018，51（4）：20-33，61.

[36] 任重翠，肖从真，徐培福，等. 钢筋混凝土剪力墙拉应变轴力低周往复受剪试验研究[J]. 土木工程学报，2018，51（5）：16-25.

[37] 王铁成，赖天宇，赵海龙，等. 钢筋混凝土剪力墙拉剪受力性能试验[J]. 建筑结构，2017，47（2）：64-69.

[38] CSI (Computer & Structures, Inc). Perform-3D manual—components and elements[M]. Version 4, Berkeley: CSI, 2006.

[39] CSI (Computer & Structures, Inc). Perform-3D manual—user guide[M]. Version 4, Berkeley: CSI, 2006.

第五章　重力荷载体系的设计

按中国有关规范规定，任何结构体系必须设置外框梁。因此，本章都是在带外框梁的前提下讨论楼盖体系。楼盖体系可以粗分为梁板式和无梁式两大类。其中无梁楼盖体系可以细分为无梁平板、带平托板或带柱帽的无梁平板，带柱间加强肋的无梁双向板以及无梁双向密肋楼板等。无梁楼盖体系仅承受重力荷载。梁板式楼盖体系中的楼面梁，作为水平抗侧力构件参与整体抗震分析，按框架梁设计。GB 50011—2010 第 6.7.1 条第 1 款规定，核心筒与框架之间的楼盖宜采用梁板体系；部分楼层采用平板体系时应有加强措施[1]。由于规范的导向，中国结构工程师往往习惯采用梁板式楼盖体系。事实上，无梁楼盖是一个成熟的体系。

除薄弱连接板和开大洞的楼板以外，钢筋混凝土楼板平面内刚度接近无限大，具有刚性隔板的作用，约束和协调同一楼层标高竖向构件的变形、传递及分配水平剪力。对于规则楼板，有限的水平剪力并不控制楼板的设计。楼板主要承受重力荷载，在重力荷载作用下进行设计，满足平面外强度和刚度的需求。本书作者把无梁楼盖体系和规则楼板归类为重力荷载体系。本章仅讨论重力荷载体系的设计。

超高层建筑大量的楼层数以及重复的标准层，重力荷载体系设计的优劣极大地影响到技术经济指标和使用功能。例如，过大的挠度会引起隔墙开裂，过小的自振频率或过大的竖向振动加速度会影响舒适的程度。尽管它们并不一定会涉及结构的安全性，但将严重地影响正常的使用功能，且加固的工程量和费用庞大。因此，重力荷载体系是超高层建筑设计中一个不容忽视的内容。在以下的讨论中，无梁楼盖体系等同于重力荷载体系。

无梁楼盖体系在重力荷载作用下的强度设计相当成熟。本章在阐述梁、板、肋的功能和受力特性后，重点讲述徐变的基本知识和裂缝分析的基本模型，中国、美国、欧洲等规范的长期挠度和裂缝宽度计算公式的背景材料以及双向板长期挠度和裂缝宽度的有限元分析方法。然后，介绍美国 ACI 318-08 有关密肋楼盖的设计条文，简述我国自主研发的现浇混凝土空心楼盖的现状和应用前景。

第一节　受弯构件概述

本节把框架-核心筒结构的楼盖体系作为讨论对象，依据最基本的力学原理，讨论梁和板的加强肋、板带、板内暗梁的概念以及楼盖分析模型中有关设的计参数。

梁和板都属于受弯构件，但梁为杆系构件，处于弯剪扭复杂应力状态。板为二维平面构件。在重力荷载作用下，板厚及配筋主要受平面外的弯矩控制。尽管单向板和双向板的板带都可以简化为梁来进行纵向配筋设计，但并不需要复核它们的剪切和扭转承载能力（柱支承板需进行节点的冲切验算）。在水平荷载作用下，板在协调竖向构件侧向位移的过程中，一般不计平面外刚度，仅承受平面内剪力。突出楼板但突出高度又不很高的浅梁式构件是板的加强肋，简称肋梁或肋。它是板的一个组成部分，起到提高板弯曲承载能力的作用。

要严格区分梁和肋梁，并不是一件十分容易的事。一直到 20 世纪 60~70 年代，ACI 318-71 在学术研究的基础上，制定了板与承托梁的弯矩分配比例以及与梁弯曲刚度之间关系的相关条文后，才初步有了比较清晰的认识。中国钢筋混凝土结构教科书以及设计规范较少涉及这部分内容。这里将做一些简单介绍，有兴趣的读者可以进一步阅读文献[2]、[3]。

一、框架梁的功能和适宜截面高度

连接周边框架柱、形成周边框架的框架梁称为外框梁，连接周边框架柱和核心筒墙肢的梁称为楼面梁（这里不讨论次梁）。楼面梁参与整体抗震分析，按框架梁设计。在不引起混淆的情况下，有时统称外框梁和楼面梁为框架梁，简称为梁。

美国和新西兰等规范规定了不需要计算挠度，梁的最大高跨比（未区分框架梁和次梁）。ACI 318-08 规定，两端连续梁的最小高跨比可为 1/21（适用于钢筋屈服强度 420MPa）[4]；NZS 3101:2006 规定，两端连续梁的最小高跨比可为 1/22（适用于钢筋屈服强度 430MPa）[5]。

上述最小高跨比仅仅是把挠度作为控制参数，提供给结构工程师的一个设计参考指标。把它作为梁的一种判别准则或定义是不完善的。本书作者认为，框架梁至少应该具有以下两个功能。

1）在弯、剪、扭的作用下，应该对框架柱产生有效的约束，与柱共同形成框架结构体系，承受重力荷载，抵抗地震作用或风作用。

2）作为板格的边缘构件，对板提供一个有足够刚性的支座。也就是说，楼板承受的重力荷载通过梁传到柱，再传到基础，其传力途径是板→梁→柱→基础。

对于梁的第 1 个功能，可以采用第一章第二节定义的框架结构特征系数 κ（框架梁、柱弯曲线刚度比）来粗略地评估。$\kappa \to \infty$ 表示梁对柱的约束最大，侧向挠曲线呈纯剪切型，反弯点位于层高的中点；$\kappa \to 0$ 表示梁对柱基本上无约束，侧向挠曲线呈纯弯曲型，无反弯点。图 1.2.1 的 κ-T 关系曲线隐含着梁对柱的约束程度。κ 越大，周期越短，梁对柱的约束程度越高。取超高层框架-核心筒结构工程实践的典型尺寸，考察框架梁的适宜高度。由 5×8.5m 跨组成的一榀平面框架，标准层层高 4.5m，柱截面尺寸 1.2m×1.2m，梁截面尺寸 $(b×h)$=1.0m×0.4m（高跨比 1/21.25），计算得 κ = 0.013 6。按图 1.2.1 所示，显然已进入板柱框架的范畴。尽管高跨比基本符合 ACI 318-08 和 NZS 3101:2006 的规定，但梁对柱的约束是远远不够的。

与此对比，中国规程 JGJ 3—2010 有关框架梁截面的条文显得比较合理。其第 6.3.1 条规定，框架结构的主梁断面高度可按计算跨度的 1/10~1/18 确定[6]。条文说明又指出，当设计人确有可靠依据且工程上有需要时，梁的跨高比也可小于 1/18。作者建议，除了通过分析计算以外，结构工程师尚可以采用框架结构特征系数 κ 来粗略地估计框架梁截面高度取值的合理程度。

对于梁的第 2 个功能，其必要性是显而易见的。在重力荷载作用下，把杆系构件的梁作为二维板格的刚性支座是传统的分析模型。在地震作用下，往往把板取为刚性隔板或模拟为膜单元，约束和协调竖向抗侧力构件的侧向位移。楼板承受的重力荷载全部分配至框架梁，成为梁上线荷载或线荷载的一部分（若框架梁上布置隔墙）。框架梁（含楼面梁）作为水平抗侧力构件，梁上线荷载作为结构等效重力荷载的一部分，与竖向抗侧力构件一起参与抗震分析，抵抗地震作用。结构设计需要验算框架梁弯曲、剪切、扭转的抗震承载能力。显然，构件的截面尺寸和布置方式等是判别梁式构件能否作为板支座的几何条件。

二、肋梁

1. 肋梁的定义

如上所述，本节把突出于板、突出部分又达不到梁的高度，起不到刚性支座的浅梁式构件考虑为板的加强肋，定义为肋梁。肋梁一般布置在柱网轴线处，肋梁或柱网轴线包围的楼板称为板格。但肋梁与框架梁不同，肋梁起不到刚性支座的作用，而是作为柱上板带的一部分，与板带共同变形、共同承担重力荷载。

2. 影响参数

对于中间板格，影响肋梁与柱上板带共同工作的几何参数为板格的边长比 l_2/l_1 和肋梁与板的弯曲刚度比 α。以图 5.1.1 给出的典型中间板格为例，考察 l_2/l_1 和 α 对肋梁和板带之间弯矩分配的影响。

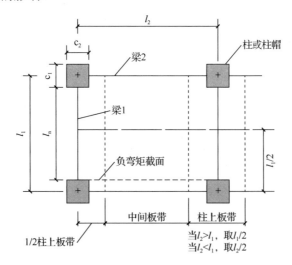

图 5.1.1　典型的中间板格

1）定义肋梁的截面弯曲刚度对板的截面弯曲刚度之比为肋梁的相对截面弯曲刚度，记作 α。若 E_{cb}, E_{cs} 分别为肋梁、板的混凝土弹性模量，I_b, I_s 分别为它们的截面惯性矩（其截面计算规则如图 5.1.2 所示）。按定义，有

$$\alpha = E_{cb}I_b / E_{cs}I_s \tag{5.1.1}$$

α 反映了肋梁与板带截面刚度的比例。$\alpha = 0$，相当于平板体系；$\alpha \to \infty$，相当于刚性支座。增加肋梁高度，α 随之增大，当达到某一个值，认为近似具有了板的刚性支座的属性，肋梁过渡为梁。沿 l_1 与 l_2 两个跨度方向，分别记作 α_1 与 α_2。

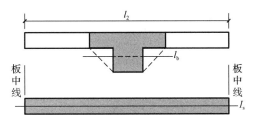

图 5.1.2　计算梁、板截面惯性矩的面积示意

2）定义沿 l_1 方向肋梁的弯曲刚度因子（即肋梁的线刚度）对板的弯曲刚度之比为（肋）梁的相对弯曲刚度因子，记作 $\alpha_1 l_2 / l_1$。按定义，有

$$\frac{E_{cb} I_b / l_1}{D_v} = \frac{E_{cb} I_b / l_1}{E_{cs} h_f^3 / 12} = \frac{E_{cb} I_b / l_1}{E_{cs} \cdot l_2 h_f^3 / 12 l_2} = \frac{E_{cb} I_b / l_1}{E_{cs} I_s / l_2} = \alpha_1 \frac{l_2}{l_1} \qquad (5.1.2)$$

式中，$E_{cb} I_b / l_1$ 为肋梁的弯曲刚度因子，对应的变形为端部的转角；D_v 为略去二阶微量泊松比 ν 的板的弯曲刚度 D，或单位宽度板的截面弯曲刚度；$\alpha_1 l_2 / l_1$ 也可以理解为 α_1 与 l_2 / l_1 的综合参数。同理，沿 l_2 方向，有参数 $\alpha_2 l_1 / l_2$。

3．肋梁的工作状况

所谓肋梁的工作状况是指肋梁与柱上板带共同工作的程度。肋梁与板带之间弯矩的分配比例反映了肋梁的工作状况。当肋梁分配到的弯矩小于板带弯矩或大致相当，认为肋梁和板带能很好地共同工作。相反，当肋梁分配到的弯矩远大于板带弯矩，认为肋梁与板带间共同工作的程度很弱，肋梁为板带提供了刚性支座。研究表明，肋梁与板带间的弯矩分配比例是参数 $\alpha_1 l_2 / l_1$ 的某种函数，可以通过求解板的微分方程来确定函数的数值解[2,3]。

图 5.1.1 所示中间板格分析模型的基本假定：①两个方向柱上板带肋梁的惯性矩与跨度成正比，即 $I_{b1} / I_{b2} = l_1 / l_2$；②略去柱的截面尺寸，分析模型中的柱仅为一个刚性节点；③混凝土的泊松比为零（认为板是带裂缝工作的）；④均布面荷载 q 满布所有的板格，中间板格沿跨度方向的转角为零，可以把板带作为两端带转动约束条件的隔离体来分析。

在上述基本假定下，文献[3]采用多项式无穷级数求解板的控制微分方程式，利用有限差分法绘出肋梁与板带之间弯矩分配比例与 $\alpha_1 l_2 / l_1$ 之间的关系曲线。本节摘录了有关图表，如图 5.1.3～图 5.1.7 所示。图中，$M_0 = 0.125 q l_2 l_1^2$ 为整块简支板格在 l_1 方向上的跨中弯矩，称为总静力弯矩。纵坐标为板带弯矩或肋梁弯矩占总静力弯矩的百分比。

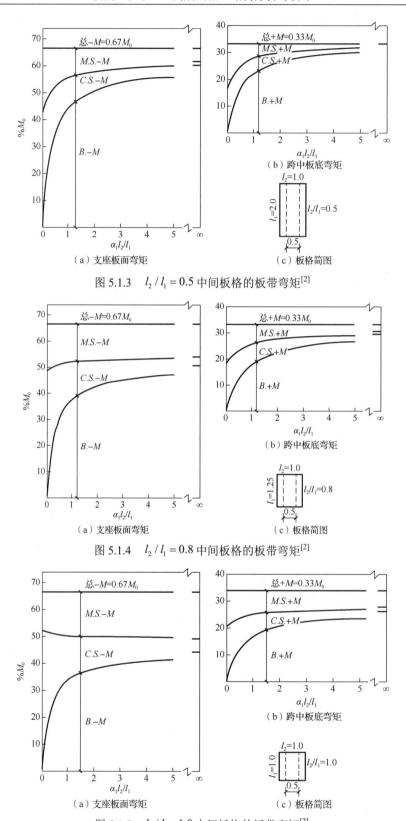

图 5.1.3　$l_2/l_1 = 0.5$ 中间板格的板带弯矩[2]

图 5.1.4　$l_2/l_1 = 0.8$ 中间板格的板带弯矩[2]

图 5.1.5　$l_2/l_1 = 1.0$ 中间板格的板带弯矩[2]

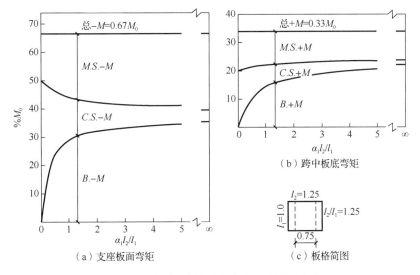

图 5.1.6 $l_2/l_1 = 1.25$ 中间板格的板带弯矩[2]

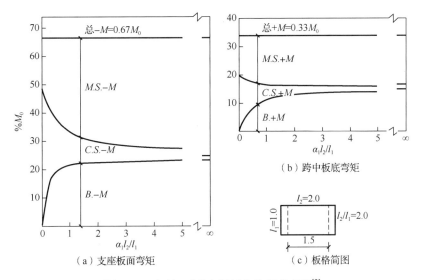

图 5.1.7 $l_2/l_1 = 2.0$ 中间板格的板带弯矩[2]

　　上述图示曲线清楚地表明，随着肋梁高度的增高、α 的增大，肋梁分配到的弯矩越来越大。当 $\alpha_1 l_2/l_1 \leqslant 2$，$\alpha$ 与肋梁承担弯矩的关系曲线呈陡峭上升；当 $\alpha_1 l_2/l_1 \geqslant 4$，$\alpha$ 与肋梁承担弯矩的关系曲线接近水平渐近线，与（刚性）梁大致相同；$2 < \alpha_1 l_2/l_1 < 4$ 为过渡区段，α 与肋梁承担弯矩的关系曲线呈平缓上升。

　　在过渡区段，要明确定义梁和肋并不是一件容易的事情。ACI 318-08 把上述分析作为背景材料，第 13.3.6 条规定，当 $\alpha_1 \geqslant 1$，角部板格双向板的角部应设置抗扭钢筋。第 9.5.3.3 条规定，当 $(\alpha_1 + \alpha_2)/2 \geqslant 2$，可认为柱间肋梁过渡为梁，楼板从带肋梁的双向板过渡为梁板式双向板[4]。作为一个例子，取典型柱网尺寸 8m×8m，柱截面尺寸 1m×1m，肋梁截面尺寸 1.25m×0.4mm，板厚 0.25m，考察中间板格肋梁的工作状况。计算得 $\alpha_1 l_2/l_1 = \alpha_1 = 0.8$。尽管肋梁的高跨比为 1/20，满足了不计算挠度的高跨比的要求，但并不具备对双向板提供刚性支座的功能。当肋梁的高度增加到 0.55m，高跨比 1/14.5，$\alpha_1 l_2/l_1 = \alpha_1 = 2.17$。按 ACI 318-08 的规定，可以认为肋梁是板的刚性支座，过渡为梁；楼盖过渡为双向梁板式体系。

三、暗梁

暗梁是中国设计界特有的专业术语，指外观不能识别，埋置在现浇钢筋混凝土楼板内或剪力墙内，具有梁式配筋特征的构件。楼板中的暗梁一般布置在柱上板带，以加强弯曲能力。墙体中的暗梁一般布置在楼层标高处，加强楼板钢筋的锚固，确保钢筋的连续性和结构的整体性。在国内的工程实践中，由于规范条文的要求[1,6]，往往会在无梁楼板中设置暗梁，墙体的两端设置约束边缘构件或构造边缘构件（俗称暗柱），但较少在墙体中设置暗梁。国外没有暗梁的术语。但实际上，ASCE 7-10 房屋框架结构体系中，由墙体边缘构件组成重力框架的框架梁和框架柱，按中国的专业术语也就是一种暗梁和暗柱。

这里对实心楼板中的暗梁展开一些讨论。其实，无论从受力和变形特征，暗梁并不是真正意义上的梁。它不是一根承受弯、剪、扭的杆系构件。工程实践中，暗梁的高度同板厚，宽度往往可能取柱宽+两侧板厚的 1.5 倍。由于跨高比过大，基本上不能对柱产生有效的约束。它与两侧的楼板共同变形，起不到支承两侧板的刚性支座作用。采用等代框架分析时，等代框架梁等代的是整条柱上板带对柱的约束。即使如此，ACI 的直接设计法表明，也只能对柱的转动产生微弱的约束。上述论证表明，暗梁仅仅是一条加强纵向配筋、提高弯曲能力的板带。它具有板的受力特性，不需要验算剪切和扭转承载能力，不需要配置箍筋（含构造箍筋），不需要单独验算挠度。但是，在暗梁与柱的节点处，需要进行冲切承载力验算。本书作者认为，若整体分析模型中不计楼板出平面外的弯曲刚度，从抗震的角度，设置暗梁是没有必要的。GB 50011—2010 第 6.6.4 条第 1 款要求构造暗梁中配置箍筋的规定，无论从哪一个角度来考虑，似乎都是没有必要的。进一步来说，在强震区，考虑板的面外刚度参与整体抗震分析的做法会降低对竖向抗侧力构件强度和延性的需求，不值得提倡。

四、梁的刚度修正系数和楼面梁的功能

整体抗震分析模型中对楼盖的模拟包括对板和梁的模拟。若不考虑楼板平面外刚度，可取板为刚性隔板或采用膜单元模拟。框架梁同时承受重力荷载和水平荷载，一般采用梁单元模拟。这些单元都相当成熟，它们的形函数都能反映构件的受力特性。因此，分析结果反映实际受力情况的程度将取决于如何合理地确定梁的有效刚度。按中国现行规范，框架梁的刚度修正系数有弯曲刚度增大系数和扭转刚度折减系数（这里未涉及连梁）。其中外框梁，无论在重力荷载下还是在水平荷载下，都将承受较大的扭矩。因此，外框梁扭转刚度的合理取值和内力重分布概念将是以下讲述的重点。

1. 弯曲刚度增大系数

中国和美国的规范都规定，在结构内力与位移计算中，对于现浇楼盖和装配整体式楼盖，梁的弯曲刚度可考虑将翼缘的作用予以增大。JGJ 3—2010 第 5.2.2 条规定，近似考虑时，框架梁刚度增大系数可根据翼缘的情况取 1.3～2.0。GB 50010—2010 第 5.2.4 条给出了更明确的规定，梁刚度增大系数应根据表 5.1.1 中翼缘最小尺寸与梁截面尺寸

的相对比例确定[7]。ACI 318-08 第 8.12 条规定，对于现浇梁板式楼盖体系，梁的截面特性可考虑板带的贡献，按 T 形计算；梁宽 b 可取 $l_n/4$、$b_w + 8h_f$ 和 $b_w + 2h_b$（其中 l_n 为梁的净跨，b_w 为梁的腹板宽度，h_f 为楼板的厚度，h_b 为凸出楼板的高度）之间的较小者。一般情况下，按矩形梁建模进行整体分析，中梁刚度增大系数取 2.0，边梁刚度增大系数取 1.5，已经基本能满足设计要求。

表 5.1.1　受弯构件受压区有效翼缘计算宽度 b_f（GB 50010—2010 的表 5.2.4）

	情况	T 形、I 形截面		倒 L 形截面
		肋形梁（板）	独立梁	肋形梁（板）
1	按计算跨度 l_0 考虑	$l_0/3$	$l_0/3$	$l_0/6$
2	按梁（肋）净距 s_n 考虑	$b+s_n$	—	$b+\dfrac{s_n}{2}$
3	按翼缘高度 h_f 考虑	$b+12h_f$	b	$b+5h_f$

2. 梁柱节点分析

不失问题的一般性，设外框柱前后两侧的楼板对称，分别考虑外框柱、外框梁、楼面梁和双向板组成的节点，在水平荷载和重力荷载作用下的弯/扭矩分析，如图 5.1.8 所示。尽管两者有所相似，但变形的机理并不相同。水平荷载工况下，节点转动和柱的弯曲变形带动了外框梁扭转变形和楼板弯曲变形以及楼面梁弯曲变形。也就是说，外框梁和楼板以及楼面梁共同约束了节点转动和柱的弯曲，外框梁的扭矩和楼板的弯矩以及楼面梁的弯矩共同抵抗了柱的弯矩。重力荷载工况下，楼板竖向挠曲变形带动了外框梁扭转变形，引起节点转动和柱的弯曲变形。也就是说，柱约束了外框梁的扭转和楼板的弯曲，柱的弯矩抵抗了楼板弯曲引起扭矩。图 5.1.9 给出水平荷载工况下无梁板弯曲变形的示意图（为清晰起见，图中仅表示板的变形）。面积等效的矩形长度可取为等效板宽。根据远端约束，近端外框梁和楼面梁的刚度等情况，等效板宽可取为 $(0.25 \sim 0.5)l_2$。按上述分析，在重力荷载作用下，作用于外框梁的扭矩大小取决于作用楼板分担面积上的重力荷载。但在水平荷载作用下，外框梁承担抵抗扭矩的大小取决外框梁的扭转刚度和等效板的弯曲刚度，以及楼面梁的弯曲刚度三者之间的比例。

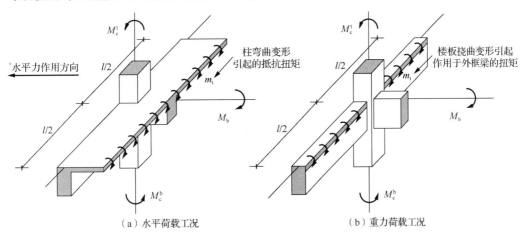

图 5.1.8　梁柱节点弯/扭矩分析

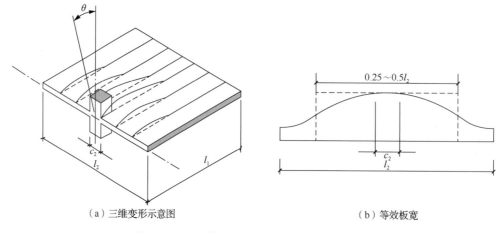

（a）三维变形示意图　　　　　　　　　（b）等效板宽

图 5.1.9　板弯曲变形示意图（水平荷载工况）

3. 扭转刚度折减系数

如上所述，刚性隔板或膜单元略去了楼板平面外的弯曲刚度。作为补偿，外框梁的弯曲刚度可取矩形截面的弯曲刚度乘以增大系数 1.5，以考虑楼板作用。那么，是否应该与弯曲刚度同样乘以增大系数增大外框梁的扭转刚度，以考虑楼板的作用呢？答案是否定的。不仅如此，恰恰相反，而且还应该折减外框梁的扭转刚度。这取决于梁的扭转机理。

按当前的力学理论，构件弹性阶段受扭分析的力学模型可理想化为一个略去混凝土核的闭口混凝土薄壁杆件，如图 5.1.10（a）所示。图中，薄壁杆的壁厚为箍筋中心线到边缘纤维距离的 2 倍。扭转产生的剪力流沿箍筋中心线作用。微分元的应力分析表明，纯扭构件的扭转剪应力相当于主拉应力。这意味着，在扭矩作用下，梁四周的混凝土很容易产生 45° 的斜向细微裂缝。当混凝土一开裂，扭矩将由封闭箍筋和纵向钢筋承担，构件的扭转刚度近似退化为零，形成如图 5.1.10（b）所示空间桁架模型，且以此模型计算和配置抗扭钢筋。

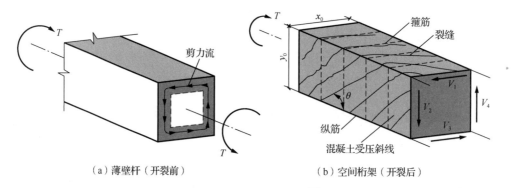

（a）薄壁杆（开裂前）　　　　　　　　（b）空间桁架（开裂后）

图 5.1.10　扭转分析模型[4]

按上述扭转分析模型，ACI 318-08 规定，当主拉应力达到 $4\sqrt{f_{\mathrm{c}}'}$，混凝土开裂。按薄壁杆件受扭原理，ACI 318-08 第 11.5 节给出钢筋混凝土梁的开裂扭矩为

$$T_{cr} = 4\sqrt{f_c'}\left(A_{cp}^2/P_{cp}\right) \tag{5.1.3}$$

式中，A_{cp} 为梁的截面积；P_{cp} 为梁截面的周长。而且规定：①当梁承担的扭矩不大于 $\phi T_{cr}/4$（其中 ϕ 为强度折减系数）时，可略去扭转效应；②对于具有变形协调能力的超静定结构，梁扭转刚度折减系数的范围可取 $0.1 \sim 0.25$，即有效扭转刚度为 $(0.1 \sim 0.25)G_c J$；③验算梁的最大扭矩 T_{max}；④当扭矩大于开裂扭矩 T_{cr} 时，按 T_{cr} 配置扭转钢筋；⑤调整扭转刚度，把大于开裂扭矩 T_{cr} 的部分，进行内力重分配。

本书作者认为：①钢筋混凝土梁是带裂缝工作的，其弯曲刚度和扭转刚度都应考虑裂缝引起的折减。②梁的正截面抗弯是受压区混凝土的压力和受拉区钢筋的拉力组成抵抗弯矩与外弯矩平衡。楼板作为梁的翼缘，增加了受压区混凝土的面积，应考虑楼板对梁惯性矩的贡献，梁的弯曲刚度应得到增大。③扭转产生剪力流的大小与扭矩中心的距离成正比，核心区混凝土承担的扭矩偏小，予以略去。梁的扭转分析模型是闭口薄壁杆件。当超过开裂扭矩时，四周混凝土保护层全部开裂。开裂后，由箍筋和纵向钢筋组成的钢筋笼来抵抗扭矩。按图 5.1.8 节点弯/扭矩分析，重力荷载下楼板的弯曲使外框梁受扭，框架柱的弯曲抵抗了外框梁的扭矩；水平荷载下楼板与外框梁、楼面梁共同抵抗了梁柱节点转动产生的扭矩。楼板都未能对梁的扭转刚度产生实质性的贡献。④建模中考虑了由裂缝引起的梁扭转刚度的折减，不考虑楼板平面外的刚度，相当于在分析中计入了内力重分布的作用。从节点弯/扭矩平衡的角度，楼面梁（若设置）将首先吸收这部分被重分布的内力，增大了楼面梁在梁柱节点处端部弯矩的需求。从整体分析的角度，若不设置楼面梁，抗侧力构件将吸收这部分重分布的内力，增大了抗侧力构件的强度和刚度的需求。

JGJ 3—2010 第 5.2.4 条规定，高层建筑结构外框梁受扭计算时应考虑现浇楼盖对梁的约束作用。当计算中未考虑现浇楼盖对梁扭转约束作用时，可对梁的计算扭矩予以折减。梁扭矩折减系数应根据梁周围楼盖的约束情况确定。条文说明解释，当结构计算中未考虑楼盖对梁扭转的约束作用时，梁的扭转变形和扭矩计算值过大，与实际情况不符，抗扭设计也比较困难，因此可对梁的计算扭矩予以适当折减。本书作者认为，条文对梁扭矩刚度折减的规定是有道理的，限制了抗扭钢筋的过大需求。然而，条文及其说明给出对扭矩折减机理的解释似是而非。正确的解释应该是，梁带扭转裂缝参与抗震分析，开裂后的扭转刚度远远小于弹性扭转刚度。扭转刚度的折减与楼板的作用没有什么直接联系。稍作推理，中国抗震规范不考虑由裂缝引起梁弯曲刚度折减的规定也是值得商榷的。

4. 楼面梁的功能

综合以上分析，楼面梁主要有如下功能。

1）作为板的支座，合理划分板格，规则板格的形状，减小楼板的厚度。

2）与外框梁共同约束梁柱节点的转动，约束柱的变形，增加结构的侧向刚度。

3）吸收外框梁扭转刚度折减和不计楼板平面外刚度引起的内力重分布。

按当前商用计算机软件提供的技术和图形支持，大都能对整层楼盖进行整体分析。而且，设计可以通过采用预应力平板或密肋楼板等楼盖体系以及采取起拱等措施来减薄楼板厚度，因此使板格形状规则的功能已经显得不重要。

GB 50011—2010 第 6.7.1 条第 1 款规定,核心筒与框架之间的楼盖宜采用梁板体系;部分楼层采用平板体系时应有加强措施。条文说明指出,框架-核心筒结构的核心筒与周边框架之间采用梁板结构时,各层梁对核心筒有一定的约束,可不设加强层。本书作者认为,从节点内力平衡和受力特征,核心筒的侧向和扭转刚度主要取决于墙肢和连梁,楼面梁主要增加了对周边框架柱的约束,只能有限地提高结构的侧向刚度。设与不设加强层主要取决于结构整体的侧向刚度。当采用平板或密肋楼盖,外框梁扭转刚度折减引起的内力重分布将增加其他结构构件的强度需求。确切地说,只要层间位移角满足规范限值的要求,核心筒与框架之间的楼盖采用仅仅承受重力荷载的(无暗梁)平板体系或(无楼面梁的)密肋楼盖体系的结构设计不仅完全可行,而且结构在整体上也许会具有更良好的强度、延性和耗能能力。上述分析以及工程实例都清晰表明,框架-核心筒结构的楼面梁并不是楼盖体系中的必要构件,GB 50011—2010 第 6.7.1 条第 1 款对楼盖体系的限定应该可以商榷。

第二节　挠度和裂缝

混凝土是由水泥、粗骨料、细骨料、各类添加剂组成的多相复合材料。从水泥水化反应开始,经过初凝到终凝,混凝土内部就具有了随机分布的微空洞、微裂缝等初始缺陷。这些初始缺陷,作为黏结剂水泥的收缩和材料的多相性使混凝土具有非线性本构关系以及不对称的受力特性。在重力荷载作用下,混凝土受拉区域的微空洞、微裂缝将迅速贯穿、发展成发丝裂缝;混凝土受压区域的应变将随龄期的增长逐渐增大。这种长期压应力引起压应变逐渐增大的物理现象被称为徐变。另外,在水泥水化过程中,毛细孔水逐渐流失、蒸发引起混凝土体积的干缩。混凝土硬化后,水泥的水化反应仍会缓慢地发生,干缩会持续很长的一段时间。这种混凝土长期逐渐干缩的自然现象被称为收缩。徐变和收缩相互伴随发生。钢筋混凝土受弯构件受拉区的开裂是必然的。徐变、收缩会引起内力重分布,增大构件的弯曲曲率、挠度及裂缝宽度。因此,在强度极限状态下,结构工程师应关注混凝土本构关系的非线性行为及最大应力后的软化行为,需要有足够的强度和延性安全度;在使用极限状态下,应关注混凝土构件具有足够的刚度和配筋率,以避免在长期荷载作用下徐变、收缩造成过大的挠度和裂缝宽度,影响正常使用功能和耐久性。

对裂缝的研究由来已久。影响裂缝间距和宽度的因素众多,且随机性和离散性高。在长期荷载下,影响长期挠度和裂缝的主要因素是徐变、收缩,而影响徐变、收缩的因素有加载的龄期、水泥的种类、混凝土的配合比、水灰比、养护、环境、构件截面尺寸、钢筋截面形状、应力大小、保护层厚度等。各国规范都详细地制定了有关挠度和裂缝宽度的设计条文。详细讨论徐变、收缩及裂缝超出了本书阐述的范围,本节仅仅涉及这方面的基本知识。它将有助于读者加深对规范条文的理解,也将有助于对后续章节讲述的钢筋混凝土双向板挠度和裂缝宽度有限元分析法的理解。有兴趣的读者可以进一步阅读本章列出的有关参考文献。

一、徐变的基本知识

1. 徐变系数

徐变和收缩的效应相似，都会引起钢筋混凝土构件的内力重分布。因此，尽管徐变和收缩伴随发生，为了叙述简洁，在以下的讨论中不涉及收缩效应。若设计确实需要，可以通过本章列出的有关文献，在徐变的基础上线性叠加收缩效应。同理，为了叙述简洁，本节也不涉及预应力构件。

设普通钢筋混凝土构件在t_0时刻加载，瞬时应变$\varepsilon_c(t_0)$，瞬时应力$\sigma_c(t_0)$。在维持应力不变的情况下，混凝土在$t_0 \to t$时间段逐渐发生应变增量$\Delta\varepsilon_c^\sigma(t,t_0)$，或记作$\Delta\varepsilon_c^\sigma(t)$或$\Delta\varepsilon_c^\sigma$。定义应变增量$\Delta\varepsilon_c^\sigma$与瞬时应变$\varepsilon_c(t_0)$之比

$$\varphi(t,t_0) = \Delta\varepsilon_c^\sigma / \varepsilon_c(t_0) \qquad (5.2.1)$$

为徐变系数，如图 5.2.1 所示。它是一个无量纲的时间函数。混凝土强度越高，加载的龄期t_0越长，环境的相对湿度越高，应力水平越低，徐变系数越小。

ACI 209R-92 按试验资料和 Bazant 研究成果[8]，给出徐变系数的计算公式[9]为

$$\varphi = \frac{(t-t_0)^{0.6}}{10+(t-t_0)^{0.6}}\varphi_u \qquad \varphi_u \triangleq \varphi(t_\infty,t_0) = 2.35\gamma_c \qquad (5.2.2)$$

式中，φ_u为$t=t_\infty$（取 10^4 天）的极限徐变系数，通常可取$\varphi_u = 2\sim4$；γ_c为校准系数，在标准条件下（相对湿度 40%，温度 21℃，平均厚度 0.15m，体积与表面积之比为 1.5m 等），是t_0的函数。在正常养护和蒸汽养护的情况下，分别为

$$\gamma_c = 1.25t_0^{-0.118} \qquad \gamma_c = 1.113t_0^{-0.094} \qquad (5.2.3)$$

其中左式适用于正常养护，右式适用于蒸汽养护。

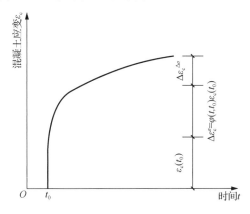

图 5.2.1　徐变和徐变系数

Bazant 以 7 天加载（$t_0 = 7$）和 28 天的弹性模量 $E_c(28) = 3300\sqrt{f_c'}+7000\text{MPa}$ 为计算依据，给出了不同加载龄期的徐变系数，摘录于表 5.2.1 中。表中的最后一行为t_0加载时刻的瞬时弹性模量与 28 天弹性模量之比，倒数第二行为t_0加载与 7 天加载的极限徐变系数之比。第一栏为计算徐变的时间段；第二栏为 7 天加载的可能极限徐变系数；最后一栏为t_0加载，$(t-t_0)$时间段徐变系数与t_0加载的极限徐变系数之比。例如，若$\varphi(t_\infty,7) = 3.5$，10 天加载、110 天的徐变系数$\varphi(110,10) = 0.613\times3.5\times0.96 = 2.06$。中间四

栏为龄期系数 $\chi(t,t_0)$，将在下面讲述。

表 5.2.1　徐变系数 $\varphi(t,t_0)$ 和龄期系数 $\chi(t,t_0)$ [8]

$(t-t_0)$	$\varphi(t_\infty,7)$	$\chi(t,t_0)$				$\dfrac{\varphi(t,t_0)}{\varphi(t_\infty,t_0)}$
		$t_0=10$	$t_0=10^2$	$t_0=10^3$	$t_0=10^4$	
10 天	2.5	0.774	0.842	0.837	0.830	0.273 (0.285)
	3.5	0.806	0.856	0.848	0.839	
10^2 天	2.5	0.804	0.935	0.943	0.938	0.608 (0.613)
	3.5	0.839	0.946	0.951	0.946	
10^3 天	2.5	0.795	0.956	0.985	0.988	0.857 (0.863)
	3.5	0.830	0.964	0.987	0.990	
10^4 天	2.5	0.770	0.940	0.972	0.976	0.954 (0.962)
	3.5	0.808	0.954	0.977	0.980	
$\varphi(t_\infty,t_0)/\varphi(t_\infty,7)$		0.960	0.731	0.558	0.425	
$E_c(t_0)/E_c(28)$		0.895	1.060	1.083	1.089	

注：括号中的数字是作者按式（5.2.2）计算得到的结果。

2. 应力-应变关系

混凝土具有非线性应力-应变关系。但在使用极限状态下，应力水平较低，认为应力-应变近似呈线性关系是合理的。因此，在 $t\leqslant t_0$ 时刻的本构关系式为

$$\varepsilon_c(t)=\sigma_c(t)/E_c(t)\qquad t\leqslant t_0 \tag{5.2.4}$$

通常认为，上式中的弹性模量 $E(t)=E(t_0)=\text{const}$。

当 $t>t_0$，按徐变系数的定义，在维持应力不变的情况下，计入徐变效应的应变为

$$\varepsilon_c(t)=\varepsilon_c(t_0)+\Delta\varepsilon_c^\sigma(t)=\varepsilon_c(t_0)\big(1+\varphi(t,t_0)\big) \tag{5.2.5}$$

然而，在徐变的过程中，混凝土的弹性模量、钢筋混凝土构件的内力重分布和预应力筋的松弛（如有）等使混凝土截面的应力发生了改变。若把应力增量记作 $\Delta\sigma_c(t)$（不论 $\Delta\sigma_c$ 的正负，本节均称为应力增量，下同）。$\Delta\sigma_c$ 又引起应变发生增量 $\Delta\varepsilon_c^{\Delta\sigma}$。那么，在 $t_0\to t$ 时间段，最终的徐变应变增量有两部分组成，即

$$\Delta\varepsilon_c=\Delta\varepsilon_c^\sigma+\Delta\varepsilon_c^{\Delta\sigma} \tag{5.2.6}$$

式中，$\Delta\varepsilon_c^\sigma=\varphi(t,t_0)\varepsilon_c(t_0)$ 与应力增量 $\Delta\sigma_c$ 无关，$\Delta\varepsilon_c^{\Delta\sigma}$ 与 $\Delta\sigma_c$ 相关。需要注意的是，应力增量 $\Delta\sigma_c$ 是在 $t_0\to t$ 时间段逐渐累计完成的，其完成的模式取决于加载的龄期、加载的速度和水平、混凝土质量、构件形状和环境类别等。因此，$\Delta\varepsilon_c^{\Delta\sigma}$ 与 $\Delta\sigma_c$ 之间存在如下的积分关系：

$$\Delta\varepsilon_c^{\Delta\sigma}(t)=\int_0^{\Delta\sigma_c(t)}\frac{1+\varphi(t,\tau)}{E_c(\tau)}\mathrm{d}\sigma_c(\tau) \tag{5.2.7}$$

式中，τ 为流动坐标，$\varphi(t,\tau)$ 和 $E_c(\tau)=\mathrm{d}\sigma(\tau)/\mathrm{d}\varepsilon(\tau)$ 分别是以 τ 为变量的徐变系数和弹性模量。显然，若应力的变化在 t_0 时刻就全部完成，$\Delta\sigma_c$ 对徐变应变的影响一定大于式（5.2.7）的积分表达式。为了方便计算，式（5.2.7）的积分表达式近似表示为

$$\Delta\varepsilon_c^{\Delta\sigma}(t)\approx\Delta\sigma_c(t)\frac{1+\chi\varphi(t,\tau)}{E_c(t_0)}\tag{5.2.8}$$

式中，$\chi=\chi(t,t_0)$ 为一个小于 1 的系数，是时间的函数，与 $\varphi(t,\tau)$、$E_c(\tau)$ 以及 $\sigma_c(\tau)$ 在 $t_0\to t$ 时间段中的变化规律有关，与徐变系数 $\varphi(t,t_0)$ 相关，称为龄期系数。根据试验资料和半经验公式，Bazant 给出了 χ 的参考数值，并纳入 ACI 209R-92。表 5.2.1 的中间四栏摘录了最有实用价值的一部分。

引入

$$\overline{E}_c(t,t_0)=\frac{E_c(t_0)}{1+\chi\varphi(t,t_0)}\tag{5.2.9}$$

并定义 $\overline{E}_c(t,t_0)$ 为龄期调整弹性模量。式（5.2.8）可进一步写为

$$\Delta\varepsilon_c^{\Delta\sigma}(t)=\Delta\sigma_c(t)\big/\overline{E}_c(t,t_0)\qquad t>t_0\tag{5.2.10}$$

式（5.2.10）为与徐变中应力增量 $\Delta\sigma_c(t)$ 与应力相关变形 $\Delta\varepsilon_c^{\Delta\sigma}(t)$ 的应力-应变增量关系，其曲线示意图如图 5.2.2 所示。图中，$\tau\leqslant t$ 为流动坐标。它具有非线性行为，曲线的斜率为龄期调整弹性模量 $\overline{E}_c(t,t_0)$。它是徐变系数 $\varphi(t,t_0)$，龄期调整系数 $\chi(t,t_0)$ 和混凝土瞬时弹性模量 $E_c(t_0)$ 等参数的函数，是时间的函数。计入徐变的混凝土总应变有瞬时应变 $\varepsilon_c(t_0)$，混凝土徐变引起的应变增量 $\varepsilon_c(t_0)\varphi(t,t_0)$ 和徐变应力增量又引起的应变增量 $\Delta\varepsilon_c^{\Delta\sigma}(t)$ 三部分组成，混凝土总应力有瞬时应力 $\sigma_c(t_0)$ 和徐变引起的应力增量 $\Delta\sigma_c(t)$ 二部分组成。即

$$\begin{aligned}\varepsilon_c(t)&=\varepsilon_c(t_0)+\varphi(t,t_0)\varepsilon_c(t_0)+\Delta\varepsilon_c^{\Delta\sigma}(t)\\\sigma_c(t)&=\sigma_c(t_0)+\Delta\sigma_c(t)\end{aligned}\tag{5.2.11}$$

式（5.2.9）～式（5.2.11）是徐变最基本的应力-应变关系式。

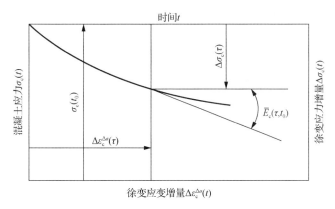

图 5.2.2　$\Delta\sigma_c - \Delta\varepsilon_c^{\Delta\sigma}$ 关系曲线示意图

二、非开裂截面的徐变效应分析

上述徐变基本理论适用于梁、板、墙等所有构件。为了讲述简单，以下暂且把梁作为考察对象，讨论徐变对压弯构件的长期挠度和裂缝宽度的影响。读者可以把以下内容作为混凝土规范公式的背景材料，同时为把徐变理论应用于双向板长期挠度和裂缝宽度的计算做一些铺垫性的准备。

1. 换算截面

使用极限状态下钢筋混凝土受弯构件挠度和裂缝宽度的计算中，需要考虑钢筋和混凝土弹性模量的差异。即把钢筋的面积换算成混凝土的面积进行截面分析。令

$$\alpha = E_s/E_c(t_0) \qquad \overline{\alpha}(t,t_0) = E_s/\overline{E}_c(t,t_0) \tag{5.2.12}$$

换算后的混凝土截面面积分别为 $A = A_c + \alpha A_s$ 或 $\overline{A} = A_c + \overline{\alpha}(t,t_0)A_s$。前者为换算截面的面积；后者为龄期调整换算截面的面积。图 5.2.3 给出梁非开裂截面的换算截面示意图。

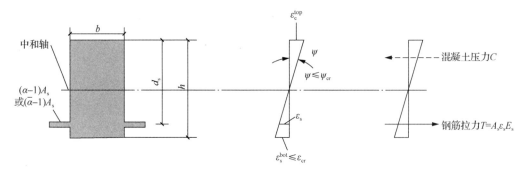

图 5.2.3　梁非开裂截面的换算截面示意图

2. 符号及通用分析公式

在以下的讨论中，截面应变剖面符合平截面假定，并规定拉应变和拉应力为正，压应变和压应力为负；轴向拉力为正，轴向压力为负；使底部纤维受拉的弯矩为正，使顶部纤维受拉的弯矩为负。并且，讨论的范围局限于顶部纤维和底部纤维的应力符号相反的情况。图 5.2.4 给出钢筋混凝土梁非开裂截面示意图以及相关符号的意义。

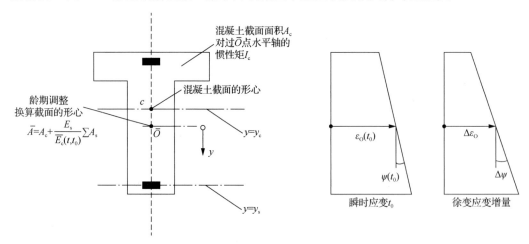

图 5.2.4　钢筋混凝土梁非开裂截面示意图和相关符号的意义[10]

（1）瞬时应变和应力

设压弯构件承受弯矩 M 和作用于任意参考点 O 的轴力 N。在平截面假定下，按材料力学初等理论，钢筋混凝土梁参考点的瞬时应变 $\varepsilon_O(t_0)$ 和瞬时曲率 $\psi(t_0)$ 表达式为

$$\begin{Bmatrix} \varepsilon_O(t_0) \\ \psi(t_0) \end{Bmatrix} = \frac{1}{E_c(t_0)(AI-S^2)} \begin{pmatrix} I & -S \\ -S & A \end{pmatrix} \begin{Bmatrix} N \\ M \end{Bmatrix} \tag{5.2.13}$$

式中，A,S,I 分别为换算截面的面积、面积矩和惯性矩。若取换算截面的形心作为参考点，$S=0$。式（5.2.13）退化为

$$\begin{Bmatrix} \varepsilon_O(t_0) \\ \psi(t_0) \end{Bmatrix} = \frac{1}{E_c(t_0)} \begin{Bmatrix} N/A \\ M/I \end{Bmatrix} \tag{5.2.14}$$

按平截面假定，截面上任一点的瞬时应变和应力为

$$\varepsilon_c(t_0) = \varepsilon_O(t_0) + \psi(t_0)y$$
$$\sigma_c(t_0) = E_c(t_0)[\varepsilon_O(t_0) + \psi(t_0)y] \tag{5.2.15}$$

（2）徐变应变和应力增量

徐变效应的分析原理与温度应力分析相似，把环境、材料等作用转化为力来进行分析。步骤为：①施加约束应力约束徐变应变；②把约束应力转换为外部作用力进行分析；③反方向加载，突然释放约束外力进行分析；④叠加约束应力和释放约束外力的分析结果，得到徐变的应力和应变增量，具体如下。

1）按徐变系数的定义，约束应力为

$$\sigma_{\text{restrained}} = -\overline{E}_c(t,t_0)\Delta\varepsilon_c^\sigma = -\overline{E}_c(t,t_0)\varphi(t,t_0)\varepsilon_c(t_0) \tag{5.2.16}$$

2）设徐变后，仍服从平截面假定。约束应力转换成为作用在参考点的轴力和弯矩，即

$$\begin{Bmatrix} \Delta N \\ \Delta M \end{Bmatrix} = -\overline{E}_c(t,t_0)\varphi(t,t_0) \begin{pmatrix} A_c & S_c \\ S_c & I_c \end{pmatrix} \begin{Bmatrix} \varepsilon_O(t_0) \\ \psi(t_0) \end{Bmatrix} \tag{5.2.17}$$

3）释放约束外力，计算徐变应变增量 $(\Delta\varepsilon_O, \Delta\psi)^T$：

$$\begin{Bmatrix} \Delta\varepsilon_O \\ \Delta\psi \end{Bmatrix} = \frac{1}{\overline{E}_c(t,t_0)(\overline{A}\overline{I}-\overline{S}^2)} \begin{pmatrix} \overline{I} & -\overline{S} \\ -\overline{S} & \overline{A} \end{pmatrix} \begin{Bmatrix} -\Delta N \\ -\Delta M \end{Bmatrix} \tag{5.2.18}$$

4）叠加计算应力增量 $\Delta\sigma_c$，即

$$\Delta\sigma_c = \sigma_{\text{restrained}} + \overline{E}_c(t,t_0)(\Delta\varepsilon_O + y\Delta\psi) \tag{5.2.19}$$

式中，A_c, S_c, I_c 分别为混凝土截面的面积、面积矩和惯性矩；$\overline{A}, \overline{S}, \overline{I}$ 分别为龄期转换截面的面积、面积矩和惯性矩。

3. 钢筋混凝土梁的实用分析公式

取龄期调整换算截面形心 $\overline{O}$ 为参考点。注意到 $\overline{S}=0$ 和 $S_c = A_c y_c$，合并式（5.2.17）和式（5.2.18）得钢筋混凝土梁龄期调整换算截面形心处的徐变应变和曲率增量 $(\Delta\varepsilon_O, \Delta\psi)^T$ 为

$$\Delta\varepsilon_O = \eta \cdot \varphi(t,t_0)(\varepsilon_O(t_0) + \psi(t_0)y_c)$$
$$\Delta\psi = \kappa \cdot \varphi(t,t_0)(\psi(t_0) + \varepsilon_O(t_0)y_c/r_c^2) \tag{5.2.20}$$

其中

$$\eta = A_c/\overline{A} \qquad \kappa = I_c/\overline{I} \tag{5.2.21}$$

分别为参考点应变和曲率约束系数。它们均小于 1，反映了徐变过程中钢筋对轴向应变和曲率的约束效应。而

$$r_c^2 = I_c / A_c \tag{5.2.22}$$

为混凝土截面回转半径的平方。其他符号的意义如图 5.2.4 所示。

合并式（5.2.16）和式（5.2.19），在 $t_0 \to t$ 时间段，任一截面高度混凝土纤维的徐变应力增量为

$$\Delta\sigma_c = \bar{E}_c(t,t_0)[-\varphi(t,t_0)(\varepsilon_O(t_0)+\psi(t_0)y)+\Delta\varepsilon_O + y\Delta\psi] \tag{5.2.23}$$

对比式（5.2.11），显然式（5.2.23）方括号中的第二、第三项为与徐变应力相关的那一部分应变增量 $\Delta\varepsilon_c^{\Delta\sigma}$。

钢筋的应力增量为

$$\Delta\sigma_s = E_s(\Delta\varepsilon_O + y_s\Delta\psi) \tag{5.2.24}$$

4. 算例 5.1

设钢筋混凝土梁在龄期 t_0 承受弯矩 $M = 350 \text{kN} \cdot \text{m}$ 和作用于截面中点 c 的轴向压力 $N = -1300 \text{kN}$。设截面尚未开裂，应用式（5.2.13）、式（5.2.15）和式（5.2.20）~式（5.2.23），求解图 5.2.5 截面的瞬时应变和应力以及 $t_0 \to t$ 时间段的徐变效应。已知 $E_c(t_0) = 30 \text{GPa}$，$E_s = 200 \text{GPa}$，$\varphi(t,t_0) = 3$，$\chi = 0.8$。

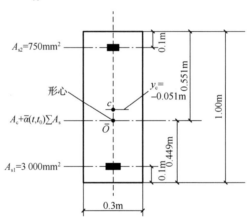

图 5.2.5　徐变对正截面应力和应变影响的分析（算例 5.1 的截面信息）[10]

解：

1）换算截面特性：
$$A = 0.321 \text{m}^2 \quad I = 29.3 \times 10^{-3} \text{m}^4 \quad S = -11.2 \times 10^{-3} \text{m}^3 \quad \alpha = 200/30 = 6.67$$

2）瞬时应变和应力：
$$N = -1300 \text{kN} \quad M = 350 + 1300 \times (-0.051) = 416.3 (\text{kN} \cdot \text{m})$$
$$\varepsilon_O(t_0) = -120 \times 10^{-6} \quad \psi(t_0) = 428 \times 10^{-6} \text{m}^{-1}$$
$$(\sigma_c(t_0))_{\text{top}} = 30 \times 10^9 \times [-120 + 428 \times (-0.551)] \times 10^{-6} = -10.675 (\text{MPa})$$
$$(\sigma_c(t_0))_{\text{bot}} = 30 \times 10^9 \times (-120 + 428 \times 0.449) \times 10^{-6} = 2.165 (\text{MPa})$$

3）混凝土截面特性：
$$A_c = 0.2963 \text{m}^2 \quad I_c = 25.26 \times 10^{-3} \text{m}^4$$
$$r_c^2 = I_c / A_c = 85.25 \times 10^{-3} \text{m}^2 \quad y_c = -0.051 \text{m}$$

4）混凝土龄期调整弹性模量以及对应的模量比：

$$\bar{E}_c(t,t_0) = 30/(1+0.8\times3) = 8.824(\text{GPa}) \qquad \bar{\alpha}(t,t_0) = 200/8.824 = 22.665$$

5）龄期调整换算截面特性：

$$\bar{A} = 0.381\,1\text{m}^2 \qquad \bar{I} = 37.50\times10^{-3}\text{m}^4 \qquad \bar{S} = 0 \qquad h_\text{O} = 0.551\text{m}$$

$$\eta = 0.296\,3/0.381\,1 = 0.777 \qquad \kappa = 25.26/37.50 = 0.674$$

6）徐变引起的应变增量：

$$\Delta\varepsilon_\text{O} = 0.777\times\left\{3\times[-120+428\times(-0.051)]\times10^{-6}\right\} = -331\times10^{-6}$$

$$\Delta\psi = 0.674\times\left\{3\times\left[428+(-120)\times\frac{-0.051}{85.25\times10^{-3}}\right]\times10^{-6}\right\} = 1\,011\times10^{-6}(\text{m}^{-1})$$

7）徐变引起的应力增量：

$$\Delta\sigma_c^{\text{top}} = 8.824\times10^9\times\{-3\times[-120+428\times(-0.551)]+(-331)+1\,011\times(-0.551)\}\times10^{-6}$$
$$= 1.583(\text{MPa})$$

$$\Delta\sigma_c^{\text{bot}} = 8.824\times10^9\times\{-3\times[-120+428\times(0.449)]+(-331)+1\,011\times(0.449)\}\times10^{-6}$$
$$= -0.826(\text{MPa})$$

图 5.2.6 给出瞬时应力、应变和徐变增量。它充分反映了在轴压力和弯矩的共同作用下，徐变极大地增大了混凝土构件的压应变和曲率，应引起足够的重视。

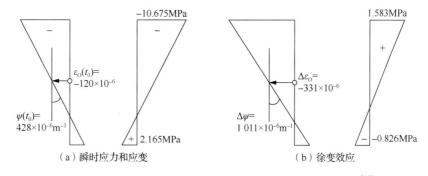

（a）瞬时应力和应变　　　　　　　（b）徐变效应

图 5.2.6　徐变对正截面应力和应变影响的分析（算例 5.1）[10]

三、开裂截面的徐变效应分析

1. 基本假定和换算截面

使用极限状态，钢筋的拉应力一般约为 $0.6f_y$。因此，在受弯构件的徐变效应分析中，通常假定：①受拉区的混凝土退出工作，由受压区混凝土压力 C 和钢筋拉力 T 组成的内力来平衡外部作用力；②开裂截面仍然符合平截面假定。

在以上两个基本假定的前提下，开裂截面的换算截面示意图如图 5.2.7 所示。图中，阴影部分为混凝土有效面积 A_cc，计入换算截面的计算。即

$$A_\text{k} = A_\text{cc} + \alpha A_\text{s} \qquad \bar{A}_\text{k} = A_\text{cc} + \bar{\alpha} A_\text{s} \qquad\qquad (5.2.25)$$

式中，$A_\text{k}, \bar{A}_\text{k}$ 分别为开裂截面和龄期调整开裂截面的换算面积；$\alpha, \bar{\alpha}$ 分别为钢筋与混凝土弹性模量比，其计算公式见式（5.2.12）。图 5.2.8 给出开裂截面模型信息及符号的意义。

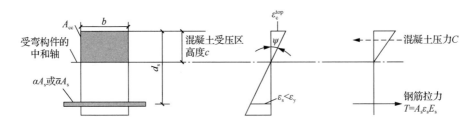

图 5.2.7 钢筋混凝土梁开裂截面的换算截面示意图

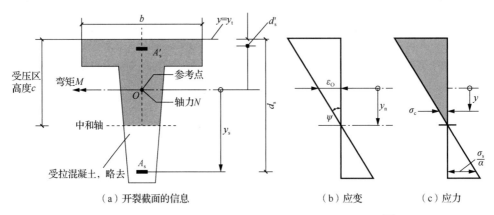

（a）开裂截面的信息   （b）应变   （c）应力

图 5.2.8 钢筋混凝土梁开裂截面模型信息及符号的意义[10]

2. 混凝土受压区高度

设图 5.2.8（a）所示的开裂截面承受弯矩 M 和作用于任意参考点的轴力 N，截面上部纤维受压，下部纤维受拉开裂。按图 5.2.8（b）所示的几何关系，得任何高度纤维的应变为

$$\varepsilon = \varepsilon_O + \psi y \tag{5.2.26}$$

截面中和轴的坐标为

$$y_n = -\varepsilon_O / \psi \tag{5.2.27}$$

混凝土纤维的应力为

$$\sigma_c = E_c \left(1 - y/y_n\right) \varepsilon_O \qquad y < y_n, \qquad \sigma_c = 0 \qquad y \geqslant y_n \tag{5.2.28}$$

根据截面平衡条件，得

$$\varepsilon_O \left\{ E_c \int_{y_t}^{y_n} \left(1 - y/y_n\right) \mathrm{d}A + E_s \sum \left[A_s \left(1 - y_s/y_n\right) \right] \right\} = N$$

$$\varepsilon_O \left\{ E_c \int_{y_t}^{y_n} y\left(1 - y/y_n\right) \mathrm{d}A + E_s \sum \left[A_s y_s \left(1 - y_s/y_n\right) \right] \right\} = M \tag{5.2.29}$$

对于纯弯构件，$N = 0$，得

$$\int_{y_t}^{y_n} \left(1 - y/y_n\right) \mathrm{d}A + \alpha \sum \left[A_s \left(1 - y_s/y_n\right) \right] = 0 \tag{5.2.30}$$

式（5.2.30）表明，纯弯构件开裂转换截面对中和轴的面积矩等于 0。也就是说，中和轴与开裂转换截面的形心位置重合。这是一个重要的特征。把参考点设置在转换截面的形心（即中和轴）将会方便分析。对于矩形截面的普通钢筋混凝土梁，式（5.2.30）可简

化为以混凝土受压区高度 c 为未知数的二次方程式：

$$\frac{1}{2}b_{\mathrm{w}}c^2 + (\alpha A_{\mathrm{s}} + (\alpha_{\mathrm{s}}-1)A_{\mathrm{s}}')c + (\alpha A_{\mathrm{s}}d_{\mathrm{s}} + (\alpha-1)A_{\mathrm{s}}'d_{\mathrm{s}}') = 0 \qquad (5.2.31)$$

对于压弯（或拉弯）构件，若保持偏心距 $e = M/N$ 不变，得

$$\frac{\int_{y_{\mathrm{t}}}^{y_{\mathrm{n}}} y(y_{\mathrm{n}}-y)\mathrm{d}A + \alpha\sum\left[A_{\mathrm{s}}y_{\mathrm{s}}(y_{\mathrm{n}}-y_{\mathrm{s}})\right]}{\int_{y_{\mathrm{t}}}^{y_{\mathrm{n}}}(y_{\mathrm{n}}-y)\mathrm{d}A + \alpha\sum\left[A_{\mathrm{s}}(y_{\mathrm{n}}-y_{\mathrm{s}})\right]} - e = 0 \qquad (5.2.32)$$

式（5.2.32）也可以演变为以混凝土受压区高度 c 为未知数的三次方程式。这里略去对烦琐表达式的抄写，有兴趣的读者可以查阅文献[10]中有关混凝土受压区高度 c 的详细图表。显然，对于压弯构件，中和轴和转换截面的形心不重合。

3. 分析公式

在平截面假定的前提下，进一步假定徐变引起的内力重分布不会影响按瞬时应力-应变关系确定的混凝土受压区高度。那么，若参考点设于转换截面形心（对纯受弯构件，形心与中和轴重合），使用 $A_{\mathrm{k}},I_{\mathrm{k}},S_{\mathrm{k}}$ 替代式（5.2.13）中的 A,I,S，$\overline{A}_{\mathrm{k}},\overline{I}_{\mathrm{k}}$ 替代式（5.2.21）中的 $\overline{A},\overline{I}$；使用 $A_{\mathrm{cc}},I_{\mathrm{cc}}$ 替代式（5.2.21）和式（5.2.22）中的 $A_{\mathrm{c}},I_{\mathrm{c}}$，上一小节中分析非开裂截面应力、应变的公式全部适用于分析开裂截面的应力、应变，其中，$A_{\mathrm{k}},I_{\mathrm{k}}$ 分别为开裂换算截面的面积和惯性矩；$\overline{A}_{\mathrm{k}},\overline{I}_{\mathrm{k}}$ 分别为开裂龄期调整换算截面的面积和惯性矩；$A_{\mathrm{cc}},I_{\mathrm{cc}}$ 分别为受压混凝土的面积和惯性矩。注意到面积矩 $\overline{S}_{\mathrm{k}}=0$，重写式（5.2.14）、式（5.2.21）和式（5.2.22）如下：

$$\varepsilon_{\mathrm{O}}(t_0) = N/E_{\mathrm{c}}(t_0)A_{\mathrm{k}} \qquad \psi(t_0) = M/E_{\mathrm{c}}(t_0)I_{\mathrm{k}} \qquad (5.2.33)$$

$$\eta = A_{\mathrm{cc}}/\overline{A}_{\mathrm{k}} \qquad \kappa = I_{\mathrm{cc}}/\overline{I}_{\mathrm{k}} \qquad (5.2.34)$$

$$r_{\mathrm{c}}^2 = I_{\mathrm{cc}}/A_{\mathrm{cc}} \qquad (5.2.35)$$

四、受弯构件裂缝和曲率的长期荷载效应

混凝土的抗拉强度约为抗压强度的 1/10。拉应力区的混凝土开裂是必然的。而且，为了充分发挥受拉钢筋的强度作用，开裂也是必要的。一般来讲，普通钢筋混凝土受弯构件都是带裂缝工作的。对裂缝的研究由来已久。已经明确，影响裂缝宽度的主要因素是受拉钢筋的应力水平，保护层的厚度和包围受拉钢筋的混凝土面积以及两者间的黏结应力。当受弯构件的高跨比（或厚跨比）不满足规范规定的限值时，裂缝宽度和开裂引起刚度的折减以及长期荷载引起的徐变效应将是使用极限状态的主要设计内容。以下依次讲述。

1. 开裂构件的平均应变和平均曲率

裂缝产生和发展的过程如下：轴向受拉构件或承受等弯矩构件的拉应力区，当荷载达到开裂荷载 N_{cr} 或 M_{cr} 时，混凝土纤维应力达到 f_{ct}（相当于中国规范的 f_{tk}），截面最薄弱某处的受拉区混凝土退出工作，向两侧回缩并产生黏结滑移，形成第一条裂缝。开裂截面的钢筋将全部承担轴向拉力（受拉杆件）或与受压区混凝土共同承担弯矩（受弯杆件）的作用，应变增大。随着离裂缝距离的增大，钢筋与周围混凝土之间的黏结力逐

渐把钢筋应力传递至混凝土。经过一定的长度后，混凝土纤维的应力上升至 f_{ct}，在截面薄弱的某处，出现了第二条裂缝。随着荷载逐渐增大，重复出现裂缝，直至裂缝间距稳定在某一个长度。

（1）轴向受拉杆件平均应变

以下，不失问题的通用性，暂以轴向受拉杆件作为讨论对象，且把开裂截面称为状态 2，把处于裂缝中间的非开裂截面称为状态 1，上述非开裂截面和开裂截面的钢筋应力、应变分别记作 $\sigma_{s1}, \varepsilon_{s1}$ 和 $\sigma_{s2}, \varepsilon_{s2}$。其变形特征如下：①裂缝和裂缝间的混凝土应变使构件长度从 l 伸长至 $l+\Delta l$；②裂缝间受拉混凝土对构件刚度会有所贡献（裂缝间混凝土的刚度硬化效应），构件的真实刚度在开裂截面的刚度和非开裂截面的刚度之间；③应变沿杆长并不均匀，有

$$\varepsilon_{s1} = \varepsilon_{c1} = N/E_c(A_c + \alpha A_s) \qquad \varepsilon_{s2} = N/E_s A_s \qquad \varepsilon_{s2} \gg \varepsilon_{s1} \tag{5.2.36}$$

式中，下标 1 和 2 分别表示状态 1 和状态 2。图 5.2.9 给出状态 1 和状态 2 的应力-应变关系。

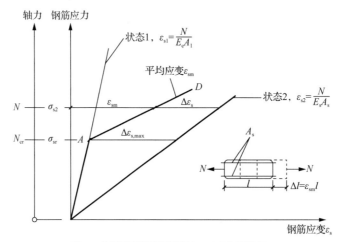

N_{cr}, σ_{sr} 为开裂荷载和开裂应力；A 点为开裂点。

图 5.2.9　轴向受拉构件的应力-应变关系[10]

定义 $\varepsilon_{sm} = \Delta l / l$ 为构件的平均拉应变，即钢筋的平均应变；$\Delta\varepsilon_s$ 为开裂截面钢筋应变和平均应变之差，表示裂缝间受拉混凝土对钢筋应力、应变的折减作用，有

$$\Delta\varepsilon_s = \varepsilon_{s2} - \varepsilon_{sm} \tag{5.2.37}$$

图 5.2.9 还给出平均应变 ε_{sm} 的几何解释。若进一步定义 $\Delta\varepsilon_{s,max}$ 为开裂瞬间状态 2 应变和状态 1 应变之差，试验数据表明 $\Delta\varepsilon_s$ 和 σ_{s2} 之间成反比例关系，并有如下的经验公式：

$$\Delta\varepsilon_s = \Delta\varepsilon_{s,max} \cdot \sigma_{sr}/\sigma_{s2} \tag{5.2.38}$$

按图 5.2.9 所示的几何关系，有

$$\Delta\varepsilon_{s,max} = (\varepsilon_{s2} - \varepsilon_{s1}) \cdot \sigma_{sr}/\sigma_{s2} \tag{5.2.39}$$

合并式（5.2.37）、式（5.2.38）和式（5.2.39），得平均拉应变

$$\varepsilon_{sm} = (1-\zeta)\varepsilon_{s1} + \zeta\varepsilon_{s2} \tag{5.2.40}$$

其中

$$\zeta = 1 - \left(\sigma_{sr}/\sigma_{s2}\right)^2 \tag{5.2.41}$$

为 0~1 之间的无量纲（刚度）插入系数，反映截面开裂的程度，$\zeta = 0$ 表示未开裂。

（2）受弯构件平均曲率

在平截面假定下，开裂受弯构件非开裂截面（第 1 状态）和开裂截面（第 2 状态）的曲率表达式为

$$\psi_1 = \frac{\varepsilon_{s1} - (\varepsilon_c)_{top}}{d_s} = \frac{M}{E_c(t_0)I_1} \qquad \psi_2 = \frac{\varepsilon_{s2} - (\varepsilon_c)_{top}}{d_s} = \frac{M}{E_c(t_0)I_2} \tag{5.2.42}$$

式中，$I_1 = I$ 为非开裂换算截面惯性矩；$I_2 = I_k$ 为开裂换算截面惯性矩。若考虑杆长 l 的等弯矩纯弯曲构件，显然仅需要把应变变量 ε 替换成曲率变量 ψ（见图 5.2.10 括号中的内容），平均应变的分析完全适用于平均曲率。平均曲率 ψ_m 为

$$\psi_m = (1-\zeta)\psi_1 + \zeta\psi_2 \tag{5.2.43}$$

插入系数 ζ 为

$$\zeta = 1 - \left(\sigma_{sr}/\sigma_{s2}\right)^2 = 1 - \left(M_{cr}/M\right)^2 \tag{5.2.44}$$

式中，ψ_1, ψ_2 分别为状态 1 和状态 2 的曲率；M 为外部作用弯矩；M_{cr} 为开裂弯矩，有

$$M_{cr} = f_{ct} \cdot I_1 / y_{bot} \tag{5.2.45}$$

若上部纤维受拉，使用 y_{top} 替代 y_{bot}。

对于压弯（或拉弯）构件，若在加载过程中偏心距 $e = M/N$ 保持不变，有

$$N_{cr} = \frac{f_{ct}}{(1/A) + (e \cdot y_{bot}/I_1)} \qquad M_{cr} = eN_{cr} \qquad \frac{N_{cr}}{N} = \frac{M_{cr}}{M} \tag{5.2.46}$$

参考点的平均应变和构件的平均曲率公式为

$$\varepsilon_{Om} = (1-\zeta)\varepsilon_{O1} + \zeta\varepsilon_{O2} \qquad \psi_m = (1-\zeta)\psi_1 + \zeta\psi_2 \tag{5.2.47}$$

2. 徐变效应

在上述基本分析模型的基础上，引入钢筋黏结力性能系数 β_1，荷载作用效应系数 β_2。改写式（5.2.44）为

$$\zeta = 1 - \beta_1\beta_2\left(\sigma_{sr}/\sigma_{s2}\right)^2 = 1 - \beta_1\beta_2\left(M_{cr}/M\right)^2 \tag{5.2.48}$$

式中，变形钢筋取 $\beta_1 = 1$，光圆钢筋取 $\beta_1 = 0.5$；短期荷载取 $\beta_2 = 1$，长期荷载或重复荷载取 $\beta_2 = 0.5$。按式（5.2.48）修正后的应力-应变（或弯矩-曲率）关系曲线如图 5.2.10 所示。图中，开裂处平台的长度 AC 反映了 $\beta_1\beta_2$ 的影响，括号中的公式对于纯弯曲构件。图 5.2.10 是研究开裂构件平均应变的基本力学模型。

对需要考虑徐变效应的构件，使用龄期调整弹性模量 $\bar{E}_c(t,t_0)$ 替代 $E_c(t_0)$ 和使用龄期调整换算截面替代换算截面后，上述的徐变基本理论全部适用，即徐变系数 $\varphi(t,t_0)$、龄期系数 $\chi(t,t_0)$，徐变效应的应力-应变关系式（5.2.9）~式（5.2.11）全部适用。

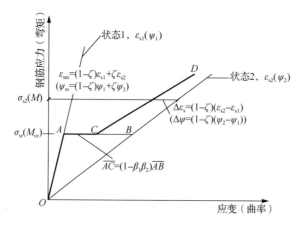

图 5.2.10　开裂构件应力-应变（弯矩-曲率）关系曲线[10]

3. 算例 5.2

等截面钢筋混凝土简支梁，承受均布荷载 $q = 17.0\text{kN/m}$。设受拉钢筋配筋率 $\rho = 0.6\%$，受压钢筋配筋率 $\rho' = 0.15\%$，简支梁荷载和截面信息如图 5.2.11 所示。已知：变形钢筋，钢筋弹性模量 $E_s = 200\text{GPa}$，混凝土弹性模量 $E_c(t_0) = 30\text{GPa}$，抗拉强度 $f_{ct} = 2.5\text{MPa}$，徐变系数 $\varphi(t,t_0) = 2.5$，龄期系数 $\chi(t,t_0) = 0.8$。按式（5.2.48）和相关公式确定短期和长期曲率分布图。

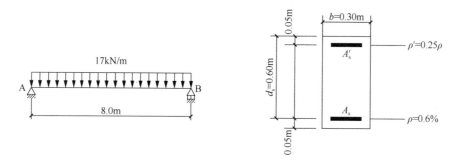

图 5.2.11　简支梁荷载和截面信息（算例 5.2）[10]

解：

分别设转换截面的形心 O_1，O_2 和龄期调整转换截面的形心 $\bar{O}_1$，$\bar{O}_2$ 为参考点，其中，下标 1 和 2 分别表示第 1 状态（未开裂截面）和第 2 状态（开裂截面）。

（1）瞬时曲率

1）转换截面。

状态 1：转换截面面积 $A_1 = 0.202\,7\text{m}^2$，参考点（形心）离上部混凝土边缘纤维的距离 $O_1 = 0.331\text{m}$；对过 O_1 点水平轴的截面惯性矩 $I_1 = 7.436 \times 10^{-3}\text{m}^4$，截面抵抗矩 $W_1 = 23.33 \times 10^{-3}\text{m}^3$。

状态 2：开裂截面受压区混凝土高度 $c = 0.145\text{m}$，参考点 O_2 位于中和轴，对过 O_2 点水平轴的截面的开裂转换截面惯性矩 $I_2 = I_k = 1.809 \times 10^{-3}\text{m}^4$。

2）插入系数 ζ 。

跨中弯矩：$M = 136 \text{kN} \cdot \text{m}$ ；开裂弯矩：$M_{cr} = W_1 \cdot f_{ct} = 23.33 \times 10^{-3} \times 2.5 = 58.3 (\text{kN} \cdot \text{m})$ 。

插入系数：$\zeta = 1 - 1.0 \times 1.0 \times (58.3/136)^2 = 0.82$ （ $\beta_1 = 1.0, \beta_2 = 1.0$ ）。

3）平均曲率 ψ_m 。

状态 1：

$$\psi_1(t_0) = \frac{M}{E_c(t_0)I_1} = \frac{136 \times 10^3}{30 \times 10^9 \times 7.436 \times 10^{-3}} = 610 \times 10^{-6} (\text{m}^{-1})$$

状态 2：

$$\psi_2(t_0) = \frac{M}{E_c(t_0)I_2} = \frac{136 \times 10^3}{30 \times 10^9 \times 1.809 \times 10^{-3}} = 2\,506 \times 10^{-6} (\text{m}^{-1})$$

跨中平均曲率：$\psi_m(t_0) = (1 - 0.82) \times 610 \times 10^{-6} + 0.82 \times 2\,506 \times 10^{-6} = 2\,165 \times 10^{-6} (\text{m}^{-1})$ 。

设弯矩沿跨度方向呈抛物线分布，离支座 0.98m 处，弯矩值达到 $M_{cr} = 58.3 \text{kN} \cdot \text{m}$ ，梁的开裂范围的长度为 6.1m。其瞬时曲率分布如图 5.2.12（a）所示。

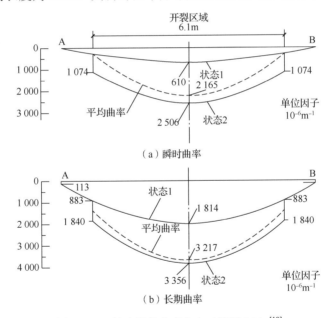

图 5.2.12　简支梁的曲率分布（算例 5.2）[10]

（2）长期曲率

1）龄期调整转换截面。

龄期调整弹性模量：

$$\overline{E}_c(t, t_0) = \frac{E_c(t_0)}{1 + \chi\varphi} = \frac{30 \times 10^9}{1 + 0.8 \times 2.5} = 10 (\text{GPa}) \qquad \overline{\alpha}(t, t_0) = \frac{E_s}{\overline{E}_c(t, t_0)} = 20$$

状态 1：龄期调整转换截面面积 $\overline{A}_1 = 0.220\,7\text{m}^2$ ，形心离上部混凝土边缘纤维的距离 $\overline{O}_1 = 0.344\text{m}$ ，对过 $\overline{O}_1$ 点水平轴的截面惯性矩 $\overline{I}_1 = 8.724 \times 10^{-3}\text{m}^4$ ；混凝土截面积 $A_c = 0.193\,7\text{m}^2$ ，其形心离 $\overline{O}_1$ 的距离 $y_{c1} = -0.020\text{m}$ ，对过 $\overline{O}_1$ 点水平轴的惯性矩 $I_c = 6.937 \times 10^{-3}\text{m}^4$ ，$r_{c1}^2 = I_c/A_c = 35.81 \times 10^{-3}\text{m}^3$ 。

状态 2：龄期调整转换截面面积 $\overline{A}_2 = \overline{A}_k = 70.1 \times 10^{-3}\,\text{m}^2$，形心离上部混凝土边缘纤维的距离 $\overline{O}_2 = 0.233\,\text{m}$，对过 $\overline{O}_2$ 点水平轴的惯性矩 $\overline{I}_2 = \overline{I}_k = 4.277 \times 10^{-3}\,\text{m}^4$；受压区混凝土面积 $A_{cc} = 0.0431\,\text{m}^2$，形心离 $\overline{O}_2$ 的距离 $y_{c2} = -0.161\,\text{m}$，对过 $\overline{O}_2$ 点水平轴的惯性矩 $I_{cc} = 1.190 \times 10^{-3}\,\text{m}^4$；$r_{c2}^2 = I_{cc}/A_{cc} = 27.62 \times 10^{-3}\,\text{m}^3$。

2）曲率约束系数。

状态 1：

$$\kappa_1 = I_c/\overline{I}_1 = 6.937 \times 10^{-3}/8.724 \times 10^{-3} = 0.795$$

状态 2：

$$\kappa_2 = I_{cc}/\overline{I}_2 = 1.190 \times 10^{-3}/4.277 \times 10^{-3} = 0.278$$

3）插入系数 ζ。

$$\zeta = 1 - 1.0 \times 0.5 \times (58.3/136)^2 = 0.91 \quad (\beta_1 = 1.0, \beta_2 = 0.5)$$

4）徐变效应。

状态 1：瞬时（t_0 时刻）跨中曲率 $\psi_1(t_0) = 610 \times 10^{-6}\,\text{m}^{-1}$

对应 $\overline{O}_1$ 的轴向应变：

$$\varepsilon_{O,1}(t_0) = \psi_1(t_0)(\overline{O}_1 - O_1) = 610 \times 10^{-6} \times (0.344 - 0.331) = 7.93 \times 10^{-6}$$

曲率增量：

$$\begin{aligned}\Delta\psi &= \kappa_1 \varphi(t,t_0)\left(\psi_1(t_0) + \varepsilon_{O,1}(t_0)\frac{y_{c1}}{r_{c1}^2}\right)\\ &= 0.795 \times 2.5 \times \left(610 \times 10^{-6} + 7.93 \times 10^{-6} \times \frac{-0.020}{35.81 \times 10^{-3}}\right) = 1204 \times 10^{-6}\,(\text{m}^{-1})\end{aligned}$$

徐变曲率：

$$\psi_1(t) = (610 + 1204) \times 10^{-6} = 1814 \times 10^{-6}\,(\text{m}^{-1})$$

状态 2：瞬时（t_0 时刻）跨中曲率 $\psi_2(t_0) = 2506 \times 10^{-6}\,(\text{m}^{-1})$

对应 $\overline{O}_2$ 的轴向应变：

$$\varepsilon_{O,2}(t_0) = \psi_2(t_0)(\overline{O}_2 - O_2) = 2506 \times 10^{-6} \times (0.233 - 0.145) = 220 \times 10^{-6}$$

曲率增量：

$$\begin{aligned}\Delta\psi &= \kappa_2 \varphi(t,t_0)\left(\psi_2(t_0) + \varepsilon_{O,2}(t_0)\frac{y_{c2}}{r_{c2}^2}\right)\\ &= 0.278 \times \left[2.5 \times \left(2506 \times 10^{-6} + 220 \times 10^{-6} \times \frac{-0.161}{27.62 \times 10^{-3}}\right)\right] = 850 \times 10^{-6}\,(\text{m}^{-1})\end{aligned}$$

徐变曲率：

$$\psi_2(t) = (2506 + 850) \times 10^{-6} = 3356 \times 10^{-6}\,(\text{m}^{-1})$$

5）跨中长期平均曲率 ψ_m：

$$\psi_m(t) = (1 - 0.91) \times 1814 \times 10^{-6} + 0.91 \times 3356 \times 10^{-6} = 3217 \times 10^{-6}\,(\text{m}^{-1})$$

长期曲率分布如图 5.2.12（b）所示。本算例表明，考虑开裂和徐变的跨中平均曲率是弹性曲率的 5.27 倍左右。曲率和挠度是互相关的。当一确定曲率分布，求解挠度分布仅仅是数学运算。工程上，一般按规范公式计算长期挠度。本节给出算例 5.1 和算例 5.2

的主要目的是加深徐变理论在长期挠度计算中应用的理解。

4. 裂缝平均间距和最大宽度

以下讨论仅涉及正截面的拉伸或弯曲裂缝。其发展过程描述如下：当 σ_1 达到 f_{ct}，截面最薄弱某处的混凝土退出工作，向两侧回缩并发生黏结滑移，形成第一条裂缝。开裂截面的钢筋将单独承担轴向拉应力的作用，应变增大。随着离裂缝距离的增大，钢筋与周围混凝土之间的黏结力逐渐把钢筋应力传递至混凝土。经过一定的长度 s_{r0} 后，混凝土纤维的应力上升至 f_{ct}，在截面另一个薄弱的某处，出现了第二条裂缝。随着荷载逐渐增大，重复出现裂缝，直至裂缝间距稳定在某一个长度。

设受拉区钢筋总面积 A_s 和平均黏结应力为 f_{bm}。若仅有一种钢筋，直径 d_b，列出力的平衡公式为

$$A_{cef} f_{ct} = s_{r0} f_{bm}(4A_s/d_b) \qquad (5.2.49)$$

式中，$(4A_s/d_b)$ 为全部受拉钢筋周长之和；A_{cef} 为包裹全部受拉钢筋的混凝土有效面积，见图 5.2.13 中的阴影部分。试验数据表明，f_{bm} 与 f_{ct} 呈正比。令 $\lambda_4 = f_{ct}/f_{bm}$，代入式（5.2.49）整理得

$$s_{r0} = \lambda_4(d_b/4\rho_r) \qquad \rho_r = A_s/A_{cef} \qquad (5.2.50)$$

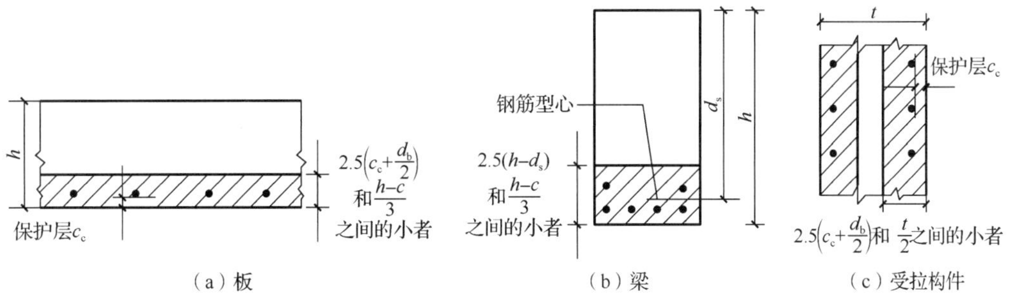

（a）板　　　　　　　　　　（b）梁　　　　　　　（c）受拉构件

c 为混凝土受压区高度；d_b 为钢筋直径。

图 5.2.13 混凝土有效面积示意图[11]

显然，式（5.2.50）是根据黏结滑移理论，从力的平衡推导得到的。但试验数据表明，除黏结力特征以外，影响裂缝间距和宽度的主要因素还有混凝土保护层厚度、纵向钢筋的应力水平和间距等。一般来讲，增加保护层的厚度会增加裂缝间距和宽度，细而密的纵向钢筋会减少裂缝间距和宽度。式（5.2.50）尚未反映这些因素。学者们根据试验数据和研究成果，提出了以考虑保护层厚度影响的无滑移理论以及综合考虑的黏结滑移-无滑移的组合理论，在式（5.2.50）的基础上叠加了混凝土保护层厚度 c_c 的影响。这样，以混凝土保护层厚度，受拉钢筋直径和配筋率组成骨架参数，乘以经验系数计算裂缝平均间距 s_{rm} 的基本表达式如下：

$$s_{rm} = \lambda_1 c_c + \lambda_2 \cdot d_b/\rho_r \qquad (5.2.51)$$

式中，λ_1，$\lambda_2 = \lambda_4/4$ 分别为反映保护层影响和黏结力特性的经验系数。

另外，式（5.2.40）中的 $\zeta \varepsilon_{s2}$ 表示平均应变与裂缝间受拉混凝土应变之差。若裂缝平均间距 s_{rm} 已知，裂缝的平均宽度 w_m 为

$$w_m = \zeta \varepsilon_{s2} s_{rm} \qquad (5.2.52)$$

显然，最大裂缝宽度 w_{max} 可以写为平均裂缝宽度与经验放大系数 λ_3 乘积，即

$$w_{max} = \lambda_3 w_m = \lambda_3 \zeta \varepsilon_{s2} s_{rm} \qquad (5.2.53)$$

式（5.2.51）～式（5.2.53）是按黏结滑移-无滑移组合理论计算裂缝间距和宽度最基本的半经验骨架公式。各国规范根据各自的研究成果，确定经验系数 $\lambda_1, \lambda_2, \lambda_3$ 的取值，详见第五章第三节所述。

第三节　基于规范的裂缝和挠度计算公式及其理论背景

如上所述，上一节讲述的徐变基本理论和研究开裂构件平均应变的基本模型以及计算公式可以作为规范有关条文的背景材料。影响裂缝间距、宽度和长期挠度的因素相当复杂。一方面，各国规范详细地制定了如高跨比、纵向钢筋的间距、最小配筋率等构造规定以及最大裂缝宽度的限值等，间接地给出了限制过大挠度和不出现有碍外观，影响耐久性裂缝的措施和规定，避免烦琐的计算。另一方面，在上一节内容的基础上，各国规范根据不同学者的试验数据和研究成果，按经验系数进行必要的修正后，列出了计算裂缝间距、宽度和长期挠度的半经验半理论公式。本节的目的不在于抄写规范烦琐的详细条文，而在于使用上述章节的内容，解读规范有关裂缝宽度和长期挠度计算公式的内涵，加深对这些公式的理解。

一、中国规范

1. 裂缝

GB 50010—2010 按黏结滑移-无滑移组合理论，其第 7.1.2 条给出按荷载标准值或准永久组合值并考虑长期作用影响的最大裂缝宽度 w_{max} 计算公式如下：

$$w_{max} = \alpha_{cr}\psi\frac{\sigma_s}{E_s}\left(1.9c_s + 0.08\frac{d_{eq}}{\rho_{te}}\right) \qquad (5.3.1)$$

式中，符号与规范公式（7.1.2）相同，α_{cr} 为构件受力特性系数，考虑了短期裂缝的不均匀性、长期荷载效应、裂缝间混凝土的硬化效应、受力特征等（对于受弯构件，取 $\alpha_{cr} = 1.9$）；σ_s/E_s 为开裂截面钢筋应变（即第 2 状态的钢筋应变 ε_{s2}），σ_s 为开裂截面的钢筋应力；ψ 为裂缝间纵向受拉钢筋应变的不均匀系数，相当于上述第 1 状态和第 2 状态的插入系数 ζ，GB 50010—2010 取

$$\psi = 1.1(1 - M_{cr}/M_k) \qquad (5.3.2)$$

除了幂指数以外，与式（5.2.44）的形式相同，其中 M_{cr}, M_k 分别为开裂弯矩和外部作用弯矩。式（5.3.1）等号右侧的括号项为平均裂缝间距 l_{cr}，等同于 s_{rm}。与式（5.2.51）比较，可取 $\lambda_1 = 1.9$ 和 $\lambda_2 = 0.08$。若取 $\lambda_3 = \alpha_{cr} = 1.9$，式（5.3.1）与式（5.2.51）和式（5.2.53）的骨架参数相同，格式相同。

2. 挠度

GB 50010—2010 第 7.2.3 条使用根据材料力学基本公式和平均曲率的概念，提出考

虑开裂影响的受弯构件短期刚度 B_s 的计算公式如下：

$$B_s = M_k / \psi_m \qquad (5.3.3)$$

式中，M_k 为标准组合得到的弯矩标准值；ψ_m 为平均曲率。该规范按平截面假定，使用平均应变和平均曲率 $\psi_m = (\varepsilon_{cm} + \varepsilon_{sm}) / h_0$ 的关系式以及试验数据，将式（5.3.3）细化为

$$B_s = \frac{E_s A_s h_0^2}{1.15\psi + 0.2 + \dfrac{6\alpha_E \rho}{1 + 3.5\gamma_f'}} \qquad (5.3.4)$$

式中，符号意义与规范公式（7.2.3）相同。分母中的第一项是钢筋平均应变 ε_{sm} 对平均曲率的贡献，第二项和第三项是混凝土平均应变 ε_{cm} 的贡献；γ_f' 为受压翼缘截面面积与腹板有效截面面积之比，对于矩形梁，$\gamma_f' = 0$。该规范使用短期刚度和荷载标准组合确定短期挠度。

GB 50010—2010 第 7.2.2 条规定，使用挠度增大影响系数 θ 折减短期刚度确定受弯构件的长期刚度。结合《建筑结构荷载规范》GB 50009—2012 第 3.2.7 条条文说明，按荷载的准永久荷载组合，直接使用长期刚度计算长期挠度，长期刚度计算公式为

$$B_l = B_s / \theta \qquad (5.3.5)$$

其中

$$\theta = 2 - 0.4(\rho'/\rho) \qquad (5.3.6)$$

式中，θ 为挠度增大影响系数；ρ', ρ 分别为纵向受压钢筋和受拉钢筋配筋率。若仅考虑受拉钢筋的作用，$\theta_{max} = 2$。该规范规定，对于翼缘位于受拉区的 T 形截面，θ 增加 20%。

二、美国规范

1. 裂缝

美国规范 ACI 318 在 1971～1995 年的版本中，按 Gergely 和 Lutz 对 612 个梁底及 355 个钢筋形心处的梁侧裂缝数据的回归分析结果[12]，给出了梁和单向板的短期最大裂缝宽度 w_{max}（in）的统计公式为

$$w_{max} = 0.076\beta f_s \sqrt[3]{d_c A} \times 10^{-3} \qquad (5.3.7)$$

式中，β 为受拉混凝土边缘纤维至中和轴与钢筋形心至中和轴距离之比；d_c 为受拉混凝土边缘纤维至最外侧受拉钢筋形心的距离（in）；A 为包围一根钢筋的混凝土面积（in²）[①]，等于包围全部钢筋的混凝土有效面积除以钢筋根数；f_s 为钢筋应力（ksi）[②]。ACI 209R-92 规定，室内环境：裂缝最大宽度的限值 $w_{lim} = 0.016\text{in}$；室外：$w_{lim} = 0.013\text{in}$ [9]。取 $\beta = 1.2$，得

$$z = f_s \sqrt[3]{d_c A} \leqslant 175\text{kip/in} \ [③] \qquad z = f_s \sqrt[3]{d_c A} \leqslant 145\text{kip/in} \qquad (5.3.8)$$

其中左式适用于室内，右式适用于室外。

ACI 318 委员会认为结构构件中的裂缝宽度具有高度的离散性。从 ACI 318-02 起，放弃了验算裂缝宽度的要求，而是使用控制纵向钢筋间距来实现限制裂缝宽度。ACI 318-08 第 10.6.4 条在 ACI 318-05 的基础上，使用钢筋应力和混凝土保护层厚度两个参

---

① $1\text{in}^2 = 6.451\,600 \times 10^{-4}\text{m}^2$。

② $1\text{ksi} = 6.84\text{MPa}$。

③ $1\text{kip/in} = 173.62\text{N/mm}$。

数来限制最外侧纵向钢筋的间距 s（in）不大于

$$s = 15(40\,000/f_s) - 2.5c_c \leqslant 12(40\,000/f_s) \tag{5.3.9}$$

式中，c_c 为混凝土保护层厚度，且可取 $f_s = (2/3)f_y$。但该规范又指出，对于侵蚀性环境或防水环境的情况，式（5.3.9）不一定能提供足够的安全。ACI 209R-92 和 ACI 224R-10 是两份对徐变、收缩、裂缝的发生机理和分析计算方法的专题报告[9,13]，可供结构工程师对徐变和裂缝间距、宽度进行特别研究。

2. 挠度

ACI 318-08 根据 Branson 的研究成果[14]，对开裂构件的截面惯性矩进行插入计算。其第 9.5.2.3 条给出了考虑开裂影响的梁截面有效惯性矩 I_e 的插入计算公式如下：

$$I_e = (M_{cr}/M_a)^3 I_{ut} + \left[1 - (M_{cr}/M_a)^3\right] I_{cr} \tag{5.3.10}$$

其中

$$M_{cr} = f_r I_{ut}/y_t \qquad f_r = 7.5\sqrt{f_c'} \tag{5.3.11}$$

式中，I_{ut}，I_{cr} 分别为非开裂换算截面的惯性矩和开裂换算截面的惯性矩；M_a 为最大弯矩；M_{cr} 为开裂弯矩；y_t 为截面中和轴至受拉表面的距离；f_r 为混凝土开裂模量；$(M_{cr}/M_a)^3$ 为插入系数，典型数值的范围为 1/3～2/3。在式（5.3.10）和式（5.3.11）中，ACI 318-08 允许使用截面惯性矩 I_g 替代 I_{ut}，以简化计算。

对于连续梁的有效截面惯性矩，ACI 318-08 第 9.5.2.4 条只要求进行跨中和两侧支座有效惯性矩的简单平均，即

$$I_e = 0.5I_{em} + 0.25(I_{e1} + I_{e2}) \tag{5.3.12}$$

式中，I_{em} 为跨中有效截面惯性矩；I_{e1}，I_{e2} 分别为两端支座负弯矩区域的有效截面惯性矩，均按式（5.3.10）计算。

ACI 318-08 使用放大系数 λ_Δ 放大短期挠度，计算计入徐变效应的附加长期挠度。系数 λ_Δ 按下式计算：

$$\lambda_\Delta = \xi/(1 + 50\rho') \tag{5.3.13}$$

式中，ρ' 为受压钢筋的配筋率；ξ 为与时间相关的长期挠度放大系数。3 个月、6 个月、12 个月、5 年的 ξ 值分别为 1.0、1.2、1.4 和 2.0。ξ 随时间变化的曲线如图 5.3.1 所示，与图 5.2.1 十分相似。

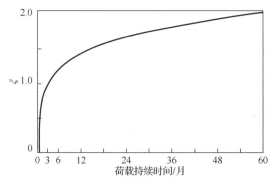

图 5.3.1 ξ-t 曲线

ACI 318-08 规定，需要按短期刚度 $E_{c}I_{e}$ 计算短期计入开裂影响的挠度，然后计算附加长期挠度，考虑开裂后荷载–挠度的非线性关系后，叠加计算总挠度。计算步骤如下。

1）计算持续荷载引起的短期挠度 Δ_{t0}^{s}。

2）计算持续荷载引起的附加长期挠度 $\Delta_{a}^{s}=\lambda_{\Delta}\Delta_{t0}^{s}$。

3）计算持续荷载引起的总挠度 $\Delta_{s}=\Delta_{t0}^{s}+\Delta_{a}^{s}$。

4）计算短期荷载引起的短期挠度 $\Delta_{i}=\Delta_{t0}^{i+s}-\Delta_{t0}^{s}$ [其中 Δ_{t0}^{i+s} 为（短期荷载+持续荷载）引起的短期挠度]。

5）计算（短期荷载+持续荷载）引起的总挠度 $\Delta=\Delta_{i}+\Delta_{s}$。

三、欧洲规范

1. 裂缝

EC 2:2004 按黏结滑移–无滑移理论，其第 7.3.4 条给出最大裂缝宽度 w_{k}（相当于 w_{max}）为最大裂缝间距 $s_{r,max}$ 与钢筋平均应变与混凝土平均应变差 $(\varepsilon_{sm}-\varepsilon_{cm})$ 的乘积，即

$$w_{k}=s_{r,max}(\varepsilon_{sm}-\varepsilon_{cm}) \tag{5.3.14}$$

$$(\varepsilon_{sm}-\varepsilon_{cm})=\frac{\sigma_{s}-k_{t}\dfrac{f_{ct,eff}}{\rho_{eff}}(1+\alpha_{e}\rho_{eff})}{E_{s}}\geqslant 0.6\frac{\sigma_{s}}{E_{s}} \tag{5.3.15}$$

式中，$\alpha_{e}=E_{s}/E_{c}$ 为钢筋与混凝土模量之比；$f_{ct,eff}$ 为混凝土有效开裂强度；$\rho_{eff}=A_{s}/A_{cef}$ 为受拉钢筋的有效配筋率，同式（5.2.50）的 ρ_{r}，A_{cef} 为包围受拉钢筋的混凝土面积，如图 5.2.13 所示。

对式（5.3.15）稍加整理，得[15]

$$(\varepsilon_{sm}-\varepsilon_{cm})=\zeta\varepsilon_{s2}=(1-k_{t}\cdot\sigma_{sr}/\sigma_{s2})\varepsilon_{s2}\geqslant 0.6\varepsilon_{s2} \tag{5.3.16}$$

式中，ζ 为插入系数，即平均应变差可以表达为开裂截面钢筋的应变与第 1 状态和第 2 状态插入系数 ζ 的乘积；k_{t} 为荷载周期系数（长期荷载，取 $k_{t}=0.4$；短期荷载，取 $k_{t}=0.6$）。

$s_{r,max}$ 为最大裂缝间距，对于钢筋间距不大于 $5(c+\phi/2)$ 时，EC 2:2004 规定

$$s_{r,max}=k_{3}c+k_{1}k_{2}k_{4}\phi/\rho_{eff} \tag{5.3.17}$$

式中，c 为混凝土保护层厚度；ϕ 为钢筋直径；k_{1} 为黏结力特性系数（变形钢筋，取 $k_{1}=0.8$；光圆钢筋，取 $k_{1}=1.6$）；k_{2} 为受力特性系数（受弯构件，取 $k_{2}=0.5$；受拉构件，取 $k_{2}=1.0$）；k_{3} 为保护层系数，取 $k_{3}=3.4$；k_{4} 为经验系数，取 $k_{4}=0.425$。EC 2:2004 取 $s_{r,max}=1.7s_{rm}$。比较式（5.3.17）和式（5.2.51），对于受弯构件、变形钢筋，若取 $\lambda_{1}=2$，$\lambda_{2}=0.1$，$\lambda_{3}=1.7$，式（5.3.14）、式（5.2.51）和式（5.2.53）骨架参数相同，格式相同。

2. 挠度

EC 2:2004 按 Ghali 等[10]的研究成果，全面接纳上述的徐变基本理论。其第 7.4.3 条给出了受弯构件考虑开裂影响的变形参数 α 的通用公式如下：

$$\alpha=\zeta\alpha_{II}+(1-\zeta)\alpha_{I} \tag{5.3.18}$$

式中，α 为变形参数，可以为曲率、转角、应变；下标 I 和 II 分别表示第 1 状态（非开裂截面）和第 2 状态（开裂截面）；ζ 为第五章第二节中的插入系数，按式（5.2.48）计算。该规范规定，严格的挠度计算应在完成曲率分布后，沿杆长进行积分运算。但一般

来说，可以使用式（5.3.18）进行近似计算。对于长期荷载效应，EC 2:2004 定义了混凝土有效弹性模量，即

$$E_{c,eff} = \frac{E_c(t_0)}{1+\varphi(t_\infty, t_0)}$$　　　　　　　（5.3.19）

按惯例，取 $t_\infty = 10^4$ 天。它相当于上述章节的混凝土龄期调整弹性模量 $\overline{E}_c(t, t_0)$。在长期挠度计算中，使用混凝土有效弹性模量替代瞬时弹性模量[11]。

四、中国规范、美国规范和欧洲规范的点评

对中国规范、美国规范和欧洲规范的裂缝宽度和长期挠度的计算公式，点评如下。

1）中国规范 GB 50010—2010 的计算裂缝宽度公式与 EC 2:2004 具有相同的理论、格式和计算参数。对于长期挠度，使用挠度增大影响系数 θ 把短期刚度折减为长期刚度。取 $\theta = 1.6\sim2$，相当于考虑了 5 年的徐变效应，但是如同 ACI 318，仅适用于梁。

2）美国规范 ACI 318 认为计算得到的裂缝宽度具有高离散性。对于非特殊构件，仅要求控制钢筋的间距，放弃了对裂缝宽度验算。在长期挠度计算公式中，使用 $1-(M_{cr}/M)^3$ 来计入裂缝间受拉混凝土的硬化效应，使用反映时间-变形关系的长期荷载放大系数 ξ 来计入徐变效应，但仅适用于梁。

3）欧洲规范 EC 2:2004，按图 5.2.10 所示的开裂构件应力-应变关系，按黏结滑移-无滑移理论，建立了计算裂缝宽度的半经验半理论公式。对于长期挠度，使用开裂构件的刚度插入系数 ζ 及徐变理论的核心参数，徐变系数 $\varphi(t, t_0)$ 和有效弹性模量 $E_{c,eff}(t_\infty, t_0)$，从截面层面上建立了长期挠度计算公式。

图 5.2.10 可以原则上推广至双向板。其实，只要想象图示的应力-应变关系是沿双向板某一个主应力方向（如 σ_1 方向）的分析结果，那么，若略去开裂构件中二阶微量泊松比和纵横钢筋的相互影响以及假定裂缝走向沿纵横钢筋方向一致（即正交裂缝），也就完全适用于沿 σ_2 方向的分析。关于这一点，将在本章第四节作详细解释。

第四节　双向板楼盖体系的分析和设计

本章第一节已经详细解释了双向平板是一种很成熟的重力荷载楼盖体系，只要具有足够的侧向刚度，不设置楼面梁、仅承受重力荷载的双向平板楼盖体系的结构，由于竖向抗侧力体系承担了更多的地震作用，其整体抗震性能至少不会低于设置楼面梁的同类结构。而且还可以在满足净空要求的情况下降低层高，方便支模和管道施工，节约投资。图 5.4.1 为国外地震区（无外框梁和楼面梁）双向平板楼盖体系工程实例的施工照片。

（a）综合楼（Burj Dubai）

（b）某公寓楼

图 5.4.1　国外双向平板楼盖体系施工照片（网络照片）

　　现代建筑设计，超高层框架-核心筒结构的周边框架柱至核心筒外墙的合理跨度一般在 9～12m，甚至更大一些。如按 GB 50010—2010 第 9.1.2 条第 1 款考虑增加板厚来避免使用极限状态下挠度和裂缝宽度的验算，把 300～400mm 的实心平板作为高层建筑的楼盖体系并不是一个合理的设计。正如以下讲述的适用于框架-核心筒结构的密肋楼盖，若按等效刚度折算，其厚跨比可达到 1/45 左右。因此，使用极限状态下重力荷载体系的裂缝宽度和挠度的验算将是主要的设计内容。因此，尽管 GB 50010—2010 未涉及有关计算双向板裂缝宽度和长期开裂挠度的内容，在当前数字化设计的时代，结构工程师应该理解上述章节讲解的徐变基本理论和裂缝分析基本模型，选择合适的软件，利用软件提供的强大分析功能和直观的图形功能，详细评估包括长期挠度和裂缝宽度的需求/能力比，才能在安全的前提下减薄板厚，发挥双向板楼盖体系的优势。

　　工程设计中，对于承受均布荷载的柱支承规则板格双向板，往往采用实用的板带分析法，按梁来近似分析其裂缝宽度和挠度。但计算双向板裂缝宽度和挠度的通用方法是有限单元法。首先，本节讲述影响双向板裂缝分布、走向和宽度的主要因素。其次，讲述有限单元法进行非线性分析，求解双向板长期荷载下裂缝宽度和挠度的基本理念；使用一个案例，介绍 SAFE 有关这方面的功能和使用技能。最后，介绍一种既经济又安全的无梁双向密肋楼盖/空心楼盖体系，并给出一个超高层建筑无梁空心楼盖分析和设计的工程实例，希望能有助于结构工程师在高层建筑中进行大跨度楼盖体系的设计。

一、双向板裂缝形态和影响裂缝的主要因素

　　双向板的受力特征与梁有明显的区别。主要表现如下：①对角线附近的截面，产生与弯矩同等数量级的扭矩。②可迅速完成塑性铰后的内力重分布，它的塑性变形机构往往是沿对角线的塑性铰线而不是发生在局部截面的塑性铰。③最大弯矩、最大挠度和最大裂缝宽度往往发生在不同位置。前者一般发生在柱上板带的端部；后两者有可能发生在跨中板带。这样，中间板带较小的配筋引起裂缝宽度有可能大于柱上板带的端部裂缝，不一定能通过使用极限状态挠度和裂缝的验算。④板内主拉应力方向随平面位置变化，裂缝的走向和形态也随着变化，增加了预测裂缝宽度的困难程度。

　　20 世纪 70 年代，Nawy 等在美国罗格斯（Rutgers）大学对 90 块钢筋混凝土双向板进行了荷载试验，研究弯曲裂缝的控制。试件包括具有各种边界条件及不同厚跨比的矩形板和方形板，不同配筋方式（钢筋类别、直径、间距等），承受均布荷载和模拟柱支承力的集中荷载[16,17]。2010 年，我国东南大学邱洪鑫教授指导张伟伟的硕士论文，综述了国内外研究成果，完成了对 9 块 2.7m×2.7m 具有不同板厚，不同保护层厚度，不同钢筋直径、间距、配筋率的四边简支双向板进行了加载试验对比分析[18]。

　　上述两个试验相互印证了双向板的裂缝形态特征以及影响裂缝分布和宽度的主要因素。研究表明如下几点。

　　1）钢筋的应力、间距、配筋率、直径，混凝土保护层厚度等仍然是影响双向板裂缝宽度的因素。

　　2）裂缝宽度与钢筋应力呈线性关系。

　　3）众多因数中，双向板纵横钢筋两个方向的间距 s_1,s_2 控制裂缝的走向、形态和间距。试验结果表明，当钢筋间距较密时，矩形板两个互相垂直跨中板带相互重叠的中部区域裂缝走向与纵横钢筋大致平行，称为正交裂缝。柱上板带相互重叠的四个角部区域裂缝走向与屈服线大致平行，称为斜交裂缝。裂缝走向基本符合主应力迹线走向，如图 5.4.2

（a）所示。

4）图 5.4.2（b）所示的 B7 试件与图 5.4.2（a）所示的 B6 试件具有相同的平面尺寸、板厚、保护层、钢筋类别和直径，但钢筋间距由 B6 的 112.5mm 增大至 312.5mm。图中圆圈中的数字表示裂缝发生的次序裂缝形态表明，当钢筋间距较疏时，不仅是柱上板带的四个重叠区域，即使在中间板带重叠区域，裂缝的走向也与纵横钢筋斜交，与主应力迹线走向的相关性并不十分明确。

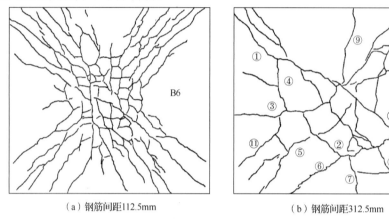

（a）钢筋间距112.5mm　　　　　　　　　　　　　（b）钢筋间距312.5mm

图 5.4.2　裂缝形态的对比[18]

5）计算斜交裂缝宽度时，需要把纵横方向的钢筋面积和应力向裂缝的法线方向投影。而且，斜交的角度随主应力迹线的变化而变化。因此，情况比梁和单向板要复杂得多。建立一个既适用正交裂缝，又适用斜交裂缝的间距和宽度计算的整块板的统一公式将面临相当难度的挑战。

Nawy 和邱洪鑫等把钢筋应力和间距作为主要参数，根据各自的试验结果，分别提出了计算双向板裂缝宽度的半经验公式。但由于双向板的平面形状、边界条件、钢筋布置、应力分布和裂缝形态等的复杂性，所建立的公式均存在相当的局限性和不确定性。

二、双向平板挠度和裂缝宽度的分析方法

1. 有限元分析法

上述讨论表明钢筋间距是裂缝形态、走向和宽度的主要因素。按黏结滑移理论建立的裂缝平均间距 s_m 计算公式中的 d_b/ρ_r 与钢筋间距 s 呈线性关系。这意味着，可以认为按黏结滑移-无滑移组合模型建立的裂缝宽度计算表达式（5.2.51）～式（5.2.53）中的骨架参数和格式仍然适用于双向板。除了裂缝宽度以外，结构工程师还关心开裂双向板刚度折减的分布，预测长期挠度是否满足规范对刚度的要求，确保使用极限状态的安全。当前，自带上述开裂构件第 1 状态和第 2 状态的应力-应变关系，计入受拉区混凝土刚度硬化效应和黏结-滑移理论的裂缝宽度计算公式，使用板单元离散双向板的有限单元法应该是分析双向板裂缝宽度和挠度的最佳选择。它按单元计算主拉应力方向，并把钢筋的应力、面积和间距投影至主拉应力方向，计算单元裂缝宽度、刚度折减系数和挠度，应用形函数求出整块板的挠度场分布，通过对挠度的非线性迭代运算，同步完成裂缝宽度和挠度的分析。

如上所述，EC 2:2004 第 7.3.4 条第 3 款给出了最大裂缝间距计算公式（5.3.17）的适用条件，即钢筋间距 s 应满足式（5.4.1）的要求，即

$$s \leqslant 5(c + \phi/2) \tag{5.4.1}$$

使裂缝分布形态与主应力迹线基本保持一致。若不能满足，裂缝最大间距应按上限值

$$s_{\text{r,max}} = 1.3(h - x) \tag{5.4.2}$$

计算。式中，$(h - x)$ 为混凝土最外侧受拉纤维至中和轴的距离。此外，为了适应双向板裂缝宽度的验算，EC 2:2004 第 7.3.4 条第 4 款规定，当纵横钢筋的方向与主应力迹线方向的夹角大于 15° 时，最大裂缝间距 $s_{\text{r,max}}$ 可按式（5.4.3）计算，即

$$s_{\text{r,max}} = \frac{1}{(\cos\theta/s_{\text{r,max},y}) + (\sin\theta/s_{\text{r,max},z})} \tag{5.4.3}$$

以避免烦琐的投影计算。式中，y 和 z 为纵横钢筋的方向；θ 为 y 方向钢筋与主应力迹线之间的夹角；$s_{\text{r,max},y}$ 和 $s_{\text{r,max},z}$ 分别为沿纵横钢筋方向的最大裂缝间距，按式（5.3.17）计算。

如上所述，EC 2:2004 使用徐变系数 $\varphi(t_\infty, t_0)$ 和混凝土有效弹性模量 $E_{\text{c,eff}}$ 等徐变基本变量建立长期荷载下的挠度计算公式。因此，EC 2:2004 有关裂缝宽度和长期挠度计算的公式可以直接使用于有限单元法。

本书作者以 EC 2:2004 作为范本，给出有限元裂缝和挠度分析基本流程大致如下。

1）按弹性分析进行截面设计。在输入板的几何信息、材料信息和荷载信息后，程序自动划分网格，生成板单元，按混凝土瞬时本构关系进行各向同性体弹性分析。按规定的荷载组合，求解板单元的节点挠度 w^e、一阶偏导数 $(\partial w/\partial x)^e$，$(\partial w/\partial y)^e$ 和二阶偏导数 $(\partial w^2/\partial x \partial y)^e$，上标 e 表示单元。按形函数得到板的弹性挠度场及弹性曲率 $\psi_x, \psi_y, \psi_{xy}$，按板的 M-φ 关系计算弯矩 M_x, M_y, M_{xy}，进行配筋设计。

2）按单元判别截面是否开裂。按单元计算主拉应力方向上的开裂弯矩 M^e_{cr}，外部作用弯矩 M^e 及相应的钢筋开裂应力 σ^e_{sr} 和开裂截面的钢筋应力 σ^e_{s2}。当考虑徐变时，使用混凝土有效弹性模量

$$E_{\text{c,eff}}(t, t_0) = \frac{E_{\text{c}}(t_0)}{1 + \varphi(t_\infty, t_0)}$$

3）若未开裂，$\zeta^e = 0$。若开裂，计算开裂截面的单元刚度插入系数 ζ^e，计入受拉区裂缝间混凝土对构件刚度的贡献。

对于裂缝宽度计算

$$\zeta^e_r = 1 - k_t \cdot \sigma^e_{\text{sr}}/\sigma^e_{\text{s2}}$$

对于挠度计算

$$\zeta^e_d = 1 - \beta_1\beta_2(\sigma^e_{\text{sr}}/\sigma^e_{\text{s2}})^2$$

4）按单元校核裂缝计算适用条件，式（5.4.1）。若满足，按式（5.3.17）计算裂缝最大间距。否则，按（5.4.2）计算裂缝最大间距上限值。

5）按式（5.3.15）计算钢筋平均应变与混凝土平均应变差 $(\varepsilon_{\text{sm}} - \varepsilon_{\text{cm}})$，按式（5.3.17）或式（5.4.2）计算沿纵横钢筋方向的裂缝间距 $s_{\text{r,max},y}, s_{\text{r,max},z}$。

6）按单元校核主应力方向和纵横钢筋方向的夹角 θ。若 $\theta > 15°$，按式（5.4.3）计算最大裂缝间距 $s_{\text{r,max}}$。按式（5.3.14）计算裂缝宽度 w_k。

7）根据龄期调整换算截面，按单元计算主沿拉应力方向的非开裂截面和开裂截面的长期曲率 ψ_1^e 和 ψ_2^e。

8）按单元计算沿主拉应力方向的平均曲率

$$\psi_m^e = (1 - \zeta_d^e)\psi_1^e + \zeta_d^e \psi_2^e$$

9）按平均曲率计算单元刚度修正系数。

10）修正刚度，重新进行有限元分析，得到修正后的挠度，修正后的应力、应变和裂缝宽度等。

11）迭代计算，直至前后两次迭代的挠度差值小于容许误差或到达设定的最大迭代次数。

SOM 最近在旧金山布道街（Mission Street，San Francisco）设计了一栋 30 层重力框架-核心筒的高层建筑（350 Mission）。它是一个在强震区应用核心筒结构（core-only structure）和大跨度无梁楼板应用有限元分析的杰出例子[19]。该项目周边重力柱至核心筒的跨度为 54ft，板厚 11in，高跨比达 1/49，采取了后张预应力+起拱的措施，使用 SAFE 分析得到长期挠度为 3/4in，预应力筋用量仅相当于跨度 30ft 的住宅楼。图 5.4.3 给出该项目双向板的起拱分布云图。

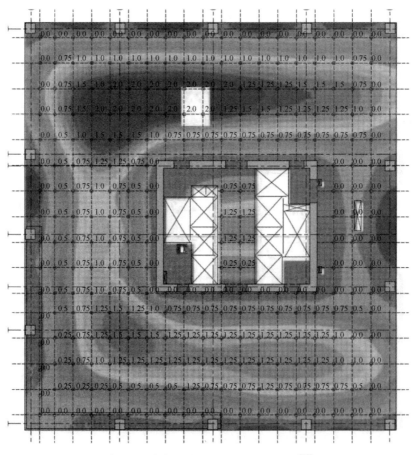

图 5.4.3　起拱分布云图（350 Misson）[19]

注：网格点右上角的数字为起拱的数值（单位：in）。

2. 板带分析法

板带分析法，与本章第一节论述的强度设计分析模型相同，把双向板划分成柱上板带和中间板带，根据规范条文，按梁式构件，对板带各自进行强度、裂缝和挠度的近似分析。然后，按叠加原理计算双向板板格中间的长期挠度。

根据板壳理论，弹性板的曲率 ψ 和单位宽度弯矩 m 之间存在如下关系：

$$m_x = E_c D(\psi_x + \nu\psi_y) \qquad m_y = E_c D(\nu\psi_x + \psi_y)$$

$$\psi_x = \frac{12}{E_c h^3}(m_x - \nu m_y) \qquad \psi_y = \frac{12}{E_c h^3}(\nu m_x - m_y) \tag{5.4.4}$$

式中，h 为板厚；ν 为混凝土的泊松比，一般可取 $\nu = 0.2$；D 为板的截面惯性矩，即

$$D = h^3 / 12(1-\nu^2) \tag{5.4.5}$$

显然，若略去混凝土泊松比，式（5.4.4）就退化为梁的曲率和弯矩之间的关系式。这就是说，板带分析法是略去材料泊松比的近似分析方法。分析研究表明，由于混凝土早期开裂的特性，对于承受均布荷载的柱支承规则板格的钢筋混凝土双向板，通过适当修正后，这种近似带来的误差在可以接受的范围内。

图 5.4.4 给出了计算某中间区格板跨中挠度 Δ 的叠加原理图。按图所示，有

$$\Delta_1 = \delta_{EF} + \frac{1}{2}(\delta_{AB} + \delta_{DC}) \qquad \Delta_2 = \delta_{HI} + \frac{1}{2}(\delta_{AD} + \delta_{BC})$$

$$\Delta = \frac{1}{2}(\Delta_1 + \Delta_2) \tag{5.4.6}$$

式中，带下标的小写 δ 为柱上板带和中间板带按规范公式计算的相对挠度。

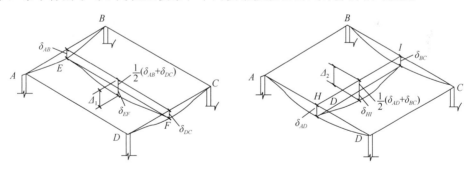

图 5.4.4 双向板区格中间挠度的叠加原理图

3. 算例 5.3

SAFE 经过 30 余年的长期投入和广泛验证，是一个实用、强大的板分析和设计集成软件，可以对普通钢筋混凝土楼板、预应力楼板、桩基础及筏板等进行分析和设计，还可以使用无拉力土弹簧考虑筏板-土相互作用中片筏基础的翘起。SAFE 应用 EC 2:2004 有关裂缝和挠度的计算公式，按上述基本分析流程的逻辑编制了双向板截面设计及长期挠度和裂缝宽度验算的有限元分析模块[20]。以下使用 SAFE 对地下室柱支承双向顶板进行截面设计和裂缝及挠度的验算。

（1）模型概况

设地下室层高 5m，柱截面尺寸 1.0m×1.0m，柱网间距 9.0m，板厚 0.3m，厚跨比 1/30，混凝土强度等级 C40，钢筋 HRB400。二 a 级环境类别（相当于 EC 2:2004 的 XC2 级）。考虑覆土厚度 1.5m，活载 3.5kN/m^2。取 y 向为外层钢筋，保护层厚度 20mm。软件自动计算 x 向钢筋保护层。5×5 跨区域的 SAFE 三维分析模型如图 5.4.5 所示。本算例主要考察中间板块区格。为了显示清晰起见，以下主应力、裂缝、挠度图仅显示中间区格。

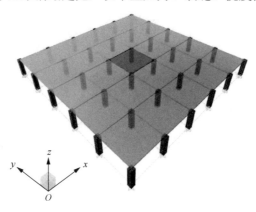

图 5.4.5　算例 5.3 的三维分析模型（SAFE）

（2）主应力分布

图 5.4.6 给出双向板弹性分析的主应力迹线。主应力迹线图清晰地表现了平面内主应力方向和大小随平面位置发生明显变化的双向板受力特征。

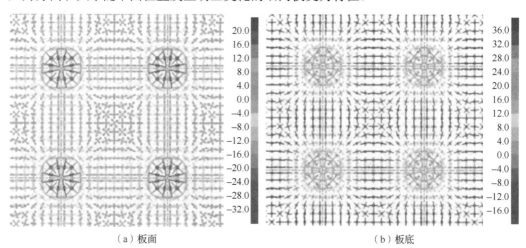

（a）板面　　　　　　　　　　　　　　　　　（b）板底

迹线的颜色和长短表示应力的大小；走向表示应力的方向；箭头的朝向表示应力的拉压。

图 5.4.6　主应力迹线（单位：N/mm^2）

（3）强度设计

按 GB 50010—2010 进行强度设计。表 5.4.1 给出按板带、按板底和板面区分的纵向钢筋直径和间距。柱支承双向板的冲切与挠度和裂缝无关，本算例不予赘述。

表 5.4.1　纵向钢筋配筋表（x, y 方向）

项目	柱上板带		跨中板带	
	跨中	支座	跨中	支座
板面	D20@150	D25@150	D14@150	D14@150
板底	D20@150	D20@150	D16@150†	D16@150†

† 经长期挠度验算，需要调整为 D20@150。

（4）裂缝宽度的验算

图 5.4.7 为 SAFE 裂缝宽度（crack width）菜单的截屏。截屏中的第一项为 C40 混凝土换算成 EC 2:2004 的混凝土有效开裂强度。

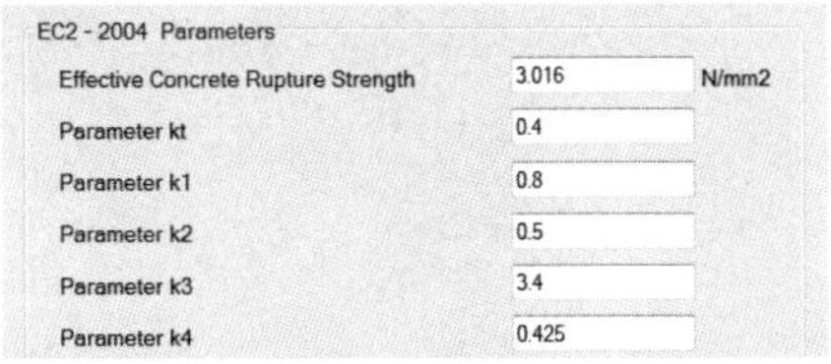

图 5.4.7　计算裂缝的系数（EC 2:2004，SAFE 截屏）

图 5.4.8 给出板面和板底的裂缝走向和裂缝宽度。裂缝方向与主应力方向（图 5.4.6）基本协调。最大板面裂缝宽度 0.296mm 发生在跨中板带的端部区域；最大板底裂缝宽度 0.263mm 发生在跨中板带的跨中区域。EC 2:2004 第 7.3.1 条 XC2 环境等级限定的容许最大裂缝宽度 $w_{lim} = 0.3\text{mm}$，满足要求。

另外，本算例符合板带法验算裂缝宽度和长期挠度的适用条件。表 5.4.2 列出按有限元法和板带法分析的裂缝宽度和长期挠度比较，两者相互印证。

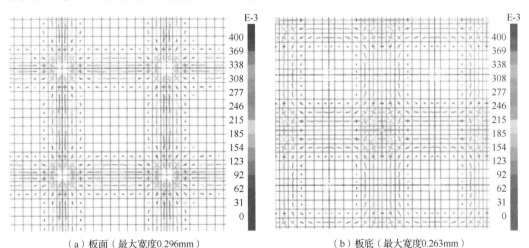

（a）板面（最大宽度0.296mm）　　　　　　　（b）板底（最大宽度0.263mm）

图 5.4.8　双向板裂缝

表 5.4.2　裂缝宽度和长期挠度比较

单位：mm

分析方法		有限元法	板带分析法	
规范		EC 2	EC 2	GB 50010
裂缝宽度	板面	0.296	0.306	0.282
	板底	0.263	0.270	0.253
长期挠度		60.5	63.3	57.1

（5）长期挠度的验算

图 5.4.9 为 SAFE 荷载工况数据菜单的截屏。截屏中的第一项为极限徐变系数 $\varphi(t_\infty, t_0)$。本算例取 $\varphi(t_\infty, t_0) = 3.5$。EC 2:2004 规定，长期挠度应同时考虑混凝土的徐变和收缩效应。截屏中的第二项为混凝土自收缩应变 ε_{cs}，缺省值 $\varepsilon_{cs} = 0.000\,25$。

> Nonlinear (Long Term Cracked)
> Creep Coefficient　　3.5
> Shrinkage Strain　　0.00025

图 5.4.9　计算长期挠度的系数（EC 2:2004，SAFE 截屏）

SAFE 以叠加原理计算总的长期开裂挠度 f_{total} 如下：①持续荷载（D+0.4L）引起的考虑开裂的长期挠度 f_{lk}；②短期荷载（D+L）引起的考虑开裂的短期挠度 f_{sk1}；③持续荷载（D+0.4L）引起的考虑开裂的短期挠度 f_{sk2}；④ $f_{total} = f_{lk} + f_{sk1} - f_{sk2}$。

图 5.4.10 给出弹性挠度和长期开裂挠度分布云图。尽管两者的分布状态一致，但最大弹性挠度 15.3mm，最大长期开裂挠度 60.5mm，两者之比约为 3.95 倍。这是值得注意的，超出了工程设计中按 3 倍的弹性挠度估算长期开裂挠度的惯例。若执行 EC 2:2004 第 7.4.1 条容许最大挠跨比为 1/250 的规定，需要按 3/1 000 的跨度起拱，且调整跨中板带板底纵向钢筋配筋为 D20@150，见表 5.4.1 的注。

表 5.4.2 右侧两栏列出了采用板带分析法，分别按 EC 2:2004 公式和按 GB 50010—2010 公式计算得到的裂缝宽度和长期挠度。由于本算例相当规则，有限元法、板带法（EC 2）和板带法（GB 50010）三者裂缝宽度的差别约 5%，长期挠度的差别约 10%。

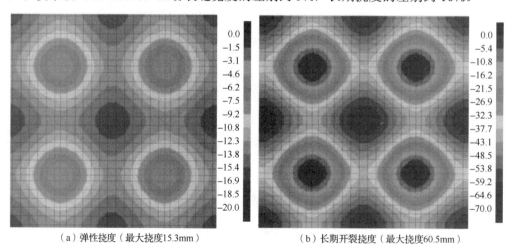

（a）弹性挠度（最大挠度15.3mm）　　　　（b）长期开裂挠度（最大挠度60.5mm）

图 5.4.10　挠度分布云图

三、基于 ACI 318 的双向密肋楼盖设计和分析

所谓密肋楼盖是指按一定间隔的现浇肋梁网格和顶板组成的楼盖,也可以理解为是在实心板中,按一定间隔,规则地移除一部分下部混凝土形成带顶板的肋梁网格。由于肋梁的间距受到限制,密肋楼盖仍具有板的受力特性。ACI 318 第 13 章把双向密肋楼盖归类于双向板(two-way slabs)体系。也就是说,密肋楼盖,除(顶)板部分的纵横钢筋间距可以不按实心板最大间距小于 2 倍板厚的要求来设计以外,其他构造措施和分析模型等应符合双向实心板的要求。单向密肋楼盖相当于单向板,分析模型与梁相同,不予赘述。以下仅讨论双向密肋楼盖。它尤其适用于钢筋混凝土框架–核心筒结构的楼盖体系。

密肋楼盖的强度设计相当成熟。在试验数据和以往工程实践的基础上,ACI 318-08 给出了密肋楼盖的详细设计条文。对于规则的密肋楼盖,与 ACI 318-08 配套的设计手册已经列出了设计图表[21]。摘录 ACI 318-08 有关条文如下。

1)ACI 318-08 第 8.13.1～8.13.3 条规定了密肋楼盖几何尺寸的限值。其中,包括了密肋楼盖应由按一定间隔的现浇混凝土肋梁和顶板组成,肋梁的宽度不应小于 4in,高度不大于宽度的 3.5 倍和肋梁间的净距不大于 30in 等内容。

2)第 8.13.4 条规定,若不满足上述 3 条中的任何一条,应按梁板式楼盖进行设计。

3)第 8.13.5 条和第 8.13.7 条规定,当采用模壳施工或当空格的填充材料的强度小于设计混凝土强度时,板的厚度不应小于肋净距的 1/12,也不应小于 2in。当楼板允许埋管线时,楼板厚度至少要超过管材 1in,且管材不应严重削弱混凝土强度。

4)按规范给定的几何要求布置的密肋楼盖,与板相似,具有较高的内力重分布性能,导致较高的剪切强度。其第 8.13.8 条允许将密肋楼盖的剪切强度 $V_n = V_c + V_s$ 提高 10%。

然而,ACI 318-08 并未明确密肋楼盖可不计算挠度的最小厚跨比的细则。通常,若按刚度折减的有效厚度计算,密肋楼盖厚跨比可达 1/45 左右。因此,密肋楼盖使用极限状态裂缝和挠度的验算至少与强度设计同等重要。

四、现浇混凝土空心楼盖

20 世纪 90 年代,在预制抽芯空心板的基础上,使用非抽芯成孔工艺,我国自主研发了现浇混凝土空心楼盖。当前,空心楼盖可以分为工字形和 T 字形两大类。前者,顶板和底板的厚度基本相等,为 50～80mm;后者,顶板厚 70～80mm,底板厚 20～30mm。经过 20 多年的创新,埋芯从管状、球状改进为箱体,使现浇空心楼盖具有密肋楼盖的受力特征,提高了空心率。埋芯的材料,经过多次更新换代,目前基本定型为硬质塑料箱体和带肋钢网箱两种,如图 5.4.11(a)和(b)所示。国外空心楼盖的埋芯一般为硬质塑料球状箱体,如图 5.4.11(c)所示。

把镀锌钢板碾压为 0.36mm,冲孔扩张成菱形网孔的带肋钢卷材;运输到施工现场,按设计尺寸叠制成带肋钢网箱体是当前最新型的产品。其中,网孔目数不少于 13 600/m²,网孔尺寸不大于 10mm×6mm。钢网箱质量较轻,当混凝土坍落度不大于 180mm,由于水泥浆的表面张力,一般不会发生漏浆现象。而且,钢网与混凝土有良好的黏结性能,

可改善混凝土表面的细微裂缝，尤其有利于降低空心楼盖底板的出现可观裂缝的可能性。由于浇捣混凝土时，箱底的空气能通过网孔有效地排出，钢网箱的抗浮施工措施要相对简单得多。图 5.4.11（d）显示了硬壳箱体抗浮措施的附加钢筋。

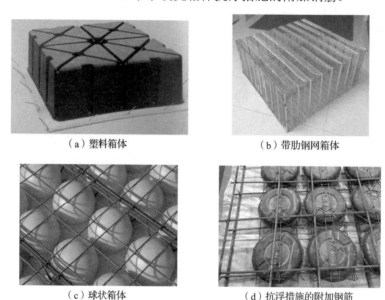

（a）塑料箱体　　　　　　　　　　　（b）带肋钢网箱体

（c）球状箱体　　　　　　　　　（d）抗浮措施的附加钢筋

图 5.4.11　埋芯实物和抗浮措施照片

只要几何尺寸符合 ACI 318-08 的规定，空心楼盖与密肋楼盖相同，都具有双向实心板的受力特征。从受力特征及结构设计的角度，空心楼盖仍属于密肋楼盖体系。从现有的试验数据来看，现浇空心楼盖的刚度要高于密肋楼盖。这也许是空心楼盖裂缝间受拉混凝土的硬化效应要高于密肋楼盖的缘故。但遗憾的是，至今对此现象尚未建立一个统一的理论模型进行系统分析和研讨。当然，从设计的角度，使用国际通用程序 SAFE 的密肋楼盖专用模块，对现浇空心楼盖进行分析和设计是合理及偏安全的。与密肋楼盖相同，现浇空心楼盖，除了用于地下空间的楼盖体系以外，同样适用于上部结构。在经过长期挠度和裂缝验算后，尤其适用于超高层框架-核心筒结构无楼面梁的楼盖体系。在本书作者的主持下，现浇空心楼盖已经成功地用于广西钦州北部湾中心超高层框架-核心筒结构的楼盖体系，详见以下第五小节"工程实例"。

为了推广及规范现浇混凝土空心楼盖的设计、制作、施工，我国颁布了《现浇混凝土空心楼盖结构技术规程》（CECS 175-2004）[22]。全面评价 CECS 175 超出了本书的范围，但以下几点是值得商榷的。

1）现浇混凝土空心楼盖有规则地移除了一部分中和轴附近的混凝土以减轻自重，但密肋使空心板的受力性能接近于实心板。CECS 175 对此特征以及分析模型的表述显得不够。

2）现浇混凝土空心楼盖的刚度要低于等厚度的实心板。正如 CECS 175 条文说明指出，按第 6.1.2 条推荐的跨高比取板厚也并不一定能满足挠度和裂缝的验算满足要求。但 CECS 175 未提出相应的长期挠度和裂缝的分析方法，也没有注意到 GB 50010—2010 的（短期或长期）刚度表达式及其经验系数仅适用于梁式构件，并不适用于双向板，也没有足够的试验数据表明适用于空心双向板。

3）在 GB 50011—2010 的理论框架下，CECS 175 要求在抗震设计时布置暗梁或边梁。正如本章第一节论述，楼面梁并不是框架-核心筒结构楼盖体系中的必要构件。CECS 175 对于无楼面梁的现浇混凝土空心楼盖不参与整体抗震分析，属于仅承受重力的重力荷载体系的认识显得不够充分

最后，展望空心楼盖的前景。与密肋楼盖比较，空心楼盖的腹腔具有较好的隔声性能和防火性能。它具有发展为预制叠合楼盖的潜在空间。为了绿色低碳持续发展，应该实现构件预制化。图 5.4.12 给出国外预制空心楼盖的吊装照片。

　　　　（a）大板起吊　　　　　　　　　　　　（b）安装

图 5.4.12　预制空心楼盖的吊装照片

五、工程实例（重力荷载体系的分析和设计）

本工程实例介绍广西钦州北部湾中心，其工程概况、整体抗震分析和框架柱的延性设计见第四章第三节所述。以下介绍该工程重力荷载体系的分析和设计。

1. 楼盖概况

本工程典型层平面，外框梁至核心筒墙体的净距为 11.3m，有 3.70m（典型层 1）和 5.00m（典型层 2）两种不同的层高。图 5.4.13 给出它们的结构平面布置图。其中，典型层 1 楼盖体系为仅设置外框梁的一层一整块现浇空心双向楼板，厚 400mm。典型层 2 楼盖体系，除了外框梁以外，还布置了 8 根楼面梁，一层有 8 块带周边支座的现浇空心双向楼板，厚 350mm。现浇空心板仅承受重力荷载，其中楼面附加恒载 2.2kN/m²，活载 2.0kN/m²。肋梁间距为正方形网格，1.05m×1.05m，肋梁宽 0.15m，高 0.40m（典型层 1）或 0.35m（典型层 2），顶板厚 0.08m，底板厚 0.02m。考虑到现浇空心板的刚度和整体性要略好过密肋楼盖，所以肋梁网格略大一些，但其他均符合 ACI 318-08 有关密肋楼盖的规定。混凝土强度等级 C40，钢筋 HRB400。

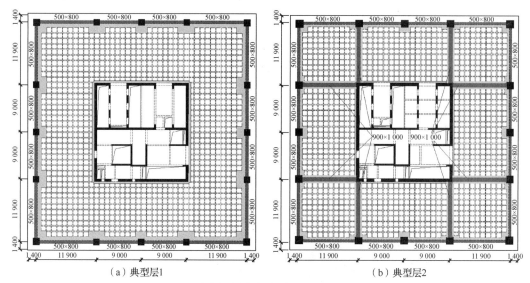

（a）典型层1 （b）典型层2

灰度部分为板的实心加强区域。

图 5.4.13 结构平面布置简图

对于上述 T 字形现浇空心楼盖，若略去板底 0.02m 的作用，它的几何特性和力学特性与密肋楼盖相同，是一个偏安全的设计。本工程使用 SAFE 的密肋楼盖专用模块对上述楼盖进行分析和设计。其中，强度设计，执行 GB 50010—2010 有关规定；长期荷载下挠度和裂缝宽度的验算，执行 EC 2:2004 有关规定；楼盖竖向振动的舒适度设计执行 JGJ 3—2010 的有关规定。分析中，使用动弹性模量（约为静弹性模量的 1.2 倍）。两个典型层的 SAFE 三维分析模型如图 5.4.14 所示。为简洁起见，以下给出典型层 1 的分析图形和分析结果，仅给出典型层 2 的分析结果，而略去软件输出的分析图形。

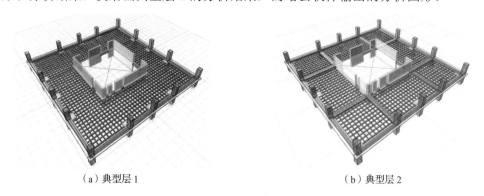

（a）典型层1 （b）典型层2

图 5.4.14 三维分析模型（SAFE）

2. 强度设计

图 5.4.15 为典型层 1 的有限元分析弯矩分布云图。根据 SAFE 提供的设计板带功能，取肋梁间距 1.05m 为设计板带，提取板带弯矩。图 5.4.16 为 x 向和 y 向的板带弯矩图。图 5.4.17 为 x 向和 y 向的肋梁剪力图，按板带弯矩和肋梁剪力的需求进行配筋设计。

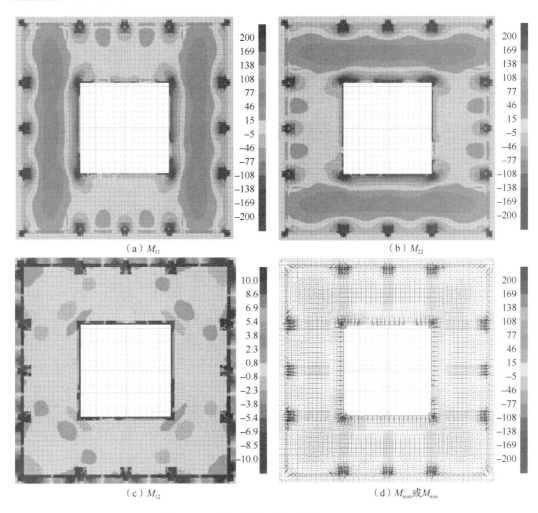

（a）M_{11} （b）M_{22}

（c）M_{12} （d）M_{max}或M_{min}

图 5.4.15 弯矩分布云图（单位：kN·m/m）

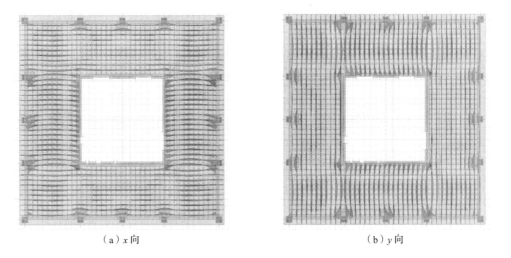

（a）x向 （b）y向

图 5.4.16 板带弯矩图（单位：kN·m）

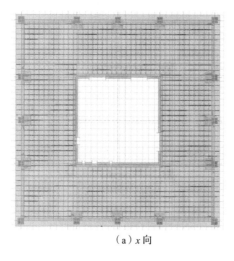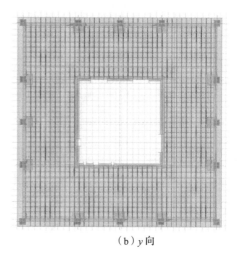

（a）x 向　　　　　　　　　　　　　　　　（b）y 向

图 5.4.17　肋梁剪力图（单位：kN）

3．挠度分析

图 5.4.18 和图 5.4.19 分别给出典型层 1 的弹性挠度和开裂长期挠度分布云图。两者分布规律相同。《混凝土结构工程施工规范》（GB 50666—2011）规定，跨度超过 4m 时宜起拱，起拱高度宜为梁、板跨度的 1/1 000～3/1 000。本工程把四个角部中点起拱 2/1 000（22.6mm）作为设计依据。表 5.4.3 列出典型层 1 和典型层 2 最大挠度值的汇总。长期开裂挠度为弹性挠度的 3.8～4 倍。挠度分布图和以上的弯矩分布图显示了典型层 1 的楼盖体系为一块整板的变形特征和受力特征。

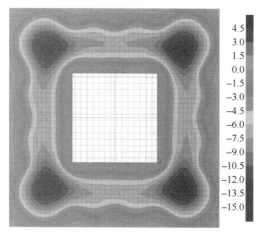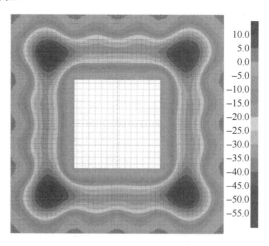

图 5.4.18　D+L 弹性挠度分布云图（最大 14.6mm）　　　图 5.4.19　D+0.4L 考虑开裂的长期挠度云图（最大 55.7mm）

表 5.4.3　最大挠度值汇总

项目		弹性挠度	短期开裂挠度	长期开裂挠度
典型层 1	起拱前	14.6mm（1/774）	19.2mm（1/504）	55.7mm（1/203）
	起拱 22.6mm	-8.0mm	-3.4mm	33.1mm（1/341）
典型层 2	起拱前	13.2mm（1/856）	23.9mm（1/473）	53.1mm（1/213）
	起拱 22.6mm	-9.4mm	1.3mm	30.5mm（1/370）

注：负值表示挠度向上。

4. 裂缝宽度分析

图 5.4.20 给出典型层 1 长期荷载下板面和肋底的裂缝分布图。表 5.4.4 列出典型层 1 和典型层 2 最大裂缝宽度汇总。最大裂缝宽度为 0.30mm，对于室内环境等级（XC1），EC 2:2004 容许最大裂缝宽度为 0.4mm，满足要求。

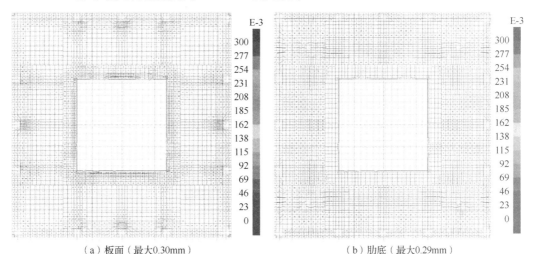

（a）板面（最大0.30mm）　　　　　　（b）肋底（最大0.29mm）

图 5.4.20　长期荷载下裂缝分布图

表 5.4.4　最大裂缝宽度汇总　　　　　　　　　　单位：mm

项目	板面	肋底
典型层 1	0.30	0.29
典型层 2	0.29	0.28

5. 舒适度分析

JGJ 3-2010 参考了 ATC 颁布的设计指南 *Minimizing Floor Vibration* 和 ISO 发布的相关标准，其中第 3.7.7 条规定，楼盖结构竖向振动频率不宜小于 3Hz，最大加速度不宜大于 5Gal。

（1）竖向振动模态分析

理论上，应对开裂后的变刚度双向板进行舒适度分析。在软件尚未开放单元刚度折减系数的数组以前，作者参照 NZS 3101:2006 使用极限状态设计阶段梁有效刚度取值的规定（详见附录），根据挠度分布，定义开裂最大挠度与弹性最大挠度之比为刚度折减系数，把弹性刚度折减为有效刚度进行舒适度近似分析。取本工程有效刚度为 $0.67EI_g$。以下给出按有效刚度、阻尼比 0.03 的舒适度分析结果。图 5.4.21 给出典型层 1 的前四阶竖向振动模态图，均为 4.74Hz，大于规范 3Hz 的限值。

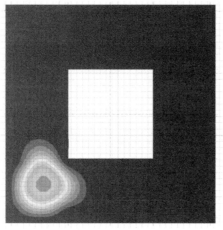

（a）第一模态（4.74Hz）

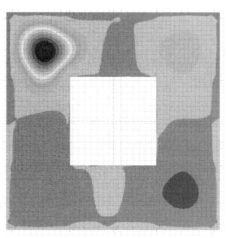

（b）第二模态（4.74Hz）

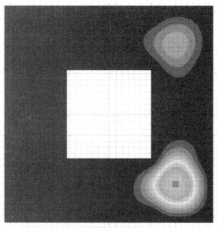

（c）第三模态（4.74Hz）

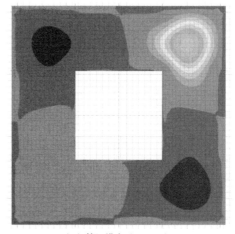

（d）第四模态（4.74Hz）

图 5.4.21　竖向振动模态图

（2）时程分析法

人的步行频率统计试验结果表明，行人以各频率步行的概率近似服从正态分布，其步行频率统计平均值为 1.99Hz，标准差为 0.173Hz，人步行激励的频率分布如图 5.4.22 所示。行人最容易出现的步行频率在 1.8～2.2Hz，一般可取 2.0Hz。

研究人步行激励的切入点是人的单足落步荷载。它是人行走时激励荷载模型的基本组成部分，是舒适度分析时常用的荷载模式。图 5.4.23 给出 Baumann 形式的单足落步荷载曲线。图中原点表示人的单足脚后跟刚接触地面的时刻，然后随着人体重心的转移，脚后跟对地面的作用力逐渐增大到第一个峰值；之后，随着另一条腿的摆动，使脚后跟对地面的作用力由第一个峰值减小到中间波谷，接着脚掌蹬地，名义力由波谷增大到第二个峰值，最后随着人脚逐渐离地，名义力沿着曲线下降。荷载频率约 2Hz。

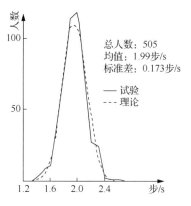

图 5.4.22　人步行激励的频率分布

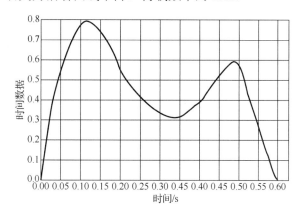

图 5.4.23　Baumann 步行荷载曲线

按本工程楼盖的特性，选取了两条不同的路径行走路径、加载单步 Baumann 形式人行荷载，并把楼板竖向振动模态反应最大点作为参考点。第 1 条路径与第 2 条路径均通过参考点 1，评估该点的加速度响应。加载路径及参考点位置如图 5.4.24 所示。

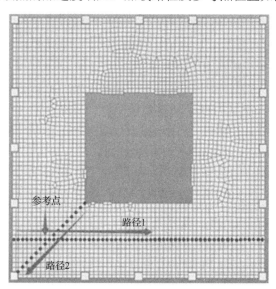

图 5.4.24　加载路径及参考点位置

本工程使用 MIDAS 得到了路径 1 和路径 2 的参考点加速度时程，竖向振动加速度时程曲线如图 5.4.25 所示。图中时程曲线表明，当人步行至参考点附近时，加速度达到最大峰值。其中，路径 1：3.11Gal，路径 2：2.19Gal，均未超过规范的 5Gal 限值。图5.4.25（a）所示的加速度时程充分显示了典型层 1 的楼盖体系为一块整板的振动特性。

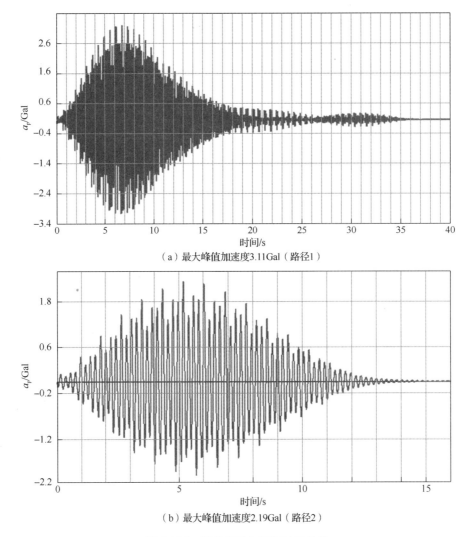

（a）最大峰值加速度3.11Gal（路径1）

（b）最大峰值加速度2.19Gal（路径2）

图 5.4.25　竖向振动加速度时程曲线

（3）基于规范的加速度反应近似算法

　　AISC 针对人行荷载下组合楼盖振动舒适度，给出了计算楼盖竖向加速度的计算公式。JGJ 3-2010 附录 A 引入了 AISC 的分析方法，并列出计算公式如下：

$$a_p = \frac{F_p}{\beta w} g \qquad F_p = p_0 e^{-0.35 f_n} \tag{5.4.7}$$

$$w = \overline{w} BL \qquad B = CL \tag{5.4.8}$$

式中的符号意义与规范公式相同。取阻尼比 $\beta = 0.03$ ，人员行走作用力 $p_0 = 0.3 \text{kN}$ ，楼盖单位面积有效质量 $\overline{w} = 6.8 \text{kN/m}^2$ （其中有效分布活载为 0.3kN/m^2 ），剪力墙到框架梁净跨 $L = 11.3 \text{m}$ ，垂直于跨度方向的楼盖受弯连续性影响系数 $C = 1$ ，自振频率 $f_n = 4.74 \text{Hz}$ ，按上述公式计算得楼盖振动峰值加速度 $a_p = 2.15 \text{Gal} < 5 \text{Gal}$ ，满足规范要求。表 5.4.5 列出典型层 1 和典型层 2 的舒适度指标汇总。

表 5.4.5　舒适度指标汇总

项目	模态分析（一阶频率）	时程分析（最大加速度峰值/Gal）		规范公式（最大加速度峰值/Gal）
		路径 1	路径 2	
典型层 1	4.74Hz	3.11	2.19	2.15
典型层 2	4.00Hz	3.95	1.89	2.69

6. 技术经济指标

本工程密肋楼盖的技术经济指标如表 5.4.6 所示。

表 5.4.6　密肋楼盖技术经济指标（不含外框梁和楼面梁）

项目	混凝土强度等级	楼盖净跨/m	楼盖结构厚度/m	折算混凝土厚度/（m/m^2）	理论钢筋用量指标/（kg/m^2）
典型层 1	C40	11.3	0.40	0.18	22
典型层 2	C40	11.3	0.35	0.17	20

参 考 文 献

[1] 中华人民共和国住房和城乡建设部中华人民共和国国家质量监督检验检疫总局. 建筑抗震设计规范（2016 年版）：GB 50011—2010[S]. 北京：中国建筑工业出版社，2016.

[2] 朱聘儒. 双向板无梁楼盖[M]. 北京：中国建筑工业出版社，1999.

[3] GAMBLE W L. Moments in beam supported slabs[J]. ACI Journal, 1972, 69(3): 149-157.

[4] ACI (American Concrete Institute). Building code requirements for structural concrete and commentary[S]. ACI 318-08, 2008.

[5] NZS (New Zealand Council of Standards). Concrete structures standard part 1-the design of concrete structures[S]. NZS 3101:2006, 2006.

[6] 中华人民共和国住房和城乡建设部. 高层建筑钢筋混凝土结构技术规程：JGJ 3—2010[S]. 北京：中国建筑工业出版社，2010.

[7] 中华人民共和国住房和城乡建设部中华人民共和国国家质量监督检验检疫总局. 混凝土结构设计规范（2015 年版）：GB 50010—2010[S]. 北京：中国建筑工业出版社，2015.

[8] BAZANT Z P. Prediction of concrete creep effects using age-adjusted effective modulus method[J]. ACI Journal, 1972, 69(4): 212-217.

[9] ACI (American Concrete Institute). Prediction of creep, shrinkage and temperature effects in concrete structure[R]. ACI 209R-92, 1992, Reapproved 2008.

[10] GHALI A, FAVRE R, ELDBADRY M. Concrete structures: stresses and deformation[M]. 3rd ed. London: E & FN Spon, 2002.

[11] BSENC (European Committee for Standardization). Eurocode 2: design of concrete structures, part 1-1: general rules and rules for buildings[S]. BS EN 1992-1-1:2004, 2004.

[12] GERGELY P, LUTZ L A. Maximum Crack width in reinforced concrete flexural members[C]//Causes, Mechanism, and Control of Cracking in Concrete: SP-20. ACI Proceedings, 1968: 87-117.

[13] ACI (American Concrete Institute). Control of cracking in concrete structure[R]. ACI 224R-01, 2001.

[14] BRANSON D E. Deformation of concrete structure[M]. New York: Mc-Graw Hill, 1977.

[15] Task Group for Commentary to EN 1992. Eurocode 2 Commentary[M]. Brussels: European Concrete Platform ASBL, 2008.

[16] NAWY E G. Crack control in reinforced concrete structures[J]. ACI Journal, 1968, 65(10): 825-836.

[17] NAWY E G. Crack control through reinforcement distribution in two-way slabs and plates[J]. ACI Journal, 1972, 69(4): 217-219.

[18] 张伟伟. 混凝土双向板裂缝宽度计算方法的试验研究[D]. 南京：东南大学，2010.

[19] SARKISIAN M, LONG E, SHOOK D, et al. Flat plate concrete construction: a new milestone for high-rise buildings[J/OL]. STRUCTURE magazine, June, 2017.

[20] CSI (Computer & Science, Inc). SAFE: Cracked-section analysis[M]. Berkeley : CSI, 2016.

[21] CRSI (Concrete Reinforcing Steel Institute). Design handbook[M]. 10th ed. Illinois: CRSI, 2008.

[22] 中国工程建设标准化协会. 现浇混凝土空心楼盖技术规程：CECS 175：2004[S]. 北京：中国建筑工业出版社，2002.

第六章　基于性能的抗震设计

在基于承载力+构造保证延性的设计方法中，延性设计思想通过能力调整系数得到了贯彻。但是，由于结构不规则性，内力重分布及高阶振型影响等因素，弹性分析并不能准确预测结构的变形机构和破坏机制，结构工程师并不能有效地把握结构屈服后的非线性行为和全过程地震反应。历次震害表明，变形能力不足是高层建筑倒塌的主要原因。一些设备和装修标准很高的建筑物，虽未倒塌，但经过大地震反应引起的损坏也会给投资者带来巨大的经济损失。震害促使了抗震工程学领域的研究，需要发展一种比笼统的小震不坏、中震可修及大震不倒更为完善的抗震设计方法。

20 世纪 90 年代以来，人们一直对基于性能的抗震设计方法（简称性能设计，下同）表现出极大的关注，开展了大量的研究。美国 1995 年 SEAOC 发表 Vision 2000，第一次系统地表述了基于性能抗震设计的概念[1]。历时 20 余年，经过大批学者、地质工程师和结构工程师的研究和实践，FEMA 发布了一批有影响力的报告，ASCE 更新了一批技术标准，PEER/TBI 更新了具有指导意义和操作性的性能设计指南，基于性能的抗震设计方法取得了长足的进步。这意味着，对于超出规范对高度和/或体系认定的高层建筑，基于性能的抗震设计方法作为法定设计方法（主要是指基于规范的反应谱法）的完善和补充，已经被美国的设计界和房屋审批官员所接受，进入了实用阶段。

在中国，2010 系列规范从增强结构性能的角度，引进了性能设计的概念，制定了有关性能设计的条文[2,3]。其中，JGJ 3—2010 第 3.11 节"结构抗震性能设计"对中国设计界产生了巨大的影响。超限审查送审文本中也开始出现有关结构性能描述的章节。2019年，广东省率先颁布了我国第一本性能设计规程《建筑工程混凝土结构抗震性能设计规程》（DBJ/T 15-151—2019）[4]。规程按文献[5]、[6]的研究成果修正了国标的反应谱形状，收集、整理了 23 万多条地面运动加速度时程记录；按文献[7]的研究成果，在大量构件和节点试验的基础上，以塑性变形作为参数制定了钢筋混凝土构件的非线性变形限值（可接受准则）。广东省基于性能的抗震设计方法上升到一个新的阶段。

本书作者在文献[8]综述了中国和美国抗震设计方法的发展轨迹，指出尽管各国的抗震设计规范有各自独特的发展途径，但是抗震分析和设计方法都在遵循一条从静力到动力，从底部剪力法、振型分解反应谱法到时程分析法，从弹性分析到非线性分析，从静力非线性分析到动力非线性分析，从强度设计、延性设计到性能设计，从单一的结构安全评估到综合性的损失评估，从单纯的确定性分析到确定性分析与概率分析结合的发展轨迹。因此，本书作者认为，有必要对 2013 版文献[8]中的一些内容，结合国内外有关基于性能抗震设计理论的发展和工程实践进行一次更新、梳理和补充。

本章第一节给出了性能设计的一个基本框架，与基于规范的法定分析方法（反应谱法）进行了一些比较，主要说明性能设计强调工程第一的原则，以及灵活、无限定的特点。第二节介绍美国的性能设计，重点叙述从 ASCE 7-10 起，根据地震工程学领域取得的最新研究成果作出的重大技术修改及 PEER/TBI 编制的抗震设计指南的理论要点。第三节在简述 JGJ 3—2010 第 3.11 节有关性能设计的要点，并展开适当的讨论后，讲述 DBJ/T 15-151—2019 的理论要点。这一节还给出在中国规范的基本框架下使用性能设计方法进行结构优化设计的一个工程实例及其超限评审送审文本的部分摘要，供读者参考。第四节，对中国抗震设计基本理论框架以及发展方向，提出本书作者的一些观点。

第一节　概　　述

一、性能设计的定义和目的

　　尽管不同国家不同版本规范的措辞稍有不同，规范的设防目标都是通过管理和控制设计、施工、材料、使用和维护，提供保护生命和财产的最低标准。本书把规范规定的常规抗震设计方法，如底部剪力法，反应谱法或弹性时程分析法，不论是小震设防设计法还是中震设防设计法，都定义为基于规范的法定设计方法，简称法定设计法。

　　结构性能的含义是多样的。直接性能包括力、位移、能量等物理量，间接性能包括震后修理费用、运行停止、人员伤亡等经济损失及震前建造费用的投资得益等。FEMA 把在合理的经济投入下，使死亡人数、停运时间和经济损失最小的设计方法解释为性能设计法。尽管有充分的理由期望按规范设计和施工的建筑，在大震中不会倒塌、保护生命安全，但正如 ATC 3-06 指出，规范不可能提供零风险保证。另外，规范也应该允许使用更精准的设计方法作为法定设计法的替代方法，只要结构工程师和地方房屋官员（在中国，指"超限高层建筑抗震审查委员会"）认为这种方法是合理的，能够证明按该方法设计的结构符合规范规定的抗震设计原则，与按法定设计法设计的类似结构比较，至少具有同等的抗震性能。按此思路，本书狭义地把性能定义为以层位移和（或）层间位移角表示的结构整体刚度、构件的强度及非线性变形等结构的指标性参数。把以结构试验作为依据（如需要）、非线性分析（静力或动力）作为手段、非线性位移和变形作为指标、使用功能作为目标，并与基于规范的法定设计法比较，至少能达到等同抗震能力的精准设计方法，定义为基于性能的抗震设计方法（performance-based seismic design，PBSD），简称性能设计（法）。

　　工程实践和理论分析已经证明了，对于中等高度和规则几何形状的建筑物，现行的法定设计法是合理和安全的。但与性能设计法对比，法定设计法本质上是一种经验+限定的设计方法。规范对结构方案，平面布置和建筑物高度等方面设定了许多限定。在满足各种限定的前提下，通过必要的分析（主要是反应谱法）、强度设计、刚度验算+延性构造措施后，才认定结构设计是符合规范要求的。例如，中国规范（本章"中国规范"特指 GB 50011—2010 和 JGJ 3—2010，下同）规定，板柱-剪力墙结构必须设置外框边梁，框支剪力墙结构的落地剪力墙的间距不应大于 24m，7 度及 7 度以上设防区域不应采用厚板转换，框架-核心筒相互作用结构体系一律按双重抗侧力结构体系进行设计，且要求周边框架与核心筒墙体之间满足地震剪力分担比，等等。又例如，美国 ASCE 7 的结构体系中并未列入带伸臂桁架的巨型框架-核心筒结构，对房屋框架（building frame）和承重剪力墙（bearing wall）等体系设置了与风险类别（risk category）对应的适用高度的限定；ASCE 7 使用地震反应系数（R-Value，详见表 4.2.1）来考虑结构非线性行为的能量耗散，使用相同的刚度修正系数折减处于不同位置，但类型相同构件的弯曲刚度。这意味在结构承受地震作用时，其能量的耗散基本均匀。因此，对于超高或特别不规则的建筑物及其尚未列入规范的结构体系，法定设计法就有可能严重高估或低估构件临界截面非线性反应的延性和耗能需求。

性能设计通过工程第一的原则，制定工程特定的各设计阶段的目标性能。使用性能设计法，结构工程师关注的重点将从按照规范条文的字面意思，机械地列出一张长长的校核清单转变到全面了解建筑物的性能及与性能相关规范条文的背景和含义。通过更深入地了解结构层面以及构件层面在地震事件中的非线性行为，找出最合理的解决途径，达到成本/性能比最优化的目的。增加一些设计工作量可以得到巨大的经济利益，增加使用空间和提高结构抗震性能。法定设计法与性能设计法的比较，如表 6.1.1 所示。

表 6.1.1　法定设计法与性能设计法的比较

项目	法定设计法	性能设计法
经验+限定	有限定	基本无限定，但需要工程经验
大震设计	中国规范：一般不需要，仅对有薄弱层的不规则结构需要验算弹塑性层间位移角 美国规范：中震设防，一般不需进行最大考虑地震分析和设计	验算弹塑性层间位移角 构件非线性变形的验算 ← → 使用、运行功能 可接受准则
分析方法和要求	反应谱法	动力非线性，静力非线性（推覆）分析法 材料非线性本构关系：混凝土、钢筋、钢材 非线性模型：集中塑性铰，纤维截面，剪力墙非线性性能模拟 变形机构：潜在塑性铰区域的位置、分布、等级
性能	校核	评估
设计地震动	基于规范的设计反应谱	推荐按地震危险性分析 确定场地特定自由场地面加速度时程和反应谱

注：为方便设计，中国规范允许采用等效弹性方法计算竖向构件及关键部位构件的组合内力。

综上分析，实施性能设计的目的大致可以简单归纳如下。

1）应用非线性分析，通过可接受准则（整体刚度、构件强度和塑性变形限值）对结构和构件的抗震性能做全面的评估，用最节约的投资得到最合理的设计。从整体结构到构件，全面、全过程地监控和掌握结构的非线性行为，使结构设计具有更高的可信度。

2）使结构能适应建筑和功能的需要。对于基于规范的法定设计法未能涵盖或超高的结构体系，通过性能设计证明结构具备突破规范要求和限制的能力；与法定设计法设计的类似常规结构比较，至少具有等同的抗震能力，能够防止倒塌、实现生命安全。

3）规范提供了安全保障的最低标准。在满足最低标准的前提下，允许发展商对性能水准有不同的选择。通过提高抗震目标性能来降低结构和非结构构件损坏。

4）对不同水准的地震、不同类型的构件以及构件的不同部位实行不同方式和不同等级的保护，以节约建造成本，增加投资效益。

5）鼓励结构工程师创新，使用规范尚未涉及的抗侧力体系以及尚未许可的高强材料和设备装置。

二、几个术语

这里，对涉及性能设计的几个主要术语定义如下。

1）抗震性能。结构应具备的抗震能力，包括动力特性，强度、变形、延性、耗能以及由此引起的损坏程度对使用/运行功能影响的总称。

2）性能水准。结构震后功能、损坏程度分等级的宏观描述。在性能设计中，尤指以非线性分析作为手段，非线性变形作为判据，以使用/运行功能作为尺度，对结构的震后功能、损坏程度分等级的定量描述。

3）性能目标。与地震水准相关的性能水准及其他们的集合。

4）目标性能。预期的性能目标。

5）可接受准则。在弹性分析阶段，可接受准则一般指反映结构刚度的层间位移角限值和表示构件强度的需求/能力比 DCR 限值。在非线性分析中，可指弹塑性层间位移角限值，特指对应于某一个特定的性能水准，可以接受的最大非线性变形（或称非线性变形限值），是非线性变形与使用或运行功能之间的桥梁。结构工程师通过可接受准则，估计结构整体和每一根构件和（或）剪力墙在各地震水准下的性能水准，进行综合的性能评估。

6）性能校核。弹性分析中校核规范规定的设计限值，非线性分析中按可接受准则校核实现的性能目标。

7）性能评估。在性能校核的基础上，对结构抗震性能的综合评估。评估的对象和范围可以涉及社会、经济等各个方面。这里特指按非线性分析结果，参考既有的设计实例或结构试验报告等对结构体系、结构布置、结构和构件实现的性能目标作出定量、综合的评估。

8）安全性能。震后结构对使用者和周边人群的生命不造成威胁的性能，相当于结构体系的抗倒塌性能以及非结构构件的抗塌落性能。

9）修复性能。震后结构可修复的难易程度。建筑物的修复性能不仅与构件的损伤程度有关，而且与周边的场地环境等有密切关系。这里特指震后的残留损伤或残留变形。

10）变形控制作用。变形控制的（延性破坏）力学行为。具有可靠的非线性变形能力，以（广义）塑性变形作为设计指标。例如，框架梁、设置交叉斜筋连梁，端部指定潜在塑性铰区域配置足够约束箍筋的柱和墙的弯曲作用等。

11）力控制作用。强度控制的（脆性破坏）力学行为，以强度作为设计指标。例如，梁、柱、剪力墙的剪切作用等。

12）目标反应谱。选择地面运动加速度时程的基准，具有统计意义或场地特定的反应谱。

三、组成要素和设计流程

基于性能的抗震设计方法是一个高速发展的设计方法。如上所述，与传统设计方法比较，给结构工程师提供了一个非常灵活的设计手段。性能设计最重要的特点就是工程第一，以结构抗震性能作为目标的无限定设计。在制定了目标性能以后，只要能满足预期的性能目标，就认为结构设计是合格的。与此同时，性能设计也要求结构工程师在分析和设计阶段付出更多的努力，需要与地质工程师加强协调和沟通，确定场地特定的目标反应谱以及与之匹配的地面运动加速度时程。还需要建立结构的非线性模型，使用弹性和非线性分析技术来验证多水准、多目标的结构性能。非线性分析的精度在一定程度上取决于输入地面运动加速度时程的选择和建模的假定。因此，性能设计要求对整个设计过程进行全程监控。例如，使用经过论证的场地特定设计地面运动，经过构件试验校准的材料本构关系，制定经过构件试验和多次震害校准的可接受准则。性能设计对计算机软件的分析能力和图形处理能力提出更高的要求，能定量、显式地表示结构的非线性行为，如弯曲塑性铰的出现、分布，耗能变形机构的形成，脆性破坏的避免等。

性能设计的要素由以下几个方面组成。

1）对拟建场地进行地震危险性分析，选择地面运动加速度记录（或恰当的人工时程）组成候选波集合（如 ASCE 7-16 要求的 11 条地震波和中国规范要求的 7 条地震波）。

2）确定场地特定的反应谱，且以此为依据建立目标反应谱。对每一条集合中的候选波进行拟合和匹配。若拟合程度较差，应替换，并重新拟合。

3）制定由设防水准和性能水准组成的目标性能表。

4）建立三维弹性模型，进行小震弹性分析，校核小震性能。

5）选取合适的材料本构关系和截面刚度，建立三维非线性模型，进行大震非线性分析（为方便设计，中国规范允许采用等效弹性方法计算竖向构件及关键部位构件的组合内力）。

6）性能评估。当性能评估与目标性能有较大的差别时，需要研讨目标性能的合理性。若合理，应修改结构方案重新建模；否则，应修改目标性能。经几次迭代反复后，使结构设计合理、合格、安全。

图 6.1.1 给出结构基于性能抗震设计方法流程图。对于钢筋混凝土结构，图 6.1.2 对图 6.1.1 的流程图稍做了一些细化。它们说明了性能设计的核心思想是对结构和构件两个层面实行多水准、多参数的定量判断，重点是大震非线性分析。在结构层面上，把弹塑性层位移、层间位移等作为结构整体抗震性能的指标，估计结构的需求/能力比。在构件层面上，区分变形控制作用和力控制作用。对于变形控制作用，应用能力设计的原理，根据结构特征、重要程度以及发展商的需求，预计潜在塑性铰出现的区域、位置和延性等级，实现合理的变形和耗能机构，避免层倒塌机构。通过非线性分析，掌握构件潜在塑性区域在地震作用下开裂、屈服、刚度退化、强度退化等全过程非线性行为，进行延性设计。估计混凝土构件的塑性压应变、转动曲率及延性，按约束混凝土本构关系设计约束箍筋，避免纵向钢筋压屈，使特征截面具有足够的弯曲塑性转动和耗能能力及抗剪切破坏能力。对于力控制作用，计入系统和材料的超强，提高地震作用效应进行强度设计。控制需求/能力比，使构件截面具有足够的强度，保证完整的传力途径。性能设计使结构全面满足小震强度、刚度控制，大震倒塌控制的要求，实现生命安全的抗震设防原则。

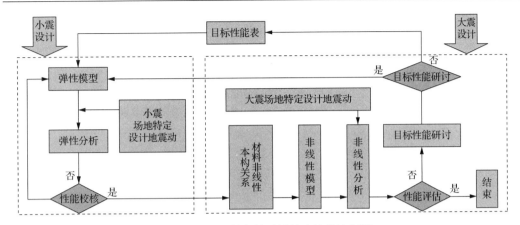

图 6.1.1　基于性能抗震设计方法的流程图

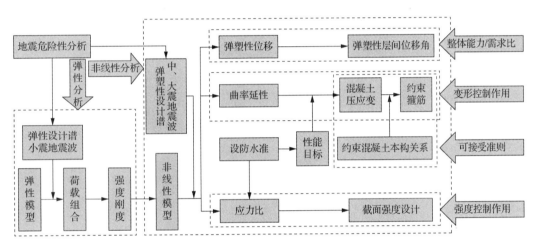

图 6.1.2　钢筋混凝土结构抗震性能设计方法流程图

可以认为，性能设计的核心分析手段是把所有的设计荷载或作用一次性施加于结构进行精细化的非线性分析，以塑性变形作为结构和构件延性和耗能的定量判据，综合评估性能目标是否达到目标性能。使用基于性能抗震设计法设计的结构与使用基于规范的法定设计法设计的类似常规结构比较，至少具有等同的抗震性能。因此，只要能合理选择输入地震波，按性能设计法设计的结构将更为安全、合理，更具有韧性。

第二节　美国性能设计的理论要点

一、简述

1977 年，美国国会批准实施全国地震减灾计划（National Earthquake Hazards Reduction Program，NEHRP）。由美国科学基金会（National Science Foundation，NSF）牵头，指导和协调 NSF，联邦紧急事务管理署（Federal Emergency Management Agency，FEMA），美国标准和技术所（National Institute of Standards and Technology，NIST），以及美国地质勘探局（U.S. Geological Survey，USGS）四个联邦机构之间的工作，致力于

减少地震引起的设施、人员伤亡和财产损失等灾害。除此以外，NEHRP 的合作伙伴还有政府机构、大学、研究中心、专业协会、商贸协会、咨询机构等，其中，包括美国土木工程师协会（American Society of Civil Engineer，ASCE）、房屋抗震安全委员会（Building Seismic Safety Council，BSSC）、应用技术委员会（Applied Technology Council，ATC）等。它们之间的职责和分工示意图如图 6.2.1 所示。NEHRP 的工作包含了对震源机制以及地震对自然和建筑环境影响的研究，战略性地发展抗震设计理论和方法，发展并实施减轻地震灾害的工具和技术。NEHRP 推荐的新建房屋和其他结构抗震规程条文（NEHRP *Recommended Provisions for Seismic Regulations for New Buildings and Other Structures*），从 1985 年至 2015 年，一共发布了 9 个版本（以下按出版年份简称为 2003 NEHRP 条文、2009 NEHRP 条文、2015 NEHRP 条文等），它们一直是指导美国抗震设计的重要理论和技术文件。

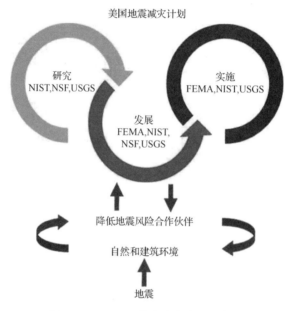

图 6.2.1　NEHRP 的职责和分工示意图

在美国建筑科学研究院（National Institute of Building Sciences，NIBS）的赞助下，BSSC 成立于 1979 年。受 FEMA 的委托，BSSC 完成了 2003 NEHRP 条文、2009 NEHRP 条文和 2015 NEHRP 条文等，并以 FEMA 系列进行发布，分别编号为 FEMA 450、FEMA P-750 和 FEMA P-1050[9-11]。ASCE 负责编制美国的房屋设计标准。以上三个版本的 NEHRP 条文分别是 ASCE 7-05、ASCE 7-10 和 ASCE 7-16[12-14]抗震设计章节的主要参考文献。在它们的影响下，ASCE 7-10 对震害区划图的意义进行了原则性的修改。为了适应抗震理论的发展，ASCE 7-16 制定了性能设计的理论框架，对目标反应谱的建立和地面运动加速度时程的选择做了原则性的修改，并增添了动力非线性分析方面的内容。与此同时，ASCE 41-06 更新为 ASCE 41-13 和 ASCE 41-17[15-17]，ACI 318-08 更新为 ACI 318-14[18,19]。这些重大修改影响到房屋设计规范（International Building Code，IBC）[20]，对美国的抗震理论和设计方法产生了深远的影响。

美国西部是强震区。加利福尼亚结构工程师协会（Structural Engineers Association of

California，SEAOC）在研究北岭（Northridge）地震和神户（Kobe）地震震害的基础上，领先于美国其他区域，于 1995 年发布了美国第一本以性能命名的设计框架性文件，SEAOC Vision 2000，构建了包括性能水准、性能目标、考察要素、保障措施等方面性能设计的基本框架[1]。作为另外一条研究主线，1996 年，美国西部沿岸 9 所名校，以伯克利地震工程研究中心（Earthquake Engineering Research Center，EERC）为骨干，联合组建了太平洋地震工程研究中心（Pacific Earthquake Engineering Research，PEER），总部设在伯克利加利福尼亚大学。PEER 的研究涉及震源机制、近断层区域地面运动和衰减规律，生命线工程等地震工程学领域，并提供地震大数据和专用分析软件（如 OpenSees 等），支持性能设计法的发展。在 PEER 的推动下，美国西海岸重要城市先后颁布了基于性能的高层建筑抗震设计规范。2005 年，洛杉矶高层建筑结构设计委员会（Los Angeles Tall Buildings Structural Design Council，LATBSDC）颁布了洛杉矶性能高规（*An Alternative Procedure for Seismic Analysis and Design of Tall Buildings Located in Los Angeles Region*，2005 Edition）[21]。2007 年，北加利福尼亚结构工程师协会（Structural Engineers Association of Northern California，SEAONC）编制了旧金山高规（*Recommended Administrative Bulletin on the Seismic Design & Review of Tall Buildings Using Non-Prescriptive Procedures*，2007 Edition）[22]。这两本地方规范的地震作用和性能设计的理念基本上与 ASCE 7-05 保持一致。

20 世纪末，在大规模超高层建筑的建设浪潮中，为适应超高、超规范体系结构设计的需求，PEER 与 ATC、SEAOC 等学术团体，南加利福尼亚地震中心（Southern California Earthquake Center）等研究单位，FEMA，USGS，洛杉矶房屋和安全局（Los Angeles Department of Building and Safety），LATBSDC，加利福尼亚地震安全委员会（California Seismic Safety Commission），旧金山房屋监测局（San Francisco Department of Building Inspection）等政府机构以及主导抗震工程研究的学者、教授等共同组建了高层建筑课题攻关小组（Tall Building Initiative，TBI）。PEER/TBI 负责制定性能目标、评估高层建筑动力反应、合成人工地震波、编写选波和建模指南等，最终编制基于性能的高层建筑抗震设计的指导性文件，供设计使用，供房屋管理人员参考。PEER/TBI 2010 年发布了高层建筑基于性能的抗震设计导则（*Guidelines for Performance-Based Seismic Design of Tall Buildings*，PEER Report No. 2010/05）。导则创新地采用使用水准地震（Service Level Earthquake，SLE）进行多遇地震的结构弹性反应和截面设计，结合风险目标最大考虑地震（risk-targeted maximum considered earthquake，MCE_R），应用动力非线性分析评估结构抗倒塌能力的二水准设计方法。导则还引入了临界构件和非临界构件的概念，制定了结构及构件的可接受准则。近年来，世界范围内，尤其在美国西部，地震工程学领域的研究取得了迅速发展，基于性能的延性抗震设计方法得到广泛应用。据最新进展，导则已经对地面运动衰减、选波准则以及美国性能设计的现状、教训等方面，在 ASCE 7-16 的基本框架下进行了全面更新。详见 PEER/TBI 导则 Version 2.03，PEER Report No. 2017/06[23]。

这样，若从 NERHP 成立算起，美国花了 40 多年的时间，发展及基本完善了一整套以动力非线性为主要分析手段，以塑性变形为主要性能指标的延性抗震设计方法。

全面介绍美国性能设计超出了本书作者的意图。本节主要以 FEMA、ASCE 的技术文件、标准以及 PEER/TBI 导则为主要背景材料，简单介绍近年来美国性能设计方面的重大技术修改、理论要点以及实施方法。我国结构工程师也许并不熟悉其中的一部分内容。但本书作者相信，坚持认真阅读、理解和掌握这些基本知识后，将会终身受益。

二、地震地面运动加速度反应谱

2004 年 9 月，NIBS 与 FEMA 签订了编制 2009 NEHRP 的协议，启动了对 2003 NEHRP 和 ASCE 7-05 的更新工作。由 BSSC 负责更新设计准则、结构分析方法和设计等方面的内容，由 USGS 负责更新地震震害区划图。

地震危险性概率分析法把 50 年设计基准期、超越概率 2%（2/50a）的地震定义为最大考虑地震（maximum considered earthquake，MCE）。在超越概率 2%的概率分析区划图的基础上，对于断层滑移速率明显及预测地震震级超过 6 级的近断层区域，USGS 和隶属于 BSSC 的抗震设计方法小组（Seismic Design Procedure Group，SDPG），采用了确定性分析平均值的 1.5 倍，对近断层区域 MCE 的谱加速度作了盖帽限制。这样可以避免过长重现周期带来的不确定性，过高估计地震动参数，也使得等震线的边界显得更平缓一些。2008 年以前，USGS 使用按合并概率分析法和确定性分析法研究成果编制的几何平均均匀震害 MCE 区划图。ASCE 7-05 采用 MCE 区划图作为设计依据。

USGS 更新了震源模型，使用新一代地面运动衰减关系（Next-Generation Attenuation relationships，NGA），2008 年重新定义了 50 年基准期，倒塌风险概率 1%的 MCE 为风险目标最大考虑地面运动，记作 $\mathrm{MCE_R}$，使用 $\mathrm{MCE_R}$ 的谱加速度参数 S_s，S_1 编制区划图。ASCE 7-10 以及后续版本，按 USGS 的上述更新，对 ASCE 7-05 做了三个方面的重大技术修改：①使用风险目标最大考虑地面运动；②使用最大方向上的地面运动；③强震区近断层谱加速度的确定性分析中，使用平均值的 1.8 倍作为盖帽值，达 84%可靠度。本小节尽量使用结构工程师的术语，对上述三个技术修改要点进行一些讲解。

1. 符号及定义

C_R：风险系数。

C_{RS}：风险系数区划图给出的短周期（0.2-s）谱反应风险系数（2009 NEHRP 的图 22-3）。

C_{R1}：风险系数区划图给出的 1-s 谱反应风险系数（2009 NEHRP 的图 22-4）。

S_{SD}：阻尼比 5%，确定性分析最大方向短周期谱反应加速度（2009 NEHRP 的图 22-5）。

S_{1D}：阻尼比 5%，确定性分析最大方向 1-s 谱反应加速度（2009 NEHRP 的图 22-6）。

S_{SUH}：阻尼比 5%，概率分析均匀震害最大方向短周期谱反应加速度（2009 NEHRP 的图 22-1）。

S_{1UH}：阻尼比 5%，概率分析均匀震害最大方向 1-s 谱反应加速度（2009 NEHRP 的图 22-2）。

S_s：阻尼比 5%，$\mathrm{MCE_R}$0.2-s 谱反应加速度参数（ASCE 7-10 的图 22-1，图 22-3，图 22-5～图 22-6）。

S_1：阻尼比 5%，$\mathrm{MCE_R}$1-s 谱反应加速度参数（ASCE 7-10 的图 22-2，图 22-4，

图 22-5～图 22-6）。

S_{aM}：场地特定 MCE_R 任意周期谱反应加速度。

S_{MS}：阻尼比 5%，按场地类别调整的 MCE_R 短周期谱反应加速度。

S_{M1}：阻尼比 5%，按场地类别调整的 MCE_R 1-s 谱反应加速度。

2. 风险目标最大考虑地震 MCE_R

2003 NEHRP 条文和 ASCE 7-05 使用几何平均均匀震害 MCE 区划图作为设计依据。其中"均匀"是指潜在震源对于加速度谱值的贡献是均匀的，结构遭受的震害也是均匀的。然而，地震的离散性，地面运动衰减规律的不确定性，结构体系和平面形状的复杂性，工程师对结构特性理解程度的差异性等等使结构的抗震性能存在相当的不确定性，均匀震害谱并不能保证所有结构遭受的破坏是均匀的，尤其是位于地面运动衰减规律不一致地区的结构，即使是同一次地震，倒塌概率明显不同。2009 NEHRP 条文重申了抗震设计的基本出发点是防止 MCE 引起结构体系的倒塌及其构件塌落造成大量人员伤亡和生命安全。条文把笼统的震害明确为结构倒塌，并定量地规定在 MCE 作用下，结构绝对倒塌风险概率为 1%。

理论上，可以对离散后反应谱的每一个周期，通过以谱反应加速度作为变量的对数正态概率密度函数表示的倒塌概率，对 MCE 震害谱曲线迭代积分得到 1%倒塌概率的 MCE_R 谱，但过程晦涩且烦琐。USGS 允许通过风险系数 C_R 来建立 MCE_R 谱。具体如下。

第一步，调整均匀震害地面运动（场地类别 B）为倒塌目标风险地面运动。

使用 2/50a，最大方向均匀震害短周期谱反应加速度 S_{SUH} 和 1-s 谱反应加速度 S_{1UH}（2009 NEHRP 的图 22-1 和图 22-2）分别与风险区划图中风险系数 C_{RS} 和 C_{R1}（2009 NEHRP 的图 22-3 和图 22-4）相乘，得 $C_{RS}S_{SUH}$，$C_{R1}S_{1UH}$。

第二步，取概率分析和确定性分析地面运动的较小者（场地等级 B）。

取 $C_{RS}S_{SUH}$ 和确定性最大方向短周期谱加速度 S_{SD}（2009 NEHRP 的图 22-5），$C_{R1}S_{1UH}$ 和确定性最大方向 1-s 谱加速度 S_{1D}（2009 NEHRP 的图 22-6）之间的较小者，得 MCE_R 短周期谱反应加速度参数 S_S 和 1-s 谱反应加速度参数 S_1，即

$$S_S = \text{smaller of }(C_{RS}S_{SUH}, S_{SD}) \qquad S_1 = \text{smaller of }(C_{R1}S_{1UH}, S_{1D}) \qquad (6.2.1)$$

式中，$S_{SD} \geq 1.5g$，$S_{1D} \geq 0.6g$，以确保安全。

第三步，调整场地等级。

按拟建场地的土质条件，确定场地系数 F_a, F_v，调整场地等级，得经场地调整的 MCE_R 谱的短周期谱反应加速度 S_{MS} 和 1-s 谱反应加速度 S_{M1}。

ASCE 7-10 中的图 22-1～图 22-6 给出了阻尼比 5%，场地等级 B 的 MCE_R 短周期（0.2-s）谱反应加速度 S_S，1-s 谱反应加速度 S_1 的等值线区划图和场地系数表（表 11.4-1 和表 11.4-2），供设计使用。除个别区域以外，西部强震区 ASCE 7-05 和 ASCE 7-10 的差别在 10%～15%，有高有低[24]。

3. 几何平均反应谱和最大方向反应谱

地震波向四周传播的过程中，各向异性的传播介质使地面运动的强弱以及频谱具有方向性。图 6.2.2 给出 1995 年日本兵库县南部地震不同方位的地震地面运动加速度时程

的示例[25]。图 6.2.3 给出 1971 年 San Fernando 地震 Pacoima Dam 台站记录到地面运动的不同方向的、5%阻尼比 1-s 谱反应加速度 S_1。最大方向与图示水平轴的夹角为 31°，最大方向谱反应加速度为 $1.42g$[26]。

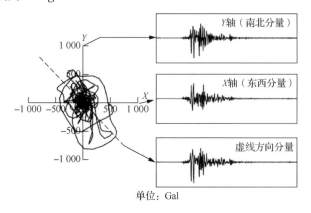

图 6.2.2　1995 年日本兵库县南部地震不同方位的地震地面运动加速度时程的示例

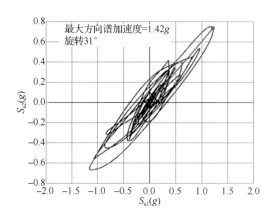

图 6.2.3　1971 年 San Fernando 地震 Pacoima Dam 台站不同方向的、5%阻尼比 1-s 谱反应加速度

　　2008 USGS 以前版本的区划图，把两个正交方向地面运动的几何平均值作为规定的谱加速度，标定反应谱形状。然而，结构工程师认为最大方向上的地面运动更具有工程意义。USGS 使用更新的震源模型和新一代地面运动衰减关系（NGA），2008 USGS MCE$_R$ 区划图更新为最大方向地面运动谱加速度。根据 Huang 等的研究成果，USGS 取 5%阻尼比最大方向的 S_S 和 S_1 比几何平均值分别近似放大 1.1 倍和 1.3 倍[27]。

　　4. 确定性分析地面运动的盖帽

　　确定性分析得到的地面运动应考虑发震机制和近断层地面运动的不确定性。Luco 等的研究表明[28]，使用新一代衰减关系 NGA，采用平均值 1.5 倍作为确定性分析谱反应加速度比使用保证率 84%、最大方向谱反应加速度要小得多。按 2009 NEHRP 的推荐，2008 USGS 的 MCE$_R$ 区划图采用平均值的 1.8 倍（即 84%保证率）作为近断层区域概率分析的盖帽值。进一步，取 $S_{SD} \geqslant F_a \cdot 1.5g$，$S_{1D} \geqslant F_v \cdot 0.6g$（其中 F_a 和 F_v 为场地系数，见 ASCE 7-10 的表 11.4-1 和表 11.4-2 所示）作为确定性谱加速度的下限值，以确保安全。

5. 设计反应谱

使用 MCE_R 替代 MCE 后，与 ASCE 7-05 相同，ASCE 7-10 取 MCE_R 谱反应加速度的 2/3 作为设计反应谱，即

$$S_{MS} = F_a S_s \qquad S_{M1} = F_v S_1 \qquad (6.2.2)$$

$$S_{DS} = \frac{2}{3} S_{MS} \qquad S_{D1} = \frac{2}{3} S_{M1} \qquad (6.2.3)$$

图 6.2.4 为 ASCE 7-10 推荐的设计反应谱。图中，T_L 为长周期转换周期。按不同区域，取 $T_L = 4 \sim 16s$，见 ASCE 7-10 的图 22-12～图 22-16。

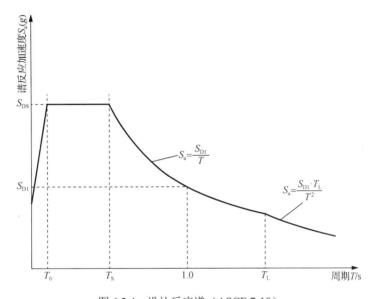

图 6.2.4　设计反应谱（ASCE 7-10）

6. 场地特定反应谱

（1）MCE_R 谱反应加速度 S_{aM}

ASCE 7-10 第 11.4.7 条规定，对建于场地类别 F 的结构和建于 $S_1 \geqslant 0.6g$ 场地的减隔震结构进行抗震设计时，应进行场地反应分析，即地震危险性分析。基于性能的抗震设计方法要求对场地地面运动进行更精确的评估，建议通过地震危险性分析来确定场地特定地面运动以及场地特定反应谱。

如上所述，USGS 已经更新了震源模型，建立了新一代地面运动衰减关系（NGA）。在此基础上，地质工程师建立场地特定反应谱的主要工作内容和程序，简单描述如下。

1）估计潜在震源区域活动断层的发震机构，震级的上下限值以及基岩 MCE_R 反应谱。

2）从震级、发震机构、断层的破裂长度等方面与潜在震源一致的地震事件中至少选择 5 条水平地面运动加速度记录或模拟时程。每一条时程按比例放大或缩小，在平均的意义上，使它们的反应谱在结构反应感兴趣的周期段内与基岩 MCE_R 反应谱近似相当。

3）模拟土层特性，建立适当的边界条件后，从基岩向上输入被选择的加速度时程。应用专用程序进行土层反应分析，得自由场地面运动和 5%阻尼比 MCE 谱反应加速度。

4）乘以风险目标系数，得自由场 5%阻尼比 MCE$_R$ 谱反应加速度。

5）应用确定性分析做盖帽处理后，得场地特定 MCE$_R$ 任意周期的谱反应加速度 S_{aM}。

（2）设计反应谱

任意周期点的场地特定设计谱反应加速度 S_a，按式（6.2.4）确定

$$S_a = \frac{2}{3} S_{aM} \tag{6.2.4}$$

且不小于 USGS 区划图谱反应加速度得到设计反应谱的 80%。对于场地类别 F，S_a 不应小于场地类别 E，USGS 区划图谱反应加速度得到设计反应谱的 80%。

设计谱加速度参数 S_{DS} 取 0.2s 周期处的 S_a，且不小于大于 0.2s，任意周期点 S_a 的 90%。S_{D1} 取 1s 周期处的 S_a 和 2s 周期处的 $2S_a$ 之间的较大者。MCE$_R$ 谱加速度参数 S_{MS}, S_{M1} 分别取 S_{DS}, S_{D1} 的 1.5 倍。它们的数值均应不小于 USGS 区划图谱加速度参数的 80%。

三、地面运动加速度时程的选择准则

1999 年，PEER 公开了地震数据库，扩充了 NGA 数据库。数据库的每一条地面运动记录至少包含两个水平分量。此外，还提供垂直断层走向和平行断层走向的两个分量地面运动记录。数据库分为远场地面运动记录和近断层地面运动记录两大类。后者又细分为具有向前方向效应（即头部大脉冲波的现象）和方向效应不明显的两种类别。通过 PEER 网站，可直接进入数据库搜索、下载。

反应谱法隐含结构整体耗能均匀。非线性时程分析是一种精准分析方法。它不仅能预测结构整体的地震反应，而且可以评估每一个结构构件任意时刻的性能水准和耗能，得到结构的能耗分布状态。然而，地震是随机事件。使用确定性分析方法来预测地震的效应，经常被质疑，输入的地面运动记录并不能代表场地真实的地面运动，分析结果不具有唯一性，不能作为设计依据，等等。因此，为了使输入的地面运动及其动力非线性分析结果具有可以接受的、合理的可靠概率，需要建立有理论背景、被工程实践证明是行之有效的，能大概率符合潜在震源发震机构、传播途径和场地效应的目标反应谱以及候选波与目标反应谱之间的拟合和匹配的选波准则及其一整套的选波程序。简述 ASCE 7-16 的选波准则如下：

1. 地震特性

地震工程学研究和震害分析都表明，不同发震机制（如走滑断层和逆断层）的地震将具有完全不同的频谱成分和持续时间。高震级的地震也将具有较长的持续时间，释放较大的能量。因此，地面运动记录应在发震机制、震级、震中距、场地特性、传播介质的衰减规律等几个方面，在结构反应感兴趣周期段内与对目标谱起控制作用的潜在震源基本一致的地震事件中进行预选。若拟建场地位于断层不足 10km，应考虑近震记录的方向性效应。

2. 地震波集合

ASCE 7-16 第 16.2.2 条规定，应有不少于 11 条地面运动时程组成一个地震波集合。

每一条时程至少应有两个正交的水平分量组成。若考虑竖向地震效应，尚需要补充一个竖向分量。取较多的地面运动时程记录并不是统计意义上的严格要求，而是方便结构工程师平衡各条记录得到相互矛盾的性能。若其中有 1 条以上的地面运动记录产生了不能接受的性能，就认为该结构不能满足规定的倒塌概率。

　　3.　目标反应谱的建立

　　ASCE 7-16 推荐使用以下两种方法建立 5%阻尼比的目标反应谱，用于动力非线性分析地面运动加速度时程的选择。

　　（1）场地特定反应谱（方法 1）

　　允许偏保守地使用 USGS 的 MCE_R 谱或一条场地特定反应谱作为目标反应谱。

　　（2）条件平均反应谱（方法 2）

　　从 20 世纪 80 年代起，就开始把均匀震害谱（UHS）作为目标反应谱用于抗震分析。尽管现行 USGS 把震害明确为 1%的（绝对）倒塌概率，转换成为风险目标反应谱 MCE_R，但仍属于一种均匀风险谱（uniform risk spectrum，URS）。这意味着对于一个给定的超越概率（如 2/50a），整条谱曲线是全部潜在震源地震效应的包络。然而，对于某一次地震事件，并不可能在每一个周期都达到均匀谱的谱值。因此，方法 1 确定的目标谱是偏于保守的。

　　方法 2 使用条件平均反应谱（conditional mean spectrum，CMS）把 MCE_R 谱或场地特定反应谱改造为目标反应谱[29]。所谓条件平均谱是指把感兴趣周期点的谱加速度至少不低于 MCE_R 或场地特定反应谱加速度作为条件，计算其他周期的谱加速度。这种带条件的计算确保了指定周期点的谱加速度大于等于 MCE_R 谱，但其他周期的谱加速度将低于 MCE_R 谱。这样，符合场地对某一次地震事件的反应特征。把多周期点 CMS 谱曲线的包络作为目标反应谱，与它匹配和拟合的地面运动将有可能与实际发生的地面运动大概率地取得一致。图 6.2.5 为 2/50a 地面运动条件平均谱示例，图中给出位于加州帕洛阿尔托（Palo Alto California）场地，以 $T = 0.45s, 0.85s, 2.6s, 5.0s$ 加速度谱值相等作为条件，超越概率 2/50a 的 4 条 CMS 的包络可以作为目标反应谱[14]。

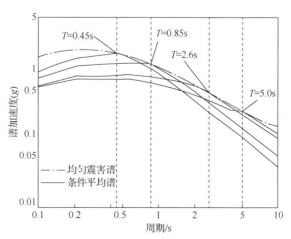

图 6.2.5　2/50a 地面运动条件平均谱示例

为了避免 CMS 过多地降低谱加速度，并确实使选择的加速度记录能大概率地重现实际地震的场景，ASCE 7-16 第 16.2.1.2 条规定如下。

1）选择两个或两个以上，在两个水平方向上对结构反应具有实质性贡献的自振周期（一般为两个水平方向上的基本周期）。在选择时，应考虑刚度退化引起的周期变长。对于每一个已选择的周期，目标谱加速度应在该周期点不小于 MCE_R 的谱加速度。

2）在建立目标谱的过程中，应拆分各潜在震源对反应谱贡献的主要区段，确认对选择周期点最大贡献震源的地震特性；选择与地震特性类似的地面运动记录计算 CMS。

3）在所有感兴趣的周期范围内，目标谱的包络不应小于 MCE_R 谱的 75%。其中，感兴趣周期范围的上限可取 $1.5T_1 \sim 2.0T_1$，下限应包括振型质量参与系数 90%以内的所有高阶振型的周期，但不低于 $0.2T_1$。

上述其中第 2）点是构建 CMS 的最重要步骤和内容。使用 USGS 的专用工具箱进行地震危险性分析可拆分潜在震源的贡献。例如，文献[28]提供了美国西雅图某场地等级 C（122.300°W，47.650°N）的一个拆分潜在震源贡献的实例。对于超越概率 2/50a、重现期 2 475 年 MCE 的 2-s 谱加速度 $S_2 = 0.247\,6g$，离拟建场地 191km 处潜在震源区的贡献最大。有兴趣的读者可以查阅文献[28]，以了解详情。在危险性分析中，也许存在着两个潜在震源对场地反应谱有实质性影响的可能。如图 6.2.6 所示，震源 1 主要影响短周期谱加速度，震源 2 主要影响长周期谱加速度。

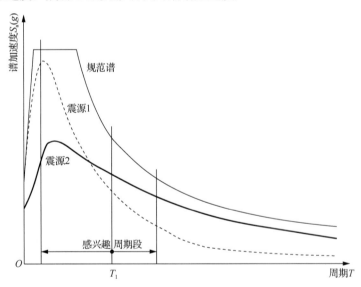

图 6.2.6 受两个控制震源影响的场地反应谱示例[28]

4. 拟合和匹配

地面运动可采用调整峰值按比例放大或缩小的方法（峰值比例法）或调整频谱的方法（频谱匹配法）来拟合目标反应谱。

（1）峰值比例法（amplitude scaling）

采用一个比例系数，对每一条波的最大方向加速度反应谱（RotD100 谱）按比例进行调整，与目标反应谱拟合。在感兴趣周期段，调整后候选波的 RotD100 谱平均值不低于目标谱的90%。该方法拟合程序简单，能保留各地震事件的独特性。但拟合效果较差。图6.2.7给出一个峰值比例法示例。图中FN和FP分别表示垂直断层走向和平行断层走向。

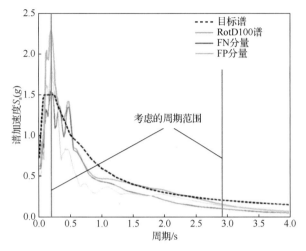

图6.2.7　峰值比例法示例（Loma Prieta, Gilroy Array 3# Motion）[14]

（2）频谱匹配法（spectral matching）

同时调整波的频率成分和峰值，使最大方向加速度反应谱（RotD100谱）最大程度上拟合目标谱。图6.2.8给出一个频谱匹配法示例。

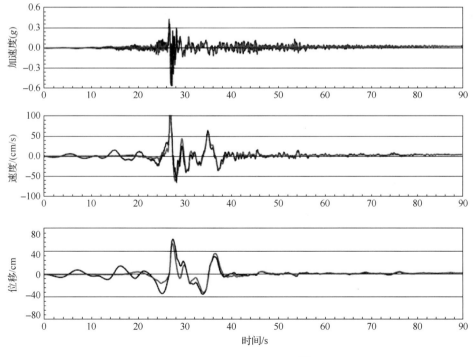

图6.2.8　频谱匹配法示例[30]

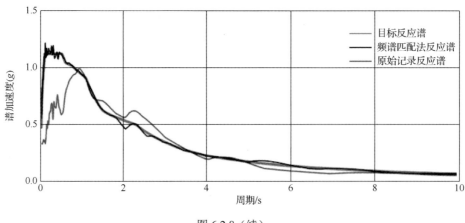

图 6.2.8（续）

　　频谱匹配法得到的拟合谱与目标谱相当接近。但由于对频率成分进行了调整，它抹平了地震事件的独特性和差异性[31]。因此，除非保留波形的方向性效应以及头部大脉冲特性，否则该方法不适用于近断层场地。ASCE 7-16 第 16.2.3.3 条要求，在上述感兴趣周期段，调整后的候选波的 RotD100 谱平均值至少不低于目标谱。

四、结构性能

　　把现有建筑物的抗震安全评估和加固作为研究对象，ASCE 41-06 建立了一套严格的性能评估体系。从 ASCE 41-2013 起，采用了 ASCE 7 的地震定义，把对现有建筑物的性能评估体系拓展到新建建筑物。

　　结构性能分为构件性能和整体（体系）性能两部分。其中，前者定义了每一个构件的力学行为破坏模式及其对建筑物正常使用和生命安全的影响程度。破坏模式分为延性破坏（变形控制作用）和脆性破坏（力控制作用）。例如，柱的弯曲破坏为变形控制作用，剪切破坏为力控制作用。而且，按构件对抗侧力体系贡献的大小以及失效后引起后续倒塌范围的大小，进一步定义临界、普通以及非临界控制作用。整体性能是指结构的整体刚度及所有构件性能的综合。性能的分类和评估是性能设计的重要内容。本小节综合 ASCE 7、ASCE 41 和 PEER/TBI 导则的有关内容，简述如下。

　　1. 构件性能

　　（1）构件和控制作用的分类

　　ASCE 41-13 把结构构件分类为主要结构构件和次要结构构件。凡属于抗侧力结构体系，影响到结构侧向刚度和内力分布的结构构件归类为主要构件，不属于抗侧力结构体系的结构构件允许归类为次要构件。如上所述，根据破坏的力学行为，进一步把每一个构件的作用分为变形控制作用和力控制作用。ASCE 41-13 给出了变形控制作用和力控制作用的示例。本节摘录表 C7-1 于表 6.2.1 中。ASCE 41 认为，只有当墙体钢筋发生屈服后，剪力墙才有可能发生剪切破坏。因此，把墙体的剪切列入可能的变形控制作用之中。

表 6.2.1　变形控制作用和力控制作用示例（摘自 ASCE 41-13 的表 C7-1）

结构构件		变形控制作用	力控制作用
延性框架	梁	弯曲（M）	剪切（V）
	柱	—	轴力（P），V
	节点	—	V
剪力墙		M，V	P

　　ASCE 7-16 按相同的原则定义变形控制作用和力控制作用。与 ASCE 41 稍有不同，除配置交叉钢筋的连梁以外，其把所有混凝土构件（梁、柱、剪力墙）中的剪切以及把分析中取弹性的作用都定义为力控制作用。分析模型应清晰地界定构件力学行为的变形控制作用和力控制作用。ASCE 7-16 进一步依据构件发生破坏（变形控制或力控制）对抗侧力体系产生影响的大小及失效后引起结构发生倒塌范围的大小等方面，把它们细分为临界、普通和非临界变形控制作用及临界、普通和非临界力控制作用。其中，"临界"是指破坏多半会导致结构部分或整体倒塌的作用；"非临界"是指破坏多半不会引起导致结构倒塌的作用；"普通"是指破坏也许会导致局部倒塌，但多半不会影响结构的整体稳定性。表 6.2.2 给出力控制作用及其分类的示例。

表 6.2.2　力控制作用及其分类（PEER/TBI 导则的表 E-1）

作用	分类		
	临界	普通	非临界
抗弯框架梁、柱、梁柱节点的剪力	×		
非抗弯框架柱的剪力	×		
与伸臂桁架连接的柱或框支柱的剪力	×		
重力柱的轴力和弯矩的联合作用[①]	×		
转换桁架的剪力和弯矩	×		
作为主要抗侧力体系一部分的剪力墙的剪力	×		
地下室墙体的剪力和弯曲		×	
无斜交钢筋连梁的剪力[②]	×		
拉压杆模型的压力	×		
拉压杆模型的拉力		×	
转换楼板的平面内剪力[③]	×		
除刚性隔板以外的平面内剪力		×	
从刚性隔板传递到抗侧力竖向构件的力	×		
除了传力构件以外，刚性隔板的轴力		×	
独立浅基础或筏板基础中的剪力	×		
独立浅基础或筏板基础中的弯矩		×	
所有其他力控制作用[④]	×		

① 适当细部构造后，柱的弯矩和轴力的联合作用也可以是变形控制作用。
② 若构件的后续破坏相当小，连梁剪力也可以考虑为普通力控制作用。
③ 在转换楼板破坏后，若落地剪力墙能提供足够的侧向刚度，转换楼板可以处理为普通力控制作用。
④ 其他力控制作用应考虑对建筑物整体性能的影响来区分临界、普通、非临界，表中缺省分类为临界力控制作用。

（2）变形控制作用的性能水准

按（广义）非线性变形的大小，ASCE 41-13 把结构构件变形控制作用的性能划分为立即入住（immediate occupancy，IO）、破坏控制（damage control）、生命安全（life safety，LS）、有限安全（limited safety）、防止倒塌（collapse prevention，CP）和不考虑（not considered）6 个离散的性能水准，分别记作 S-1～S-6。其中，IO（S-1）、LS（S-3）和 CP（S-5）为三个基本性能水准，把 IO～LS 区间定义为破坏控制性能段，把 LS～CP 区间定义为有限安全性能段。在两个性能区段中，插入的 S-2 和 S-4 给发展商和结构工程师提供了两个可以选择的性能水准。

图 6.2.9 为通用（广义）力-变形非线性关系曲线。

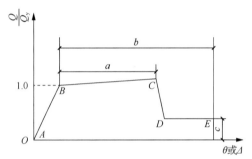

Q_y 为（广义）屈服强度；θ 或 Δ 为对应的变形；A 为初始点；B 为屈服点；AB 连线表示构件等效初始刚度；C 为极限强度点；BC 连线表示应变硬化，为初始刚度的 0～1/10；D 为残余强度点；CD 连线为一条很陡的直线，表示过了 C 点构件将迅速丧失强度，仅保留残余强度；E 为终止点，构件彻底丧失强度，退出工作；小写字母 a 和 b 表示与构件延性有关的参数；c 表示残余强度比，定义为残余强度与屈服强度之比。它们标定了力-变形曲线的形状，其取值见下一小节"可接受准则"所述。

图 6.2.9　通用（广义）力-变形非线性关系曲线[15]

图 6.2.10 为上述性能水准和性能段示意图。图中，本书作者补充定义了弹性控制性能段和运行控制性能段。

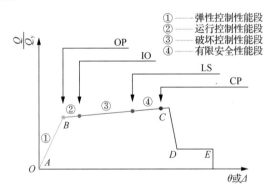

图 6.2.10　性能水准和性能段示意图[8]

（3）变形控制作用的可接受准则

定义与上述各性能水准对应的最大非线性变形为变形控制作用的可接受准则或变形限值。

上述各水准的可接受准则相当于变形控制作用的延性能力。它的制定是性能设计中至关重要的环节,涉及工程经验、震害分析、材料属性、大量的构件试验、计算机仿真重现等诸多方面的分析、研究和整理。详细叙述这方面的内容超出了本书的范围。ASCE 41-13第 7 章和第 10 章给出了制定钢筋混凝土结构构件可接受准则的原则,并列出了详细的表格。这里仅摘录钢筋混凝土梁、柱、墙、连梁的可接受准则表 10.7、表 10.8 和表 10.19中弯曲破坏控制(变形控制作用)的部分内容,分别列为表 6.2.3~表 6.2.5,方便读者使用。

表 6.2.3　梁弯曲破坏非线性力-变形关系曲线模型参数及转动限值(摘自 ASCE 41-13 的表 10.7)

$\dfrac{\rho-\rho'}{\rho_{bal}}$	横向箍筋	$\dfrac{V}{b_w d\sqrt{f'_c}}$	模型参数			可接受准则/rad		
			塑性铰转角/rad		残留强度比	性能水准		
			a	b	c	IO	LS	CP
≤0.0	C	≤3(0.25)	0.025	0.05	0.20	0.010	0.025	0.05
≤0.0	C	≥6(0.5)	0.02	0.04	0.20	0.005	0.02	0.04
≥0.5	C	≤3(0.25)	0.02	0.03	0.20	0.005	0.02	0.03
≥0.5	C	≥6(0.5)	0.015	0.02	0.20	0.005	0.015	0.02
≤0.0	NC	≤3(0.25)	0.02	0.03	0.20	0.005	0.02	0.03
≤0.0	NC	≥6(0.5)	0.01	0.015	0.20	0.0015	0.01	0.015
≥0.5	NC	≤3(0.25)	0.01	0.015	0.20	0.005	0.01	0.015
≥0.5	NC	≥6(0.5)	0.005	0.01	0.20	0.0015	0.005	0.01

注:1. 表中数值允许内插。

2. f'_c 为混凝土圆柱体轴心抗压强度,lb/in^2(MPa);ρ 为纵向受拉钢筋配筋率;ρ' 为纵向受压钢筋配筋率;ρ_{bal} 为平衡配筋率;V 为截面设计剪力;b_w 为梁宽;d 为截面有效高度。

3. C 和 NC 分别是约束箍筋与非约束箍筋的缩写。约束箍筋要求:弯曲塑性铰区域内箍筋间距不大于 $d/3$,且对于中等延性或高延性梁,箍筋抗剪承载力 V_s 不小于非线性分析设计剪力 V 的 3/4。

表 6.2.4　柱弯曲破坏非线性力-变形关系曲线模型参数及转动限值(摘自 ASCE 41-13 的表 10.8)

$\dfrac{P}{A_g f'_c}$	$\rho=\dfrac{A_v}{b_w s}$	模型参数			可接受准则/rad		
		塑性铰转角/rad		残留强度比	性能水准		
		a	b	c	IO	LS	CP
≤0.1	≥0.006	0.035	0.060	0.20	0.005	0.045	0.060
≥0.6	≥0.006	0.010	0.010	0.00	0.003	0.009	0.010
≤0.1	=0.002	0.027	0.034	0.20	0.005	0.027	0.034
≥0.6	=0.002	0.005	0.005	0.00	0.002	0.004	0.005

注:1. 表中数值允许内插。

2. f'_c 为混凝土圆柱体轴心抗压强度,lb/in^2;A_g 为柱截面毛面积;V 为截面设计剪力;b_w 为柱宽;A_v 为箍筋面积,s 为箍筋间距;P 为柱设计轴力,应取重力荷载和地震作用的最大组合作用。若 $P>0.7A_g f'_c$,除非塑性铰区域内带 135°弯勾的箍筋间距不大于 $d/3$,且中等延性或高延性柱,箍筋抗剪承载力 V_s 不小于非线性分析设计剪力 V 的 3/4,否则塑性铰转动限值取 0。

3. 约束箍筋应符合 ACI 318 有关规定。在弯曲塑性铰区域内,箍筋弯勾 135°,$A_v/b_w s \geqslant 0.002$,$s/d \geqslant 0.5$,$d$ 为截面有效高度。

表 6.2.5　墙弯曲破坏非线性力-变形关系曲线模型参数及转动限值（摘自 ASCE 41-13 的表 10.19）

$\dfrac{(A_s - A_s')f_y + P}{t_w l_w f_c'}$	$\dfrac{V}{t_w l_w \sqrt{f_c'}}$	约束边缘构件	模型参数			可接受准则/rad		
			塑性铰转角/rad		残留强度比	性能水准		
			a	b	c	IO	LS	CP
剪力墙和墙肢								
≤0.1	≤4	是	0.010	0.020	0.75	0.005	0.015	0.020
≤0.1	≥6	是	0.009	0.015	0.40	0.004	0.010	0.015
≥0.25	≤4	是	0.005	0.012	0.60	0.003	0.009	0.012
≥0.25	≥6	是	0.008	0.010	0.30	0.0015	0.005	0.010
≤0.1	≤4	否	0.006	0.015	0.60	0.002	0.008	0.015
≤0.1	≥6	否	0.003	0.010	0.30	0.002	0.006	0.010
≥0.25	≤4	否	0.002	0.005	0.25	0.001	0.003	0.005
≥0.25	≥6	否	0.002	0.004	0.20	0.001	0.002	0.004
连梁								
纵向钢筋+约束箍筋	≤3	NA	0.025	0.040	0.75	0.010	0.025	0.050
	≥6	NA	0.020	0.035	0.50	0.005	0.020	0.040
纵向钢筋+非约束箍筋	≤3	NA	0.020	0.025	0.50	0.006	0.020	0.035
	≥6	NA	0.010	0.050	0.25	0.005	0.010	0.025
斜向钢筋	NA	NA	0.030	0.050	0.80	0.006	0.030	0.050

注：1. 表中数值允许内插。
　　2. f_c' 为混凝土圆柱体轴心抗压强度，lb/in²；P 为墙设计轴力；A_s 为受拉钢筋面积；A_s' 为受压钢筋面积；t_w 为墙宽；l_w 为墙肢长度；V 为截面设计剪力。
　　3. 若横向箍筋超过 ACI 318 规定的 75%，且箍筋间距不大于 $8d_b$，d_b 为纵向钢筋直径；可以认为设置了约束边缘构件。
　　4. 当连梁的长度不大于 8ft，底部钢筋连续伸入至两侧墙肢，LS 和 CP 的可接受准则，允许取表中数值的 2 倍。
　　5. 连梁约束箍筋要求：箍筋全长加密，间距不大于 $d/3$，d 为截面有效高度；箍筋抗剪强度不小于 3/4 的设计剪力。

（4）变形控制作用的需求和能力

变形控制作用的需求为 MCE_R 地面运动动力非线性分析得到非线性变形的平均值。ASCE 7-16 要求，临界和普通变形控制作用，其延性能力都不超过上述 CP 水准的可接受准则除以建筑物重要性系数 I_e。

（5）力控制作用的需求和能力

力控制作用应满足式（6.2.5）的要求

$$\gamma I_e (Q_u - Q_{ns}) + Q_{ns} \leq Q_e \tag{6.2.5}$$

式中，Q_u 为 MCE_R 地面运动动力非线性分析的效应平均值；Q_{ns} 为非地震作用引起的需求；Q_e 为构件的期望强度；γ 为荷载系数，如表 6.2.6 所示。

表 6.2.6　力控制作用荷载系数（ASCE 7-16 的表 16.4-1）

作用类型	临界	普通	非临界
荷载系数 γ	2.0	1.5	1.0

2. 整体性能

（1）层间位移限值

ASCE 7-16 规定 MCE_R 地面运动非线性层间位移不应大于 DE 反应谱分析限值的 2

倍。表 6.2.7 列出除砌体结构或砌体剪力墙结构以外，4 层以上结构的 MCE_R 层间位移限值。

表 6.2.7　层间位移限值 Δ_a（摘自 ASCE 7-16 的表 12.12-1）

结构类型	风险等级		
	I 或 II	III	IV
除砌体结构或砌体剪力墙结构以外，4 层以上的所有结构	0.04 h_{sx}（1/25）	0.03 h_{sx}（1/33）	0.02 h_{sx}（1/50）

注：1. h_{sx} 为第 x 层楼板以下的层高，括号中的数字为层间位移角。
　　2. 抗震设计分类 D,E,F 的延性框架，其层间位移限值为 Δ_a/ρ（其中 ρ 为结构赘余度系数）。

（2）目标性能

ASCE 41-13 把 ASCE 7 的 DE 和 MCE_R 定义为基本安全地震水准 1（basic safety earthquake-1N，BSE-1N）和基本安全地震水准 2（basic safety earthquake-2N，BSE-2N），并按 ASCE 7 的风险等级，给出了等效于新建建筑物的基本性能目标（basic performance objective equivalent to new building，BPON），如表 6.2.8 所示。

表 6.2.8　等效于新建建筑标准的基本性能目标（ASCE 41-13 的表 2-2）

风险等级	类别	地震水准			
		BSE-1N		BSE-2N	
I & II	结构	生命安全性能	3-B 等级	防止倒塌性能	5-D 等级
	非结构	不塌落性能		有限安全性能	
III	结构	破坏控制性能	2-B 等级	有限安全性能	4-D 等级
	非结构	不塌落性能		有限安全性能	
IV	结构	立即入住性能	1-A 等级	生命安全性能	3-D 等级
	非结构	完全运行性能		有限安全性能	

注：连接符号前的阿拉伯数字表示结构构件的性能水准，符号后的大写英文字母表示非结构构件的性能水准。

仿照结构构件，ASCE 41-13 把非结构性能划分为完全运行（operational）、不塌落（position retention）、生命安全（life safety）、有限安全（hazards reduced）和不考虑（not considered）5 个离散的性能水准，分别记作 N-A～N-E。表 6.2.8 中，阿拉伯数字表结构构件的性能水准（略去 S），大写英文字母 A、B、D 表示非结构构件的性能水准（略去 N）。影响非结构构件性能的因素以及涉及的方面比结构构件要复杂得多。为了简洁起见，本章略去对非结构性能的设计方法和性能水准以及可接受准则的讨论。有兴趣的读者可以进一步阅读 ASCE 41-13 第 13 章。

表 6.2.9 为破坏控制和建筑物目标性能水准，表中给出结构整体性能一个示例。结合表 6.2.7 和表 6.2.8，SOM 按 2009 NEHRP 的理论框架，绘制了建筑物目标性能示意图图（图 6.2.11），显示了性能水准、地震和危险等级三者之间的关系。按风险等级，可区分为常规型，增强型和特殊型性能目标。图 6.2.11 中，SLE 为 PEER/TBI 导则定义的使用水准地震（见下一小节）。以增强型性能目标为例，SLE 对应的性能水准处于 OP 与 IO 的界线；DE，处于 IO 与 LS 的界线；MCE_R，处于 LS 与 CP 的界线。

表 6.2.9　破坏控制和建筑物目标性能水准（ASCE 41-13 的表 C2-3）

项目	防止倒塌 5-D 等级	生命安全 3-C 等级	立即入住 1-B 等级	完全运行 1-A 等级
整体破坏状况	严重	中等	轻微	非常轻微
结构构件	几乎没有抵抗侧向荷载的刚度和强度；柱、墙仍能承受重力荷载；侧向残余位移可观；有些出口被阻塞；震后建筑物接近倒塌，不能继续使用	结构体系尚有残余强度和刚度；柱、墙、梁组成的重力框架能继续重力荷载；墙不发生平面外的破坏；有侧向残余位移；分隔墙破坏；修理前多半不能继续使用；震后修复性也许不高	无侧向残余位移；结构基本上保持原有的强度和刚度；多半能继续使用	无侧向残余位移；结构基本上保持原有的强度和刚度；立面、分隔墙、天花以及结构构件仅出现细微裂缝；所有对正常运行重要的系统都能工作；绝大多数可能继续使用
非结构构件	大量损坏；填充墙和无支撑栏杆破坏或开始失效	栏杆等有不很严重的倒塌震害；但许多建筑、设备和电气系统遭到破坏	设备一般完好，但由于公共设施等原因，不一定能运行；立面、分隔墙、天花以及结构构件出现一些裂缝；电梯能重启，防火设施能正常运行	基本没有破坏；电力系统和其他设备可以通过备用电源供电运行
与基于规范设计的新建常规建筑在设计地震作用下性能的比较	严重损坏，有生命安全的高风险	稍严重损坏，生命安全风险稍高	较轻微损坏，生命安全风险较低	轻微损坏，几乎无生命安全风险

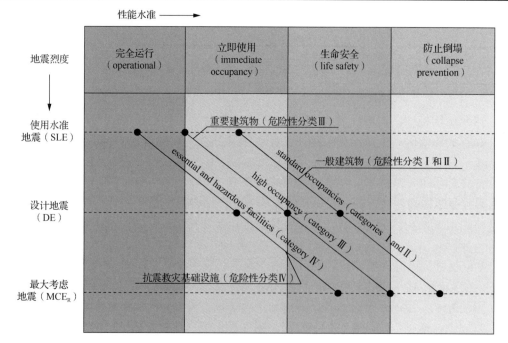

图 6.2.11　目标性能示意图（改自于 SOM）[30]

五、PEER/TBI 推荐的性能设计方法

在 NEHRP 推荐的抗震规程，ASCE 7 和 ASCE 41 等理论框架范围内，PEER/TBI 编制了性能设计导则，创新地定义了使用水准地震（service level earthquake，SLE），并提出了基于性能的高层建筑二水准抗震设计方法，即按 SLE 对建筑物进行弹性地震反应分析和设计；按 MCE_R 使用动力非线性分析验证建筑物及其构件抵抗罕遇地震的倒塌能力。PEER/TBI 导则的性能设计方法在美国西部得到广泛应用。简述理论要点如下。

1. 总则

（1）设防水准地震

PEER/TBI 导则按照地震危险性概率分析法和更新的震源机制以及 NGA，定义了回归期 43 年（30 年基准期超越概率 50%，50/30a），5% 阻尼比均匀震害谱加速度参数 S_D，S_1 表示的地面运动为使用水准地震，记作 SLE。对于 MCE_R，导则与 ASCE 7-16 保持一致。导则仅要求对 SLE 和 MCE_R 进行设防分析、设计和验证。然而，若房屋官员或第三方独立评审专家要求提供对基于规范的 DE 反应分析，结构工程师应按 ASCE 7-16 的要求予以补充。

（2）目标反应谱的建立和地面运动时程的选择

按 ASCE 7-16 第 16 章（上述第三小节）的要求，建立目标反应谱，选择合适的地面运动时程。

（3）抗震性能总目标

按 PEER/TBI 导则设计的建筑物将至少具有等同，并在某些方面超越按 ASCE 7-16 设计的类似常规建筑物的抗震性能。导则按 ASCE 7-16 的要求赋予建筑物风险等级。按图 6.2.11 所示，对于风险等级 II 的建筑物，可选择基本型目标性能。在抵抗 MCE_R 地面运动时，条件倒塌风险概率不超过 10%（详见 ASCE 7-16 第 1.3.3 节）。对于风险等级 III 的建筑物，可选择增强型目标性能；对于风险等级 IV 的建筑物，可选择特殊型目标性能。在抵抗 MCE_R 地面运动时，它们的条件倒塌风险概率分别不超过 5% 和 2.5%。

（4）结构整体目标性能

抵抗 SLE 地面运动时，要求风险等级 II 的建筑物基本处于弹性反应，至多仅仅产生有限结构损坏的目标性能，混凝土产生细微裂缝，仅仅极个别结构构件的钢筋有所受拉屈服，但不应对结构的修复性和抗倒塌安全性产生任何影响。非结构构件的损害，除个别区域外，不应影响震后的正常使用。由于地震及分析方法的不确定性，PEER/TBI 导则特别要求人员密集的高层建筑，在 SLE 的震后，应立即能恢复运行。因此，即使是风险等级 II 的高层建筑，导则推荐选择增强型目标性能。

抵抗 MCE_R 地面运动时，要求震后结构不发生过多的永久性残余侧向位移，结构构件不丧失继续承受重力荷载的能力，重要的抗侧力构件不发生强度退化过多的非线性变形。

2. 建模参数

（1）期望强度

PEER/TBI 导则的意图是分析模型尽可能真实地估计结构的刚度。因此，推荐使用材料的期望强度替代基于规范的名义强度。按美国 ASTM 和 ACI 的标准，导则表 4-2 给出了主要建筑材料的期望屈服值和期望极限值，摘录于表 6.2.10 中。

表 6.2.10　材料的期望强度（PEER/TBI 导则的表 4-2）

项目		期望强度	
		期望屈服强度 f_{ye}/psi	期望极限强度 f_{ue}/psi
钢筋	A615　60 级	70 000	106 000
	A615　70 级	82 000	114 000
	A706　60 级	69 000	95 000
	A706　80 级	85 000	112 000
混凝土		$f'_{ce}=1.3f'_c$	

注：1. f_{ye}、f_{ue}、f'_{ce} 分别表示钢筋的期望屈服值、期望极限值和混凝土一年以后的期望强度。

　　2. 1psi=0.006 9MPa。

构件期望强度 R_{ne} 可以取有代表性构件试验的平均值；或者使用表 6.2.10 列出的材料期望强度 f_{ye}, f'_c 分别替代 ACI 318 中的 f_{yt}, f'_c 后，按 ACI 318 有关条文执行。

（2）截面有效刚度

导则表 4-3 给出了混凝土构件截面的有效弯曲刚度，摘录于表 6.2.11 中。表 6.2.11 中数值表示了构件应力接近屈服应力时的有效刚度。当应力较小时，其可适当提高。在非线性分析阶段，表 6.2.11 提供的有效刚度可用于非线性本构关系的线性段。

表 6.2.11　钢筋混凝土构件的有效刚度（PEER/TBI 导则的表 4-3）

项目	SLE 弹性模型			MCE_R 非线性模型		
	轴向	弯曲	剪切	轴向	弯曲	剪切
剪力墙[①]（平面内）	$1.0E_cA_g$	$0.75E_cI_g$	$0.4E_cA_g$	$1.0E_cA_g$	$0.35E_cI_g$	$0.2E_cA_g$
剪力墙（平面外）	—	$0.25E_cI_g$	—	—	$0.25E_cI_g$	—
地下室墙（平面内）	$1.0E_cA_g$	$1.0E_cI_g$	$0.4E_cA_g$	$1.0E_cA_g$	$0.80E_cI_g$	$0.2E_cA_g$
地下室墙（平面外）	—	$0.25E_cI_g$	—	—	$0.25E_cI_g$	—
钢筋混凝土连梁	$1.0E_cA_g$	$0.7\left(\dfrac{l}{h}\right)E_cI_g$ $\leq 0.3E_cI_g$	$0.4E_cA_g$	$1.0E_cA_g$	$0.7\left(\dfrac{l}{h}\right)E_cI_g$ $\leq 0.3E_cI_g$	$0.4E_cA_g$
型钢混凝土连梁[②]	$1.0(EA)_{trans}$	$0.7\left(\dfrac{l}{h}\right)(EI)_{trans}$	$1.0E_sA_{sw}$	$1.0(EA)_{trans}$	$0.7\left(\dfrac{l}{h}\right)(EI)_{trans}$	$1.0E_sA_{sw}$
非预应力转换板[③]（平面内）	$0.5E_cA_g$	$0.5E_cI_g$	$0.4E_cA_g$	$0.25E_cA_g$	$0.25E_cI_g$	$0.1E_cA_g$

续表

项目	SLE 弹性模型			MCE$_R$ 非线性模型		
	轴向	弯曲	剪切	轴向	弯曲	剪切
预应力 转换板③ （平面内）	$0.8E_cA_g$	$0.8E_cI_g$	$0.4E_cA_g$	$0.5E_cA_g$	$0.5E_cI_g$	$0.2E_cA_g$
梁	$1.0E_cA_g$	$0.5E_cI_g$	$0.4E_cA_g$	$1.0E_cA_g$	$0.3E_cI_g$	$0.4E_cA_g$
柱	$1.0E_cA_g$	$0.7E_cI_g$	$0.4E_cA_g$	$1.0E_cA_g$	$0.7E_cI_g$	$0.4E_cA_g$
筏板 （平面内）	$0.8E_cA_g$	$0.8E_cI_g$	$0.8E_cA_g$	$0.5E_cA_g$	$0.5E_cI_g$	$0.5E_cA_g$
筏板④ （平面外）	—	$0.8E_cI_g$	—	—	$0.5E_cI_g$	—

① 表中数值仅适用于墙被模拟为线单元模型。当采用纤维单元模型时，程序应自动考虑混凝土开裂及其对刚度的影响。

② $(EI)_{trans}$ 表示型钢混凝土连梁开裂后的转换截面弯曲刚度。允许按结构受力特性计算，或根据 ACI 318，按 $(EI)_{trans}=E_cI_g/5+E_sI_s$ 计算。

③ 转换板的刚度仅仅是一个期望值。若考虑钢筋与混凝土的黏结效应，可以调整。若转换不严重，除伸臂层的楼板以外，一般可取为刚性隔板，不计平面外刚度。

④ 表中筏板的平面外刚度的值，仅是一般情况。当竖向力很大时，刚度宜适当折减。

（3）等效附加黏滞阻尼

PEER/TBI 导则允许使用附加等效黏滞阻尼来考虑模型中未能计入的能耗，如非结构构件的能耗和地基半无限空间的辐射阻尼等。在无特别研究的情况下，导则推荐 SLE 分析时，附加等效黏滞阻尼比按下式取值：

$$\zeta_{critical}=\frac{0.36}{\sqrt{H}}\leqslant 0.05 \tag{6.2.6}$$

式中，H 为不计顶塔楼的结构总高（ft）。若按 m 计，式中的 0.36 应修改为 0.20。图 6.2.12 为等效黏滞阻尼比与结构高度的关系曲线，图中虚线适用于 MCE$_R$ 非线性分析。

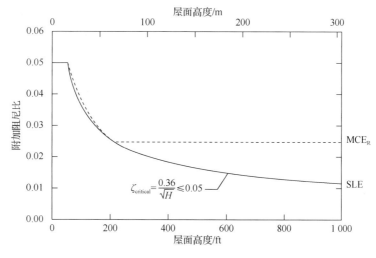

图 6.2.12　等效黏滞阻尼比与结构高度的关系曲线

3. SLE 弹性分析和设计

结构的 SLE 反应可以采用反应谱或地面运动时程方法进行弹性分析。当前地震工程学已经完全有能力提供长周期（10s 左右）的谱加速度用于超高层建筑的地震反应分析。反应谱法数据直观、便于整理，工程设计一般偏向于采用。按地震危险性分析确定 5% 阻尼的 SLE 谱反应加速度参数，按常规三维弹性建模，进行地震弹性反应分析及截面设计。PEER/TBI 导则推荐的 SLE 反应谱法与基于规范的 DE 反应谱法有所不同；主要在于前者不考虑地震反应修正系数 R、超强系数 Ω_o 和位移放大系数 C，也不需要满足最小底部剪力系数的要求，但建模时需要考虑重力荷载体系以及对结构刚度有实质性贡献的非结构构件的作用。除此之外，尚有以下两个方面需要进一步说明。

（1）荷载组合

SLE 弹性分析阶段，推荐使用表达式（6.2.7）进行荷载组合

$$1.0D + 0.5L_{exp} \pm 1.0E_x \pm 0.3E_y \qquad 1.0D + 0.5L_{exp} \pm 0.3E_x \pm 1.0E_y \qquad (6.2.7)$$

式中，L_{exp} 为活载期望值[当活载超过 100psf（$4.79kN/m^2$）时，L_{exp} 取未折减荷载的 80%；对于其他情况，L_{exp} 取未折减荷载的 40%]；E_x, E_y 分别为沿 x 方向和沿 y 方向的地震效应。

（2）可接受准则

为了防止非结构构件的破坏和确保震后侧向残余变形几乎可以略去，PEER/TBI 导则规定，把计入扭转影响的最大层间位移角不超过 0.5%（1/200）作为结构整体刚度的可接受准则。

对于构件，SLE 分析仅要求控制强度的需求/能力比 DCR。其中，设计需求按式（6.2.7）确定。对于变形控制作用，取 DCR≤1.5，能力采用材料强度标准值。对于力控制作用，确保 DCR≤1.0，能力采用材料强度设计值，即标准值乘以强度折减系数 ϕ。

对于风险等级 III 的建筑物，ASCE 7-16 着重于限制其倒塌概率。因此，导则在 SLE 分析阶段，并没有刻意对它们的强度提出更加严格的要求。若打算提高这类建筑物的性能目标，对风险等级 III 建筑物的变形控制作用，可采用 DCR≤1.5/1.25=1.2 作为强度的可接受准则。

4. MCE_R 非线性分析和验证

PEER/TBI 导则在 ASCE 7-16 第 16 章的框架下合理选波、建立非线性模型后，进行 MCE_R 非线性时程分析。整体上，控制较为严格的残余永久性侧向位移。对于构件，变形控制作用的非线性变形满足经过试验校正和震害校正的各种水准可接受准则，力控制作用的强度满足需求/能力比 DCR。尤其是临界力控制作用（如柱和剪力墙的剪切作用）的需求/性能比要足够小。也就是说，通过各个层次、变形和强度的严格控制来实现并超越 ASCE 7-16 规定的低概率结构倒塌的性能目标。

（1）非线性模型

这是一个很大的话题。ATC 72 给出了详细的建模指南[32]。本书作者在文献[8]中，以 PERFORM-3D 为主要背景材料，对钢筋混凝土构件的非线性行为及其分析模型，也有所讲述。为了避免过长的重复抄写，这里仅对使用 PEER/TBI 导则推荐的性能设计方

法时几个值得注意的方面简述如下。

1）使用混凝土构件截面的有效弯曲刚度，如表 6.2.11 右侧的三个栏所示。

2）可使用附加等效黏滞阻尼比计入模型中未能计入的能耗，见图 6.2.12 中的虚线。

3）可采用集中塑性铰（FEMA 铰）模型模拟框架型构件的弯曲塑性变形。对于剪力墙，应采用纤维模型，且有限元网格的划分应区分剪力墙的边缘构件和墙体。对于边缘构件，应采用约束混凝土本构关系。

4）在墙肢的两侧端部，应设置应变测量仪，以获取剪力墙竖向变形的全过程信息。

5）应明确界定变形控制作用和力控制作用。对于潜在塑性铰区域，应按规范要求进行延性细部设计，配置约束箍筋，采用约束混凝土的本构关系。

6）选择经试验校核的滞回曲线，充分模拟屈服后的刚度退化和强度退化。

（2）荷载组合

MCE_R 非线性分析阶段，PEER/TBI 导则推荐使用表达式（6.2.8）进行效应组合

$$1.0D + 0.5L_{exp} \pm 1.0E_{xy} \qquad 1.0D + 0.5L_{exp} \pm 1.0E_{yx} \qquad (6.2.8)$$

式中，E_{xy}, E_{yx} 分别为主方向沿 x 向和 y 向输入的双向地震作用效应。

（3）$P\text{-}\Delta$ 效应

弹性分析得到的结构稳定系数 θ 并不能充分反映 $P\text{-}\Delta$ 非线性效应。结构进入非线性阶段，$P\text{-}\Delta$ 效应，强度、刚度退化及地震烈度之间的相互作用有可能使结构出现负刚度现象。一旦出现，结构就有可能偏离原始的平衡位置来回摆动，"棘轮"现象也许将导致结构体系动力侧移失稳。因此，即使弹性分析表明结构稳定系数 $\theta \leqslant 0.1$，非线性分析中也应计入 $P\text{-}\Delta, \varphi$ 效应，捕捉三维模型中的侧移和扭转反应。

（4）整体刚度限值

在梁侧移变形机构模式，且非结构构件能满足预期性能目标的前提下，风险等级 II 和风险等级 III 建筑物的层间位移角瞬时峰值，其 11 条波的平均值不大于 0.03（1/33），永久性残余层间位移角不大于 0.01（1/100）。PEER/TBI 导则严于 ASCE 7-16 的规定。

（5）构件可接受准则

PEER/TBI 导则要求抗侧力体系和重力荷载体系都应对每一条地面运动时程进行地震和重力荷载组合后的效应验算。重力荷载体系的构件可通过分析程序直接模拟。若对结构整体刚度的贡献不大时，也可以提取 MCE_R 非线性分析的内力独立验算。重力柱的轴力、弯矩和剪力可按力控制作用验算。然而，当能表明重力柱能在 MCE_R 侧移时，尚能继续承受重力荷载，其弯曲转动可按变形控制作用验算。

1）变形控制作用。

PEER/TBI 导则使用（广义）极限变形能力 δ_u 作为构件变形控制作用的可接受准则。当 MCE_R 非线性分析得到的变形需求超过了 δ_u 时，就认为发生了不可接受的反应。δ_u 的大小，取相关试验的平均值。

一般而言，当使用纤维模型模拟剪力墙时，非约束混凝土的峰值应力 f_c' 对应的压应变取 $\varepsilon_c = 0.002$，伴随极限压应变 $\delta_u = \varepsilon_{cu} = 0.0033$，应力 $\sigma = 0.5f_c'$ 的应变下降段。对于约束混凝土，峰值应力 f_{cc}' 对应的压应变取 $\varepsilon_{cc} = 0.008$，伴随极限压应变 $\delta_u = \varepsilon_{cm} = 0.015$，应力 $\sigma = 0.8f_{cc}'$ 的应变下降段。纵向钢筋可考虑应变硬化，极限拉应变可取 $\delta_u = \varepsilon_{sm} = 0.05$。

对于连梁和梁的弯曲塑性转动极限应变能力可偏安全地参考 ASCE 41-13 表 10.7 和表 10.19 的 CP 水准执行。

2）力控制作用。

PEER/TBI 导则提出了计算力控制作用的通用公式如下：

$$(1.2 + 0.2S_{MS})D + 1.0L + 1.3I_e(Q_T - Q_{ns}) \leqslant \phi_s B R_n$$
$$(0.9 - 0.2S_{MS})D + 1.3I_e(Q_T - Q_{ns}) \leqslant \phi_s B R_n$$

（6.2.9）

式中，D 为使用状态的静荷载效应；L 为使用状态的活荷载效应[当活荷载不大于 100psf（4.79kN/m²）时，除了汽车库和公共储存间以外，允许折减 0.5]；B 为安全系数（取 $B = 0.9R_{ne}/R_n$，一般也可取 $B = 1$）；S_{MS} 为经场地调整，5%阻尼比 MCE_R 短周期谱反应加速度；I_e 为建筑物重要性系数；ϕ_s 为地震抵抗系数，按临界、普通、非临界作用分别取值，如表 6.2.12 所示；R_n 为强度标准值；Q_T 为 MCE_R 地面运动非线性分析的需求值；Q_{ns} 为非地震作用的需求值。

表 6.2.12　地震抵抗系数 ϕ_s（PEER/TBI 导则的表 6-1）

作用类型	临界力控制作用	普通力控制作用	非临界力控制作用
ϕ_s	与 ACI 318, AISC 360 等的强度折减系数相同	0.9	1.0

式（6.2.9）的格式与式（6.2.5）类似，可靠度相同。作为一个示例，设考虑风险等级 II 建筑物的剪力墙抗剪设计，临界力控制作用。$I_e = 1.0$，$\phi_s = 0.75$。对于典型墙肢，可以认为重力荷载基本上不引起剪力，$D = L = Q_{ns} = 0$。式（6.2.9）简化为 $1.3Q_T \leqslant 0.75B R_n$。若考虑剪力墙的压应变和拉应变并不是很大（比如说，$\varepsilon_c \leqslant 0.005$，$\varepsilon_s \leqslant 0.01$）时，可认为 $B = 0.9R_{ne}/R_n = 1.55$[23]。这样，式（6.2.9）可进一步简化为

$$Q_T \leqslant 0.89R_n$$

（6.2.10）

按 ACI 318-08 第 21.9.4 节式（21-7）的规定，$h_w/l_w \geqslant 2.0$ 的剪力墙，其剪切强度标准值为

$$R_n = V_n = A_{cv}(2\sqrt{f_c'} + \rho_t f_{yt})$$

（6.2.11）

式中，A_{cv} 为有效剪切面积；ρ_t 为纵向和横向配筋率的较小者；f_{yt} 为钢筋屈服强度。

六、几点评论

1）近年来，美国学术界在地震工程学和抗震工程学的交叉领域中，对震源机制、地面运动衰减规律、震害区划图等方面的研究取得了长足的进步，为基于性能的抗震设计方法的发展奠定了坚实的基础。

2）PEER/TBI 按美国 ASTM 和 ACI 材料标准，美国西部的震源机制及地面运动衰减规律制定了性能设计导则，适用于西部强震区。若把导则的基本理论要点，可接受准则等推广至其他地区或国家，应进行必要的论证及修正。

3）ASCE 7 执行中震设防设计法（DE 设计法）对建筑物进行抗震分析和设计，它试图通过 1.5 倍的安全范围来间接估计结构在抵抗 MCE_R 地震时的抗倒塌能力，同时要求满足最小强度准则来间接保证在抵抗 SLE 地震时的使用性和修复性。作者认为：PEER/TBI 导则的 SLE 分析比 DE 设计法对建筑物提供了抵抗多遇地震更为直接的保护；

导则的 MCE_R 非线性分析能充分考虑构件之间的内力重分布，监控结构的变形机构和耗能的分布。进一步，使用变形控制作用和力控制作用，期望强度、标准强度、设计强度等概念，替代内力调整系数来实现能力设计强柱弱梁、强剪弱弯的要求。因此，按作者的理论水平和工程实践经验，认为 PEER/TBI 导则推荐的基于性能的二水准设防、二阶段延性设计的方法完全具有提供与类似常规高层建筑具有同等性能，甚至更高性能的能力。

4）地震是随机事件，使用确定性方法分析地震反应的重点是选择合适于场地特性的地面运动记录。目标反应谱建立，选波、拟合已经成为美国高层建筑性能设计的常规工作内容。ETABS-2015 及后续版本已经具备了这项功能。ASCE 7-16 推荐峰值比例法和频谱匹配法来拟合反应谱和目标谱。但它们都具有各自的优点和不足之处。前者能保留每一次地震事件的发震机制，地面运动衰减及波形频谱成分的独特性，但可能与目标反应谱的拟合度较差。后者与此相反，与目标反应谱有较好的拟合度，但抹平了震源和波形传播路径的独特性。其实，这两种方法的混合法及基于推覆分析等选波准则等研究成果已经发表，并得到一定的应用，详见文献[33]、[34]。合理选波从源头上缓解了地震作用的不确定性。当代地震工程学正在取得迅速发展，本书作者期待将有更完善的方法应用于结构的抗震设计中。

5）就分析方法而言，动力非线性是一种精细化的分析方法。它直接模拟滞回能耗，可以评估每一个结构构件及非结构构件的性能水准。ASCE 7-16 按 11 波的平均需求和材料强度标准值（力控制作用）或材料试验的非线性变形平均值表示的可接受准则（变形控制作用）来评估构件的性能。PEER/TBI 导则按每一条波的最大需求和材料强度期望值及修正后的可接受准则来评估构件的性能。但无论哪一种方法，都需要烦琐及耗时的后处理来整理结构分析报告。本书作者期待软件工程师能开发这方面后处理功能的软件。

6）分析结果的可信程度还将取决于非线性建模，约束混凝土塑性化和钢筋混凝土构件滞回曲线的合理模拟等。因此，合理的非线性模型，潜在塑性铰区域的指定及延性细部构造措施的实施，材料本构关系和滞回曲线对构件屈服后力学特征的模拟，如屈服后的应变硬化和应变软化、卸载刚度、循环加载引起的强度退化和刚度退化、滞回曲线的捏拢等方面显得尤为重要。有兴趣的读者可以继续阅读本章末列出的文献[8]、[32]。

7）综上所述，基于性能的抗震设计方法涉及了地震工程学、工程地质学、土力学、土动力学、结构动力学、材料力学等众多学科的领域及其交叉领域。对执行性能设计的结构负责人提出了更高的要求，即要求具有与地质工程师协调的能力，具有更广泛的知识及工程经验，能正确理解刚度、强度、延性之间的关系及解读非线性分析的结果。

第三节　中国性能设计的进展和现状

2010 年，我国颁布了 10 系列规范。从找出结构有可能出现的薄弱部位和提高结构抗震安全性的角度，JGJ 3—2010 和 GB 50011—2010 分别引入了性能设计的概念。有关性能设计的条文尚未更新，至今有效。其中，JGJ 3—2010 的性能设计条文对中国设计界产生了深刻的影响。2015 年，作为中国第五代地震动参数区划图，颁布了 GB 18306—2015。2016 年，GB 50011 局部更新为 GB 50011—2010（2016 年版）。2019 年，广东省颁布了《建筑工程混凝土结构抗震性能设计规程》（DBJ/T 15-151—2019）。本节在简述 GB 18306—2015 以后，重点讲述 JGJ 3—2010 和 DBJ/T 15-151—2019 的性能设计，并展开一些讨论和给出恰当的评价。

一、中国第五代地震区划图

本书作者在文献[8]中已经介绍了历代地震区划图的发展简史和编制依据，其中讲述了第四代区划图（GB 18306—2001）使用地震危险性概率分析法，采用 50 年设计基准期超越概率 10%（10/50a）的地震危险水平作作为基本地震作用。GB 18306—2001 还吸收了我国当时新增加的、大量的地震区划基础资料及其综合研究的最新成果，采用了国际上最先进的编图方法[35]。2015 年版第五代区划图保持了第四代区划图按 10/50a 的地震危险水平标定出基本地震的地震动峰值加速度的技术原则，继续执行地震动参数和设防烈度双轨制表达的设计地震作用[36]。与第四代区划图比铰，其修改要点如下。

1）借鉴了国际上地震危险性分析的发展趋势，按对我国地震资料以及最新的研究成果，修改了地震活动性模型，建立了含三级潜在震源区的地震空间分布函数，重新拟合、确定了地震地面运动的预测方程。

2）根据新的活动断层调查资料、新的地震活动性模型和三级潜在震源区划分技术的应用，全国高震级潜在震源区的数量显著增加，较大幅度地扩大了设防区域，提高了抗震设防烈度。

3）采用了地震动峰值加速度按地震烈度与土层进行双参数调整的技术原则，各场地的地震动峰值加速度 a_{max} 等于 Ⅱ 类场地的峰值加速度 $a_{max\,Ⅱ}$ 与场地调整系数 F_a 的乘积，即

$$a_{max} = F_a \cdot a_{max\,Ⅱ} \tag{6.3.1}$$

式中，$a_{max\,Ⅱ}$ 为 Ⅱ 类场地的峰值加速度，直接由区划图给出；F_a 为场地调整系数，如表 6.3.1 所示。

表 6.3.1　场地调整系数 F_a（GB 18306—2015 的表 E.1）

Ⅱ 类场地地震动峰值加速度（g）	场地类别				
	I0	I1	Ⅱ	Ⅲ	Ⅳ
≤0.05	0.72	0.80	1.00	1.30	1.25
0.10	0.74	0.82	1.00	1.25	1.20
0.15	0.75	0.83	1.00	1.15	1.10
0.20	0.76	0.85	1.00	1.00	1.00
0.30	0.85	0.95	1.00	1.00	0.95
≥0.40	0.90	1.00	1.00	1.00	0.90

4）提出了多遇地震动、基本地震动、罕遇地震和极罕遇地震的四级地震作用概念。其中，极罕遇地震动相应于年超越概率为 10^{-4} 的地震动。规定了多遇地震动峰值加速度宜按不低于基本地震动峰值加速度 1/3 倍、罕遇地震动峰值加速度宜按基本地震动峰值加速度 1.6～2.3 倍以及极罕遇地震动峰值加速度宜按基本地震动峰值加速度 2.7～3.2 倍确定。

5）取反应谱动力放大系数 $\beta = 2.5$，即 $\alpha_{max} = 2.5 a_{max}/g$。

6）重新给定了地震动峰值加速度与地震烈度对应关系，如表 6.3.2 所示。

表 6.3.2　Ⅱ类场地地震动峰值加速度与地震烈度对照表（GB 18306—2015 的表 G.1）

Ⅱ类场地地震动峰值加速度	$a_{\max Ⅱ}$				
	[0.04g, 0.09g)	[0.09g, 0.19g)	[0.19g, 0.38g)	[0.38g, 0.75g)	≥0.75g
地震烈度	Ⅵ	Ⅶ	Ⅷ	Ⅸ	≥Ⅹ

二、GB 50011—2010 的地震作用

根据上述第 2）条修改要点，GB 50011—2010 按扩大了的设防区域，提高了的抗震设防烈度进行设防。然而，2016 年版并未采纳上述第 3）～6）条修改要点的技术调整。

三、JGJ 3—2010 性能设计的要点

1. 性能目标

1990 年我国建设部下发《建筑地震破坏等级划分标准》（中华人民共和国建设部〔1990〕建抗字第 377 号文），把各类房屋的地震破坏划分为基本完好（含完好）、轻微损坏、中等破坏、严重破坏、倒塌五个等级（相当于五个性能水准）其划分标准如下。

1）基本完好（含完好）：承重构件完好；个别非承重构件轻微损坏；附属构件有不同程度的破坏。一般不需要修理即可继续使用。

2）轻微损坏：个别承重构件轻微裂缝，个别非承重构件明显破坏；附属构件有不同程度的破坏。不需要修理或需稍加修理，仍可继续使用。

3）中等破坏：多数承重构件轻微裂缝部分明显裂缝；个别非承重构件严重破坏。需一般修理，采取安全措施后可适当使用。

4）严重破坏：多数承重构件严重破坏或部分倒塌，应排险大修，局部拆除。

5）倒塌：多数承重构件倒塌，需拆除。

注："个别"指 5%以下，"部分"指 30%以下，"多数"指 50%以上。

参考建抗字 377 文地震破坏等级划分标准和措辞，以及国外性能水准的划分标准，在文献[37]的基础上，JGJ 3—2010 表 3.11.1 把结构整体性能目标分为 A、B、C、D 四个等级，结构抗震性能分为 1～5 五个水准。每个性能目标均与一组在指定地震地面运动下的抗震性能水准相对应。JGJ 3—2010 表 3.11.2 列出了结构抗震性能水准的宏观判别。分别摘录于表 6.3.3 和表 6.3.4 中。表 6.3.5 给出中国和美国性能水准的大致对照表。超高层建筑性能目标一般可选择 C 级，性能水准 1、3、4。基本上对应于图 6.2.11 的加强型性能目标。

表 6.3.3　结构抗震性能目标与对应的性能水准（JGJ 3—2010 的表 3.11.1）

项目	性能目标			
	A	B	C	D
多遇地震	1	1	1	1
设防烈度地震	1	2	3	4
预估的罕遇地震	2	3	4	5

表 6.3.4　各性能水准结构预期的震后性能状况（JGJ 3—2010 的表 3.11.2）

结构抗震性能水准	宏观损坏程度	损坏部位			继续使用的可能性
		关键构件	普通竖向构件	耗能构件	
第 1 水准	完好、无损坏	无损坏	无损坏	无损坏	不需修理即可继续使用
第 2 水准	基本完好、轻微损坏	无损坏	无损坏	轻微损坏	稍加修理即可继续使用
第 3 水准	轻度损坏	轻微损坏	轻微损坏	轻度损坏、部分中度损坏	一般修理后可继续使用
第 4 水准	中度损坏	轻度损坏	部分构件中度损坏	中度损坏、部分比较严重损坏	修复或加固后可继续使用
第 5 水准	比较严重损坏	中度损坏	部分构件比较严重损坏	比较严重损坏	需排险大修

注："关键构件"是指该构件的失效可能引起结构的连续破坏或危及生命安全的严重破坏；"普通竖向构件"是指"关键构件"之外的竖向构件；"耗能构件"包括框架梁、剪力墙连梁及耗能支撑等。

表 6.3.5　中国和美国性能水准对照表

中国	完好、无损坏	基本完好、轻微损坏	轻度损坏		中度损坏	比较严重损坏
美国	OP	IO	LS$^+$	LS	LS$^-$	CP

注：LS$^+$ 为破坏控制性能段内插入的一个性能水准，相当于 ASCE 41-13 的 S2；LS$^-$ 为有限安全性能段内插入的一个性能水准，相当于 ASCE 41-13 的 S4。

2. 分析方法

尽管 JGJ 3—2010 明确规定第 3～5 性能水准的结构应进行弹塑性计算分析，但按第 3.11.3 条的条文说明给出"为方便设计，允许采用等效弹性方法计算竖向构件及关键部位构件的组合内力（S_{GE}, S_{Ehk}, S_{Evk}），计算中可适当考虑结构阻尼比的增加（增加值一般不大于 0.02）以及剪力墙连梁刚度的折减（刚度折减一般不小于 0.3）。实际工程中，可以先对底部加强部位和薄弱部位的竖向构件承载力按上述方法计算，再通过弹塑性分析校核全部竖向构件均未屈服"的指导意见。在超限评审中，往往以等效弹性分析结果作为评审基准，设计界也往往把性能设计的分析方法简单地理解为等效弹性法。

3. 可接受准则及目标性能基本框架

按中国抗震设计的基本理论框架及等效弹性的分析理念，在设防烈度地震或预估罕遇地震作用下，抗震承载力处于弹性状态应符合下式规定：

$$\gamma_G S_{GE} + \gamma_{Eh} S_{Ehk}^* + \gamma_{Ev} S_{Evk}^* \leqslant R_d / \gamma_{RE} \qquad (6.3.2)$$

抗震承载力处于不屈服状态应符合下式规定：

$$S_{GE} + S_{Ehk}^* + 0.4 S_{Evk}^* \leqslant R_k \qquad (6.3.3)$$

$$S_{GE} + 0.4 S_{Ehk}^* + S_{Evk}^* \leqslant R_k \qquad (6.3.4)$$

竖向构件受剪截面限制条件应符合下式规定：

$$V_{GE} + V_{Ek}^* \leqslant 0.15 f_{ck} b h_0 \qquad (6.3.5)$$

上述公式分别与 JGJ 3—2010 式（3.11.3-1）～式（3.11.3-4）相同。式中，R_d, R_k, S_{GE}, γ_{RE},

γ_{G}, γ_{Eh}, γ_{Ev} 分别为构件承载力设计值、标准值、重力荷载代表值效应、承载力抗震调整系数以及荷载组合分项系数，与小震弹性分析取值相同；S_{Ehk}^{*}、S_{Evk}^{*} 分别为水平和竖向地震作用标准值的构件内力，不需要考虑与抗震等级有关的增大系数。

可以认为，上述公式表示了力控制作用的可接受准则，相当于力的需求/能力比 DCR。按 JGJ 3—2010 第 3.11.3 条条文、条文说明，以结构性能目标 C 级为例，表 6.3.6 给出结构可接受准则及目标性能基本框架的示例。

表 6.3.6　可接受准则及目标性能基本框架的示例

<table>
<tr><td colspan="3">地震水准</td><td>多遇地震</td><td>设防烈度地震</td><td>罕遇地震</td></tr>
<tr><td colspan="3">结构性能水准</td><td>第 1 水准</td><td>第 3 水准</td><td>第 4 水准</td></tr>
<tr><td colspan="3">结构整体性能目标</td><td>完好、无损坏</td><td>轻度损坏</td><td>中度损坏</td></tr>
<tr><td colspan="3">结构层间位移角</td><td>符合 JGJ 3 变形规定</td><td>按结构体系合理确定</td><td>符合 JGJ 3 变形规定</td></tr>
<tr><td rowspan="3">构件性能目标</td><td colspan="2">框架梁及连梁</td><td rowspan="3">完好、无损坏

小震弹性设计，地震作用、荷载组合、地震内力调整系数，承载力和变形符合 JGJ 3—2010 有关规定</td><td>弯曲：允许轻度损坏、部分中度损坏，限制塑性铰转动
剪切：不屈服，符合式（6.3.3）和式（6.3.4）的规定</td><td>弯曲：允许中度损坏、部分比较严重损坏，限制塑性铰转动
剪切：满足截面限制条件，符合式（6.3.5）的规定</td></tr>
<tr><td rowspan="2">关键构件及普通竖向构件</td><td>底部加强部位</td><td>弯曲：不屈服，符合式（6.3.3）和式（6.3.4）的规定
剪切：弹性，符合式（6.3.2）的规定</td><td>弯曲：允许轻度损坏，限制钢筋拉应变
剪切：满足截面限制条件，符合式（6.3.5）的规定</td></tr>
<tr><td>非底部加强部位</td><td>弯曲：不屈服，符合式（6.3.3）和式（6.3.4）的规定
剪切：弹性，符合式（6.3.2）的规定</td><td>弯曲：允许轻度损坏、部分构件中度损坏，限制钢筋拉应变
剪切：满足截面限制条件，符合式（6.3.5）的规定</td></tr>
</table>

注：JGJ 3—2010 仅提出梁的中震剪切性能为不屈服，本表扩展至大震要求满足截面限制条件。

4．几点讨论

1）本书作者认为，根据工程实践，按建抗字 377 号文的精神以及国际上达成共识的性能水准，JGJ 3—2010 提出的 A、B、C、D 四个结构整体性能目标等级，5 个结构抗震性能水准的划分是合适的。

2）本章第一节已经指出，对于基于规范法定设计法未能涵盖的结构体系或超高的结构体系，性能设计法提供了一种无限定的灵活设计手段。它应用动力非线性分析，通过塑性变形和可接受准则对结构和构件的抗震性能做全面的评估，证明结构具备突破规范要求和限制的能力；从整体到构件，全面、全过程地监控和掌握结构的非线性行为，使结构设计具有更高的可信度。因此，作者认为，我国规范仅从增强结构性能的角度引进性能设计的意图，并依此制定有关性能设计条文，是对基于性能的抗震设计方法的片面理解。

3）本书作者一再强调，就分析方法而言，动力非线性是精细化的分析方法。当然，由确定性分析方法解决随机事件，具有内在的不确定性。因此，性能设计应该包括场地的地震危险性分析，建立场地特定的目标反应谱及合理选择地震地面运动时程，与目标谱的拟合和匹配等工作程序。这样，可以从源头上减缓动力非线性分析的不确定性和离散性。理论研究和国外工程实践表明，这是一条可行的技术路线图。遗憾的是，JGJ 3—2010和 GB 50011—2010 均未能涉及这个重要的内容。

4）等效弹性法是一种粗糙的分析方法。增加阻尼和统一折减连梁刚度隐含着均匀耗能，不能考虑高振型对塑性变形机构的影响。不计内力重分布、除了连梁以外都使用弹性刚度的弹性模型也不符合结构的实际工作情况。在计算机软件不能清晰地提供应力分布云图、主应力迹线图、塑性铰等级和分布图以及构件和结构耗能分布图的年代，尚存在使用等效弹性法+工程经验来估算常规结构地震反应的逻辑。然而，它并不具备为超高或超规范规定体系的结构提供与类似常规结构相同安全度的能力。本书作者认为，JGJ 3—2010推荐的等效弹性法并不适用于性能设计，对估计结构的性能存在巨大的不确定性。

5）延性概念薄弱。JGJ 3—2010 规定的性能设计没有涉及延性构件屈服后的力学行为和（广义）塑性变形的可接受准则。本书作者理解，JGJ 3—2010 也许打算通过严格的弹塑性层间位移角限值（见表 6.4.3）来限制延性构件的弯曲塑性转动。然而，以层位移表示的整体延性比并不能保证所有构件的弯曲转动都能满足可接受准则的要求。

6）没有涉及结构的非线性模型。本书作者理解，JGJ 3—2010 的编制意图是，承载力+经验确定地震内力调整系数的小震设计是规范的最低要求，必须满足。然后，通过小震弹性、中震、大震等效弹性的包络设计，再通过弹塑性分析校核全部竖向构件均未屈服来实现加强设计。因此，JGJ 3—2010 规定的性能设计，实际上仍是一种用经验替代理论，用等效弹性分析替代非线性分析，把常规结构的小震包络大震的理念演变成小震、中震、大震的包络设计。

工程实践表明，小震设计中的经验调整系数对大震屈服后的行为未能进行有效的量化，有太多、太大的不确定因素和经验成分。这一点，将在第六章第四节中继续讨论。而且，非线性分析表明，梁的层性能水准分布不同，即使同一层的梁，其性能水准也不相同，不同位置、不同高度竖向构件的刚度退化也并不均匀。因此，不计内力重分布的弹性模型并不能真正起到包络的作用，除非全部构件均未屈服。对于超高、超规范体系的高层建筑，GB 50011—2010 和 JGJ 3—2010 规定的选波准则显得不够充分。正如上述，规范尚未制定非线性模型的建立、塑性铰的模拟、约束混凝土的本构关系等一系列动力非线性分析基础性信息的有关条文。这样，从逻辑上讲，使用离散程度不够明确的弹塑性分析来校核不计内力重分布弹性模型的分析结果，其可信度不高。

四、广东省性能设计规程的要点

2019 年，广东省颁布了《建筑工程混凝土结构抗震性能设计规程》（DBJ/T 15-151—2019）[4]。它是我国第一本有关性能设计专题的规程。主要特点如下。

1. **地面运动加速度记录波库**

从日本 K-KET 强震观测台网和美国 PEER 地震波库网站等世界各国搜集了共 23 万多条强震记录，其中 49 000 多条具有明确的场地类别信息。按场地类别对它们进行分类统计，选出了与 DBJ/T 15-151—2019 第 4.2.2 条规定的反应谱曲线在统计意义上基本一致的地面运动加速度记录，组成适用于不同场地类别和不同结构基本周期的地震波库。经合理选波后，可作为弹性时程分析和非线性分析的输入地震动。

2. 反应谱形状标定系数

根据 49 000 多条实际记录的地震波进行统计分析并结合工程经验进行拟合、分析、研究，与 GB 50011—2010 规范谱比较，对反应谱形状标定系数进行了如下调整。

1）加速度反应谱加速度控制平台段的高度与震级和场地类别同时相关。I、II、III 和 IV 类场地的动力放大系数最大值 β_{max} 分别取 2.00、2.25、2.50 和 2.75。

2）特征周期 T_g 与震中距、震级和场地类别有关，适当加长了第三组（远震）的特值周期 T_g，并设定长周期转换周期 T_D 为 3.5s。

3）$T_g \sim T_D$ 速度控制段，按文献[5]的研究成果，反应谱曲线按 $1/T$ 衰减；$\geqslant T_D$ 为位移控制段，反应谱曲线按 $1/T^2$ 衰减。

4）按文献[6]的研究成果，给出了不同阻尼比的阻尼调整指数的计算公式。

3. 二阶段设计法

DBJ/T 15-151—2019 明确规定，对抗震性能目标 A 级和 B 级的建筑，应根据国标以及省标（广东省高规，DBJ 15-92—2013）[38]，采用三水准、二阶段的抗震设计方法；对抗震性能目标为 C 级和 D 级的建筑，可采用二水准（多遇地震、罕遇地震）、二阶段（多遇地震弹性承载力设计、罕遇地震承载力或弹塑性变形复核）的方法进行结构抗震设计。

4. R-μ-T 准则

引入 R-μ-T 准则，明确表述了罕遇地震所对应的抗震性能水准应与延性构造措施对应，即较高的抗震性能水准可对应较低抗震等级的延性构造需求，但抗震性能水准 2 不应低于抗震等级四级，抗震性能水准 3 不宜低于抗震等级三级的设计理念；并明确表述，当结构构件满足大震作用下变形及承载力要求时，常规设计中的概念性控制参数（如周期比、扭转位移比、楼层刚度比、楼层承载力比及轴压比等）可适当放松。

5. 构件塑性变形限值（可接受准则）

结构的抗震机理是延性和耗能。在能量设计法尚未普及的阶段，塑性变形也许是判别屈服后性能水准最直接、最合理的物理量。DBJ/T 15-151—2019 对弯曲控制破坏和（延性）弯剪控制破坏的构件采用构件弹塑性位移角 θ 的变形限值控制其损坏程度。对于（脆性）剪切控制破坏，应以承载力的 DCR 作为控制条件。表 6.3.7 给出梁、柱、墙破坏形态的划分准则。

表 6.3.7 RC 梁、柱、墙破坏形态的划分准则（DBJ/T 15-151—2019 的表 7.2.1～表 7.2.3）

破坏形态	剪跨比 λ	弯剪比 m
RC 梁		
弯曲控制	$\lambda \geqslant 2.0$	$m \leqslant 1.0$
弯剪控制	$1.0 \leqslant \lambda < 2.0$	$m \leqslant 0.5\lambda$
	$\lambda \geqslant 2.0$	$1.0 < m \leqslant 0.5\lambda$
剪切控制	强度需求/能力比	

续表

破坏形态	剪跨比 λ	弯剪比 m
RC 柱		
弯曲控制	$\lambda \geqslant 2.0$	$m \leqslant 0.6$
弯剪控制	$\lambda \geqslant 2.0$	$0.6 < m \leqslant 1.0$
	$2.0 > \lambda \geqslant 1.4$	$m \leqslant 1.0$
剪切控制	强度需求/能力比	
RC 剪力墙		
	$\lambda \geqslant 1.5$	$m \leqslant 1.0$
	$1.2 \leqslant \lambda < 1.5$	$m \leqslant 3.3\lambda - 3$
	$\lambda \geqslant 1.5$	$1.0 < m \leqslant 2.0$
剪切控制	强度需求/能力比	

注：λ 为剪跨比，$\lambda = M/(Vh_0)$，M,V 分别为弯矩和剪力需求值，h_0 为截面有效高度；m 为弯剪比，$m = M_u/(V_u l)$；M_u,V_u 分别为正截面实配抗弯承载力设计值和斜截面实配抗剪承载力设计值，l 为构件反弯点至计算截面的距离。

　　DBJ/T 15-151—2019 结合国内外相关研究成果及规范的相关规定，将构件性能划分为 6 个水准，分别是无损坏、轻微损坏、轻度损坏、中度损坏、比较严重损坏、严重损坏和倒塌，如图 6.3.1 所示。若超过严重损坏水准，认为构件失效。归纳、整理大量自主的试验资料，应用有限元数值分析成果，参考国内外文献，表 6.3.8 列出每一个性能水准对应材料变形限值；并推荐了梁、柱、墙各性能水准对应的变形限值（可接受准则），如表 6.3.9～表 6.3.11 所示，表中数值均可线性插入。

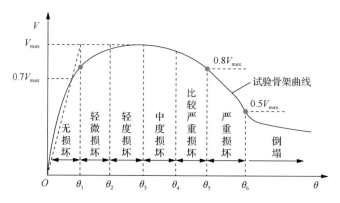

图 6.3.1　构件性能状态及位移角限值示意图

表 6.3.8　不同损坏程度的材料应变限值（DBJ/T 15-151—2019 的附表 7.3.2）

性能水准	无损坏	轻微损坏	轻度损坏	中度损坏	较严重破坏	严重损坏
混凝土压应变	0.002	0.004	0.006 4	$\min(\varepsilon_{cu}, 0.020)$	$1.5\varepsilon_{cu}$	$1.8\varepsilon_{cu}$
钢筋拉应变	f_y/E_s	0.015	0.030	$\min(0.6\varepsilon_{su}, 0.05)$	$\min(0.9\varepsilon_{su}, 0.08)$	0.100
钢材应变	f_y/E_s	0.010	0.015	0.025	0.040	0.060

注：ε_{su} 为钢筋的极限拉应变，可取 0.1～0.15；ε_{cu} 为约束混凝土的极限压应变，对于满足约束箍筋要求的配箍率，可取 0.012～0.050。

表 6.3.9　RC 梁弹塑性位移角限值（DBJ/T 15-151—2019 的表 7.3.2）

构件参数		构件性能水准					
弯曲控制		无损坏	轻微损坏	轻度损坏	中度损坏	比较严重损坏	严重损坏
m	ρ_v						
≤0.2	≥0.012	0.004	0.016	0.024	0.031	0.039	0.044
≥0.8	≥0.012	0.004	0.018	0.029	0.039	0.049	0.054
≤0.2	≤0.001	0.004	0.010	0.011	0.013	0.014	0.017
≥0.8	≤0.001	0.004	0.012	0.016	0.020	0.024	0.029
弯剪控制		无损坏	轻微损坏	轻度损坏	中度损坏	比较严重损坏	严重损坏
m	ρ_v						
≤0.5	≥0.008	0.004	0.009	0.014	0.019	0.024	0.026
≥2.5	≥0.008	0.004	0.007	0.009	0.012	0.014	0.016
≤0.5	≤0.000 5	0.004	0.007	0.009	0.012	0.014	0.016
≥0.5	≤0.000 5	0.004	0.005	0.007	0.008	0.009	0.012

注：ρ_v 为梁箍筋的体积配箍率。

表 6.3.10　RC 柱弹塑性位移角限值（DBJ/T 15-151—2019 的表 7.3.3）

构件参数		构件性能水准					
弯曲控制		无损坏	轻微损坏	轻度损坏	中度损坏	比较严重损坏	严重损坏
$\bar{n}$	ρ_v						
≤0.1	≥0.021	0.004	0.018	0.027	0.037	0.046	0.056
≥0.6	≥0.021	0.004	0.013	0.018	0.022	0.027	0.030
≤0.1	≤0.001	0.004	0.015	0.022	0.029	0.036	0.042
≥0.6	≤0.001	0.004	0.009	0.011	0.012	0.013	0.014
弯剪控制		无损坏	轻微损坏	轻度损坏	中度损坏	比较严重损坏	严重损坏
$\bar{n}$	m						
≤0.1	≤0.6	0.003	0.013	0.020	0.026	0.033	0.040
≥0.6	≤0.6	0.003	0.009	0.011	0.014	0.016	0.018
≤0.1	≥1.0	0.003	0.011	0.016	0.021	0.026	0.028
≥0.6	≥1.0	0.003	0.008	0.009	0.011	0.012	0.014

注：ρ_v 为柱或墙约束边缘构件箍筋的体积配箍率；$\bar{n} = N/(Af_{ck})$ 为轴压力系数。轴压力系数 $\bar{n} > 0.6$ 时，RC 柱位移角限值为表中 $\bar{n} = 0.6$ 的数值乘以 $2.5(1-\bar{n})$。

表 6.3.11　RC 剪力墙弹塑性位移角限值（DBJ/T 15-151—2019 的表 7.3.4）

构件参数		构件性能水准					
弯曲控制		无损坏	轻微损坏	轻度损坏	中度损坏	比较严重损坏	严重损坏
$\bar{n}$	ρ_v						
≤0.1	≥0.025	0.003	0.011	0.016	0.022	0.025	0.028
≥0.4	≥0.025	0.003	0.010	0.013	0.017	0.020	0.022
≤0.1	≤0.004	0.003	0.008	0.010	0.011	0.013	0.015
≥0.4	≤0.004	0.003	0.007	0.008	0.009	0.010	0.011

续表

构件参数		构件性能水准					
弯剪控制		无损坏	轻微损坏	轻度损坏	中度损坏	比较严重损坏	严重损坏
$\bar{n}$	m						
≤0.1	≤0.5	0.003	0.010	0.013	0.017	0.020	0.021
≥0.3	≤0.5	0.003	0.008	0.011	0.013	0.015	0.016
≤0.1	=2.0	0.003	0.008	0.010	0.011	0.013	0.015
≥0.3	=2.0	0.003	0.007	0.008	0.010	0.011	0.013

注：弯曲控制时，当轴压力系数 $\bar{n} > 0.4$，RC 剪力墙位移角限值为表中 $\bar{n} = 0.4$ 的数值乘以 $1.7(1-\bar{n})$；弯剪控制时，当轴压力系数 $\bar{n} > 0.3$，RC 剪力墙位移角限值为表中 $\bar{n} = 0.3$ 的数值乘以 $1.4(1-\bar{n})$。

6. 层间位移角限值

多遇地震作用下，当考虑连梁刚度折减和重力二阶效应，以楼层最大水平位移差计算，结构层间位移角不宜超过 1/500。

7. 几点评论

1）DBJ/T 15-151—2019 搜集了数量总多的强震记录，按场地类别对它们进行分类统计，建立且公开了适用于不同场地类别和不同结构基本周期的地震波库。这是一个创举。稍有遗憾的是，在公开的地震波库中，未列出地面运动记录的发震机制及断层类别。

2）韩小雷等应用反应谱与目标谱之间的相对误差平方和平方根定义的反应谱标准拟合系数以及与场地特征周期相关的选波周期区间作为选波准则[7]。作为一种尝试，可以与规程配套使用。本书作者认为，其尚需进一步完善。

3）修正了基于规范的反应谱曲线作为通用设计反应谱。修正后的谱加速度与地震烈度及场地类别同时相关，谱曲线的速度控制段按 $1/T$ 衰减以及位移控制段按 $1/T^2$ 衰减等符合地震工程学的基本理论及实际强震观测资料的统计平均。关于这一点，第六章第四节再进行讨论。

4）我国抗震设计规范的演变史表明，常规建筑物自动满足中震可修的性能水准。工程实践已经表明，C 级性能的超高层建筑，只要大震分析能达到生命安全的性能目标，也能达到中震可修的性能水准。本书作者支持 DBJ/T 15-151—2019 对 C 级和 D 级性能目标的建筑，可采用二水准（多遇地震、罕遇地震）设防、二阶段（多遇地震弹性承载力设计、罕遇地震弹塑性变形复核）设计的方法进行结构抗震设计的观点。这也是本书作者一贯的抗震设计思想。

5）DBJ/T 15-151—2019 条文明确规定，较高的抗震性能水准可对应较低抗震等级的延性构造需求，引入了 R-μ-T 准则。本书作者希望能得到认真执行。

6）现行规范的小震设计包含了小震承载力、刚度验算+延性构造措施设计，但一些控制性指标未能在中、大震作用时，结构处于弹塑性状态下进行有效的量化分析。DBJ/T 15-151—2019 条文规定，当大震非线性分析表明结构构件满足大震作用下变形及承载力要求时，常规设计中的概念性控制参数（如周期比、扭转位移比、楼层刚度比、楼层承载力比及轴压比等）可适当放松，且完全合理。本书作者进一步认为，放松的范围或者说可以调整的范围似乎还应该包括同样没有进行有效量化的弹性分析中规定的地震内力调整等商定系数。关于这一点，将在第六章第四节再进行讨论。

7）DBJ/T 15-151—2019 引入了弯曲破坏控制，弯剪（延性）破坏控制和剪切破坏控制的概念，并推荐了梁、柱、墙各性能水准对应的塑性变形限值（可接受准则）。这是对 JGJ 3—2010 性能设计法的一个补充。按我国的材料标准及自主、大量试验结果建立的变形限值，其为我国抗震设计理论的研究填补了一个空白。

8）小震层间位移角限值取 1/500 是合理的。关于这一点，将在第六章第四节再进行讨论。

9）尽管 DBJ/T 15-151—2019 仍保留了有关等效弹性的条文，但二水准的抗震设计方法以及地震波库和塑性变形限值的建立，充分表明这是一本以延性与耗能为指导思想的抗震设计规程，它将对我国抗震理论和设计方法的基础性研究起到示范作用。

五、工程实例

文献[30]给出了按 PEER/TBI 导则设计的典型案例。这里给出按中国规范设计的广西南宁天龙财富中心的结构优化设计，主要介绍：①优化技术途径；②利用有限的信息，选择合适的地震动记录；③使用性能设计法验证优化设计的可行性和安全性。

1．工程概述

天龙财富中心表现图（图 6.3.2）总用地面积 16 413m²，总建筑面积 282 326m²。其中，地上建筑面积 212 711m²，包括 69 层超高层塔楼和 8 层商业裙房；地下建筑面积 69 615m²，5 层满堂地下室，为设备用房和地下车库。超高层塔楼和裙房之间设抗震缝，为两个独立的抗震单元。

按 GB 50011—2010（2016 年版），本项目设防烈度 7 度、设防分类乙类、设计分组第一组。塔楼的抗震设防标准如表 6.3.12 所示。

图 6.3.2　广西南宁天龙财富中心表现图

表 6.3.12　抗震设防标准

建筑结构安全等级	二级	结构设计基准期	50 年
抗震设防烈度	7 度	抗震设防类别	乙类
设计基本地震加速度	0.10g		
设计分组	第一组	地震影响系数最大值	α_{max}=0.08（大震 0.5）
特征周期	0.35s（大震 0.40s）	场地类别	II
衰减系数	速度控制段 0.9	阻尼比	5%

本项目建筑高度 330m，为超 B 级高度的超限高层建筑。原设计为型钢混凝土柱+钢筋混凝土梁组成的框架+型钢混凝土核心筒的框架-核心筒结构体系。方形平面，外围轮廓尺寸 50.0m×50.0m，高宽比 6.6；核心筒尺寸 28.0m×28.0m，高宽比 11.8。除首层门厅挑空，导致 2 层楼板属楼板不连续一般不规则以外，其他均符合规则性的要求。

受甲方委托，对原设计进行优化设计。在不改变建筑平面和不放大周边框架柱和核心筒墙体截面尺寸的前提下，取消柱和剪力墙中的型钢，修改为钢筋混凝土框架-核心筒结构。优化设计于 2017 年 9 月获得超限评审通过，以下为超限审查送审文本的部分摘要。

2. 优化设计准则和目的

1）不降低超高层塔楼 C 级的性能目标。

2）通过调整核心筒布置，控制墙体的轴压比不大于 0.5，取消墙体中的型钢。

3）通过增加核心筒的弯曲刚度和翘曲刚度，减少周边框架地震力的分担，降低柱的轴压比。

4）按第四章第三节约束箍筋理论，确定轴压比限值。

5）按勘察报告提供的场地类别、特征周期和安评报告提供的潜在震源发震机制和震源深度等地震地质环境，按规范要求选取合适的大震地面运动记录组成地震波集合。

6）在 JGJ 3—2010 和 GB 50011—2010 的基本框架下，参照美国 ASCE 41-06 和 ASCE 7-10，按变形控制作用和力控制作用，制定详细的目标性能，进行三水准性能设计。

7）按规范确定地震作用，进行第一水准（小震）弹性反应谱分析，计入重力二阶效应；按规范的内力调整系数、组合系数进行截面设计。

8）按第二水准（中震）和第三水准（大震）调整被选波的 PGA 后，分别进行动力双重非线性（材料非线性和几何非线性）分析，验证目标性能表中的预期的性能目标。重点在于验证外框柱和核心筒墙体大震的性能水准。若达到 OP 或 IO，按 GB 500011—2010 附录 M 表 M.1.1-3 的原则调整对构件延性的要求，取消外框柱中的型钢。

9）计入重力二阶效应，测试结构的抗倾覆能力，估计结构对特大强烈地震的超强度储备。

3. 优化途径

图 6.3.3 给出调整后的核心筒布置图。图中，除了灰色以外，其他均为增加墙体。不同颜色表示增设墙体高度的不同。增设墙体的目的如下。

1）比较均匀地分担核心筒的重力荷载，使核心筒外围墙体的轴压比不超过 0.5。

2）使核心筒由开口或半开口薄壁构件趋近于闭口薄壁构件，增加翘曲刚度。在不减少结构整体扭转刚度的前提下，减少周边框架的剪力分担比，降低柱的轴压比。

3）增加核心筒的弯曲刚度，减少周边框架承担倾覆力矩，降低柱的轴压比。

以上叙述表明，作者的优化途径是加强核心筒的弯曲刚度和翘曲刚度，从而降低周边框架的地震效应，把轴压比降低至钢筋混凝土构件可以接受的范围。图 6.3.4 给出增加核心筒刚度与竖向构件轴压比之间的逻辑关系。

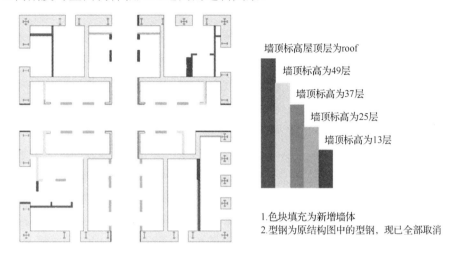

墙顶标高屋顶层为roof
墙顶标高为49层
墙顶标高为37层
墙顶标高为25层
墙顶标高为13层

1.色块填充为新增墙体
2.型钢为原结构图中的型钢，现已全部取消

图 6.3.3　调整后核心筒布置图

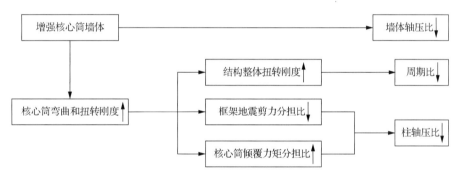

图 6.3.4　核心筒刚度与竖向构件轴压比之间的逻辑关系

表 6.3.13 列出优化前后的周期比的对比，优化后平扭周期比减小了约 7.4%。图 6.3.5 和图 6.3.6 分别给出优化前后核心筒承担倾覆力矩的对比和周边框架的剪力分担比的对比。图 6.3.7 给出优化前后周边框架柱底层轴压比的对比。图 6.3.8 为优化后最大墙、柱层轴压比的剖面图。它们清晰地表明了优化途径和图 6.3.4 给出逻辑关系的正确性。

表 6.3.13　优化前后平扭周期比的对比

振型	T_1/s	T_3/s	T_3/T_1
原始模型	7.18	4.89	0.68
优化后模型	7.26	4.60	0.63

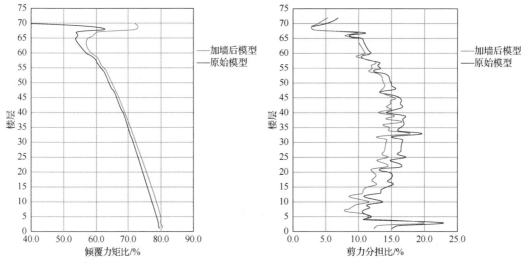

图 6.3.5　核心筒的倾覆力矩比的对比　　　图 6.3.6　周边框架的剪力分担比的对比

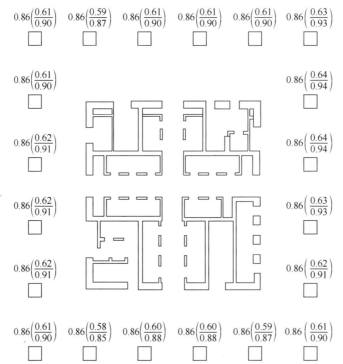

括号内的分子是原始模型型钢混凝土柱的轴压比；分母为不计型钢的混凝土柱轴压比。

图 6.3.7　周边框架柱底层轴压比的对比

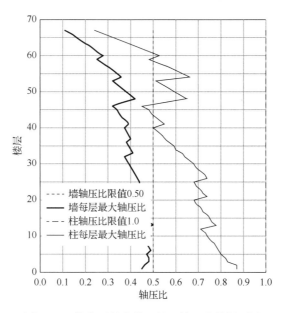

图 6.3.8　优化后最大墙、柱层轴压比的剖面图

4. 轴压比限值和柱的截面设计

第四章第三节已经透彻地论述了柱的延性能力与箍筋体积配箍率、混凝土强度等级、轴压比、柱的截面形状和纵向配筋率之间的关系。其中，与约束混凝土关系密切的箍筋体积配箍率是影响柱延性能力的主要因素。对于 C60 混凝土的方形柱，只要截面设计得当，即使轴压比达到 1.0，柱的塑性铰区域也能达到有限延性等级或延性等级。按第四章第三节的论点，本项目取周边钢筋混凝土框架柱的轴压比限值为 1.0。短柱和超短柱以剪切破坏模式为主，采取提高箍筋体积配箍率的措施，不再降低短柱和超短柱的轴压比限值。

如图 6.3.7 所示，优化后小震弹性分析的最大底层柱轴压比为 0.87。截面设计时，柱的需求箍筋体积配箍率 1.76%提高到实配 2.06%，复合箍，配箍特征值 0.269；需求纵筋配筋率 1.15%提高到实配 1.62%，纵筋 64D36（HRB 500）；增设芯柱，实配芯柱配筋率 0.81%，纵筋 32D36。表 6.3.14 给出优化前后典型柱底层截面设计的配筋表。

表 6.3.14　优化前后典型柱底层截面设计的配筋表

项目	截面尺寸	纵向配筋	体积配箍率/%	芯柱纵筋	型钢截面尺寸
原始设计	2m×2m	52D32+8D20	1.58	—	1.5m×0.5m×0.046m×0.046m
优化设计	2m×2m	64D36	2.06	32D36	—

注：型钢截面的排列次序为总高×翼缘宽×翼缘厚×腹板厚。

按上述配筋，进行非线性建模和大震非线性分析，验证当遭受 7 度大震冲击时，周边框架柱的弯曲性能水准达到不损坏（OP），剪切性能水准满足截面限制条件式（6.3.5），即 JGJ 3—2010 中的式（3.11.3-4）。

5. 选择地震波

拟建场地的地震特性详见广西工程防震研究所和中国地震局地球物理研究所联合提供的安评报告[39]。简述如下。

（1）场地地震特性

按安评报告描述，南宁盆地处于右江地震带，邻近华南沿海地震带的西北侧和长江中游地震带的南侧。历史地震综合等震线表明，南宁主要受 1936 年发生灵山地震（6.75 级），1971 年发生平果地震（5.0 级）的影响。其中，平果地震的断层破裂方向 NWW。灵山地震对南宁造成最严重的震害，为 6 度异常区。

1）区域活动断裂带。区域内的防城—灵山断裂带和巴马—博白断裂带为两条主要活动断层。前者，西南始于越南境内，往东北经钦州、灵山至藤县西，全长约 350km，总体走向 40°～50°，表现为右旋、挤压力学性质。其中，以灵山段（长约 55km）活动性最强，小震分布密集。自有地震记载以来，共发生 $M \geq 4.7$ 级地震 6 次，最大震级 6.75 级（1936 年灵山地震）。后者，东南始于广东省茂名一带，往西北经广西博白、横县、昆仑关、大化、巴马，进入贵州省境内。全长 800 多千米，总体走向 310°～330°，表现为左旋—挤压力学性质。其中，横县—寨圩段，晚更新世以来具有强烈活动性，平均年位错速率约 2.69mm。在六吉地区，北东向的防城—灵山断裂被左旋错动了 295m。规模大且活动性强的防城—灵山断裂带与巴马—博白断裂带的交会处，应力集中，构成强震构造区。1936 年 4 月 1 日的灵山地震是 NEE 向的寨圩断裂与 NNW 向的横县—寨圩段共轭破裂的结果。自有地震记载以来，沿断裂带历史上共记述 $M \geq 4.7$ 级地震 12 次，其中 $M \geq 6$ 级地震 4 次。

灵山地震的震源位于灵山县东北，距钦州市约 200km，距南宁市约 250km。钦州位于灵山—防城断裂带上，南宁位于巴马—博白断裂带的西南侧。震源、南宁市、钦州市之间呈三角形。两条断裂带为三角形的两条长边，震源处于这两条长边的交点。

2）震源机制。区域内震源深度均在 30km 以内，属浅源地震。其中，震源深度 5～10km 的占 53.5%，11～15km 的占 18.5%。区域及邻区的震源机制解统计表明，区域震源应力场以水平挤压为主，主压应力方向为 NW—SE 方向，震源错动方式以走滑为主，伴有倾滑。

南宁受防城—灵山断裂带和巴马—博白断裂带的影响。断裂带的交会处的共轭破裂引发了灵山地震（1936 年，6.75 级）。此后很长一段时间内，灵山仍是南宁市的主要潜在震源。

（2）地震波集合

按地震地质、潜在震源、震源深度、震级、场地特性、结构动力特性、统计特性等方面精心挑选了 5 条天然波和 2 条人工波组成地震波集合，作为超高层塔楼的输入地震作用。表 6.3.15 给出 5 条天然地震波的基本信息。其中，帝谷地震等 4 条记录发震的断裂性质为走滑型。考虑到中国大陆地震发震机制复杂，选取了一条逆断层发震的圣费尔南多地震。另外，最可能的潜在震源（灵山）离拟建场地约 250km。选取了一条科贾埃利地震的远场波。所选地震震级 6.4～7.5，震源深度 8～20km，均与安评报告的结论基本一致。为了满足在主要周期点上与规范谱差别不大于 ±20% 的统计平均概念，选波时把记录台站的场地类别放宽到 III 类（记录台站栏中括号内的罗马字）。所选波形的持续时间均不短于 40s。在大震非线性分析时，按规范要求，把 PGA（表 6.3.15 的最后一栏）调整为加速度 220Gal。

表 6.3.15　地震波基本信息

波形编号	地震名称	断裂性质	震级	记录台站及场地等级	震源深度/km	发震日期	持续时间/s	加速度峰值/Gal
0026	帝谷地震（Imperial Valley）	走滑	6.4	埃尔森特罗 5 号台站（El Centro Array #5）（II）	8	1979 年10 月 15 日	≥40	143
1173	科贾埃利地震（Kocaeli）	走滑	7.5	托卡特（Tokat）（III）	17	1999 年8 月 17 日	≥90	11
US232	圣费尔南多地震（San Fernando）	逆断层	6.6	圣盖博山（San Gabriel Mt.）（II）	8.4	1971 年2 月 9 日	≥40	169
0038	波雷戈山地震（Borrego Mt.）	走滑	6.5	长滩码头岛（LB- Terminal Island）（III）	20	1968 年4 月 9 日	≥50	120
0039	波雷戈山地震（Borrego Mt.）	走滑	6.5	帕萨迪纳加州理工学院雅典娜神庙俱乐部（Pasadena-CIT Athenaeum）（III）	20	1968 年4 月 9 日	≥50	103

本项目把 GB 50011—2010 的规范谱修改为 $5T_g$ 以外仍按 $1/T^{0.9}$ 衰减一直延伸至 10s，作为大震的目标反应谱。图 6.3.9 给出 7 条地震波主方向的反应谱集合及平均反应谱，图中还给出 7 度大震目标反应谱（即修改后的规范反应谱，简称规范谱），1.2 倍及 0.8 倍规范谱。平均反应谱在基本周期 7.26s 处与 7 度大震规范谱的差别不大于 20%。

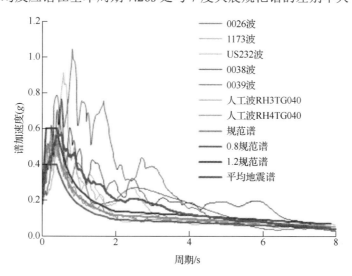

图 6.3.9　地震波反应谱集合和平均反应谱

另外，表 6.3.16 给出 7 条波的小震弹性底部剪力及其平均值与 CQC 法底部剪力的比较，其中 RH3 和 RH4 为人工波。表中数据表明，所选的地震波均满足 JGJ 3—2010

第 4.3.5 条统计意义上平均的要求。该规范对选择地震波的要求比较宽松，对震源机制等地震特性缺乏具体规定，可能低估地震随机事件的离散性。但本项目所选地震波的平均反应谱，从全周期段来看，4s 以内几乎高于规范谱的 1.2 倍，具有足够的安全性。

表 6.3.16　7 条波的小震弹性底部剪力及其平均值与 CQC 法底部剪力比较

波形编号	0026	1173	US232	0038	0039	RH3	RH4	平均	CQC
底部剪力/kN	23 636	31 827	18 549	32 789	27 404	19 015	25 787	25 572	28 252
比例/%	83	112	65	115	97	67	91	91	100

6.　大震非线性分析和性能校核

（1）整体性能

设计反应谱是按平稳随机过程理论全部有代表性随机事件反应谱统计平均的光滑曲线。地震反应是宽带平稳高斯过程通过窄带线性系统得到的具有平稳高斯过程特性的统计平均值。若使用第一振型 $\boldsymbol{\Phi}_1$ 作为加载模态，推覆分析在弹性阶段相当于第一振型的反应谱分析。在非线性阶段，推覆分析可以解释为反应谱法对非线性系统分析的延伸和扩展。这种延伸和扩展带来理论上的不完整性及分析结果的不确定性，一方面用 R-μ-T 准则建立弹性反应谱和弹塑性反应谱之间的某种联系，使弹塑性需求谱也具有统计意义上的平均。另外，通过大量动力非线性分析结果的统计平均建立了动力与推覆之间的校准系数。弹塑性需求谱与能力谱相交得到的目标位移，经校准系数校准后，也认为具有统计平均的意义。这种理论上的不完整和分析结果的不确定，在工程意义上得到了弥补。因此，尽管没有严格的数学背景作为基础，只要结构设计符合能力设计原理，逻辑上推覆分析得到的非线性地震反应具有统计平均意义。这一点，得到了学术界和工程界的公认。分析结果表明，在众多表示结构非线性行为的物理量中，顶部位移受高振型、推覆力分布模态等因素的影响最小，最接近动力非线性分析结果统计意义上的平均值。

本项目振型清晰，体型规则。在建立非线性模型后，把大震顶部弹塑性位移的平均值+标准差（$m+\sigma$）作为目标位移进行推覆分析，可偏安全地对结构非线性行为作出一个基本的判别[8]。按作者有限经验以及有关研究成果[40]，若取推覆力等于层质量与加速度的乘积，考虑振型 1，振型 1±振型 2，振型 1±振型 3（Mode 1，Mode 1±Mode 2，Mode 1±Mode 3 或记作 $\boldsymbol{\Phi}_1,\boldsymbol{\Phi}_1\pm\boldsymbol{\Phi}_2,\boldsymbol{\Phi}_1\pm\boldsymbol{\Phi}_3$，$\boldsymbol{\Phi}$ 为振型矢量）的加载模式，基本上能足够精确地计入的高振型影响。

5 种模态推覆力分布示意图如图 6.3.10 所示。图 6.3.11 为上述 7 条精选强震波作用下的高振型影响曲线。其中，纵轴为以第一振型为基准的规格化坐标，横轴为振型阶数。第三振型对反应的贡献，占第一振型的 2%～3%。可以认为 $\boldsymbol{\Phi}_1,\boldsymbol{\Phi}_2,\boldsymbol{\Phi}_3$ 已经基本计入了地震动记录对结构高振型的影响。

时程分析法是一种确定性分析方法，需要选择合适的输入地震地面运动，从源头上减缓分析的离散性。本项目仅采用从地震地质构造、发震机制、地震震级、震源深度等方面的比拟法选取了上述 5 条天然波，并没有对拟建场地区域内断裂发震的记录波做过充分研究。因此，本书作者认为，需要应用动力非线性分析和推覆分析两种方法进行结构层面的大震分析，互相校核。

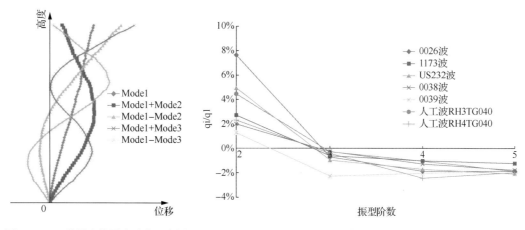

图6.3.10　5种模态推覆力分布示意图　　　　图 6.3.11　高振型影响曲线

　　小震弹性分析中，计入重力二阶效应，按放大了的需求进行构件截面设计。按截面配筋和构造措施建立非线性模型。图 6.3.12～图 6.3.15 给出结构层面非线性分析结果的汇总。其中，图（a）是 7 条波动力非线性分析的结果及其平均值和 5 种推覆力模式分析结果的汇总。图（b）是动力非线性分析（NDA）按层的统计结果，两条波雷戈山地震波的分析结果以及推覆分析（即静力非线性分析，NSA）的结果，以示比较。图中，Δ 为层的统计平均值（mean），细线段为层的最大值（max）和最小值（min），粗线段为标准差（SD）。图 6.3.13（b）和图 6.3.14（b）还给出 5 种模式推覆分析结果的包络线。图示曲线表明，大震弹塑性层间位移角小于 1/100，满足规范要求。

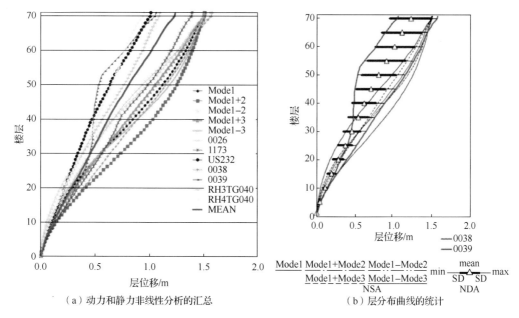

（a）动力和静力非线性分析的汇总　　　　（b）层分布曲线的统计

图 6.3.12　层位移

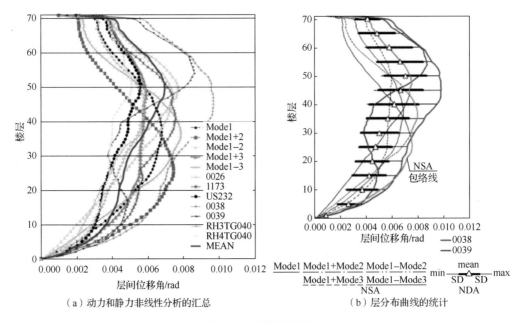

（a）动力和静力非线性分析的汇总　　　　（b）层分布曲线的统计

图 6.3.13　层间位移角

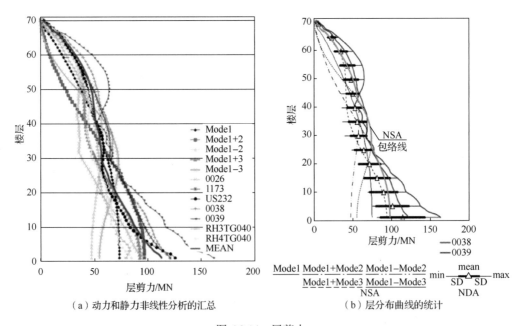

（a）动力和静力非线性分析的汇总　　　　（b）层分布曲线的统计

图 6.3.14　层剪力

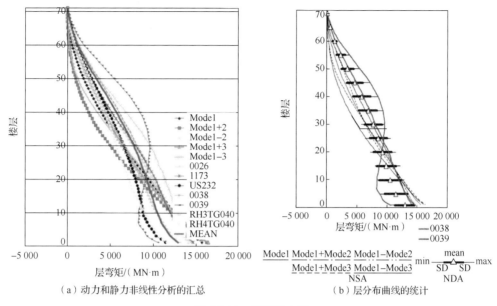

（a）动力和静力非线性分析的汇总　　　　　（b）层分布曲线的统计

图 6.3.15　层倾覆力矩

（2）输入地震地面运动的核定

如上所述，严格的弹塑性层间位移角限值并不能保证所有构件的转动都能满足可接受准则。而且，推覆分析只能均匀地估计结构的滞回能耗，并不能准确预测构件（广义）的非线性变形。因此，本项目使用动力非线性分析进一步估计构件层面的非线性变形。

ASCE 7-16 按平均需求和平均能力来评估构件的性能。PEER/TBI 导则要求按每一条波的最大需求和材料强度期望值以及修正后的可接受准则来评估构件的性能。无论哪一种方法，都需要烦琐及耗时的后处理来整理结构分析报告。另外，我国规定的选波准则比较宽松，用 7 波非线性分析平均值评估结构的性能显得有所不足。按作者的理论和经验，在结构层面上进行非线性分析后，挑选一条层间位移角和剪力反应分布曲线最接近 5 种模态推覆分析包络曲线的一条地面运动记录作为构件层面详细非线性分析核定波进行动力非线性分析，评估构件性能，既合理又安全，而且方便整理。它将满足随机过程全部事件统计平均值的意义，可以作为设计依据。按图 6.3.12～6.3.15 所示图形，结合上述的场地地震特性，本项目核定 1968 年波雷戈山（Borrego Mountain）地震的长滩码头岛（Long Beach-Terminal Island）强震记录（简称 BM-LB 波，编号 0038）为作为输入地震地面运动，进行动力非线性分析，评估构件性能。

（3）波雷戈山地震

1）地质背景和发震机制。1968 年 4 月 9 日 6.5 级波雷戈山地震的震中处于波雷戈山断层，属于圣哈辛托（San Jacinto）断裂区（SJFZ）7 段独立断层中的其中一段。SJFZ 是贯穿南加利福尼亚的圣贝纳迪诺（San Bernardino），河滨市（Riverside），圣地亚哥（San Diego）和帝谷县（Imperial Counties）的走滑型断裂区，属于环太平洋地震带的著名圣安德列斯（San Andreas）大断裂的一部分，吸收了太平洋板块和北美板块 80% 的错动，释放了大部分应力。SJFZ 是南加利福尼亚地区的主要活动断裂。1890 年起，已记录到数次强烈地震，平均间隔 10 余年。从 1995 年起，预测每 30 年重现期会发生一次强烈地震。根据 1988 年和 1995 年地震地质调查工作组报告，SJFZ 可分成独立的 7 段。其中，波雷戈山段位于 SJFZ 断裂带的中部附近，年水平错动约（4±2）mm。以波雷戈山命名的

1968 年波雷戈山地震震中位于北纬 33°08.8′，西经 116°07.5′，震源深度 20km。在 33km 范围内观察到的地表断裂，宽度从 1～20m，最大右旋水平错动 38cm。发震机制为典型的右旋走滑型。对比上述项目拟建场地区域活动断裂带的性质，波雷戈山地震的震级与灵山地震震级相当，均属于浅源地震，发震断裂与灵山断裂相似，震源机制相同，均属于挤压走滑型，局部伴随倾滑。

2）BM-LB 强震记录。南加利福尼亚地区为世界上地震观测台网最密集的地区。波雷戈山地震触发了 250km 范围内的所有强震记录仪，波及范围达 376km，共取得了 114 条强震记录。沿断裂走向、位于洛杉矶地区长滩码头岛台站加速度地震仪得到的强震记录（BM-LB，编号 0038），由美国海岸和大地测量局校准后公开发布。该台站震中距 203km，北偏西 70°，场地类别 III。LB Terminal Island 台站与波雷戈山地震的方位关系和拟建场地与巴马-博白断裂带及灵山地震震中的方位关系相似。但前者震中距略小于后者，场地类别低于后者。也就是说，MB-LB 强震记录中的长周期成分也许与灵山地震大致相当。对于长周期超高层建筑，本项目挑选 MB-LB 强震记录作为核准地震波，将是偏安全的。

图 6.3.16（a）给出美国海岸大地测量局公开发布并经校准后的 BM-LB 强震时程。波形持续时间约为 53s，有效持续时间约为 50s，为基本周期的 7.0 倍左右。图 6.3.16（b）和（c）为 BM-LB 波的傅里叶（Fourier）谱。其能量几乎集中在 0～5Hz。0.1～2Hz 范围的放大图表明，除了 0.2Hz、1Hz、1.2Hz 和 1.3Hz 附近有 4 个脉冲以外，BM-LB 波的傅里叶谱几乎为一个白噪声，频谱成分十分丰富。

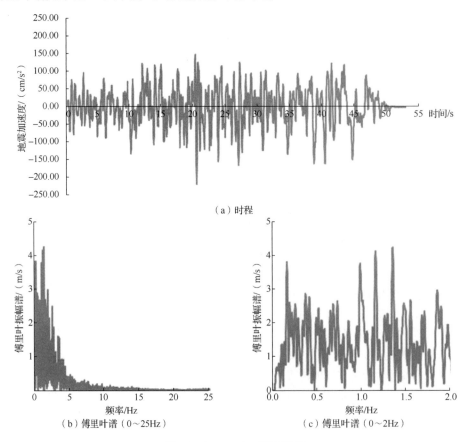

图 6.3.16 BM-LB 强震时程

（4）构件性能

把 BM-LB 波的主分量分别沿 0°和 90°方向输入，进行双向地震分析，考察构件性能。

1）典型框架柱。图 6.3.17 给出典型边柱（轴压比 0.86）和典型角柱（轴压比 0.84）大震弯曲性能水准的 6 幅图。柱底部截面的 $P\text{-}M_2$，$P\text{-}M_3$ 和 $M_2\text{-}M_3$ 屈服面及其应力矢的运动轨迹，达到 OP 性能水准，处于弹性控制性能段，未达到屈服。

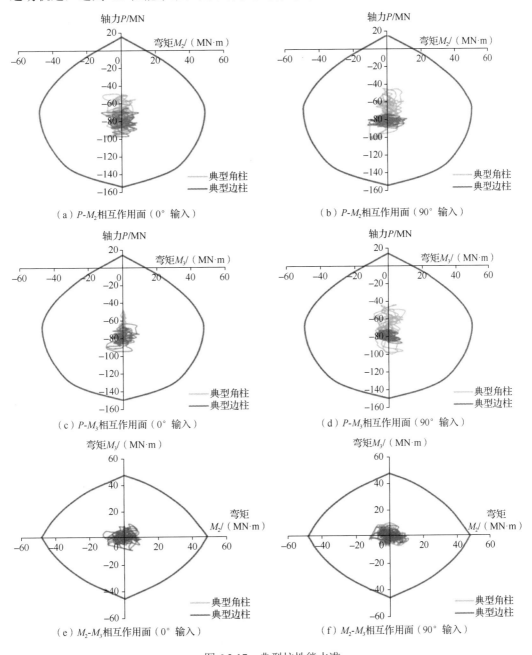

图 6.3.17　典型柱性能水准

2）连梁/框架梁。图 6.3.18 给出 BM-LB 波作用下连梁/框架梁大震弯曲性能水准层分布图。大部分连梁为 OP 和 IO 性能水准，处于弹性控制或运行控制性能段部分连梁达到 LS 性能水准，处于破坏控制性能段，小部分连梁达到 CP 性能水准，处于有限控制性能段。它们是结构能耗的主要贡献者。若把结构划分为上、中、下三部分区域，层分布特征表明，上部区域中有较多的连梁进入塑性阶段，与 BM-LB 波引起的层间位移角曲线具有类似的分布特征。大部分框架梁达到 OP 或 IO 性能水准，处于弹性控制或运行控制性能段，个别框架梁达到 CP 性能水准，处于有限控制状态。框架梁的总体性能等级要高于连梁。

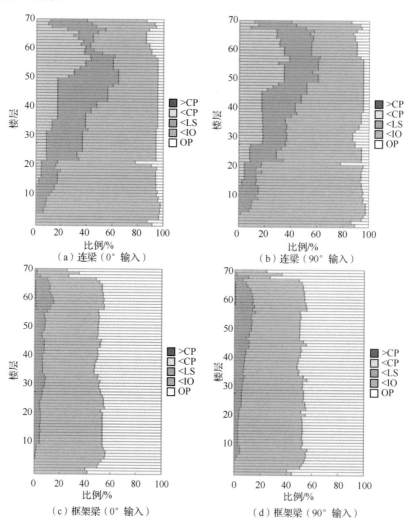

图 6.3.18　连梁/框架梁性能水准层分布图

3）核心筒墙体。在核心筒的角点设置应变测量仪。图 6.3.19 给出核心筒墙肢 4 个角点的大震拉应变和压应变反应剖面图。最大压应变发生在角点 1 的底部 0.001 3，处于混凝土本构曲线的上升段。最大拉应变发生角点 2 和角点 4 的底部和顶部区域及层间位移角最大处，约为 0.000 84，远小于钢筋的屈服拉应变 0.002，钢筋尚未屈服。墙体仅产生一些微小裂缝。

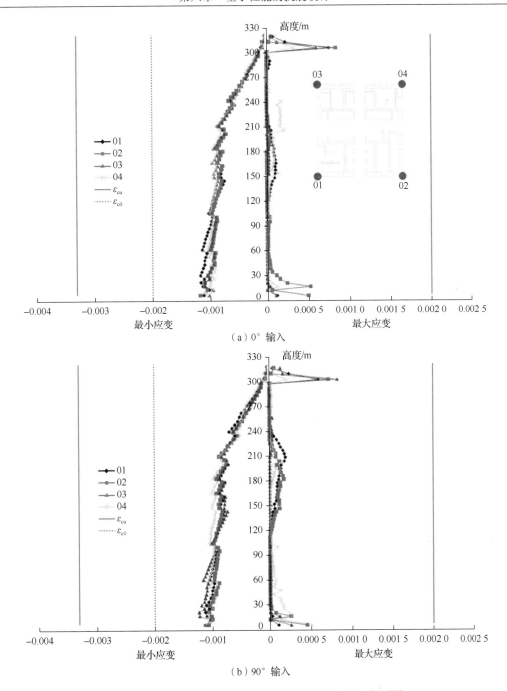

（a）0° 输入

（b）90° 输入

图 6.3.19 核心筒角点的大震拉应变和压应变反应剖面图

图 6.3.20 给出核心筒 4 个角点间的转角反应时程。最大转角约为 0.000 4 时发生在 45s 左右，远远小于性能水准 IO 的转角可接受准则 0.001 5（见表 6.2.5）。核心筒墙体的性能水准在 OP 和 IO 之间，处于运行控制性能段。

4）剪切性能。大震非线性表明，梁、柱、墙的剪切性能，名义剪应力均小于 JGJ 3—2010 限值要求，未出现剪切破坏。

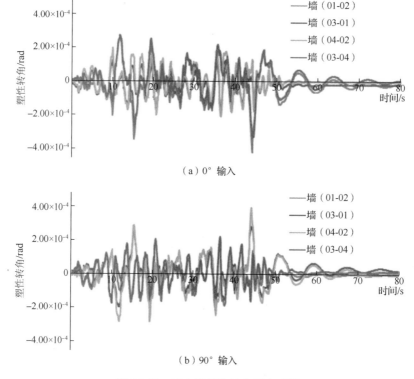

（a）0°输入

（b）90°输入

图 6.3.20　核心筒墙体转角反应时程

（5）性能校核

以上按基于推覆分析的选波准则，把 BM-LB 波作为核定地震波进行了性能校核。图 6.3.21 显示了 7 条地震波输入能量比例。图 6.3.22 为输出的塑性能耗比例。可以看到，BM-LB 波是本项目地震波集合中能量最大的地震波；分别占 27.51%（0°方向）和 27.23%（90°方向），接近平均比例 14.29%的 2 倍。同时，也是塑性能耗最大的波；分别占总耗能的 35.41%（0°方向）和 34.73%（90°方向）。这就是说，与其他 6 条波相比，结构对 BM-LB 波的地震反应最激烈，耗能最大，破坏最严重。

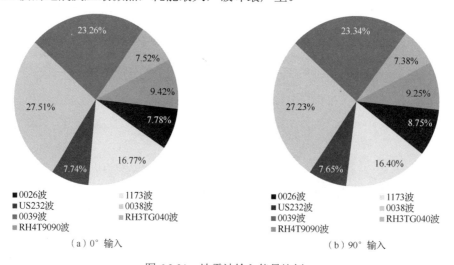

（a）0°输入　　　　　　　　　　　（b）90°输入

图 6.3.21　地震波输入能量比例

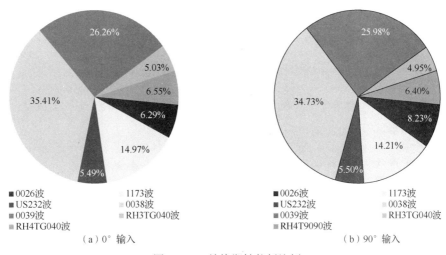

（a）0° 输入

（b）90° 输入

图 6.3.22 结构塑性能耗比例

图 6.3.23 给出连梁和框架梁的总体性能水准比例。综合图 6.3.18～图 6.3.20，可以认为，在抵抗重现期 2475 年的罕遇地震时，总体上，延性构件连梁和框架梁至少分别达到 LS 和 IO 性能水准。作为竖向抗侧力构件的周边框架柱，达到 OP 性能水准；核心筒墙体至少达到 IO 性能水准。超高层主楼在遭遇到 6.5 级强烈地震打击时，整体性能目标达到且高于预期的 C 级的目标性能。也就是说，按表 6.3.14 配置纵向钢筋和箍筋，取消型钢是安全的。

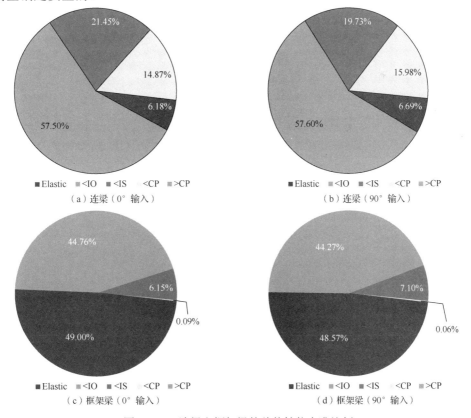

（a）连梁（0° 输入）

（b）连梁（90° 输入）

（c）框架梁（0° 输入）

（d）框架梁（90° 输入）

图 6.3.23 连梁和框架梁的总体性能水准比例

7. 抗倾覆能力测试

严格意义上，结构的抗倒塌性能应使用增量动力分析法（incremental dynamic analysis，IDA）给予评估。简单解释如下：使用被选择的地震地面运动记录，对每一条波，逐次增大 PGA 直到结构发生倒塌，记录对应的 PGA，从而得到一个以 PGA 为变量，使结构倒塌的地面运动的数量；除以输入地面运动的总数（如 ASCE 7-16 建议的 11 条时程），得到结构的倒塌概率和密度分布函数。若认为概率密度服从正态分布，拟合后得结构易损性曲线，最终计算得结构抗倒塌储备系数 $CMR = IM_{50\%}/IM_{MCER}$（其中 $IM_{50\%}$ 为倒塌概率 50%的地面运动 PGA， IM_{MCER} 为设防大震的 PGA）。

这里，本书作者仅采用工程设计中的实用方法来简单地评估取消型钢后的结构抗倾覆能力。即使用推覆分析得到能力曲线，使用动力非线性分析的平均顶部位移为性能点，验证结构在大震以及大震后的抗倾覆能力。由于仅仅是测试结构的抗倾覆能力，取第一振型作为推覆力沿高度的加载模式，但计入了材料非线性和重力二阶效应的几何非线性。图 6.3.24 给出结构 x 方向的能力曲线和 7 度、8 度大震 7 条波弹塑性顶点位移的平均值（图中圆点）。7 度大震：底部剪力 72 078kN，顶部位移 1.20m；8 度大震：底部剪力 79 670kN，顶部位移 2.18m，能力曲线刚开始进入下降段。也就是说，结构在抵抗重现期 10^4 年的极罕遇大震时，多半也不会因侧移过大而造成失稳倒塌。

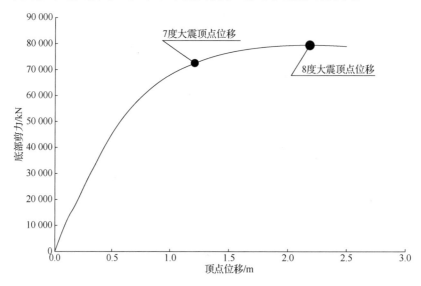

图 6.3.24　抗倾覆能力测试（x 方向）

8. 技术经济指标和性能评估

按投资方有关天龙财富中心优化成果最终版的函，优化设计实际节约投资 3 574 万元。性能评估如下。

1）实现了结构具有多道抗震防线，强柱弱梁、强剪弱弯的抗震设计理念。

2）当遭遇 7 度大震时，结构具有足够的侧向刚度和充分的延性，变形机构合理。框架柱处于无损坏水准（OP），剪力墙处于轻微破坏水准（IO），大部分框架梁和连梁处于弹性和运行控制性能段（OP 和 IO），小部分连梁和个别框架梁为有限控制性能段（CP），完全达到且高于预期 C 级的结构性能目标。

3）优化前后的结构具有同等的抗震性能，优化设计取得了可观的经济效益。

第四节 中国抗震设计理论框架及其展望

我国抗震规范 GB 50011 从 89 版规范起，抗震设计理论和方法发生了重大的原则性转折，从中震设防设计法转变为小震设防设计法。2000 版规范开始大量引进国外规范（尤其是美国规范）中的某些条文，2010 版规范在强化 2000 版规范的基础上，如上所述，又从增强结构性能的角度引进了性能设计的概念。若从 89 版规范起算，30 多年间我国正处于基本建设热潮之中，大量的超高层建筑拔地而起。在实践中，中国的设计界积累了许多工程经验，但规范也暴露出不少问题，造成中国超高层建筑型钢混凝土结构的用钢量超过美国类似高度钢结构用钢量的现状，如图 6.4.1 所示[41]。

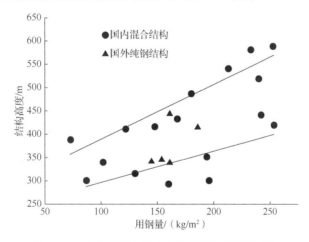

图 6.4.1 国内外超高层结构单位面积用钢量比较

上述章节对规范的几个设计控制性指标，如等效刚重比、周期比、剪重比、轴压比、框架-核心筒结构周边框架的剪力分担比以及基于抗震的性能设计等，已经展开了一些有益的讨论。本节继续讨论中国抗震设计的基本理论框架，并对今后的发展给出一些展望。

一、基本理论框架

按 GB 50011—2010 总则第 1.0.1 条，基本的抗震设防目标是：当遭受低于本地区抗震设防烈度的多遇地震影响时，主体结构不受损坏或不需要修理可继续使用；当遭受相当于本地区抗震设防烈度的设防地震影响时，可能发生损坏，但经一般性修理仍可继续使用；当遭受相当于本地区抗震设防烈度的罕遇地震影响时，不致倒塌或发生危及生命的严重破坏。其条文说明进一步解释，继续实行三水准设防、二阶段设计的抗震设计方法，以实现抗震设防目标。第一阶段设计是承载力验算，取第一水准的地震动参数计算结构的弹性地震作用标准值和相应的地震作用效应，继续采用《建筑结构可靠度设计统一标准》（GB 50068—2001）规定的分项系数设计表达式进行截面承载力抗震验算。这样，其可靠度水平与 78 版规范相当，并由于非抗震构件设计可靠性水准的提高而有所提高，既满足了在第一水准下具有必要的承载力可靠，又满足第二水准的损坏可修的目标。对大多数的结构，可只进行第一阶段设计，而通过概念设计和抗震构造措施来满足第三水准的设计要求。

以上抗震设防基本目标可概括为耳熟能详的小震不坏、中震可修、大震不倒。按 GB 50011—2010 条文说明，常规建筑自动满足第二水准的中震可修，可使用基于规范的各种限定及地震内力调整系数、强剪弱弯系数以及延性构造措施（如最小配箍特征值和箍筋间距等）来满足第三水准的大震不倒。那么，上述的三水准二阶段的设计方法，事实上就退化为第一水准的小震弹性设计，并用弹性设计包络第三水准的大震非线性行为的一次设计法。本书作者在文献[8]已经把上述一次设计的方法定义为小震设防设计法。图 6.4.2 给出小震设防设计法的理论和流程框图。它表明，小震设防设计法摒弃 R-μ-T 准则，执行刚度设计准则和超强度设计准则来实现抗震设防目的。

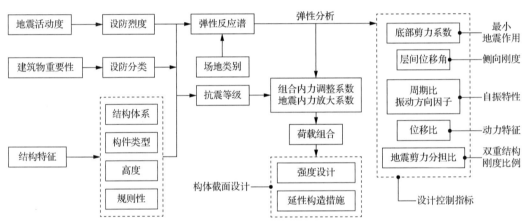

图 6.4.2　小震设防设计法的理论和流程框图

1. 刚度设计准则

所谓刚度设计准则是指通过扩大构件的截面尺寸或使用弹性刚度或刚度的分布作为判据来判别结构设计是否满足控制性指标参数的设计原则。规范中的刚度设计准则主要表现在以下几个方面。

1）除了连梁以外，采用结构构件的截面弹性弯曲刚度组成结构的总刚度矩阵，进行小震弹性分析。

2）使用严格的层间位移角限值控制结构的整体刚度。

3）使用严格的等效刚重比控制结构的整体刚度。

4）使用最小底部剪力系数控制结构的整体刚度。

5）使用周期比控制周边抗侧力系统的刚度。

6）使用周边框架的剪力分担比控制周边抗侧力系统的刚度。

7）使用轴压比限值控制柱的最小截面尺寸。

注：第四章第三节已经论证了约束箍筋是影响柱延性能力主要因素，轴压比限值主要影响柱的截面尺寸和配筋设计。因此，本书作者把使用轴压比限值来控制柱截面设计的原则归类为刚度设计准则，而不是延性设计准则。

2. 超强度设计准则

各国规范均执行强度设计准则。但对"足够强度"的解释是，只要构件屈服后的非线性变形能满足预期性能水准的可接受准则，就认为强度是足够的。这里定义的超强度设计准则是指小震设计中使用抗震等级、能力调整系数、地震效应增大调整系数等来大幅度提高强度需求，造成强度需求远高于体系超强、材料超强等能力设计要求的合理强度的设计原则。

中国规范在构件层面上规定了抗震等级。它是一个至关重要的参数，几乎与影响抗震设计的所有因素有关，如设防分类、设防烈度、建筑物高度、结构体系、构件类型等。随着抗震等级的提高，不仅构件的最小配筋率、柱的轴压比、体积配箍率、剪力墙边缘构件的尺寸及体积配箍率等延性构造措施都相应地严格，能力调整系数及地震效应增大系数也相应提高。抗震等级既是构件的延性指标，又是地震作用效应指标。这不符合公认的抗震设计基本理论的 $R\text{-}\mu\text{-}T$ 准则，即高强度、低延性，低强度、高延性的设计原则。

作者在文献[8]第六章第四节梳理了规范中的能力调整系数，把经过能力调整系数多次重叠调整后，内力组合公式中的地震效应 S_E^{rd} 与弹性分析得到的地震效应标准值 S_E 之比定义了地震作用效应累计增大系数 Ω_E^{ac}，

$$\Omega_E^{ac} = \frac{S_E^{rd}}{S_E} = \frac{\tau\eta\Omega_E S_E}{S_E} = \tau\eta\Omega_E \qquad (6.4.1)$$

讨论了抗震等级对框支框架和落地剪力墙内力增大的影响。式（6.4.1）中，τ 为薄弱层系数；η 为能力调整系数；Ω_E 为转换层地震内力增大系数。这里，列出特一级框支框架的地震作用效应累计增大系数 Ω_E^{ac} 于表 6.4.1 中。

表 6.4.1 特一级框支框架的地震作用效应累计增大系数 Ω_E^{ac}

项目	弯矩	剪力
框支柱	1.25×1.8×1.9=4.28	1.25×1.4×1.2×1.9=3.99
框支梁	1.25×1.0×1.9=2.38	1.25×1.3×1.2×1.9=3.71

实例 4.3 是一个高烈度区局部框支剪力墙结构，详见第四章第四节。根据超限评审的技术要求，需要按小震弹性、中震等效弹性、大震不屈服分析的包络进行框支框架的配筋设计。又根据评审专家的要求，小震弹性分析时，按规范计入竖向地震作用效应；中震等效弹性分析时，取重力荷载代表值的30%作为竖向地震作用；大震不屈服分析时，取重力荷载代表值的60%作为竖向地震作用。表 6.4.2 列出典型框支框架（框支柱 KZZ2，图 4.4.20）三个水准的计算配筋的比较。小震的计算配筋包络了中震等效、大震等效的计算配筋。建立非线性模型，进行大震非线性时程分析验算，图 6.4.3 给出框支柱 KZZ2 的大震 P-M 矢量和 P-M 屈服面。图 6.4.3 显示，框支柱远远尚未屈服，完全处于弹性状态。显然，小震的超强配筋主要是未经屈服后非线性行为评估的经验商定能力调整系数和地震内力增大系数取值过大的原因。

表 6.4.2 实例 4.3 典型框支框架小震、中震、大震计算配筋的比较

项目		小震弹性		中震等效弹性		大震不屈服	
		纵向钢筋/cm²	横向箍筋/(cm²/m)	纵向钢筋/cm²	横向箍筋/(cm²/m)	纵向钢筋/cm²	横向箍筋/(cm²/m)
框支柱		1154	154（构造）	514	154（构造）	538	154（构造）
框支梁	顶面	144	97	99	89	145	91
	底面	239		205		290	

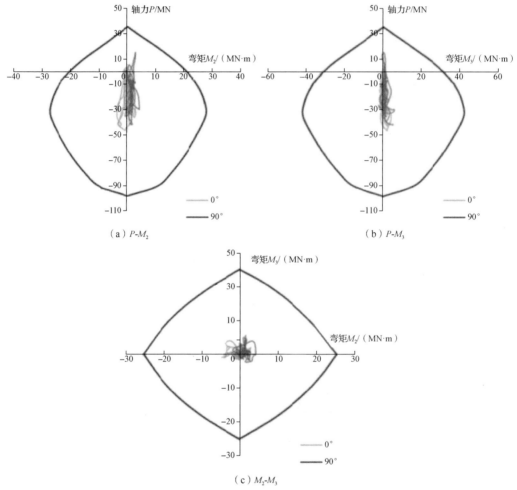

图 6.4.3 实例 4.3 典型框架柱 KZZ2 的大震性能水准

综上论述，中国抗震设计的基本理论框架似乎可以归纳如下：小震弹性分析，通过严格控制刚度及刚度的分布，借助于抗震等级确定的商定系数来大幅提高构件强度，减少对延性的需求。抗震等级同时还确定构件的延性措施。抗震等级越高，构件强度需求越高，延性构造措施越严格。这样，使用简单的弹性模型，粗糙的（等效）弹性分析手段和未进行塑性后量化的商定系数来外插和包络结构大震非线性行为和大震作用效应。

3. 点评

叶列平等对我国的小震设防设计法和美国的中震设防设计法进行了对比[42]。小震设防设计法是一种简化的设计方法，其优点主要在于结构在小震作用下处于"弹性状态"。地震作用效应与其他荷载效应的叠加组合符合线性系统的受力特征。然而，它存在以下几个方面的不足之处。

1）小震设防设计法可以基本满足 GB 50011—2010 总则的抗震设防的总目标。然而，大、小震的 PGA 相差 6.28 倍（7 度设防区域）或 5.71 倍（8 度设防区域）。当结构遭遇大震时，已经表现出相当的非线性行为。通过弹性外插包络设计带来了极大的不确定性，需要严格控制结构的刚度和大幅度提高构件的强度来保证其安全性。因此，其付出的代价是技术经济指标的恶化。图 6.4.1 给出的用钢指标就是一个很能说明问题的统计。

2）弱化了中、大震时，结构非线性行为降低了地震作用效应的真实地震反应，使结构工程师概念模糊，误认为地震作用相当于静力荷载，抗震设计仅仅是一种弹性设计。

3）片面关注各个部位和构件的承载能力，忽视了屈服后的内力重分布，整个体系的变形机构和结构整体的超强抗震能力。有可能使用了较多的建筑材料，但其抗倒塌性能不一定能达到预期的效果，结构仍缺乏韧性（见图 4.2.12）。

4）为了与 78 版规范协调，自 89 版规范起，引入了构件承载力抗震调整系数 γ_{RE}，造成材料标准和设计的逻辑混乱。

二、反应谱形状标定参数

1. 通用反应谱

GB 50011—2010 第 5.1.5 条定义了设计反应谱曲线，适用于除上海市以外的全国所有地区。它具有下列主要特征。

1）最大地震影响系数 $\alpha_{\max}$ 与设防烈度有关，与场地类别无关。

2）在 $T_g \sim 5T_g$ 的区段，曲线按 $1/T^{0.9}$ 下降。

3）在 $5T_g \sim 6s$ 区段，曲线按直线下降；在 $> 6s$ 区段，需要进行专门的研究。

方小丹等对规范谱的形状进行了讨论[5,6]，指出规范加速度谱对应的功率谱，在长周期呈发散状态；与周期无限长时，加速度功率谱为零的结构动力学基本理论不一致。

本书作者在文献[8]的第一章第七节和第六章第二节，较详细地讨论了反应谱的工程特征和反应谱理论。反应谱的工程特征如下所述。

1）由 Duhamel 积分表达式推导得到的相对位移谱、拟速度谱和拟加速度谱，对于小阻尼系统，近似符合下列关系式，

$$S_a \approx \omega S_v \approx \omega^2 S_d \qquad (6.4.2)$$

从另外一个角度，当单质点到达最大谱位移 S_d 时，谱速度 $S_v = 0$，最大惯性力等于恢复力，$mS_a = kS_d$。定义拟谱速度 $S_v = \omega S_d$，可以得到同样的关系式。式（6.4.2）得到学术界和设计界的公认，在反应谱理论中得到广泛应用。

2）对于特定的周期，对应的谱值具有某一个单质点系统（或某一个振型）地震反应的某种意义。但是，反应谱的每一个坐标所对应的单质点体系的自振周期都在改变，

整个反应谱并不是某一个单质点体系（或某一个振型）的反应。事实上，可以把单质点系统更好地看作一个具有移动窗口性能的滤波器，反应谱在整体上恰恰反映了地震动的频谱特性，隐含着震级、震源机制、传播途径和场地特性等地震工程方面的重要信息。地震波中的频率成分决定了反应谱曲线的形状。长周期成分丰富的地震波会拉长反应谱峰值区段的平台以及抬高长周期区段的谱值。

3）结构动力学基本理论表明，刚体的地震反应加速度与地面运动加速度一致。柔性体的地震反应位移接近于地面运动位移；随着周期的变长，两者趋向一致。对于无限柔性体，其相对位移为零。也就是说，地震波输入的能量应随着周期的变长趋近于零，结构趋近于静止。反应谱的形状应符合上述特征，即在加速度控制的短周期区段，S_a 几乎为常数，且 $S_a \approx \ddot{u}_g$；在位移控制的长周期区段，S_d 几乎为常数，且 $S_d \approx u_g$。其中，$\ddot{u}_g, u_g$ 分别为地面运动加速度和位移。与文献[5]的观点一致。

4）$S_{a,\max}$（相当于规范谱的 $\alpha_{\max}$）不仅与 PGA 相关，而且与场地类别相关。

对于反应谱理论，本书作者在文献[8]给出了详细的数学背景及其评价。随机振动理论表明，向一个线性系统输入各态历经的高斯平稳随机过程，其输出也是高斯平稳的。反应谱理论的杰出贡献在于它结合了随机理论和确定性分析方法，把地震波的频谱特征、结构的自振特性及地震作用和效应三者有机联系在一起。反应谱理论的数学背景是各态历经的高斯平稳随机过程。设计谱为反应谱集合的期望值（也可以是期望值+标准差）；地震反应按平稳随机过程理论进行振型组合（CQC 法或 SRSS 法）。

按上述分析，规范给出的设计谱是有理论缺陷的。本书作者理解，当初规范制定的特征周期偏短，数字地震仪记录的加速度时程数量偏少，对长周期区段的谱加速度取值缺少有效依据。而且，由于对最小底部剪力系数的理解不够全面，受规范体系刚度设计准则的影响，考虑到长周期结构的抗震安全性，人为地调整了反应谱的衰减指数。然而，作为通用设计谱，这样的调整有本末倒置之疑，有悖于地震工程学和结构动力学的基本理论。尤其是在 $5T_g \sim 6s$ 的区段，曲线按直线下降的调整产生了谱加速度与阻尼比系数倒挂、功率谱发散的致命错误。

第六章第三节已经讲述了 DBJ/T 15-151—2019 推荐了根据 49 000 多条实际记录的地震波，在地震工程学和结构动力学的基本理论框架下进行统计分析，并结合工程经验进行拟合、分析、研究得到的设计反应谱。本书作者认为，作为一条通用的设计谱，对我国认真展开反应谱理论和反应谱形状的基础研究工作，起到了一个示范作用。

2. 场地特定反应谱

通用反应谱不一定适用于复杂地质构造的地区。性能设计推荐使用场地特定反应谱。我国台湾岛地质构造复杂，处于环太平洋地震带的边缘。下面以台湾岛内典型的台北盆地和兰阳平原为例说明地质构造对反应谱形状的影响。

台北盆地是一个构造盆地，由地层断裂陷落而成。北以大屯山火山群为界，东部和南部被雪山山脉的余脉形成的丘陵所环绕，西有基隆竹南丘陵的观音山、林口台地等围绕，盆地形状完整。台北盆地周边长约 70km，面积约 240km^2。大部分断层呈东北至西南走向，呈规律排列。台北盆地原为干涸的湖盆，由基隆河、新店溪、大汉溪带来的大量泥沙冲积而成，盆地堆积层以河相砾、砂、泥层为主，兼有湖泊和河口湾相砂泥层及火山碎屑岩层，且从东南侧的西部麓山带向西北侧的山脚断层渐变加厚。

兰阳平原位于台北盆地的南偏东，三面环山，东侧呈内凹圆弧线面临大海，呈三角形。兰阳平原不是冲积平原。根据地质勘探资料，距今约12000年第四冰河期结束，地幔岩浆上涌，雪山山脉北段火山群爆发，发生了山体大崩塌。滚落的砂石堆积成如今的兰阳平原。大山崩使原海岸线西移，造就了当代从三貂角到苏澳的内凹圆弧形海岸线。巨大的土石方不但填满东侧3000m深的海沟，而且造出了宜兰陆棚和宜兰海脊，连接琉球岛弧。兰阳平原以及东侧的土层为上千米以上的松散的土石堆积物，形成了独特的地质构造。

1991年9月21日，台湾中部南投县境内发生了集集地震，震源位于北纬23.85°、东经120.82°，震级7.3，持续时间102s，逆断层错动，震源深度8.0km。台北盆地由地层断裂陷落形成，地质构造复杂。兰阳平原由第四期大山崩形成，下卧堆积层厚达上千米。它们在集集地震的记录波中，记录到的加速度谱差异性都很大，且都发现了显著的长周期放大效应。台北盆地的谱曲线形状表现出盆地西北角的短周期谱反应加速度较低、长周期谱反应加速度较高，盆地东南角的反应谱形状与之相反，表现出短周期谱反应加速度较高、长周期谱反应加速度较低。兰阳平原的谱曲线形状除表现出由西向东、由南向北，反应逐渐严重的基本规律以外，兰阳溪口北侧邻近海岸线的记录波谱加速度有显著的长周期振动反应，甚至在5s附近出现了接近短周期谱加速度的峰值。长周期谱加速度的异常显示了对于地质构造复杂的盆地以及具有厚软弱覆盖层的场地，建立场地特定反应谱的重要性。

再举一个例子。上海地区土层的覆盖厚度大，一般在200~300m，有的甚至深达400m以上。按上海市地震局和同济大学地震危险性分析的联合研究成果，上海市抗震规程推荐的设计谱，其特征周期小震取 $T_g = 0.9s$，大震取 $T_g = 1.1s$，远远大于GB 50011—2010的规定。目前上海市抗震规程正在修编，据本书作者所知，当 $T > T_g$，反应谱曲线将调整为按 $1/T^{0.9}$ 衰减，并按此延伸至10s。

三、适宜刚度和层间位移角限值

1. 适宜刚度的概念

有关适宜刚度的讨论由来已久。本书作者在第一章第一节就指出，在不小于最小底部剪力系数的地震作用下，满足层间位移角限值、稳定及舒适度要求的结构刚度是适宜的。按当前数字化强震仪的频谱和音噪比性能，加速度记录的可靠范围至少可以达到10s。因此，数字化强震仪记录的地震波中，长周期成分的可靠性是可以期待的，特别是对于受风致振动控制的长周期超高层建筑，更没有必要刻意地限制结构周期的长短。

在上述影响整体刚度的4个因素之中，第三章已经讨论了与整体刚度相关的等效刚重比的理论缺陷和限值过严的问题，第四章第一节已经讨论了最小底部剪力系数的物理意义是根据拟建场地的地震活动度、地质构造和社会经济能力等商定的一个最小地震作用。若超高层建筑的剪重比达不到底部剪力系数的下限值，可整体抬高设计谱来满足最小地震作用的规范要求。另外，钢筋混凝土结构的舒适度一般比较容易满足，略去讨论。对于层间位移角及其限值，本书作者已经在文献[8]有所讨论。这里，再简单梳理并继续讨论如下。

2. 层间位移角的定义

（1）层位移差与层高之比

层位移差与层高之比定义为上、下楼层的最大水平位移差与层高之比，不扣除整体弯曲变形。第 i 层的层间位移角表达式为

$$\frac{\Delta u_i}{h_i} = \frac{u_i - u_{i-1}}{h_i} \tag{6.4.3}$$

式中，u_i, u_{i-1} 分别是第 i 层和第 $i-1$ 层的水平位移；h_i 为第 i 层层高。

（2）有害层间位移角

魏琏引入楼盖竖向位移（整体弯曲）平截面假定后，认为影响结构变形和内力应该是在层位移差的基础上扣除整体弯曲影响的 $\Delta\tilde{u}$，即

$$\Delta\tilde{u}_i = u_i - u_{i-1} - \theta_{i-1}h_i = \Delta u_i - \theta_{i-1}h_i \tag{6.4.4}$$

式中，θ 表示结构的整体转角；下标表示层数，如图 6.4.4 所示。有害层间位移角定义为有害层间位移与层高之比，$\Delta\tilde{u}/h$。

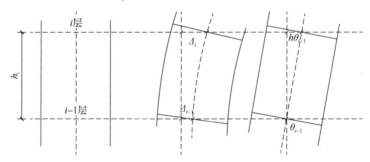

图 6.4.4　弯曲型结构的层间位移及整体弯曲

（3）广义剪切变形

忻鼎康等在试验研究和工程实例分析计算的基础上，参考苏联标准，提出了区格广义剪切变形概念。常见的高层建筑结构可以划分为剪力墙、框架和连梁三类不同的平面区格，如图 6.4.5 所示。定义区格广义剪切变形为

$$\gamma_{ij} = \frac{\Delta u}{h_i} - \frac{\Delta v}{l_j} \tag{6.4.5}$$

式中，γ_{ij} 为 ij 区格的广义剪切变形；Δu 为层间水平位移差；Δv 为区格两端的竖向位移差；h_i 为 i 层层高；l_j 为 ij 区格的宽度。由式（6.4.5）可知，区格广义剪切变形的实质是将层间位移角中按剪力墙、框架和连梁区格去除各自不同的刚体位移（转动），剩下部分是受力引起的变形。区格变形中包括了弯曲变形和剪切变形，其定义与弹性力学中剪切变形相似，称它为区格广义剪切变形。

按等效侧向刚度原则，将三维真实结构等效为剪力墙、框架和连梁不同区格的二维分析模型。由于三类区格中楼盖的转动各不相同，即使在相同的层间位移下，不同区格的广义剪切变形也不相同。同时，因为将空间结构划分为平面区格，可用不同位置的实际位移计算广义剪切变形，既可以考虑侧向位移的影响，也可以考虑楼板变形及扭转的影响。

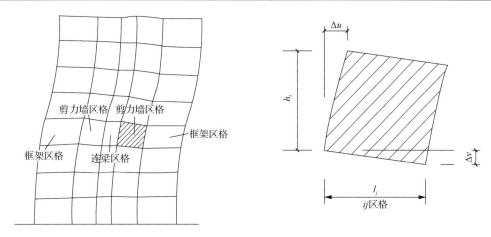

图 6.4.5　弯剪型结构的区格广义剪切变形

在三种层间位移角的定义中，由于不扣除整体弯曲变形，层位移差与层高之比定义仅仅是一个控制结构侧向刚度的惯用指标，并不反映结构的实际变形和受力状况，但其直观简单，为方便设计，国内外规范的层间位移角都采用这种定义。广义剪切变形是最能准确反映各区格受力变形特征的一个层间变形参数。但其计算程序几乎不可能智能地实现二维区格模型的等效过程；手工计算过于烦琐，在设计中广泛使用有所困难；有害层间位移，尽管楼板整体弯曲平截面假定会带来一些误差，但可以方便地用来估计剪切变形。

3. 层间位移角限值的讨论

各国规范都设置了层间位移角的限值。表 6.4.3 列出中国、美国、新西兰三国的位移角限值规定。

表 6.4.3　中国、美国、新西兰三国的层间位移角限值

项目	JGJ 3			ASCE 7[③]	PEER/TBI[④]	NZS 1170.5
	框架	框剪[②]	剪力墙[②]			
小震[①]	1/550	1/800	1/1 000	—	1/200	1/500
中震[①]	—	—	—	1/50（1/66）	—	1/40
大震[①]	1/50	1/100	1/120	1/25（1/33）	1/33	—

① 小震重现期分别为 50 年（JGJ 3）、43 年（PEER/TBI）、25 年（NZS 1170.5），对应弹性层间位移角；中震重现期为 475～500 年，大震重现期为 2475 年，对应弹塑性层间位移角。
② 框剪含框架-剪力墙和框架-核心筒结构，剪力墙含剪力墙和筒中筒结构。
③ 适用于除砌体结构或砌体剪力墙结构以外，4 层以上的结构。括号中的数字适用于风险等级 III 的建筑；对于抗震设计分类 D、E、F 的延性框架，层间位移限值为 Δ_i/ρ，其中 ρ 为结构赘余度系数。
④ 同时适用于风险等级 II 和 III 的高层建筑，PEER/TBI 还要求永久性残余层间位移角不大于 0.01。

中外规范设置层间位移角限值的目的有所不同。对于弹性层间位移角限值，美国和新西兰规范主要是考虑非结构构件、装饰性构件对侧向变形的承受能力；对于弹塑性层间位移角限值，主要是考虑计入 $P\text{-}\Delta$ 效应后的抗倒塌能力。因此，美国和新西兰规范对于不同的结构体系执行统一的限值要求。

中国 2000 系列规范大幅提高了层间位移角的限值，认为小震时混凝土结构不能出现细微裂缝，应该处于完全"弹性"状态，且把层间位移角和结构构件（特别是剪力墙）的开裂联系在一起。作者认为，这是机械地理解了小震不坏。第五章已经说明，根据混凝土的材料特性，细微裂缝是混凝土构件的内在本质。在长期重力荷载作用下，梁允许出现 0.3mm 宽度（室内）的裂缝。抗震设计的极限状态分类明确表明，小震作用下的运行控制极限状态仅要求混凝土基本上处于弹性状态，可能会出现细微裂缝，但钢筋不会屈服，混凝土不会压碎[8]。如上所述，基于规范的层间位移角仅仅是一个控制结构侧向刚度的惯用指标，并不反映结构的实际变形和受力状况。例如，深圳地王大厦 368m，钢框架-混凝土核心筒结构，风作用下最大层间位移角（第 57 层）为 1/274，但有害层间位移角仅为 1/2 895；上海金茂大厦 421m，巨型框架-核心筒结构，最大层间位移角为 1/518（第 66 层），剪力墙、框架和连梁区格的最大广义剪切变形分别为 1/4 864（第 54 层）、1/612（第 38 层）和 1/1 064（第 66 层）[8]。因此，使用不反映结构实际受力状况的弹性层间位移作为限制剪力墙开裂的设计指标似乎逻辑性不强。在大震时，中国规范的意图是严格控制弹塑性层间位移角来减少对延性的需求，以提高一些等效弹性分析的可靠程度。

本书作者在文献[8]中，提出了刚柔并济，结构整体上应具有良好耗能能力的设计理念和适度刚度的概念；并且指出对反映侧向刚度的层间位移角，无论以装饰性非结构构件损坏，还是以限制剪力墙开裂或裂缝宽度作为依据，我国规范均偏严过多。合理的弹性层间位移角限值的规定应该以装饰性非结构构件损坏作为依据，弹塑性层间位移角限值的规定应该以考虑重力二阶效应进行大震非线性分析时，结构的能力曲线仍处于正刚度范围，避免侧移失稳作为依据。广东省高规（DBJ 15-92—2013）对层间位移角的限值已经有所放松[38]。据本书作者所知，新修编的 DBJ 15-92（送审稿）将对层间位移角的限值作进一步的放松。对于 DBJ/T 15-151—2019 取弹性层间位移角限值 1/500 的规定，本书作者认为是可以接受的。

四、建议和展望

作为本书的结尾，本书作者对中国抗震设计基本理论框架的发展趋势提出一些建议和展望，希望能引起我国学术界和设计界同仁的重视和关注。

1）加强地震工程学领域的研究。内容应涉及区划图谱加速度参数和烈度双轨制的合并，活动断层的调查，并公布断裂长度、发震机制，地面运动衰减规律，建立并公开全国性的地震记录库以及抓紧编制各地的地震小区划。

2）对没有编制地震小区划区域内超高结构的设计，应加深地震安全性评价的工作内容，并应加强对地震安评工作的管理。

3）引入 R-μ-T 准则，剥离抗震等级同时提高或降低强度和延性的功能，建立延性设计理论框架

4）修改现行的设计谱形状，加强对反应谱、设计谱、目标谱以及地震地面运动时程选择的理论研究，建立一套完整的选波准则，并完成程序开发，强调场地特定反应谱，弥补现行有关规范的空白。

5）对于常规结构，修改当前实质上的单一水准设计法为二水准设防设计法，即小

震和中震的二次设计法。关于这一点，新西兰抗震规范 NZS 1170.5 也许值得借鉴，详见附录。

6）进行基础性的系列试验工作，加强对非线性模型的基础信息，如材料的非线性本构关系、滞回曲线、塑性变形的可接受准则等方面的研究。

7）在试验数据和理论研究的基础上，放松对刚度的需求，尤其是刚重比，弹性及弹塑性层间位移角。从材料超强、体系超强等方面，认真、客观地研究能力调整系数和地震内力调整系数取值的合理性，放松对超强度的需求。而且，应对调整系数和性能水准之间的关系，进一步进行系统研究。

8）对于超限高层建筑，全面贯彻性能设计的思想。制定适合我国材料标准的可接受准则，推广动力非线性分析。对于这一点，广东省性能规程 DBJ/T 15-151—2019 起到了很好的示范作用。

9）对于推覆分析，要补充制定推覆力分布、高振型影响、性能点确定及与动力非线性分析差别的评价等方面的细则。

10）制定限制使用等效弹性分析手段的范围。

参 考 文 献

[1] SEAOC (Structural Engineers Association of California). Vision 2000: A framework for performance-based engineering[R]. Committee Report, SEAOC, Sacramento, Calif., 1995.

[2] 中华人民共和国住房和城乡建设部, 中华人民共和国国家质量监督检验检疫总局. 建筑抗震设计规范（2016 年版）: GB 50011—2010[S]. 北京: 中国建筑工业出版社, 2016.

[3] 中华人民共和国住房和城乡建设部. 高层建筑钢筋混凝土结构技术规程: JGJ 3—2010[S]. 北京: 中国建筑工业出版社, 2010.

[4] 广东省住房和城乡建设厅. 广东省建筑工程混凝土结构抗震性能设计规程: DBJ/T 15-151—2019[S]. 北京: 中国城市出版社, 2019.

[5] 方小丹, 魏琏, 周靖. 长周期结构地震反应的特点与反应谱[J]. 建筑结构学报, 2014, 35（3）: 16-23.

[6] 周靖, 方小丹, 毛威. 长周期拟加速度抗震设计反应谱的衰减指数与阻尼修正系数研究[J]. 建筑结构学报, 2017, 38（1）: 62-75.

[7] 韩小雷, 季静. 基于性能的钢筋混凝土结构抗震: 理论研究、试验研究、设计方法与工程应用[M]. 北京: 中国建筑工业出版社, 2019.

[8] 扶长生. 抗震工程学: 理论与实践[M]. 北京: 中国建筑工业出版社, 2013.

[9] FEMA (Federal Emergency Management Agency). NEHRP recommended provisions for seismic regulations for new buildings and other structures[S]. FEMA 450, 2003.

[10] FEMA (Federal Emergency Management Agency). NEHRP recommended provisions for seismic regulations for new buildings and other structures[S]. FEMA P 750, 2009.

[11] FEMA (Federal Emergency Management Agency). NEHRP recommended provisions for seismic regulations for new buildings and other structures[S]. FEMA P 1050, 2015.

[12] ASCE (American Society of Civil Engineers). Minimum design loads for buildings and other structures[S]. ASCE 7-05, 2005.

[13] ASCE (American Society of Civil Engineers). Minimum design loads for buildings and other structures[S]. ASCE 7-10, 2010.

[14] ASCE (American Society of Civil Engineers). Minimum design loads and associated criteria for buildings and other structures[S]. ASCE 7-16, 2017.

[15] ASCE (American Society of Civil Engineers). Seismic rehabilitation of existing buildings[S]. ASCE 41-06, 2007.

[16] ASCE (American Society of Civil Engineers). Seismic rehabilitation of existing buildings[S]. ASCE 41-13, 2013.

[17] ASCE (American Society of Civil Engineers). Seismic rehabilitation of existing buildings[S]. ASCE 41-17, 2017.

[18] ACI (American Concrete Institute). Building code requirements for structural concrete and commentary[S]. ACI 318-08, 2008.

[19] ACI (American Concrete Institute). Building code requirements for structural concrete and commentary[S]. ACI 318-14, 2014.

[20] IBC (International Code Council). International building code[S]. IBC-2018, 2018.

[21] LATBSDC (Los Angeles Tall Buildings Structural Design Council). An alternative procedure for seismic design of tall buildings located in Los Angeles region[S]. LATBSDC, 2005.

[22] SEAONC (Structural Engineers Association of Northern California). Recommended administrative bulletin on the seismic design & review of tall buildings using non-prescriptive procedures[S]. AB-083, Tall Buildings Task Group, SEAONC, 2007.

[23] PEER/TBI. Guidelines for performance-based seismic design of tall buildings[S]. Version 2.03, PEER Report No. 2017/06, 2017.

[24] GHOSH S K. Significant changes from ASCE 7-05 to ASCE 7-10, part 1: seismic design provisions[J]. PCI Journal, Winter, 2014: 60-82.

[25] NAKAMURA Y. Waveform and its analysis of the 1995 Hyogo-Ken-Nanbu earthquake[R]. JR Earthquake Information No.23c, Public Works Research Institute, Tsukuba, 1995.

[26] HARIZBABA Y, TEZCAN J, CHENG Q. Maximum direction to geometric mean spectral response ratios using the relevance vector machine[C]//Proceedings of 15th World Conference on Earthquake Engineering, Lisbon, 2012.

[27] HUANG Y N, WAITTAKER A S, LUCO N. Maximum spectral demands in the Near-Fault region[J]. Earthquake Spectra, 2008, 24(1): 319-341.

[28] LUCO N, VALLEY M, CROUSE C B. Earthquake ground motion, chapter 3 of FEMA P 751, 2009 NEHRP recommended seismic provisions: design examples[S]. FEMA , 2012.

[29] BAKER J W. Conditional mean spectrum: tool for ground motion selection[J]. Journal of Structural Engineering, ASCE, 2011, 137(3): 322-331.

[30] GOLESORKHI R, JOSEPH L, KLEMENCIC R, et al. Performance-based seismic design for tall buildings[M]. Chicago：CTBUH, 2015.

[31] HEO Y A, KUNNATH S K, ABRAHAMSON N. Amplitude-scaled versus spectrum- matched ground motion for seismic performance assessment[J]. Journal of Structural Engineering, ASCE, 2011, 137(3)：278-288.

[32] ATC (Applied Technology Council). Modeling and acceptance criteria for seismic design and analysis of tall buildings[S]. PEER/ATC-72, 2010.

[33] KALLKAN E, CHOPRA A K. Modal-pushover-based ground motion scaling procedure[J]. Journal of Structural Engineering, 2011, 137(3): 298-310.

[34] MAZZONI S, HACHEM M, SINCLAIR M. An improved approach for ground motion suite selection and modification for use in response history analysis[C]//Proceedings of 15th World Conference on Earthquake Engineering, Lisbon, 2012.

[35] 中华人民共和国国家质量监督检验检疫总局, 中国国家标准化管理委员会. 中国地震动参数区划图：GB 18306—2001 [S]. 北京：中国标准出版社，2001.

[36] 中华人民共和国国家质量监督检验检疫总局, 中国国家标准化管理委员会. 中国地震动参数区划图：GB 18306—2015 [S]. 北京：中国标准出版社，2015.

[37] 徐培福，戴国莹. 超限高层建筑结构基于性能抗震设计的研究[J]. 土木工程学报，2005，38（1）：1-10.

[38] 广东省住房和城乡建设厅. 广东省高层建筑混凝土结构技术规程：DBJ 15-92—2013[S]. 北京：中国建筑工业出版社，2013.

[39] 广西工程防震研究所, 中国地震局地球物理研究所. 南宁天龙财富中心工程场地地震安全性评价报告[R]. 南宁，2014.

[40] JAN T S, LIU M W, KAO Y C. An upper-bound pushover analysis procedure for estimating the seismic demands of high-rise buildings[J]. Engineering Structures, 2004, 26: 117-128.

[41] 周建龙，包联进，钱鹏. 超高层结构设计的经济性及相关问题的研究[C]//第 23 届全国结构工程学术会议论文集. 兰州，2014.

[42] 叶列平，方鄂华. 关于建筑结构地震作用计算方法的讨论[J]. 建筑结构，2009，39（2）：1-7.

附录 新西兰抗震设计理论要点

澳大利亚和新西兰联合标准委员会 BD-006 按 ISO 2394:1998 的哲理和原则，编制了两国通用的 AS/NZS 1170 规范系列。然而，新西兰位于澳大利亚板块和太平洋板块的交界处，环太平洋地震带的西南端，是强烈地震的活跃区域。两国的地震地质和地震活动度截然不同。因此，新西兰技术委员会 BD-006-04-11（BD-006 的分委员会）编著了新西兰抗震规范 NZS 1170.5:2004，于 2004 年 12 月 21 日得到新西兰标准委员会的批准，替代 NZS 4203:1992 规范。NZS 1170.5:2004 与 AS/NZS 1170 规范系列配套使用。

NZS 1170.5:2004 执行使用极限状态和强度极限状态的二水准设防以及对应的二水准或二次设计法。作者在研究轴压比问题时，对新西兰抗震规范产生了浓厚的兴趣。对比 ASCE 7，它似乎建立了一个更为清晰及完整的理论体系，更全面地贯彻能力设计原理[1]。

另外，为了与 AS/NZS 1170 规范系列配套使用，与 NZS 1170.5:2004 协调，新西兰标准委员会批准了由混凝土委员会 P 3101 编写的 NZS 3101:2006[2]替代 NZS 3101: 1995。本附录根据 NZS 1170.5:2004 和 NZS 3101:2006 两本规范和条文说明及其相关资料，归纳了新西兰抗震设计的理论要点。其中，NZS 3101:2006 有关框架柱和剪力墙的延性设计理念，在第四章第四节和五节已经做了专题论述，可以结合本附录一起阅读。

本书作者相信这些内容将有助于读者对抗震延性设计哲理的理解，也许对中国抗震理论体系和抗震设计的发展有一定的借鉴作用。

一、基本设计准则

1. 强度和变形能力

除了满足非抗震设计的需求之外，结构整体及构件在强度极限状态设计阶段，在含地震效应的荷载组合下应具有足够的强度，满足结构重要性等级和结构延性等级以及构件潜在塑性铰区域延性等级的需求，具有足够的延性。

2. 建筑物的重要性等级

澳大利亚/新西兰结构设计作用第 0 部分：总则（AS/NZS 1170.0:2002 *Structural design actions Part 0: General principles*）遵循国际通用准则，按建筑规模、人员集中程度、使用功能和震后救灾工作中的作用等因素，把建筑重要性分类 5 个等级[3]。①等级 1（Level 1）：震害程度较轻，对人员和财产造成损失不大的建筑，如农庄建筑、隔振建筑等；②等级 2（Level 2）：常规建筑和所有不属于其他等级的建筑，如 15 层以下的公寓、办公、旅馆，车库，小于 10 000m² 的购物中心等；③等级 3（Level 3）：多于 15 层的公寓、办公、旅馆，车库，无震害救灾功能的医院和其他设施，飞机场候机厅，主干线铁路车站，超过 1 000m² 的公共装配式建筑，超过 1 000m² 的公共博物馆和艺术馆，超过 10 000 人的看台，超过 10 000m² 的大型购物中心等；④等级 4（Level 4）：主要的市政设施，生命线工程，发电厂，机场指挥塔，具有震害救灾功能警察局和消防局、机动车和救护车停车库及燃料库等；⑤等级 5（Level 5）：特殊功能的结构，如大坝及可能造成极度严重震害的设施等。与中国规范对比，新西兰规范的等级 1 相当于我国的适度设防类，但值得注意的是等级 1 包含了隔震建筑；等级 2 和等级 3 的一部分相当于我国的标准设防类，等级 3 的其他部分和等级 4 的一部分相当于我国的重点设防类，等级 4 的其他部分和等级 5 相当于我国的特殊设防类。以下重点介绍重要性等级 2、等级 3 建筑的抗震设计。

3. 结构延性等级

NZS 1170.5:2004 按结构（顶部侧向位移）延性系数 μ_Δ，区分为延性结构、有限延性结构、名义延性结构和脆性结构如下。

1）延性结构：$1.25 < \mu_\Delta \leqslant 6.0$ 的结构。

2）有限延性结构：$1.25 < \mu_\Delta < 3.0$ 的结构，属于延性结构的子集。

3）名义延性结构：$1.0 < \mu_\Delta \leqslant 1.25$ 的结构。

4）脆性结构：由不具备非线性变形能力的脆性构件组成的结构，取延性系数 $\mu_\Delta = 1.0$。在抗震设防区，不允许采用。

4. 构件潜在塑性区域

结构延性系数 μ_Δ 反映了结构整体的延性性能，但它不能很好地预测构件塑性区域的变形。延性结构中的一些构件也许仅发生较小的塑性变形。反之，名义延性结构中的一些构件也许会发生较大的塑性变形。为此，NZS 3101:2006 定义了构件的潜在塑性区域，反映构件临界截面的延性性能。

（1）塑性区域的分类

表 A.1.1 列出构件潜在塑性区域的分类。按表所示，潜在塑性区域分为塑性铰区域和配置交叉斜钢筋的连梁塑性区域两大类，其中塑性铰区域又细分为双向塑性铰区域（reversing plastic hinge region）和单向塑性铰区域（unidirectional plastic hinge region）。后者在同一个截面上只能承受单一方向（正方向或负方向）的塑性转动；前者能同时承受正负两个方向的塑性转动，相当于 FEMA 的集中塑性铰。一般情况下，抗震设计均要求把临界截面设计为双向塑性铰区域。因此，为了表述简洁，在以下的叙述中，仅涉及双向塑性铰区域的延性等级以及对应的细部设计。配置交叉斜钢筋的连梁塑性区域和单向塑性铰区域的细部设计与双向塑性铰区稍有不同，但原则相同，读者可进一步阅读 NZS 3101:2006 有关章节。

表 A.1.1 构件潜在塑性区域的分类

分类	塑性铰区域		配置交叉斜钢筋的 连梁塑性区域
	双向塑性铰	单向塑性铰	
延性 参数	曲率 （塑性转动/塑性铰有效长度）	曲率 （塑性转动/塑性铰有效长度）	剪切应变 （剪切变形/交叉钢筋有效范围）

（2）延性等级及应变极限

如上所述，μ_Δ 并不是一个反映构件塑性铰区域变形需求的理想设计参数。NZS 3101:2006 按潜在塑性铰区域的材料塑性应变曲率 ϕ_u（塑性铰转动/塑性铰有效长度）作为延性参数。按截面 ϕ_u 的大小定义塑性铰区域的延性等级，由低向高区分为名义延性塑性铰区域（NDPR）、有限延性塑性铰区域（LDPR）和延性塑性铰区域（DPR）。强度极限状态（或使用极限状态，若构件发生塑性转动）计算得到的曲率 ϕ_u，除非经过特别研究，不能超越对应的应变极限，即最大容许曲率 ϕ_{max} 如下所述。

1）名义延性塑性铰区域（NDPR）。

当截面受弯曲控制时，且纵向钢筋满足最小配筋率的要求以及箍筋间距、肢距能满足受压区纵向钢筋抗屈曲的最低要求时，最大容许曲率 ϕ_{max} 取

$$\phi_{max} \leq \text{smaller of } (0.0024/c, 0.012/(d-c)) \qquad (A.1.1)$$

若不能满足上述构造要求，最大容许曲率 ϕ_{max} 取

$$\phi_{max} = \phi_y \leq 2 f_y / E_s h \qquad (A.1.2)$$

若截面受剪切控制，最大容许曲率 ϕ_{max} 取

$$\phi_{max} \leq 2 f_s / E_s h \qquad (A.1.3)$$

式中，c 为中和轴至最外侧受压混凝土纤维的距离；d 为截面有效高度；h 为截面高度；f_y 为钢筋名义屈服强度，取 $f_y \leq 425\text{MPa}$；f_s 为钢筋最大拉应力，取 $f_s \leq 0.85 f_y$；ϕ_y 为屈服曲率。

2）有限延性塑性铰区域（LDPR）和延性塑性铰区域（DPR）。

有限延性塑性铰区域和延性塑性铰区域的最大容许曲率 ϕ_{max} 取

$$\phi_{max} = k_d \cdot \phi_y \leq k_d \cdot 2 f_y / E_s h \qquad (A.1.4)$$

式中，k_d 为修正系数，如表 A.1.2 所示。

表 A.1.2　最大容许曲率的修正系数 k_d

延性等级	梁、柱	墙	
		不设置约束边缘构件	设置约束边缘构件
有限延性塑性铰区域	11	6	9
延性塑性铰区域	19	14	16

（3）塑性铰区域的位置

能力设计的核心思想是材料超强、体系超强、内力重分布和延性耗能。使用超强构建强度等级体系，避免构件剪切、失稳等脆性破坏及避免在预估塑性铰以外的区域发生塑性变形，形成合理的变形机构，以最小的变形获得最大的耗能能力，设计一个对地震效应不敏感的韧性结构，可以承受随机地震作用带来的各种不确定性，避免倒塌以及危及生命的破坏。

按照能力设计的原则，NZS 1170.5:2004 要求估计潜在塑性铰的位置。框架体系的延性变形机构是梁侧移模态，避免柱侧移模态，可选择柱脚和梁端作为潜在塑性铰区域。剪力墙结构体系，可选择墙脚和连梁端部为潜在塑性铰区域。框架-剪力墙（含框架-核心筒）结构体系应是混合塑性变形机构。墙体承担了大部分的水平剪力，侧向刚度远远

大于框架部分，应首选墙脚和连梁端部作为潜在塑性铰区域。其次可选框架梁端部和柱脚潜在为塑性铰区域。在这种相互作用结构中，剪力墙为框架部分提供了一个可靠的侧向支座。对于以重力荷载为主、大跨度梁的框架部分可选择柱端为潜在塑性铰区域。

（4）塑性铰区域的延性措施和超强

NZS 1170.5:2004 要求估计潜在塑性铰的长度和塑性曲率，匹配适当的延性措施。所谓延性措施，应包括纵向钢筋的直径、间距、锚固、搭接，抗剪切钢筋的直径、间距、肢距、弯勾，抗屈曲和约束箍筋的直径、间距、肢距、弯勾等细部构造。除此以外，区域长度内材料的超强是另外一个必须考虑的因素。屈服强度超强、应变硬化超强、体系超强以及由屈服和超强引起的内力重分布，应能够保证在塑性铰区域内满足剪切强度等级高于弯曲强度等级以及强度控制构件及塑性铰区域外的弯曲强度等级高于塑性铰区域内的强度等级的要求，确保在塑性铰区域的其他部位不发生塑性变形，实现预期的塑性变形机构。

5. 设计极限状态

从地震发生的重现期以及结构设计分等级保护的角度，NZS 1170.5:2004 采用使用极限状态和强度极限状态的二阶段设计法。

（1）使用极限状态（SLS）

NZS 1170.5:2004 把验算侧向位移和层间位移角满足正常使用各项功能为主要内容的设计阶段定义为使用极限状态（serviceability limit state，SLS）。对设计基准期 50 年、重要性等级 2、3、4 的结构，把 50 年内遇到 2 次，年发生概率 1/25、重现期 25 年的地震和场地反应定义为使用极限状态地震（SLS earthquake）和使用极限状态场地震害谱（SLS site hazard spectra）。利用结构延性系数 μ_Δ 和结构性能系数 S_p（详见后述）把震害谱折减为设计反应谱后，对结构进行弹性分析。在 SLS 地震作用下，结构性能基本处于弹性状态，结构的最大弹性位移不超过场地的红线，层间位移角满足 1/500，震后无须修理就能继续正常工作。对于高延性结构，SLS 状态的强度需求也许有可能对构件截面设计起控制作用。

（2）强度极限状态（ULS）

NZS 1170.5:2004 把构件截面强度和延性的设计，弹塑性层间位移角的验算作为主要内容的设计阶段定义为强度极限状态（ultimate limit state，ULS）。对设计基准期 50 年，按建筑的重要性等级，分别把年发生概率 1/500、重现期 500 年，年发生概率 1/1 000、重现期 1 000 年或年发生概率 1/2 500、重现期 2 500 年的地震定义为强度极限状态地震（ULS earthquake）和强度极限状态场地震害谱（ULS site hazard spectra）。利用结构延性系数 μ_Δ 和结构性能系数 S_p 把震害谱折减为设计反应谱后，对结构进行等效弹性分析。应用能力设计原理，估计结构的非线性变形机构和构件潜在非线性区域的塑性应变进行延性设计。在 ULS 地震作用下，构件具有足够的强度，且潜在塑性铰区域具有与构件曲率延性系数 μ_φ 匹配的箍筋面积，间距等延性能力和构造措施，不发生强度或延性不足引起的塌落；结构的层间位移角满足 1/40。当结构遭遇最大考虑地震时，震后结构构件能继续具有承载能力，不发生柱侧移机构的倒塌，确保生命安全。

6. 截面有效弯曲刚度

抗震分析应该考虑与地震作用、延性程度和设计极限状态匹配的、不同构件的裂缝效应对内力重分布的影响，以获得比较真实的分析结果。尽管开裂构件真实的截面刚度是沿构件变化的，但工程设计中，通常把截面刚度 EI_g 折减为有效刚度来考虑裂缝的影响。表 A.1.3 列出了 NZS 3101:2006 根据 μ_Δ 的大小，按不同的极限设计状态，不同构件适筋截面有效弯曲刚度的推荐值。

表 A.1.3　截面有效弯曲刚度的推荐值

构件类型	ULS		SLS		
	$f_y = 300\text{MPa}$	$f_y = 500\text{MPa}$	$\mu_\Delta = 1.25$	$\mu_\Delta = 3$	$\mu_\Delta = 6$
1. 梁					
（a）矩形截面	$0.4I_g(E_{40})$	$0.32I_g(E_{40})$	I_g	$0.7I_g$	$0.4I_g(E_{40})$
（b）T 或 L 形截面	$0.35I_g(E_{40})$	$0.27I_g(E_{40})$	I_g	$0.6I_g$	$0.35I_g(E_{40})$
2. 柱					
（a）$N^*/A_g f_c' > 0.5$	$0.8I_g(1.0I_g)$	$0.8I_g(1.0I_g)$	I_g	$1.0I_g$	同 ULS 括号中的刚度
（b）$N^*/A_g f_c' > 0.2$	$0.55I_g(0.66I_g)$	$0.5I_g(0.66I_g)$	I_g	$0.8I_g$	
（c）$N^*/A_g f_c' > 0.0$	$0.4I_g(0.45I_g)$	$0.3I_g(0.35I_g)$	I_g	$0.7I_g$	
3. 墙					
（a）$N^*/A_g f_c' > 0.2$	$0.48I_g$	$0.42I_g$	I_g	$0.7I_g$	同 ULS 的刚度
（b）$N^*/A_g f_c' > 0.1$	$0.4I_g$	$0.33I_g$	I_g	$0.6I_g$	
（c）$N^*/A_g f_c' > 0.0$	$0.32I_g$	$0.25I_g$	I_g	$0.5I_g$	
4. 连梁（带交叉斜筋）	$0.6I_g$		I_g	$0.75I_g$	同 ULS 的刚度

注：1. 梁、柱、墙未考虑节点域的影响；
　　2. 与实际使用混凝土强度等级无关，统一采用 40MPa 强度混凝土的弹性模量；
　　3. 括号中的刚度仅适用于在 ULS 不发生塑性铰的柱；
　　4. 不设置交叉斜筋连梁的有效刚度见 NZS 3101:2006 的有关章节。

7. 荷载组合

按 AS/NZS 1170.0:2002 的规定，有地震荷载组合的形式为

$$S = [G, \ \psi_c Q, \ E] \tag{A.1.5}$$

式中，S 为组合后的效应；G，$\psi_c Q$ 分别为静荷载和活荷载；E 为地震作用；$\psi_c = 0.3$ 为活荷载系数。需要注意的是，式（A.1.5）中的方括号仅表示某一种函数，括号中 G，$\psi_c Q$，E 仅表示作用，而不是效应。若弹性分析能适用于反映结构的抗震性能时，它们的效应可以进行线性叠加，否则应叠加后再进行非线性分析。按此原则，若使用底部剪力法或反应谱法进行弹性分析时，NZS 1170.5:2004 的有地震荷载的组合公式为

对于 ULS，

$$S_u = G + 0.3Q + E_u \tag{A.1.6}$$

对于 SLS，

$$S_s = G + 0.3Q + E_s \tag{A.1.7}$$

式中，E_u, E_s 分别表示强度极限状态（ULS）和使用极限状态（SLS）的地震作用，详见"四、设计地震作用"所述。

二、场地震害谱

1. 场地震害谱及其数学表达式

学者们把新西兰 305 条活动断层和历史地震的震源参数作为依据，考虑了直下型地震、逆俯冲型地震的衰减规律，按地质和核科学研究所（Geological and Nuclear Sciences，GNS）建立的模型，进行了地震危险性分析。NZS 1170.5:2004 在此研究成果的基础上，把阻尼比 5%，年概率 1/500 的自由场水平地面运动的加速度谱定义为场地震害弹性反应谱（site hazard spectra），记作 $C(T)$。它是由反映震源机制、传播途径、衰减规律、场地类别等效应的形状系数 $C_h(T)$，反映场地地面运动加速度的场地震害系数 Z，地震重现期系数 R，反映震源特性的近断层系数 $N(T,D)$ 的乘积。若给定地震重现期，场地震害反应谱，按式（A.2.1）确定为

$$C(T) = C_h(T) \cdot Z \cdot R \cdot N(T, D) \qquad\qquad (A.2.1)$$

2. 震害谱形状系数

震害谱形状系数 $C_h(T)$ 是每一种场地类别对规范规定基岩峰值加速度的规格化系数。它反映了场地覆盖土层对地震效应的影响。根据剪切波速度和覆盖土层的厚度，NZS 1170.5:2004 把场地分为 A～E 五个类别。其中，A 类和 B 类为坚硬场地，C 类为浅覆盖土场地，D 类为厚覆盖土或软土场地，E 类为特别软土层场地。图 A.2.1 按场地类别给出反应谱形状系数曲线。其中，图 A.2.1（a）适用于底部剪力法，图 A.2.1（b）适用于振型分析法和时程分析法。

为简单起见，以下仅给出对应于图 A.2.1（b）C 类场地，反应谱法和时程分析法场地震害反应谱的数学表达式：

$$
\begin{array}{ll}
C_h(0) = 1.33 & C_h(T) = 1.33 + 1.60(T/0.1) \quad 0 < T < 0.1 \\
C_h(T) = 2.93 \quad 0.1 < T < 0.3, & C_h(T) = 2.0(0.5/T)^{0.75} \qquad 0.3 < T < 1.5 \quad (A.2.2) \\
C_h(T) = 1.32/T \quad 1.5 < T < 3.0, & C_h(T) = 3.96/T^2 \qquad\qquad 3.0 < T
\end{array}
$$

式中，T 为结构自振周期。除了具体数值有所不同以外，其他场地类别和适用于底部剪力法震害谱的数学表达式与式（A.2.2）类似，详见 NZS 1170.5:2004 的条文说明。

图 A.2.1 所示曲线说明了 NZS 1170.5:2004 的形状系数 $C_h(T)$ 具有如下特征：①反应谱平台段（即加速度控制段）的高低和长短与场地类别有密切联系，场地越软平台越高，第一角点周期 T_c 越长。②反应谱的速度控制段，从按 $1/T^{0.75}$ 衰减过渡到按 $1/T$ 衰减。③长周期转换周期为 3.0s。此后为反应谱的位移控制段，按 $1/T^2$ 衰减。

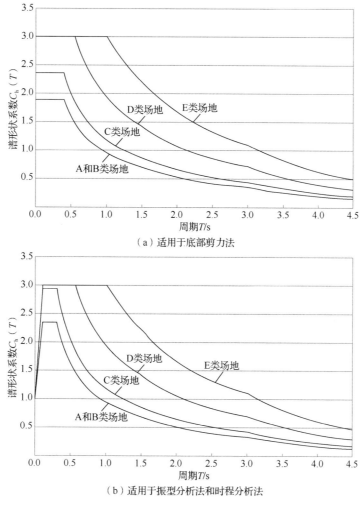

（a）适用于底部剪力法

（b）适用于振型分析法和时程分析法

图 A.2.1　场地震害反应谱形状系数

3.　场地震害系数

NZS 1170.5:2004 把 0.5s 作为规格化的基准周期，取年概率 1/500（地震重现期系数 $R_u = 1$，详见以下"5.重现期系数"）、阻尼比 5%的场地类别 C 在 0.5s 处的谱反应加速度等于基岩峰值加速度，并把它定义为场地震害系数 Z。形状系数和震害系数的乘积 $C_h(T) \cdot Z$ 为尚未考虑近断层影响的 ULS 场地震害谱。图 A.2.2 给出新西兰北岛和南岛的地震震害系数区划图，典型城市惠灵顿（Wellington）的场地震害系数 $Z = 0.4$，奥克兰（Auckland）的场地震害系数 $Z = 0.13$。

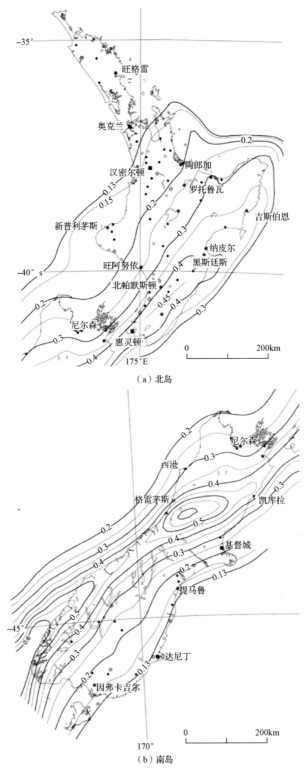

（a）北岛

（b）南岛

图 A.2.2　场地震害系数[1]

4. 概率分析和确定性分析

(1) 最大考虑地震和震害系数的上限值

毫无疑问，引进概率分析是对地震工程学和抗震设计理论发展的一种推动。按概率危险性分析，NZS 1170.5:2004 把 50 年设计基准期超越概率 2%（2/50a，发生年概率约 1/2 500）的地震作为最大考虑地震（maximum considered earthquake，MCE）。然而，由于活动断层的长度和规模的限制，不一定具有发生 MCE 地震的地质条件。因此，具有现实和工程意义的是区划图标定的谱加速度参数应该是概率分析法和确定性分析法的结合。具体地说，应根据历史地震资料和地震地质条件、断层的活动度、长度、规模等因素，把确定性分析得到的谱反应加速度设定为上限值，作为 MCE 谱反应加速度的盖帽值。

从地震地质构造的角度，阿尔卑斯（Alpine）是新西兰最活跃和强烈的断裂区，几乎贯穿整个新西兰岛；Alpine 断层是太平洋板块和澳大利亚板块的分界面，如图 A.2.3 所示。图中，断层的左侧为澳大利亚板块，右侧为太平洋板块。图 A.2.4 表明，它具有明显的右旋走滑的特征，断层年平均水平移动约 30mm。但每次破裂，都伴随有垂直挤压运动，使南阿尔卑斯山（Southern Alps）地壳的上升。图 A.2.5 为 Alpine 断层的剖面示意图。据 GNS 于 2012 年公布的最近研究成果表明，Alpine 断层破裂引发的地震可以追溯到 8000 年以前。在此期间，断层及其分支共发生过 24 次强烈地震。重现期 140～510 年，平均重现期 330 年。其中，1100 年、1450 年、1620 年和 1717 年共发生 4 次 8 级地震。从 2012 年起，今后 50 年以内发生 8 级地震的概率约有 30%。据此，NZS 1170.5:2004 按国际惯例，把 Alpine 地震（8 级）84%（平均值+标准差）的近断层地面运动作为 MCE 的盖帽值。

NZS 1170.5:2004 设定 MCE 和 ULS 地震的安全边界为 1.5 倍，并把上述 MCE 的近断层地面运动除以 1.5 规定为场地震害系数的上限值，取 $ZR_u = 0.7$。

图 A.2.3 阿尔卑斯断层走向（引自：NZS 1170.5:2004）

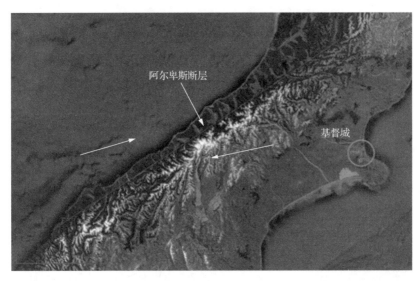

图 A.2.4　阿尔卑斯断层的右旋走滑特性示意图（引自：NZS 1170.5:2004）

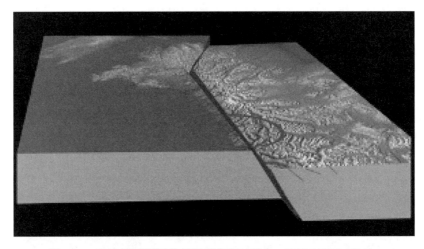

图 A.2.5　阿尔卑斯断层的剖面示意图（引自：NZS 1170.5:2004）

（2）名义地震和震害系数的下限值

然而，对于低地震活动度区域，即使取年概率 1/1 000 的地震，其峰值加速度也不一定能实质性地影响到结构的抗震设计。因此，应设定具有一定震级的地震作为低地震活动度区域的名义地震（normative earthquake），即最小地震。NZS 1170.5:2004 把离场地 20km 处震级 6.5 的地震作为它的名义地震（即最小地震作用），并依此作为依据，确定年发生概率 1/500、阻尼比 5%的场地震害系数的最小值。例如，若采用均匀模型进行地震危险性分析，Auckland 的场地震害系数 $Z = 0.09$，但当把离场地 20km 处震级 6.5 的地震作为主要震源，场地震害系数 $Z = 0.13$。NZS 1170.5:2004 把 $Z = 0.13$ 作为新西兰场地震害系数的下限值，MCE 的最小震害系数 $Z \geqslant 0.13 \times 1.5 \approx 0.2$。

5. 重现期系数

NZS 1170.5:2004 通过重现期系数 R 调整场地震害谱，以适应设计基准期不同于 50

年的结构或不同的设计极限状态。重现期系数列于表 A.2.1。

表 A.2.1 重现期系数 R

年超越概率	R_u（ULS）或 R_s（SLS）
1/2 500	1.8
1/2 000	1.7
1/1 000	1.3
1/500	1.0
1/250	0.75
1/100	0.50
1/50	0.35
1/25	0.25
1/20	0.20

6. 近断层系数

NZS 1170.5:2004 规定，当场地与主要断层的最短距离 $D \leqslant 20\text{km}$，使用近断层系数 $N(T, D)$ 考虑断层破裂的方向性效应（rupture directivity effects）。

所谓破裂方向性效应，是指近断层地区、断层破裂方向对结构遭受地震作用的影响。根据定量地震学原理，在近断层地区，影响地面运动特征的一个重要因素是场地与断层的相对位置与断层破裂的方向之间的关系。它可以分为向前方向（forward directivity）、向后方向（reverse or backward directivity）和中性方向（neutral directivity）。若断层的主要破裂方向朝向场地（site）或破裂方向与震源（hypocenter）和场地连线的夹角较小，称为向前方向；相反，若断层的破裂方向背离场地或破裂方向与震源和场地连线的夹角较大，称为向后方向；若场地与震源的连线几乎垂直于断层的破裂方向，称为中性方向。断层破裂时，以接近剪切波的速度向四周传播能量。其中，向前方向性效应是指随着破裂面的向前传播，大量地震能量的相继到达将在地面运动时程记录的头部引起一个大冲量、长周期的速度脉冲，反映了从断裂向四周辐射地震能量的累积效应，对工程结构产生极为不利的影响。这种向前方向性效应是近断层地区破裂面前方地面运动的主要特征。无论是走滑型断层还是逆断层或正断层都会产生向前方向性效应，尤其是走滑型断层，断裂剪切位错的辐射模式使地面运动的大脉冲朝向垂直于断裂方向，引起垂直于断层分量的峰值速度比平行于断层分量的峰值速度更大的物理现象。

1992 年 6 月 28 日，南加利福尼亚发生了兰德斯（Landers）地震，震级 7.3 级，震源深度 1.09km。断裂包括了三段断层，长达 75～85km，右旋走滑型。图 A.2.6 给出位于向前方向区域的卢塞恩（Lucerne）台站和位于向后方向区域的约书亚树国家公园（Joshua Tree）台站及其接收到的垂直于断裂走向的地面运动速度记录的实例。

图 A.2.6 中，离断层距离 1.1km，震中距 45km 的 Lucerne 记录波较短的波形持续时间和头部单个 136cm/s 速度脉冲表现出典型的向前方向性效应。与此不同，近震源的 Joshua Tree 记录波表现出长持续时间和低振幅的特征。1994 年美国的 North Ridge 地震、

1995 年日本的 Hanshin 地震以及 1999 年中国台湾地区的集集地震都明显地反映了向前方向性效应的巨大破坏性。方向性效应会影响近断层场地的反应谱。

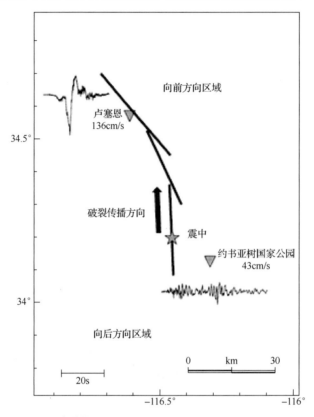

图 A.2.6　Landers 地震的两个记录台站及其垂直于断层走向的速度时程记录[4]

NZS 1170.5:2004 引进近断层系数 $N(T,D)$。当年超越概率不小于 1/250 时，取近断层系数 $N(T,D)=1.0$。当年超越概率小于 1/250 时，近断层系数 $N(T,D)$ 按式（A.2.3）确定为

$$N(T,D) = N_{\max}(T) \qquad\qquad D \leqslant 2\text{km}$$
$$N(T,D) = 1 + (N_{\max}(T)-1)\frac{20-D}{18} \qquad 2\text{km} < D \leqslant 20\text{km} \qquad (\text{A.2.3})$$
$$N(T,D) = 1.0 \qquad\qquad D > 20\text{km}$$

式中，最大近场系数 $N_{\max}(T)$ 按表 A.2.2 取值。

表 A.2.2　最大近场系数

周期 T/s	$N_{\max}(T)$
≤1.5	1.0
2	1.12
3	1.36
4	1.60
≥5	1.72

三、结构特性

除了结构的自振周期和规则性以外，NZS 1170.5:2004 还定义了反映结构延性能力的延性系数 μ_Δ 和结构特性的性能系数 S_p。并且根据 R-μ-T 准则，使用 μ_Δ 和（或）S_p 折减场地震害谱为设计反应谱，放大弹性分析得到的层间位移角为 ULS 状态的弹塑性层间位移角。

1. 结构延性系数

（1）强度极限状态

结构延性系数 μ_Δ 定义为结构顶部侧向位移与屈服位移之比。它是衡量结构体系延性能力的综合指标，抗震设计中最重要的参数之一。如"一、基本设计准则"所述，NZS 1170.5:2004 按 μ_Δ 的大小定义了延性、有限延性、名义延性和脆性结构。对于钢筋混凝土结构，NZS 3101:2006 列出了不同结构类型 ULS 状态下的最大延性系数，如表 A.3.1 所示。

表 A.3.1　最大结构延性系数（ULS）

结构类型	钢筋混凝土结构	预应力钢筋混凝土结构
1. 名义延性结构	1.25	1.25
2. 有限延性结构		
（a）抗弯框架	3	3
（b）剪力墙	3	3
3. 延性结构		
（a）抗弯框架	6	5
（b）剪力墙		
（i）两片或两片以上悬臂墙	$5/\beta_a$	同钢筋混凝土结构
（ii）两片或两片以上联肢墙	$5/\beta_a \leq (3A+4)/\beta_a \leq 6/\beta_a$	同钢筋混凝土结构
（iii）单片悬臂墙	$4/\beta_a$	同钢筋混凝土结构

注：$1.0 < \beta_a = 2.5 - 0.5\dfrac{h_w}{L_w} < 2.0$ 和 $\dfrac{1}{3} \leq A = \dfrac{T_w L'}{M_{ow}} \leq \dfrac{2}{3}$。式中，$h_w$，$L_w$ 分别为墙高和墙长；A 为联肢墙的倾覆力矩比；T_w，L' 分别为联肢墙的墙肢轴力和墙肢间中-中的距离；M_{ow} 为结构总倾覆力矩。

（2）使用极限状态

NZS 1170.5:2004 规定，SLS 状态下，取结构延性系数 $\mu_\Delta = 1 \sim 1.25$。对于混凝土结构，NZS 3101:2006 规定，取结构延性系数 $\mu_\Delta = 1$。

2. 结构性能系数

（1）结构性能系数的意义

结构性能系数 S_p 考虑了一些在分析模型中尚未明确反映的效应。这些效应大致如下。

1）波形持续时间内，地震作用的峰值加速度以及最大塑性变形仅仅在瞬间出现一次。偶尔一次脉冲造成严重破坏的概率并不很大。

2）材料强度的超强，应变硬化和应变速率等效应使得构件的强度和变形能力一般都会高于分析中的取值和假定。

3）体系的赘余度使得结构体系整体超强。

4）基础和非结构构件将提高结构的阻尼，从而进一步提高结构的耗能能力。

NZS 1170.5:2004 给出场地震害系数的力学意义是峰值加速度（PGA）。按当前反应谱理论，这意味着在弹性分析阶段，把波形持续时间中出现一次的最大加速度反应作为谱反应加速度 S_a；在非线性分析阶段，把出现一次的最大塑性变形作为构件性能水准的判别依据。因此，上述第 1）条表述的概念是一个 PGA 和 EPA（有效加速度）之间的区别以及峰值反应和有效反应之间的区别。数学上，它是一个概率密度的概念，即如何设定一个有效高度，波峰，波谷穿越这个高度的能力或次数。NZS 1170.5:2004 引用了 Perez 等把波形有效持续时间内超过 4 次循环的加速度定义为有效加速度，并使用 California 4 次地震事件中取得的大量记录波对单自由度体系进行线性分析的研究成果。结论如下：①当 $T > 1s$，平均有效加速度反应 $(a_{eff})_{average} = 50\% a_{peak}$，最不利结果 $(a_{eff})_{worst} = 84\% a_{peak}$；②当 $0.2s < T < 1s$，$(a_{eff})_{average} = (60\% \sim 65\%) a_{peak}$，$(a_{eff})_{worst} = 89\% a_{peak}$。按此成果，NZS 1170.5:2004 认同，当定义 4 次循环不发生过多刚度、强度退化的塑性变形作为延性系数的计算依据时，取性能系数 $S_p \approx 2/3$ 将处于一个合理的范围。进一步研究表明，对于长周期、高延性结构，上述取值稍偏于安全；但对于短周期、低延性（$\mu_\Delta < 2$）结构，上述取值应予以适当提高[5]。

（2）强度极限状态

NZS 1170.5:2004 规定，ULS 状态下，除非特别定义，一般取 $S_p = 0.7$。但若 $1.0 < \mu_\Delta < 2$，且构件的延性构造不满足有限延性或延性构造的要求时，取 $S_p = 1.3 - 0.3\mu_\Delta$。对于混凝土结构，NZS 3103:2006 规定如下。①名义延性结构：取 $S_p = 0.9$，但若全部潜在塑性铰区域均满足有限延性或延性塑性铰区域的构造要求，除非特别说明以外，可取 $S_p = 0.7$。②有限延性或延性结构：$S_p = 0.7$。

（3）使用极限状态

SLS 状态下，取 $S_p = 0.7$。

四、设计地震作用

1. 场地震害谱和设计反应谱

如上所述，NZS 1170.5:2004 使用延性系数 μ_Δ 和结构性能系数 S_p，把场地震害谱折减为设计反应谱，记作 $C_d(T)$；称其纵坐标为设计地震作用系数。μ_Δ 考虑了塑性变形对结构动力反应的影响，S_p 考虑了一些在分析模型中尚未明确反映的有效地震反应和体系超强等因素。

图 A.4.1 给出规格化 C_d/S_p 曲线，即剔除 S_p 影响的 C_d 与延性系数 μ_Δ 之间的折减关系（具体计算公式见后述内容）。图中虚线适用于反应谱法。根据 R-μ-T 准则，水平设计反应谱 C_d 是场地震害反应谱按结构延性系数 μ_Δ 折减，且计入结构性能系数 S_p 影响的弹塑性谱。NZS 1170.5:2004 丰富了 ASCE 7-10 地震反应折减系数 R 的内涵，似乎更清晰地表述了其物理意义。

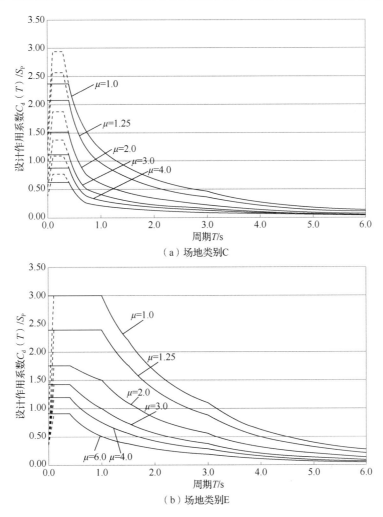

图 A.4.1　规格化水平设计反应谱（NZS 1170.5:2004）

2. 底部剪力法

（1）强度极限状态

ULS 状态下，水平设计地震作用系数 $C_d(T_1)$

$$C_d(T_1) = \left(C(T_1)S_p\right)/k_\mu \geqslant \text{larger of } \left((Z/20 + 0.02)R_u, 0.03R_u\right) \quad （A.4.1）$$

式中，$C(T_1)$ 为场地震害谱形状系数 $C_h(t)$ 和 ULS 重现期系数 R_u（按表 A.2.1 取值）确定的，对应于振动主轴方向及其垂直于主轴方向上第一周期的谱值；Z 为场地震害系数，见"二、场地震害谱"；S_p 为结构性能系数，见"三、结构特性"。对于场地类别 A、B、C 和 D，有

$$
\begin{aligned}
k_\mu &= \mu_\Delta & T_1 \geqslant 0.7\text{s} \\
k_\mu &= \frac{(\mu_\Delta - 1)T_1}{0.7} + 1 & T_1 < 0.7\text{s}
\end{aligned}
\quad （A.4.2）
$$

对于场地类别 E，有

$$k_\mu = \mu_\Delta \qquad\qquad T_1 \geqslant 1\mathrm{s} \text{ 或 } \mu_\Delta < 1.5$$
$$k_\mu = (\mu_\Delta - 1.5)T_1 + 1.5 \qquad T_1 < 1\mathrm{s} \text{ 和 } \mu_\Delta \geqslant 1.5$$

（A.4.3）

在上述计算系数 k_μ 的公式中，若 $T < 0.4\mathrm{s}$，取 $T = 0.4\mathrm{s}$。

（2）使用极限状态

SLS 状态下，设计水平地震作用系数 $C_\mathrm{d}(T_1)$

$$C_\mathrm{d}(T_1) = \frac{C(T_1)S_\mathrm{p}}{k_\mu}$$

（A.4.4）

式中，$C(T_1)$ 为场地震害谱形状系数 $C_\mathrm{h}(t)$ 和 SLS 重现期系数 R_s（按表 A.2.1 取值）确定的，对应于振动主轴方向及其垂直于主轴方向上第一周期的谱值，结构性能系数取 $S_\mathrm{p} = 0.7$。在计算 k_μ 时，取 $\mu_\Delta = 1.0 \sim 1.25$。对于混凝土结构，NZS 3103:2006 规定取延性系数 $\mu_\Delta = 1.0$。

3. 反应谱法

（1）强度极限状态

1）设计反应谱的数学表达式。ULS 状态下，水平设计反应谱 $C_\mathrm{d}(T)$

$$C_\mathrm{d}(T) = \frac{C(T)S_\mathrm{p}}{k_\mu}$$

（A.4.5）

式中，$C(T)$ 为谱形状系数 $C_\mathrm{h}(t)$ 和 ULS 重现期系数 R_u（按表 A.2.1 取值）的乘积确定的场地震害谱；S_p 为结构性能系数，见"三、结构特性"；k_μ 为系数，其定义见式（A.4.2）和式（A.4.3）。

2）最小底部剪力。使用反应谱法进行抗震分析时，应按下列 a 或 b 规定的使用系数 k 调整底部剪力及相应的设计地震作用效应。

a. 规则结构：

（i）当底部剪力大于或等于底部剪力法底部剪力的 80% 时，$k = 1.0$；

（ii）当底部剪力小于底部剪力法底部剪力的 80% 时，$k = 0.8V_\mathrm{e}/V$。

b. 不规则结构：

（i）当底部剪力大于或等于底部剪力法底部剪力的 100% 时，$k = 1.0$；

（ii）当底部剪力小于底部剪力法底部剪力的 100% 时，$k = V_\mathrm{e}/V$。

上述 a 和 b 规定的公式中，V_e 为底部剪力法的底部剪力；V 为反应谱法的底部剪力。

按照上述定义，NZS 1170.5:2004 把底部剪力法的底部剪力作为反应谱法最小底部剪力的比例因子。ULS 状态下，按式（A.4.1），规则结构的反应谱法最小底部剪力系数下限值为 2.4%，不规则结构，最小底部剪力系数下限值为 3%。

（2）使用极限状态

SLS 状态下，水平设计反应谱 $C_\mathrm{d}(T)$

$$C_\mathrm{d}(T) = C(T)S_\mathrm{p}$$

（A.4.6）

式中，$C(T)$ 为谱形状系数 $C_\mathrm{h}(t)$ 和 SLS 重现期系数 R_s（按表 A.2.1 取值）的乘积确定的场地震害谱；S_p 为结构性能系数，取 $S_\mathrm{p} = 0.7$。

五、地面运动加速度记录的选择准则

1. 一般要求

1）用于时程分析的地震波应从实际的记录波中选取。每一条记录波至少由两个水平分量组成。当结构及部分结构对竖向加速度敏感时（如水平长悬挑结构或某些敏感的设备区域），还宜包括竖向分量。

2）一组地震记录波不少于三条地面运动记录波，组成结构时程分析的候选波集合。若挑选三条合适的记录波确有困难，允许使用一条人工模拟波替代。

3）候选波的地震学特征，如震级、震源特性、断层破裂长度、震中距等应与对场地特定震害谱中结构设计感兴趣的周期段有卓越贡献的潜在震源区活动断层的规模和特性取得一致或合理一致；实测记录台站的场地类别应与拟建场地的类别取得一致或合理一致。

4）当拟建场地邻近活动断层，选择的候选波应是近断层记录。而且，一组地震波集合中，应有一条候选波具有向前方向性效应的分量。

5）对于低烈度区域，选择的候选波中，应包含至少一条峰值为名义地震（可靠概率84%，震中距20km，震级6.5地震）地面运动强度2/3倍的记录波。

2. 目标谱及其拟合比例系数

1）考虑到分析模型中未计入结构体系的性能，NZS 1170.5:2004规定，取目标谱

$$SA_{target} = \big((1+S_p)/2\big)C(T) \tag{A.5.1}$$

式中，$C(T)$为场地弹性震害谱；S_p为结构性能系数。

2）按阻尼比5%，计算候选波每一条分量的反应谱$SA_{component}$。

3）目标谱是大量地震波反应谱光滑化，且具有几何平均意义上的反应谱，地震危险性分析中所有的潜在震源对谱曲线都具有相同的贡献。事实上，不同的记录波对不同的周期段具有不同的贡献。因此，选择的记录波需要在振动主轴方向上第一周期为参考点的周期段内，使用波形比例系数k_1调整反应谱幅值，拟合目标谱。NZS 1170.5:2004规定，感兴趣的周期段T_{range}为

$$T_{range} = T_{max} - T_{min} = 1.4T_1 - 0.3T_1 \tag{A.5.2}$$

4）确定每一条分量的波形比例系数k_1，使误差函数D_1在感兴趣的整个周期段上，在最小均方误差意义上满足规范规定的拟合要求，即

$$D_1 = \sqrt{\frac{1}{(1.5-0.4)T_1}\int_{0.4T}^{1.5T}\left[\log\left(\frac{k_1 SA_{component}}{SA_{target}}\right)\right]^2 dT} \leqslant \log(1.5) \tag{A.5.3}$$

5）若$0.33 < k_1 < 3.0$，认为候选波反应谱与目标谱具有较好的相似性；否则，应考虑换波。

6）把两个分量中较小的k_1定义为波形比例系数，对应的分量为主分量，另外一个为次分量。

7）定义候选波的集合比例系数k_2为$SA_{target}/\max(SA_{principal})$的最大值。其中，

$\max(SA_{\text{principal}})$ 为候选波集合中每一条记录波主分量反应谱的最大值。

8）若 k_2 在 1.0～1.3，上述主、次分量可以得到确认。若 $k_2 > 1.3$，则继续使用已选择的主、次分量；或换取另外一条候选波，重新计算 k_2；或若主、次分量 k_1 的差别在 20%以内，调换主次分量，重新计算 k_2，再一次确认。

9）合理选择 k_2，使 $k_1 k_2$ 最小，并依此确认每一条候选波的主、次分量。而且，尚应确保至少一条候选波主分量的反应谱与 $k_1 k_2$ 的乘积，$k_1 k_2 SA_{\text{component}}$ 在感兴趣的整个周期段上超过目标谱。

10）在振动主轴正交的方向上，重复第 3）～9）条的计算，确定该方向上的波形比例系数 k_1 和集合比例系数 k_2。

六、结构分析

NZS 1170.5:2004 允许使用底部剪力法，反应谱法或时程分析法进行结构分析。其中，底部剪力法只能应用于不超过 3 层的结构。无论是 SLS 状态还是 ULS 状态，三维建模的振型分解反应谱法是规范法定的主流分析方法。根据设计极限状态，按表 A.1.3 选择构件合适的有效弯曲刚度后，按式（A.4.5）或式（A.4.6）确定设计反应谱，进行弹性或等效弹性分析，振型组合，最小底部剪力的验算后，可以把得到的结构侧向位移和构件内力作为抗震设计的依据。

时程分析法可以是弹性的分析，也可以是非线性的分析，都需要把主次分量分别沿振动主轴方向以及垂直方向输入，并取最大值作为设计依据。NZS 1170.5:2004 认为，非线性时程分析有可能重现结构在强烈地震中的真实反映。相对于其他方法，非线性时程分析的结果具有优先权，且应通过下列几个方面评估抗震设计的有效性和安全性：

1）强度需求。

2）侧向位移需求。

3）按能力设计原理预估的非线性区域的位置和分布。

4）结构和构件非线性区域的延性需求。

当然，非线性分析的精度在相当程度上取决于输入地面运动记录的选择和建模的假定。因此，担任非线性时程分析的结构负责人应符合下列条件：

1）具有丰富的工程经验，非线性分析的理论基础和解读非线性分析结果以及把握非线性分析离散性的能力。

2）能严格执行"五、地面运动加速度记录的选择准则"中的选波准则以及充分理解地震作用的不确定性。

3）能建立合适的非线性模型，在选择材料本构关系和滞回曲线时，要注意能反映构件屈服后的力学特征；如屈服后的应变硬化和应变软化、卸载刚度、连续循环加载引起的强度退化和刚度退化、滞回曲线的捏拢等等方面。

4）能充分理解计算机程序的输入、输出功能以及分析中可能存在的局限性。

七、侧向位移和层间位移角

NZS 1170.5:2004 允许使用底部剪力法，反应谱法或时程分析法，根据 SLS 状态或 ULS 状态，按表 A.1.3 所示的有效弯曲刚度，计入 P-Δ 效应及基础转动后，三维建模分析计算侧向位移。

1. 侧向位移

（1）强度极限状态

当使用底部剪力法或反应谱法分析时，若结构不发生柱侧移机构，NZS 1170.5:2004 规定，ULS 状态的侧向位移应由计算弹性位移乘以结构延性系数 μ_Δ 予以放大；而且最终的侧向位移还需要计入重力二阶效应再予以放大。放大系数 α 为

$$\alpha = \frac{k_p W_t + V}{V} \qquad (\text{A.7.1})$$

式中，V 为地震底部剪力；$W_t = G + \sum 1.3 Q_i$ 为结构等效地震重量；k_p 为修正系数，

$$0.015 < k_p = [0.015 + 0.0075(\mu - 1)] < 0.03 \qquad (\text{A.7.2})$$

显然，NZS 1170.5:2004 在计算层侧向位移时，考虑了 $(0.015 \sim 0.03) H W_t$ 的重力附加弯矩。

当使用时程分析法进行非线性分析时，直接使用地震波集合中的最大反应作为 ULS 状态的侧向位移。

（2）使用极限状态

一般而言，SLS 状态下，按表 A.1.3 取构件的有效弯曲刚度，侧向位移直接取弹性分析的结果。

2. 层间位移角及其限值

（1）强度极限状态

当使用底部剪力法或反应谱法分析，ULS 状态的第 i 层间位移角 δ_i 按式（A.7.3）计算：

$$\delta_i = k_{dm} \mu_\Delta \frac{d_i - d_{i-1}}{h_i} \qquad (\text{A.7.3})$$

式中，$d_i - d_{i-1}$ 为 ULS 状态，第 i 层和第 $i-1$ 层振型组合后的最大侧向位移差；μ_Δ 为结构位移延性系数；h_i 为第 i 层层高；k_{dm} 为层间位移角放大系数，按表 A.7.1 取值。若侧向位移已按式（A.7.1）进行放大，取 $k_{dm} = 1$。

表 A.7.1　层间位移角放大系数

结构高度	层间位移角放大系数 k_{dm}
$h < 15\text{m}$	1.2
$15 \leqslant h \leqslant 30\text{m}$	$1.2 + 0.02(h - 15)$
$h > 30\text{m}$	1.5

当使用时程分析法进行非线性分析时，若计算中不包括具有向前效应的地面运动记录，可直接使用地震波集合中的最大反应计算层侧向位移差 $d_i - d_{i-1}$。对于具有向前效应的地面运动记录，非线性时程分析得到的层侧向位移差 $d_i - d_{i-1}$ 可折减 0.67 倍。

按国际惯例，NZS 1170.5:2004 规定 ULS 状态的层间位移角不大于 1/40。

（2）使用极限状态

当使用底部剪力法或反应谱法进行线弹性分析求取层侧向位移，第 i 层经振型组合后的层间位移角 δ_i 为

$$\delta_i = \frac{d_i - d_{i-1}}{h_i} \tag{A.7.4}$$

式中，$d_i - d_{i-1}$ 为 SLS 状态的层侧向位移差；δ_i 的限值为 1/500。

NZS 1170.5:2004 要求在 SLS 状态下，结构无须修理，能不间断运行。按国际惯例，规定结构顶部侧向位移与总高之比不大于 1/500。

八、小结

NZS 1170.5:2004 和美国 ASCE 7 都是执行 R-μ-T 准则的典范，但前者似乎建立了一个更为完整的抗震延性理论体系。主要表现在如下几个方面：

1）按结构顶部侧向位移的延性系数 μ_Δ 定义了名义延性结构，有限延性结构和延性结构。按构件的转动曲率延性系数 μ_φ 定义了名义延性构件，有限延性构件和延性构件。

2）按有效弹塑性反应和结构及构件的超强定义了结构性能系数 S_p。

3）定义了使用极限状态（SLS）和强度极限状态（ULS），利用重现期系数 R_s，R_u 定义了使用极限状态地震（SLS earthquake）和强度极限状态地震（ULS earthquake）。SLS 水准和 ULS 水准设防，两次设计。图 A.8.1 给出 NZS 1170.5:2004 的设计方法和流程框图。

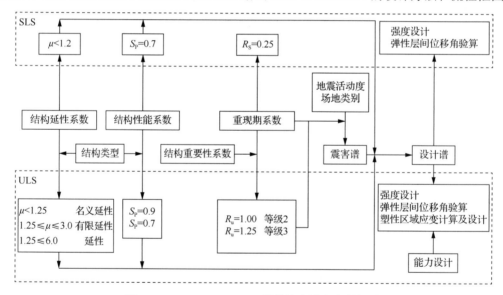

图 A.8.1　NZS 1170.5:2004 的设计方法和流程框图

4）定义了场地弹性震害反应谱，且认为 C_d/S_p 是震害谱按 μ_Δ 折减的弹塑性谱。进一步，结合结构性能系数 S_p 以及重现期系数 R_s，R_u 折减为 SLS 或 ULS 设计反应谱。这样，诠释了 ASCE 7 中地震反应折减系数 R 的物理意义。

5）按能力设计原理预估潜在塑性区域。塑性铰区域的强度等级低于非塑性铰区域，延性等级高于非塑性铰区域，迫使结构形成耗能的梁侧移变形机构。

参 考 文 献

[1] NZS (New Zealand Council of Standards). Structural design actions part 5: earthquake actions -New Zealand[S]. NZS 1170.5:2004, 2004.

[2] NZS (New Zealand Council of Standards). Concrete structures standard part 1: The design of concrete structures[S]. NZS 3101:2006, 2006.

[3] AS/NZS (Joint Standards Australia/New Zealand Committee BD-006). Structural design actions part 0: general principles [S]. AS/NZS 1170.0:2002, 2002.

[4] SOMERVILLE P G , SMITH N F, GRAVES R W, et al. Modification of empirical relations to include the amplitude and duration effects of rupture directivity[J]. Seismological Research Letters, 1997, 68(1): 199-222.

[5] PEREZ V, BRADY G . Reversing cyclic elastic demand on structures during earthquakes and applications to ductility requirements[J]. Earthquake Spectra, 1984, 1(1): 7-32.